"十二五"国家重点图书出版规划项目
材料科学研究与工程技术系列

沥青混合料及其设计与应用
Asphalt Mixes & Its Design And Applications

张金升　郝秀红　张　旭　李　超　编著

哈尔滨工业大学出版社

内 容 简 介

本书全面论述了沥青混合料设计与应用的相关技术问题。内容包括:沥青混合料概述、沥青混合料的主要类型和性质、沥青混合料的材料组成、沥青混合料的组成结构和特性、沥青混合料的路用性能及评价方法、矿质混合料级配组成设计、马歇尔试验、沥青混凝土配合比设计及工程实例、沥青玛琋脂碎石混合料配合比设计及工程实例、大粒径透水性混合料配合比设计及工程实例、沥青路面的施工等内容。

本书可作为高等院校材料专业、土木工程专业及其他相关专业本科生和研究生的教材,也可供从事沥青混合料研究和生产的科技人员参考,还可作为从事公路工程建设、公路工程试验、公路工程监理、公路工程维护和其他沥青混合料应用的工程技术人员的工具书。

图书在版编目(CIP)数据

沥青混合料及其设计与应用/张金升等编著. —哈尔滨:哈尔滨工业大学出版社,2013.12
ISBN 978-7-5603-3855-2

Ⅰ.①沥… Ⅱ.①张… Ⅲ.①沥青拌和料-教材
Ⅳ.①U414.1

中国版本图书馆 CIP 数据核字(2012)第 283353 号

材料科学与工程 图书工作室

责任编辑	范业婷 何波玲
封面设计	卞秉利
出版发行	哈尔滨工业大学出版社
社　　址	哈尔滨市南岗区复华四道街10号 邮编150006
传　　真	0451-86414749
网　　址	http://hitpress.hit.edu.cn
印　　刷	哈尔滨市工大节能印刷厂
开　　本	787mm×1092mm 1/16 印张 22 字数 508 千字
版　　次	2013年12月第1版 2013年12月第1次印刷
书　　号	ISBN 978-7-5603-3855-2
定　　价	43.80元

(如因印装质量问题影响阅读,我社负责调换)

前　言

交通是物资、文化交流的重要渠道,从自古至今,人们一直十分重视交通网的规划和建设。据历史资料和考古发掘,4 600 多年前,法老统治的古埃及吉萨地区的金字塔通往湖边 12 公里长的路,堪称世界上最古老的铺敷公路。我国有文字记载的最早的较完善的交通网出现于西周(据《周礼》,传为周公所撰),此后历朝历代不断完善。现代社会的发展更加依赖交通的建设,"要想富,先修路",交通建设已成为地区经济建设的重要制约因素。

目前的公路建设,除乡村低等级公路外,大体分为两类,一类是沥青混凝土路面,一类是水泥混凝土路面,前者在建设成本、路面耐久性、路面养护等方面占有优势,在我国公路建设中占有主导地位。沥青路面的建设,主要是利用各种不同组成和性能的沥青混合料,铺筑公路的各个结构层,以确保路面的使用功能。沥青路面可广泛应用于各种道路、桥梁、隧道等交通设施。

沥青混合料是用具有一定黏度和适当用量的沥青材料,与一定级配的矿质集料,经过充分拌和形成的混合物。沥青混合料是交通建设的基础材料,是保证实现路面使用功能的关键,要求其具有良好的高温性能、低温性能、水稳定性、抗渗性能、疲劳性能和抗老化性能等,并且要求其服役寿命长、便于维修养护。国内有关"沥青混合料"的教材,基本上都与"沥青材料"混合编写,这种编排的优点在于,将联系密切的"沥青材料"和"沥青混合料"放在一起,有利于相互参照和知识的系统化,但其缺点是,在有限的篇幅里二者都不能论说透彻,尤其是"沥青材料",在有些教材中存在介绍偏于简略的弊端。鉴于此,我们将"沥青材料"和"沥青混合料"分别编撰,力求全面反映公路建设所用材料的技术状况。

本书在总结前人经验的基础上,融合作者多年的工程实践经验和教学经验,系统地介绍了沥青混合料的类型和性质、沥青混合料的材料组成、沥青混合料的结构和特性、沥青混合料的路用性能及评价方法、沥青混合料的配合比设计方法及设计实例、各种特性沥青混合料、沥青混合料的路面施工等内容,并对矿质混合料级配组成设计、马歇尔试验设计方法、沥青混凝土配合比设计、沥青玛琋脂碎石混合料配合比设计、大粒径透水性混合料配合比设计做了专门论述。本书的特点是:

①对于沥青混合料的组成、结构、性能和沥青混合料的配合比设计,论述得更加全面透彻,并注重设计实例和沥青混合料在公路、桥梁设计中应用的介绍;

②介绍了一些新颖的国际上流行的设计方法,以便于参照和借鉴;

③融入了最新的研究成果,包括作者近几年的科研、教学成果和经验;

④采用国家最新的技术规范和技术标准,尽量采用更新的技术数据;

⑤在内容编排上力求系统完整,文字通俗易懂,前后呼应,理论知识严密成熟,工程实例适用性强。

本书主要由山东交通学院材料科学与工程学院张金升教授、郝秀红讲师、张旭实验师、李超博士编著，撰写过程中得到李志高级实验师、贺中国主任实验师、王彦敏副教授、徐静副教授、庄传仪博士、葛颜慧博士、庞传琴副教授、李月华讲师、谢亚丽讲师等的大力帮助，在此一并表示诚挚的谢意。本书在编著过程中参考了大量国内外专家学者的文献，对所有作者一并表示衷心的感谢。

由于编者水平有限，书中疏漏之处在所难免，还望广大同行不吝赐教，以便再版时修订完善。

编者著
2013 年 7 月

目 录

第1章 绪论 ... 1
1.1 沥青混合料概述 ... 1
1.2 沥青混合料应具备的路面工程性质 ... 5
1.3 沥青混合料试验方法和技术标准 ... 14

第2章 沥青混合料的主要类型和性质 ... 24
2.1 （连续密级配）沥青混凝土（AC） ... 24
2.2 大粒径沥青碎石混合料（LSAM） ... 27
2.3 沥青玛琋脂碎石混合料（SMA） ... 30
2.4 其他沥青混合料 ... 34

第3章 沥青混合料的材料组成 ... 62
3.1 组成材料概述 ... 62
3.2 石料的种类和基本性质 ... 64
3.3 沥青混合料用粗集料 ... 71
3.4 沥青混合料用细集料 ... 75
3.5 沥青混合料用填料 ... 77
3.6 沥青混合料用纤维稳定剂 ... 79
3.7 沥青混合料用沥青 ... 79

第4章 沥青混合料的组成结构和特性 ... 89
4.1 沥青混合料的结构类型及特点 ... 89
4.2 沥青混合料的强度理论 ... 94
4.3 沥青混合料的强度影响因素 ... 95
4.4 沥青与填料（矿粉）相互作用 ... 99
4.5 沥青混合料的破坏特性强度特性 ... 104
4.6 沥青混合料的黏弹性特性 ... 114
4.7 沥青混合料的劲度特性 ... 118

第5章 沥青混合料的路用性能及评价方法 ... 126
5.1 高温稳定性能 ... 126
5.2 低温性能 ... 139
5.3 水稳定性 ... 155
5.4 表面特性 ... 171
5.5 抗渗性能 ... 183
5.6 动态性能 ... 184
5.7 疲劳性能 ... 188
5.8 老化性能 ... 208

5.9 沥青混合料的技术标准 ………………………………………………… 216

第6章 矿质混合料级配组成设计
6.1 矿质混合料的级配类型 …………………………………………………… 219
6.2 矿质混合料级配理论 ……………………………………………………… 221
6.3 矿质混合料的配合比组成设计 …………………………………………… 223
6.4 矿质混合料的合成级配工程实例 ………………………………………… 230

第7章 马歇尔试验
7.1 马歇尔概述 ………………………………………………………………… 238
7.2 马歇尔试验项目和方法 …………………………………………………… 239
7.3 马歇尔试验的试件体积特征参数和配合比设计技术校准 ……………… 248

第8章 沥青混凝土(AC)配合比设计及工程实例
8.1 沥青混合料配合比设计方法概述 ………………………………………… 254
8.2 沥青混凝土(AC)目标配合比设计 ……………………………………… 268
8.3 生产配合比设计 …………………………………………………………… 280
8.4 生产配合比验证 …………………………………………………………… 281
8.5 AC-25工程实例 …………………………………………………………… 281

第9章 沥青玛琦脂碎石混合料(SMA)配合比设计及工程实例
9.1 SMA混合料目标配合比设计 ……………………………………………… 288
9.2 生产配合比设计及验证 …………………………………………………… 292
9.3 SMA-13工程实例 ………………………………………………………… 292

第10章 大粒径透水性混合料(LSPM)配合比设计及工程实例
10.1 LSPA目标配合比设计 …………………………………………………… 298
10.2 生产配合比设计及验证 ………………………………………………… 302
10.3 LSPM-30工程实例 ……………………………………………………… 302

第11章 沥青路面的施工
11.1 沥青路面概述 …………………………………………………………… 308
11.2 热拌沥青混合料路面施工 ……………………………………………… 311
11.3 其他沥青混合料沥青路面施工 ………………………………………… 322
11.4 沥青路面质量控制 ……………………………………………………… 331

参考文献 ……………………………………………………………………… 345

第1章 绪 论

1.1 沥青混合料概述

我国道路建设具有悠久的历史。早在西周就将城乡道路按不同等级进行统一规划，修建了从镐京（今西安市长安区境内）通往各诸侯城邑的牛、马车道路，形成了以都市为中心的道路体系；秦始皇统一中国后，颁布"车同轨"法令，大修驰道、直道，使得道路建设得到较大发展；公元前2世纪的西汉，开通了连接欧亚大陆的丝绸之路，由长安出发，经河西走廊、塔里木盆地直达中亚和欧洲，对当时东西方各国的交往起到了重要的沟通作用；唐代是我国古代道路发展的极盛时期，初步形成了以城市为中心四通八达的道路网；到清代全国已形成了层次分明、功能较完善的"官马大路"、"大路"、"小路"系统，分别为京城到各省城、省城到各地方重要城市及重要城市到市镇的三级道路，其中"官马大路"长达四千余华里。

民以食为天，以行为先。行是通过交通实现的。交通是货物的交流和人员的往来，交通运输是劳动者使用运输工具，有目的地实现人和物空间位移的过程。道路是为国民经济、社会发展和人民生活服务的公共基础设施，道路运输在整个交通运输系统中也处于基础地位；道路是物资交流和文化交流的动脉，道路交通对于繁荣经济和文化发展，对于维护民族团结和国家统一，有着重要的意义。道路运输系统是社会经济和交通运输系统的重要组成部分，社会经济水平和交通运输需求决定着道路交通的发展进程，而道路交通也会影响并制约社会经济和交通运输的发展水平。在国家宏观调控时，会将资金重点投入到基础设施建设上，包括道路建设，以促进国民经济的增长。随着国家经济和科学技术的发展，道路交通的地位越来越重要。

近代汽车的出现，为公路建设注入了极大的活力。以沥青混合料为基本结构形式的沥青路面，因其优异的性能而风靡全球，至今仍是主要的交通运输载体之一。

1.1.1 沥青混合料基本概念

沥青混合料[Bituminous Mixtures（英），Asphalt（美）]是用具有一定黏度和适当用量的沥青材料与一定级配的矿质集料，经过充分拌和形成的混合物。将这种混合物加以摊铺、碾压成型，即成为各种类型的沥青路面。通常根据沥青混合料中材料的组成特性、施工的方式不同而将沥青混合料分成不同类型。

按照《公路沥青路面施工技术规范》（JTG F40—2004）的定义，沥青混合料是由矿料与沥青结合料拌和而成的混合料的总称。

我国以前将沥青混合料分为沥青混凝土及沥青碎石，用 LH 及 LS 表示，后来改为 AC 及 AM。在 AC 中又根据级配粗细的不同分为 I 型和 II 型。沥青混凝土与沥青碎石的区别仅在于是否加矿粉填料及级配比例是否严格,其实质是混合料的空隙率不同。

欧洲共同体(CEN)的分类按欧洲各国实际使用的类型分为:连续级配的沥青混合料(EN 13108—1,在各国都普遍应用)、超薄面层混合料(EN 13108—2,在法国等作为磨耗层使用)、软质混合料(EN 13108—3,在寒冷地区使用)、浇筑式混合料(HRA9EN 13108—4,在德国等国使用)、沥青玛琋脂碎石混合料(SVIA,EN 13108—5,在欧洲普遍使用)、沥青玛琋脂混合料(EN 13108—6,在英国作为嵌压式混合料的载体)、排水性混合料(EN 13108—7,在欧洲普遍使用)等 7 种。

1.1.2 沥青混合料的分类

1. 按混合料拌和与摊铺温度分类

(1)热拌热铺沥青混合料

通常将沥青加热至 150~170 ℃,矿质集料加热至 160~180 ℃,在热态下拌和,在热态下摊铺、压实成型的混合料称为热拌热铺沥青混合料。由于在高温下拌和,沥青与矿质集料能形成良好的黏结,具有较高的强度。一般高等级公路和城市干道多采用这种混合料。

(2)冷拌冷铺沥青混合料

采用乳化沥青、稀释回配沥青或低黏度的液体沥青,在常温下与集料直接拌和而成,且在常温下摊铺、碾压成型的沥青混合料,称为冷拌冷铺沥青混合料。由于冷态下拌和摊铺,沥青与集料裹覆性差、黏结不良,路面成型慢、强度低,一般只适用于低等级交通道路,或路面局部修补。

(3)热拌冷铺沥青混合料

热拌冷铺沥青混合料是用黏度较低的沥青与集料在热态下拌和成混合料,在常温下贮存,使用时在常温下直接在路面上摊铺、压实,一般作为沥青路面的养护材料。

2. 按集料的公称最大粒径分类

按照公称最大粒径分类,可将混合料分为特粗粒式、粗粒式、中粒式、细粒式和砂粒式等几类,与之相对应的最大粒径和公称最大粒径见表 1.1。

通常,粗粒式混合料用于沥青面层的中层或下层,中粒式混合料用于中层或上层,细粒式混合料用于上层,砂粒式混合料多用于城市道路路面表面局部维修。在实际工程中应根据具体情况进行选择,比如为了增强沥青路面的抗车辙性能和抗滑性能,上面层也可采用中粒式混合料。在热带地区,同样为提高路面的高温稳定性,在上面层也有少数地区直接采用粗粒式密级配沥青混合料。特粗粒式混合料也称大粒径沥青混合料,目前应用较少,为增强沥青路面的抗车辙能力,国内外正对这种混合料性能及其设计方法开展研究。

表1.1 常见沥青混合料的类型

沥青混合料类型	公称最大粒径/mm	最大粒径/mm	密级配			半开级配	开级配(间断级配)	
			连续级配		间断级配	沥青碎石混合料(AM)	排水式沥青磨耗层(OGFC)	排水式沥青稳定碎石(ATPB)
			沥青混凝土(AC)	沥青稳定碎石(ATB)	沥青玛琋脂碎石(SMA)			
砂粒式	4.75	9.5	AC-5	—	—	AM-5	—	—
细粒式	9.5	13.2	AC-10	—	SMA-10	AM-10	OGFC-10	—
	13.2	16	AC-13	—	SMA-13	AM-13	OGFC-13	—
中粒式	16	19	AC-16	—	SMA-16	AM-16	OGFC-16	—
	19	26.5	AC-20	—	SMA-20	AM-20	—	—
粗粒式	26.5	31.5	AC-25	ATB-25	—	—	—	ATPB-25
	31.5	37.5	—	ATB-30	—	—	—	ATPB-30
特粗粒式	37.5	53.0	—	ATB-40	—	—	—	ATPB-40
设计空隙率/%			2~6	3~6	3~4	6~12	>18	>18

3. 按矿质混合料的级配类型分类

根据矿料级配组成的特点及压实后剩余空隙率的大小,可以将沥青混合料分为以下几类。

(1)连续密级配沥青混凝土混合料

该类沥青混合料主要特点是级配采用连续密级配,空隙率比较低,主要有密级配沥青混凝土混合料(Dense Asphalt Coarse-Graded Mixes,AC)和密级配沥青稳定碎石(Asphalt-Treated Permeable Base,ATB)混合料。前者设计空隙率通常为2%~6%,具体应根据不同的交通类型、气候特点而定(如重载路段、炎热区可采用4%~6%的空隙率,对人行道路为2%~5%),可适用于任何面层结构;后者设计空隙率一般为3%~6%,最大不超过8%,与前者的主要区别是公称最大粒径较大,通常大于或等于26.5 mm,主要适用于基层,当公称最大粒径等于或大于37.5 mm时,也称为大粒径沥青混合料(Large Stone Asphalt Mixes,LSAM)。

在美国,按照4.75 mm或2.36 mm筛孔的通过率大小经常将沥青混合料分为粗型密级配、细型密级配。这两种级配都离开最大密度线一定距离,否则空隙率太小。还有一种称为密式密级配,其级配曲线基本上是沿最大密度线走,空隙率往往偏小,其集料公称最大粒径通常为9.5~26.5 mm。

(2)连续半开级配沥青混合料

该混合料的主要特点是空隙率较大,一般为6%~12%,粗细集料的含量相对密级配的要多,填料较少或不加填料。主要代表混合料是沥青碎石混合料(Asphalt Macadam Mixes,AM),适用于三级及三级以下公路、乡村公路的中低级公路,此时最好在表面设置致密的上封层。

(3)开级配沥青混合料

开级配沥青混合料的主要特点是矿料级配主要由粗集料组成,细集料和填料较少,沥青结合料黏度要求较高,所以通常采用优质的改性沥青材料。主要代表混合料是用于表面层的排水式沥青磨耗层(Open Graded Friction Course,OGFC,即开级配抗滑磨耗层)混合料和用于基层的排水式沥青稳定碎石基层(Asphalt-Treated Porous Base,ATPB,即排水式开级配基层)混合料。OGFC 沥青混合料公称最大尺寸通常为 13.2~19 mm,而 ATPB 沥青混合料公称最大尺寸通常大于 26.5 mm。设计空隙率都较大,一般大于 18%,而 OGFC用于表面,有时设计空隙率可高达 25%。

(4)间断级配沥青混合料

间断级配沥青混合料的特点是矿料级配组成中缺少一个或几个档次而形成的所谓的间断级配,形成"三多一少"的结构,即粗集料和填料含量较多,沥青用量多,中间集料含量较少。最具代表性的混合料是沥青玛蹄脂碎石(Stone Mastic Asphalt,SMA)混合料。

这些混合料各有其特点,在选择沥青混合料的类型时,必须根据其功能特点,选择适宜的混合料类型。例如,OGFC 是专为提高抗滑性能、减少溅水和水雾并降低噪声而设计的混合料,它的设计空隙率一般在 18%以上,用作夹层就不合理。而且如果公路很脏,高速行车少,大空隙非常容易被灰尘堵塞,很快就会失去功能,沥青很快老化,缩短使用寿命。

4. 按结合料的类型分类

根据沥青混合料中所用沥青结合料的不同,可分为石油沥青混合料和煤沥青混合料,但煤沥青对环境污染严重,一般工程中很少采用煤沥青混合料。

普通沥青未加处理和改性高温性能和低温性能不高,一般只用于普通公路或低等级公路。城市道路和高等级公路、高速公路必须用质量更高的改性沥青。目前改性沥青应用越来越广,即便乡村公路也很少用普通沥青修筑。通常所用的沥青混合料基本上都是改性沥青混合料。改性沥青混合料是用改性沥青与集料拌和而成的沥青混合料,以提高其路用性能。根据改性沥青品种不同又有多种不同性能的改性沥青混合料。

5. 根据强度形成原理分类

沥青混合料的组成材料不同,其强度形成原理也不同,一般可以按嵌挤原则和密实原则分类。按嵌挤原则构成的沥青混合料主要是以矿料颗粒之间的嵌挤力和内摩阻力为主,以沥青结合料的黏聚力为辅,如沥青灌入式、沥青(微)表处和沥青碎石等路面结构均属于此类。按密实原则构成的沥青混合料则主要是以沥青与矿料之间的黏聚力为主,矿料间的嵌挤力和内摩阻力为辅,一般的沥青混凝土都属于此类。

6. 按沥青混合料的特性和用途分类

上面提及的热拌热铺型、冷拌冷铺型、热拌冷铺型,特粗粒式、粗粒式、中粒式、细粒式、砂粒式,连续级配、半开级配、开级配、间断级配,石油沥青属、煤沥青属,嵌挤原则类、密实原则类等都是按不同方法进行的分类,在公路工程中还常按混合料的性质分类,强调道路的某种特定用途和要求。在道路工程中主要采用热拌热铺沥青混合料,称为路用沥青混合料。如用于机场道面,则称为机场道面沥青混合料;用于大桥桥面铺装,则称为桥面铺装沥青混合料,等等。

1.1.3 沥青混合料在公路工程中的应用

概括起来讲,在公路工程中,沥青混合料主要用于沥青路面的建设、路面的维护、路面的修补。

1. 沥青混合料在沥青路面结构中的使用

沥青路面的结构,大体可分为面层、基层以及垫层、土基。面层又分为上面层、中面层、下面层;基层又分为上基层、下基层、底基层,按其力学行为又可分为柔性基层、半刚性基层、刚性基层。

沥青路面结构设计和结构类型选择的依据是交通条件、气候条件、交通等级。交通条件主要指设计交通量、重载车的比例、车速等。气候条件主要是指夏季高温和冬季低温、年温差、雨量等。交通等级,即预测交通轴载作用次数,是确定路面结构的设计层厚和HMA混合料类型的依据。其中货车或重载交通工具是最主要的考虑因素。

沥青混合料主要用于上面层、中面层、下面层和柔性基层中。

(1) 表面层(Surface Layer)

表面层一般采用优质材料,要求具有如抗滑、平整、降低噪声、抗车辙、抗推拥等功能。它必须避免路表水进入HMA下层、基层和路基。在表面层上也可以再铺筑磨耗层,如OGFC、抗滑表层、稀浆封层。但是它一般不作为路面的承重结构参加受力计算,仅仅起到表面的功能性作用。在我国,新建高速公路等一般不专设磨耗层,表面层实际上起到双重的作用。

(2) 中间层(Intemaediate Layer)或称黏结层(Binder)

中间层由表面层之下的一层或多层HMA构成。该层提高了表面层的结构强度,在将交通荷载向下层传递的同时,又不致产生永久变形。在我国,中间层经常分为中面层、下面层(双层式没有中面层)。

(3) 基层(Base Course)

基层是置于HMA结构层下面的一层或多层的HMA基层、粒料基层或结合料稳定性基层,是路面结构的主要承重层。该层应使用耐久的集料,避免水损害或冻融破坏。基层分为沥青稳定基层(采用沥青结合料),或者大空隙排水式沥青基层;有时粒径特别大,称为大粒径沥青稳定基层。采用水泥、石灰、粉煤灰等无机结合料稳定的称为半刚性基层。在国外,水泥混凝土或者贫混凝土、碾压混凝土也用来作基层,称为刚性基层。刚性基层在我国使用较少。由于其上面的沥青面层较薄,常称为白加黑的复合式路面。采用这种做法铺筑的路面目前还缺乏成功的经验。

(4) 整平层(Leveling Course)

整平层是铺筑路面前对纵、横断面上的细小偏差进行调平的一个HMA薄层。

2. 沥青混合料用作路面维护材料

主要是细粒式沥青混合料,用于透层喷洒。

3. 沥青混合料用于路面修补材料

主要有面层修补沥青混合料、沥青稀浆封层混合料等。

1.2 沥青混合料应具备的路面工程性质

沥青混合料是公路、城市道路以及机场道面的主要铺面材料,它直接承受车轮荷载和各种自然因素——日照、温度、空气、雨水等的作用,其性能和状态都会发生变化,以至影响路面的使用性能和使用寿命。为了保证沥青路面长期保持良好的使用状态,沥青混合料必须满足路用性能。沥青混合料的技术要求主要可分为高温稳定性和低温稳定性,路面使用性能可分为耐久性(抗疲劳性能和抗老化性能)、抗水损害性、抗滑性等。

1.2.1 沥青路面的损害类型

在《公路路基路面现场测试规程》(JTJ 059)中,T0974 规定了沥青路面破损类型为:①裂缝类破损:包括龟裂、块裂及各类单根裂缝等;②变形类破损:包括车辙、沉陷、壅包、波浪等;③松散类破损:包括掉粒、松散、剥落、脱皮等引起的集料散失、坑槽等;④其他破损:包括泛油、磨光(抗滑性能差)等。

按破损严重程度可分为轻微、中度、严重三种不同情况。其中高等级公路沥青路面上常见的损坏现象主要有裂缝(横向、纵向及网状裂缝)、车辙、松散剥落和表面磨光等。

1. 裂缝

沥青路面上出现的裂缝十分常见,其成因各种各样,从表现形式看可分为横向裂缝、纵向裂缝和网状裂缝三种类型。裂缝是沥青路面最主要的破损形式之一。裂缝主要是在低温下产生的,由于吸附和污染等原因,即使在高温时也不能自动愈合,并逐渐扩大造成路面病害。

(1)横向裂缝

横向裂缝是指基本上垂直于行车方向的裂缝。按其成因不同,横向裂缝又可分为荷载型裂缝和非荷载型裂缝两大类。

①荷载型裂缝

荷载型裂缝是路面承载能力下降,强度不足以承担车辆荷载或者反复循环荷载作用引起的疲劳所产生的。由于路面结构设计不当、配合比不当、拌和不均、施工质量低劣,或者由于车辆严重超载,致使半刚性基层沥青路面在反复的交通荷载作用下,沥青面层或半刚性基层内产生的拉应力超过其疲劳强度而断裂。荷载型裂缝首先在路面的底面发生,在车辆荷载的反复作用下,裂缝逐渐向上扩展至表面。也可能因为下层开裂造成顶面应力集中而引起开裂,或上下同时延伸而开裂。由车轮荷载引起的裂缝反映在面层上,往往不是单独的、稀疏的或较有规则的裂缝,而是稠密的、有时互相联系的网状裂缝。我国试验规程定义裂缝与裂缝连接成龟甲状的不规则裂缝,且其短边不大于 40 cm 者称为龟裂。在路面纵向有平行密集的裂缝,虽未成网但其距离不大于 30 cm 者也属龟裂。

"车辙裂缝"是另一类荷载裂缝,"车辙裂缝"的观点现在受到了国内外学者的重视。它最早是由日本的松野三郎提出的,其特点是车辙裂缝发生在高速公路行车车道两侧轮辙带边缘,由沥青面层表面开始并向下延伸。这种裂缝在车辙部位相当严重,但在跨线桥(即立交桥)下不见太阳的阴影下无车辙的部位裂缝消失,证明裂缝源于高温形成的车辙。

②非荷载型裂缝

非荷载型裂缝是横向裂缝的主要形式。非荷载型裂缝的形成原因复杂,可以是温缩裂缝、反射性裂缝、不均匀沉降裂缝、冻胀裂缝、施工裂缝(接缝或发裂)、构造物接头(伸缩缝等)裂缝、老化裂缝等。其中最主要的是温缩裂缝和半刚性基层开裂引起的反射性裂缝。

沥青面层缩裂多发生在冬季气温较低的地区或易发生温度骤变的地区。当沥青面层中的平均温度低于其断裂温度时，或者说在降温过程中沥青面层的应力松弛性能降低，所产生的温度应力积聚超过其在该温度时的抗拉强度时，沥青面层即发生断裂。另外，当骤然降温(如南方高温天气突然降雨或北方寒流袭击)时，也会导致沥青面层的开裂。应当指出，沥青面层的温缩裂缝经常是在温度应力的反复作用下，裂缝逐渐发展与扩张而形成的温度疲劳裂缝。温缩裂缝是沥青路面低温损害的主要原因，是低温性能的主要表现。

非荷载型横向裂缝一般比较规则，每隔一定的距离产生一道裂缝，其间距大小取决于当地的气温和路面各层材料的抗裂性能。间距短的可能为 6~10 m，长的可达 100 m 甚至更长。气温高、日温差变化小、路面材料抗裂性能好的路段，一般间距较大，且出现裂缝的时间也较晚。

a. 严冬期温度骤降出现的横向收缩裂缝

位于路面面层的沥青混合料结构层，直接受到气温变化的影响，一方面当温度下降时，沥青混合料就会产生收缩变形，但和水泥混凝土路面不同，沥青路面没有收缩缝，这种变形会受到基层对路面的内摩阻力和路面无限连续板体对收缩变形的约束作用，使沥青面层内部产生拉应力。另一方面，沥青混合料具有应力松弛性能，当给沥青混凝土一定的应变时，由此产生的应力会随时间延长而松弛，在一般的温度范围内，由温度降低而产生的拉应力，会由于应力松弛而减小，将不产生出现裂缝那么大的应力。可是当出现寒流或寒潮时，过快的降温速率将使路面内部的应力来不及松弛，出现过大的应力积累。与此同时，由于温度降低，沥青混合料的应力松弛模量逐渐增大，应力松弛性能降低，也导致应力积聚过大，待温度应力积累到超过沥青混合料的极限抗拉强度时，路面就将出现裂缝，以便将应力释放出去。因此温缩裂缝往往并不发生在当地的极端温度条件下，而经常大量发生在寒流和寒潮到来时。例如，在我国北方 11 月份是一年之中首次出现寒冷的月份，沥青路面经常会在寒流到来的一夜之间出现大量的温缩裂缝。

也就是说，温缩裂缝是由于温度骤降，混合料的应力松弛性能不能适应温度剧降产生的收缩。即收缩过大，来不及松弛，温度下降产生的应力超过了材料的极限抗拉强度而产生的。或者说，在常温条件下，沥青混合料的劲度较低，气温下降后，材料的应变能力急剧降低，导致材料的劲度模量急剧增大，超过了产生开裂的极限劲度，便产生开裂。这种情况在沥青面层与基层黏聚力不好，可允许有一定自由收缩时更易发生。

由于降温来自于冷气流，路表温度肯定低于路面内部温度，温缩裂缝当然是从表面开始的，这在 20 世纪 60 年代国外的大量调查中已经得到证实。当温度下降时，因为沥青路面的表面温度比底面低，沿深度方向的温度梯度如图 1.1(a)所示。应力的产生本来应该与温度梯度一致，可是实际路面中沥青混凝土层是连续的，没有接缝，不能自由地收缩，且与路面基层紧密黏着，不能自由翘曲，其结果如图 1.1(b)所示。在表面出现了拉应力(与基层联结成整体的也会出现拉应力)，在底面出现了压应力，这些应力与其他应力相叠加，就会在表面出现更大的拉应力，一般认为这就是表面容易出现裂缝的原因。

另外，接近表面的沥青比内部沥青更易老化，沥青混合料的极限拉伸应变小，应力松弛性能差，也是容易产生裂缝的一个重要因素。

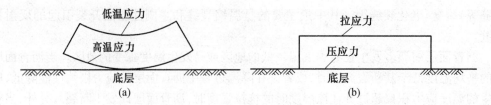

图 1.1 由温度梯度产生的应力

路面开裂以后,温度继续下降便有了自由收缩的可能,此时裂缝宽度将会增加,但是由于沥青面层与基层之间有联结,实际上收缩不是自由的。以后随着使用年限的增加,沥青混合料的劲度模量也同时增加,所以还会产生新的裂缝,使裂缝间距缩短,裂缝不断加宽,开裂越来越严重。

当沥青面层宽度较大时,在横向开裂的同时,也会产生纵向开裂,从而成为块裂。试验规程中块裂定义为裂缝与裂缝联结成网,其短边长度达 40 cm,但长边长度小于 3 m。这在我国的广场和城市道路中普遍发生。

b. 温度疲劳裂缝

产生低温裂缝的沥青混凝土层,春天气温回升时裂缝弥合,到了冬天,沥青混凝土层再次出现收缩。若基层摩擦力小,在实际收缩时,裂缝就变宽了,若基层摩擦力大,沥青混合料不会收缩,但会产生新的裂缝,裂缝数量也将增加,这是由于温度疲劳造成的。除了温度疲劳作用以外,温度的日循环、短时间内的温度循环、冷热交替,都能在混合料内部出现疲劳损坏现象。

即使没有发生开裂的路面,温度反复升降循环产生的温度应力作用,同样也会使路面开裂。由于温度应力的疲劳作用使沥青混合料的极限拉伸应变或劲度模量变小,而且沥青老化使沥青劲度提高,应力松弛性能下降,故温度疲劳裂缝可能在比一次性降温开裂温度高的温度下开裂,所以温度疲劳裂缝可能发生在冬季最低气温并不太低的地区,同时裂缝随着路龄增加而不断增加。

基层反射裂缝是指半刚性基层先与沥青面层开裂,在荷载应力和温度应力的共同作用下,在基层开裂处的面层底部产生应力集中而导致面层底部在上方大体相对应的位置开裂,然后逐渐向上或向下扩展而使裂缝贯穿。半刚性基层的开裂通常由温缩或干缩引起,多数情况是在基层铺筑后,由于未及时按规定进行养生或由于未及时铺筑沥青面层,使基层长期暴露在大气中,在降温和水分蒸发联合作用下而开裂。当然也可能在铺筑沥青面层后,路面在使用过程中,由于温度骤变,当基层内的日温差超过某一范围,致使其温度应力超过其抗拉强度而开裂。后者一般发生在沥青面层相对较薄且日温差较大的地区。

c. 反射裂缝

在我国,实际上还存在第三种模式的裂缝,那就是由于水泥、石灰、粉煤灰稳定类的半刚性基层的收缩(温缩和干缩),或者已经开裂了的半刚性基层在裂缝部位的应力集中与沥青面层的低温收缩、荷载作用产生的综合作用,使温缩裂缝较多地产生。其中,沥青面层的收缩起了最主要的引发作用。裂缝大部分是从路面表面产生,向下发展;也可能是上、下面对应地产生；或者由下向上延伸，这些裂缝实际上是温缩裂缝和半刚性基层收缩裂缝的反射性裂缝的综合裂缝。在已经开裂的沥青路面上的加铺层，情况也相同，或在旧水泥路面上罩面都有类似裂缝产生。

单纯的路面反射裂缝是由于沥青面层的下卧层已经开裂，裂缝处的应力集中现象使交通荷载产生在面层下部的拉应力比没有裂缝的部位要大，容易超过沥青混合料的极限强度，致使沥青面层跟着开裂。在温度收缩应力的共同作用下，交通荷载作用下的主拉应力（或剪应力）和温度变化下的收缩应力是反射裂缝形成的根本原因。

在冬季低温下，基层开裂后，由于基层失去抵抗拉应力的能力，在开裂位置将应力传递给面层，形成面层在开裂缝处的应力集中。而且在低温下，沥青面层的模量较大，它仅能承受较小的温度应力，因而极易产生反射裂缝，此时如果再加上偏荷载主拉应力的作用，其应力值就可能超过材料的极限强度，从而使面层发生开裂。反射裂缝是沥青面层早期劣化的根源，它缩短了路面的维修周期，减少了路面的服务年限。

d. 冻缩裂缝

冻缩裂缝主要是路基冻胀及收缩产生的开裂。表面看来，它可以一直延伸到路基范围之外的田野里，或者本来就是路外开裂延伸到路面上的，其裂缝宽度大，深度也深。这种开裂在路面与路肩交界处最常见。

e. 综合原因造成的横向裂缝

横向裂缝是我国高速公路最主要的裂缝形式，也是国外沥青路面的主要病害之一。在北欧、北美、日本，温缩裂缝只发生在严寒的北方，并不发生在南方，而我国的横向裂缝则是从南到北都较普遍。虽然许多学者为此进行了大量的调查研究，但具体看法存在着严重分歧。一种认为横向裂缝都是（或大部分是）沥青面层的温缩裂缝；另一种认为主要是半刚性基层收缩引起的反射裂缝。由于沥青路面所在地区的气候、路面结构、沥青层的厚度及沥青性质、基层含水量及收缩性能、铺筑时间及施工方法等各种因素千变万化，究竟是以沥青面层的温度收缩为主要原因，还是半刚性基层收缩开裂反射为主，或者以路堤收缩为主，实际上很难判断，必须通过实际调查才能下结论。

之所以说是多种原因综合作用的结果，是因为这些裂缝主要发生在急剧降温的过程中，首当其冲的沥青面层内当然要产生很大的温度应力，它是造成开裂的一个直接的主要原因。另一方面，如果建筑在柔性基层上，或者下边有级配碎石过渡层，仅仅沥青面层的温度应力还不一定达到开裂的程度。但如果下面是半刚性基层，则其本身也将产生较大的收缩（干缩与冷缩的叠加），它将使沥青面层的收缩应力增大，从而造成开裂。如果半刚性基层上原先已经有了裂缝，沥青面层的温度应力将在基层的裂缝部位造成很大的应力集中，半刚性基层的收缩应力与沥青之间的传递在裂缝自由端中断，面层与基层的附着力使基层的收缩应力集中于裂缝部位的沥青面层内，从而使沥青面层的温度应力明显增大，在裂缝部位或其附近首先开裂。

如上所述，沥青面层中的低温收缩开裂是横向开裂的主要形式，主要是由于温度降低出现的沥青面层收缩、应力松弛特性、基层的内摩阻力、降温速率以及荷载应力反射裂缝、路基冻缩等多种因素相互影响的复杂现象。从总体情况看，从南方到北方，温缩裂缝成为主要原因的比例越来越大，而半刚性基层收缩裂缝的反射裂缝的比例则越来越少。

为了减少半刚性基层收缩裂缝的反射裂缝,应该从以下方面努力:

①沥青面层必须有一定厚度,能对基层起到足够的保温作用;

②半刚性基层的组成中应有较多数量的粗集料,而且无机结合料的剂量也不能太高,即有适宜的刚度,使半刚性基层材料的收缩性大为减少;

③半刚性基层施工时含水量不能太大,并有良好的养生,沥青面层在当年基层尚未开裂之前必须铺上。

我国高速公路建设的现状表明,实际上这些方面不可能都做好。有的高速公路沥青面层较薄,有的半刚性基层养生不充分,铺筑后不久便开裂了。还有不少半刚性基层铺完后来不及铺筑沥青面层便过冬,或只能铺一层联结层进行"保护",无法保证冬天基层不裂。还有的半刚性基层施工不好,或者习惯于用较多的含水量,或者仍有过高的细粒土比例,还有的片面追求强度,水泥剂量较高。诸如此类,在这样的半刚性基层的沥青面层上,就难免有半刚性基层收缩裂缝的反射裂缝存在。

(2)纵向裂缝

纵向裂缝产生的原因有多种,除了荷载作用过大,承载力不足引起的纵向开裂外,还有由于沥青面层分路幅摊铺时,施工纵向接缝没有做好而产生的裂缝;路基压实度不均匀或由于路基边缘受水侵蚀产生不均匀沉陷而引起的裂缝。

(3)网状裂缝

网状裂缝是由单根裂缝发展而引起的,除了由于路面的整体强度不足而产生外,路面开始出现裂缝后未及时封填,致使水分渗入下层,尤其是在融雪期间冻融交加,更加剧了路面的破坏。沥青在施工期间以及在长时期使用过程中的老化也是导致沥青路面形成网裂的原因之一。

2. 车辙

车辙是渠化交通的高等级公路沥青路面的主要损坏形式之一。当车辙达到一定深度时,由于车槽内积水,极易发生汽车飘滑而导致交通事故。车辙是沥青混合料高温稳定性不良的主要病害形式,在正常情况下,沥青路面的车辙有三种类型(或三种机理)。

(1)结构性车辙

结构性车辙由路面基层及路基变形引起。荷载作用传播扩散后仍超过路面各层的强度,车辙主要发生在沥青面层以下,包括路基在内的各结构层的永久性变形,即为结构性车辙。这种车辙的宽度较大,两侧没有隆起现象,横断面成浅盆状的 U 字形(凹形)。

(2)失稳性车辙

在高温条件下,由于车轮碾压的反复作用,荷载产生的剪应力超过沥青混合料的抗剪强度,即稳定度极限,使流动变形不断累积形成车辙,俗称流动性车辙,或失稳性车辙。这类车辙的路面上,一方面车轮作用部位下凹,另一方面车轮作用甚少的车道两侧向上隆起,在弯道处还明显在向外推挤,车道线及停车线因此可能成为曲线,两侧伴有隆起现象,内外侧呈非对称形状。在主要行驶双轮车的路段,车辙断面成 W 形;在主要行驶宽幅单轮车(国外出现的一种新型轮胎,只有一个轮子)的路段,车辙成非对称形状。失稳性车辙尤其容易发生在上坡路段、交叉口附近,即车速慢、轮胎接地产生的横向应力大的地方。

（3）磨损性车辙

磨损性车辙主要是由于冬季埋钉轮胎、履带式车辆或防滑链等导致路面磨损而引起的车辙，或因路龄增加后，路表产生磨损而引起的车辙。

冬季埋钉轮胎形成的磨损性车辙，这在北欧一些国家常见。在我国，由于基层基本上是半刚性基层，有较大的刚度，强度及板体性好，基层及基层以下的变形极小，除了某些基层施工不良路段外，结构性车辙很少，磨损性车辙也很少见。所以目前所见到的车辙基本上都属于沥青混合料的流动性车辙。对这种车辙，可以说没有有效的维修方法，一般是将车辙部位铣刨掉，用新的混合料修补，或将原有材料再生改造以更换产生车辙的层次。

此外有一种在国外较少发生的车辙，在我国却常常发生。它是由沥青面层本身的压密不实产生的，是一种非正常的车辙。尤其是有些高速公路施工时没有很充分地压实，或片面追求平整度，在降低温度后碾压，致使通车后的第一个高温季节混合料继续压密（比正常情况严重），路面产生压实变形，同时平整度下降，进而形成明显的车辙。在这样的路段上，沥青层只在交通车辆的反复碾压作用下，空隙率不断减小，待达到极限的残余空隙率后才趋于稳定。这种车辙的特点是两侧没有隆起，只有下凹，呈 U 形或 W 形；初期发展很快，车辙形成在车道线附近，即车轮作用次数较少的部位变形很小或保持原状。这已经成为目前一个比较突出的问题。例如以沥青面层 15 cm 计，压实度相差 1%，即会增加 1.5 mm 的车辙变形。由于施工要求的压实度一般为 96%，压密到 100% 时，即可产生 6~8 mm 的变形。如果明确是由于压实不足而产生车辙，可以在其上加铺罩面进行维修。由于我国采用了评优评分的质量评定制度，工程报告不存在压实度不合格的记录，致使事后检查发生困难。为减少该车辙，在施工过程中应加强碾压，使空隙率控制在要求范围内。

对我国而言，沥青混合料的高温性能，主要是针对沥青路面的流动性车辙而言的。为了防止出现这种类型的车辙，提高混合料的高温抗车辙能力有决定性的意义。

3. 水损害

水损害是指沥青路面在水的作用下，沥青逐渐丧失与矿料的黏结力，从矿料表面脱落，在车辆的作用下沥青面层呈现松散状态，以致骨料从路面脱落形成坑槽。产生松散剥落主要是由于沥青与矿料之间的黏附性较差，在水或冰冻的作用下，沥青从矿料表面剥落。产生松散剥落的另一种可能性是由于施工中混合料加热温度过高，致使沥青老化失去黏性。

近年来，我国沥青路面的水损害特别严重，其原因是多方面的，可以归纳为以下几种情况：

①一些地方修建的基本上是属于Ⅱ型沥青混合料的抗滑表层空隙率较大，大体上为 6%~8%，按压实度 96% 计，通车初期路面有 10%~12% 的空隙率，路面透水，车辆作用下形成动水压力，促使沥青与矿料的黏结力严重破坏。

②沥青面层的下面层大部分是Ⅱ型沥青混合料，从表面渗下去的水及基层毛细管积聚的水都可能聚集在下面层的空隙中，造成饱和状态。

③中面层虽然一般采用密级配沥青混凝土，但最大粒径过大造成混合料离析，局部透水。

④半刚性基层本身透水性很差,路面渗入水槽的水留在基层表面不能继续向下渗。

⑤许多路面没有考虑设置完善的路面内部排水结构,尤其是路边缘大都设置混凝土路缘石、浆砌护坡等,水沿着基层顶面渗流到路边缘后无法排出。

⑥使用与沥青黏附性不好甚至很差的中性或者酸性石料,界面上容易被水浸入,降低黏附性。也有的虽然使用了抗剥落剂,但效果不好,未达到目的。

⑦施工时压实不足,使空隙率变大。

这些因素的综合作用导致目前我国许多沥青路面水损害破坏严重。现在我国虽然已经制订了路面渗水系数的试验方法,在规定水头压力下测定水在单位时间内通过一定面积的路面渗入下层的数量,但是尚缺乏这方面的控制指标值。

4. 表面磨光功能迅速下降

沥青路面在使用过程中,在车轮反复滚动摩擦的作用下,集料表面被逐渐磨光,有时还伴有沥青的不断上翻、泛油,导致沥青面层表面光滑,尤其在雨季常会因此而酿成车祸。这种现象与采用了敏感性比较大的沥青混合料级配类型有关。表面磨光的内在原因是集料质地软弱,缺少棱角,或矿料级配不当,粗集料尺寸偏小,细料偏多或沥青用量偏多等。在集料磨光的同时,路面噪声、水雾、溅水、眩光等一系列表面功能随之下降。

1.2.2 对路面的基本要求

根据沥青路面的破坏原因,沥青混合料路用性能应满足下列基本要求:

1. 足够的高温稳定性

沥青混合料的劲度模量随温度升高而降低。为了保证沥青路面于高温季节在行车荷载的作用下不致产生诸如波浪、推移、车辙、泛油、黏轮等病害,沥青混合料应具有足够的高温稳定性,即在高温时应具有足够的劲度模量。

为了提高沥青混合料的高温稳定性,可采用在混合料中增加粗集料含量,或控制剩余空隙率,使粗集料形成空间骨架结构,以提高沥青混合料的内摩阻力;适当地提高沥青材料的稠度,控制沥青与矿粉的比例,并采用较高比例的矿粉,以改善沥青与矿料之间的相互作用力,从而提高沥青混合料的黏聚力。此外,在沥青中掺入高分子聚合物改善沥青性能,也可取得较为满意的结果。

2. 良好的低温抗裂性

从低温抗裂性能的要求出发,沥青混合料在低温时应具有良好的应力松弛性能,有较低的劲度和较大的变形适应能力,在降温收缩过程中不产生大的应力积聚,在行车荷载和其他因素的反复作用下不致产生疲劳开裂。

使用稠度较低(针入度较大)及温度敏感性较小的沥青,可提高沥青混合料的低温抗裂性能。沥青材料的老化会使沥青变脆,低温极限破坏应变变小,抗裂性能恶化,所以应选用抗老化能力较强的沥青。在沥青中掺加橡胶类聚合物,对提高沥青混合料的低温抗裂性能具有较为明显的效果。

3. 良好的耐久性

沥青混合料的耐久性是抗疲劳性能、水稳定性、抗老化性能的综合反映,它与沥青混合料的空隙率关系特别密切。空隙率小的沥青混合料,无论是抗疲劳性能、水稳定性、抗老化性能都比较好。空隙率小则阳光、空气等环境因素影响小,老化轻;空隙率小则水分不容易进去,进入混合料中的水分少,且以薄膜水的形式存在,混合料抗水损害能力强。沥青混合料的抗疲劳性能与沥青混合料中的沥青含量、沥青体积百分率关系密切。沥青用量不足,沥青膜变薄,沥青混合料的延伸能力降低,脆性增加,且沥青混合料的空隙率增大,沥青混合料在反复荷载作用下容易造成破坏。

4. 良好的水稳定性

水是造成沥青路面损坏的主要因素之一,当沥青与矿料之间的黏附性较差时,在水的作用下,沥青会从矿料表面剥落下来,使石料在车轮的滚压下被带走,并逐渐形成坑槽。为了防止沥青路面的水损坏,通常使用与沥青黏附性较好的碱性矿料。当使用酸性矿料时,可往沥青中掺加消石灰等碱性活化剂或抗剥落剂以改善矿料表面性质,从而提高沥青与矿料之间的黏附性。控制沥青混合料的空隙率是防止水损害的重要措施。据研究,沥青路面中的空隙率8%以下(设计空隙率为4%,压实度为96%)时,沥青层中的水以薄膜水的状态存在,荷载作用下不会产生动水压力,不易造成水损害破坏。而空隙率大于15%的排水性大空隙混合料,水能够在混合料内部空隙中自由流动,混合料很难留住水,再加上这种混合料一般都采用改性沥青,也不容易造成水损害破坏。当空隙率介于两者之间,即路面实际空隙率为8%~15%时,水容易进入混合料内部,又不会自由流动,以毛细水的状态存在,在荷载作用下,产生较大的毛细管压力,成为动力水,最容易造成沥青混合料的水损害破坏。近年来我国一些多雨潮湿地区的高速公路早期损坏大都表现为松散、剥落、坑槽等水损害破坏,这一点特别重要。

5. 足够的抗滑能力

沥青路面应具有足够的抗滑能力,以保证在路面潮湿时,车辆能够高速安全行驶,而且在外界因素的作用下其抗滑能力不致很快降低。

沥青路面的粗糙度与矿料的微表面性质、混合料的级配组成以及沥青用量等因素有关。为保证沥青路面的粗糙度不致很快降低,最主要是要选择硬质、有棱角的石料。同时沥青用量对抗滑性的影响相当敏感,当沥青用量超过最佳沥青用量0.5%时就会导致抗滑系数明显降低。

6. 良好的抗渗能力

当沥青路面的抗渗能力较差时,不仅影响沥青面层本身的水稳定性,而且还会影响到基层的稳定性。停留在基层表面的水将使基层表面的半刚性基层材料产生唧浆、软化,并导致承载能力降低。沥青路面的抗渗能力主要取决于沥青混合料的空隙率,沥青混合料的空隙率越大,其抗渗能力就越差。

尽管我国从"七五"国家科技攻关起对沥青混合料的使用性能进行了比较深入的研究,但与许多发达国家的研究水平相比,还是很落后的,尤其是结合我国的气候条件、交通条件的研究还刚刚开始。对沥青路面在动态荷载作用下的性能才刚做了一些探索,所以我国的沥青路面设计参数还停留在静态荷载参数的落后水平上,动态荷载参数的课题研究还有许多工作要做。

1.3 沥青混合料试验方法和技术标准

沥青混合料试验技术标准主要有《公路工程沥青及沥青混合料试验规程》（JTG E20—2011）、《公路沥青路面施工技术规范》（JTG F40—2004）、《公路沥青路面设计规范》（JTG D50—2006）、《公路工程集料试验规程》（JTG E42—2005）、《公路工程无机结合料稳定材料试验规程》（JTG E51—2009）。这五个标准都是中华人民共和国交通部颁布的标准。

1.3.1 《公路工程沥青及沥青混合料试验规程》（JTG E20—2011）

为提高我国沥青及沥青混合料的试验和评价水平，交通运输部在《2007年度公路工程行业标准修订项目计划》中，向交通运输部公路科学研究院下达了对原规程《公路工程沥青及沥青混合料试验规程》（JTJ 052—2000）的修订任务。修订单位在认真总结多年来我国在沥青及沥青混合料方面的研究成果和应用经验的基础上，参阅了大量国内外相关标准规范和技术资料，并广泛征求了有关单位的意见，经过反复修改，完成了修订工作。本次对原规程共修订43项，增补13项，删除2项。

该规程制定的目的是，规范和统一沥青及沥青混合料的试验方法，保证公路工程沥青及沥青混合料的质量。该规程适用于公路沥青路面的设计、施工、养护以及质量检查、验收等各阶段的性能试验。

该规程使用的仪器设备，均应经相应的计量部门或检测机构定期检测合格，测试误差应满足该规程及其他相关规范的要求。计量单位应采用国家法定计量单位，国外进口或原有仪器设备不符合我国法定计量单位者，使用时应换算成我国法定计量单位。试验人员应具有沥青材料的基本知识，遵守安全操作和环境保护的规定。

当使用与该规程规定不同的量测仪具和设备时，其试验技术指标、试验允许误差及基本试验条件应满足该规程的规定。各项测试结果的计算及表示应符合有效数字的规定，对重复性试验和再现性试验的试验结果允许误差应符合该规程规定的要求。对该规程中未作规定的实验项目，可参考国内外有关标准试验方法，但应该在实验报告中予以说明。

该规程规定沥青的试验方法54项，沥青混合料的试验方法45项，见表1.2。

表1.2 《公路工程沥青及沥青混合料试验规程》（JTG E20—2011）的试验记录

沥青试验	沥青混合料试验
T 0601—2011 沥青取样法	T 0701—2011 沥青混合料取样法
T 0602—2011 沥青试样准备方法	T 0702—2011 沥青混合料试件制作方法（击实法）
T 0603—2011 沥青密度与相对密度试验	T 0703—2011 沥青混合料试件制作方法（轮碾法）
T 0604—2011 沥青针入度试验	T 0704—2011 沥青混合料试件制作方法（静压法）
T 0605—2011 沥青延度试验	T 0705—2011 压实沥青混合料密度试验（表干法）
T 0606—2011 沥青软化点试验（环球法）	T 0706—2011 压实沥青混合料密度试验（水中重法）

续表1.2

沥青试验	沥青混合料试验
T 0607—2011 沥青溶解度试验	T 0707—2011 压实沥青混合料密度试验(蜡封法)
T 0608—1993 沥青蒸发损失试验	T 0708—2011 压实沥青混合料试验(体积法)
T 0609—2011 沥青薄膜加热试验	T 0709—2011 沥青混合料马歇尔稳定度试验
T 0610—2011 沥青旋转薄膜加热试验	T 0710—2011 沥青路面芯样马歇尔试验
T 0611—2011 沥青闪点与燃点试验(克利夫兰开口杯法)	T 0711—2011 沥青混合料理论最大相对密度试验(真空法)
T 0612—1993 沥青含水量试验	T 0712—2011 沥青混合料理论最大相对密度试验(溶剂法)
T 0613—1993 沥青脆点试验(弗拉斯法)	
T 0614—2011 沥青灰分含量试验	T 0713—2000 沥青混合料单轴压缩试验(圆柱体法)
T 0615—2011 沥青蜡含量试验(蒸馏法)	
T 0616—1993 沥青与粗集料的黏附性试验	T 0714—1993 沥青混合料单轴压缩试验(棱柱体法)
T 0617—1993 沥青化学组分试验(三组分法)	T 0715—2011 沥青混合料弯曲试验
T 0618—1993 沥青化学组分试验(四组分法)	T 0716—2011 沥青混合料劈裂试验
T 0619—2011 沥青运动黏度试验(毛细管法)	T 0717—1993 沥青混合料保水率试验
T 0620—2000 沥青动力黏度试验(真空减压毛细管法)	T 0718—2011 沥青混合料抗剪强度试验(三轴压缩法)
T 0621—1993 沥青标准黏度试验(道路沥青标准黏度计法)	T 0719—2011 沥青混合料车辙试验
T 0622—1993 沥青恩格拉黏度试验(恩格拉黏度计法)	T 0720—1993 沥青混合料线收缩系数试验
T 0623—1993 沥青赛波特黏度试验(赛波特重质油黏度计法)	T 0721—1993 沥青混合料中沥青含量试验(射线法)
T 0624—2011 沥青黏韧性试验	T 0722—1993 沥青混合料中沥青含量试验(离心分离法)
T 0625—2011 沥青旋转黏度试验(布洛克菲尔德黏度计法)	
T 0626—2000 沥青酸值测定方法	T 0725—2000 沥青混合料的矿料级配检验方法
T 0627—2011 沥青弯曲蠕变劲度试验(弯曲梁流变仪法)	T 0726—2011 沥青混合料中回收沥青的方法(阿布森法)
T 0628—2011 沥青流变性质试验(动态剪切流变仪法)	T 0727—2011 沥青混合料中回收沥青的方法(旋转蒸发器法)
T 0629—2011 沥青断裂性能试验(直接拉伸法)	T 0728—2000 沥青混合料弯曲蠕变实验
T 0630—2011 压力老化容器加速沥青老化试验	T 0729—2000 沥青混合料冻融劈裂试验
T 0631—1993 沥青浮漂度试验	
T 0632—1993 液体石油沥青蒸馏试验	T 0730—2011 沥青混合料渗水试验
T 0633—1993 液体石油沥青闪点试验(泰格开口杯法)	T 0731—2000 沥青混合料表面构造深度试验

续表1.2

沥青试验	沥青混合料试验
T 0641—1993 煤沥青蒸馏试验	T 0732—2011 沥青混合料谢伦堡析漏试验
T 0642—1993 煤沥青焦油含量试验	T 0733—2011 沥青混合料肯塔堡飞散试验
T 0643—1993 煤沥青酚含量试验	T 0734—2000 沥青混合料加速老化方法
T 0644—1993 煤沥青萘含量试验(色谱柱法)	T 0735—2011 沥青混合料中沥青含量试验(燃烧炉法)
T 0645—1993 煤沥青萘含量试验(抽滤法)	T 0736—2011 沥青混合料旋转压实试件制作方法(SGC法)
T 0646—1993 煤沥青甲苯不溶物含量试验	
T 0651—1993 乳化沥青蒸发残留物含量试验	T 0737—2011 沥青混合料旋转压实和剪切性能试验(GTM法)
T 0652—1993 乳化沥青筛上剩余量试验	
T 0653—1993 乳化沥青微粒离子电荷试验	T 0738—2011 沥青混合料单轴压缩动态模量试验
T 0654—2011 乳化沥青与粗集料的黏附性试验	T 0739—2011 沥青混合料四点弯曲疲劳寿命试验
T 0655—1993 乳化沥青贮存稳定性试验	T 0751—1993 乳化沥青稀浆封层混合料稠度试验
T 0656—1993 乳化沥青低温贮存稳定性试验	T 0752—2011 稀浆混合料湿轮磨耗试验
T 0657—2011 乳化沥青与水泥拌和试验	
T 0658—1993 乳化沥青破乳速度试验	T 0753—2011 稀浆混合料破乳时间试验
T 0659—1993 乳化沥青与矿料的拌和试验	T 0754—2011 稀浆混合料黏聚力试验
T 0660—2000 沥青与集料的低温黏结性试验	T 0755—2011 稀浆混合料复合轮碾粘砂试验
T 0661—2011 聚合物改性沥青离析试验	
T 0662—2000 沥青弹性恢复试验	T 0756—2011 稀浆混合料车辙变形试验
T 0663—2000 沥青抗剥落剂性能评价试验	T 0757—2011 稀浆混合料拌和试验
T 0664—2000 改性沥青用合成橡胶乳液试验	
T 0665—2011 乳化沥青与水混合稳定性试验	T 0758—2011 稀浆混合料配伍性等级试验

本规程自2011年12月1日起施行,原《公路工程沥青及沥青混合料试验规程》(JTJ 052—2000)同时废止。

1.3.2 《公路沥青路面施工技术规范》(JTG F40—2004)

制定该规范的目的是,贯彻"精心施工,质量第一"的方针,保证沥青路面的施工质量。该规范适用于各等级新建和改建公路的沥青路面工程。

原中华人民共和国行业标准《公路沥青路面施工技术规范》(以下简称《规范》)(JTG 032—94)于1994年6月7日颁布,1994年12月1日实施,它在保证沥青路面的建设质量方面起到了重要的作用。但是我国公路建设的发展速度很快,1994年规范颁布时,我国高速公路还刚刚起步,1993年仅建成通车里程1 130 km。到2003年底,高速公路的通车里程已经接近3万公里,其中绝大多数是沥青路面。在交通快速发展的新形势下,国内外公路建设发生了许多新的变化:国际上随着美国 SHARP 成果 Superpave™ 及欧洲 CEN 沥青及沥青混合料研究成果的发表,世界各国对沥青路面的研究都更深入,得出了许多十分重要的新成果,不少国家对相关规范进行了适当的修改,并且新的筑路机械、新的施工工艺都不同程度地影响到我国。同时在国内,通过国家科技攻关等一系列科学研究及长期的施工实践,对沥青路面的各方面都有了新的认识。为了适应新的要求,由交通部公路科学研究院再次对它进行修订,制订了《公路沥青路面施工技术规范》(JTG F40—2004)。

新《规范》是在原《规范》的基础上,合并了《公路改性沥青路面施工技术规范》及《公路沥青玛琋脂碎石路面技术指南》的相关内容,并针对主要技术问题开展了科学研究与试验验证工作,充分吸收了各专题的研究成果,经广泛征求意见后制定的。

《规范》本次修订的主要内容有:

①在"八五"国家科技攻关成果的基础上,提出了新的道路沥青标准和沥青路面的气候分区;提出了按照当地气候条件及交通情况(公路等级)选择沥青标号的方法。

②在总则中强调了几个与早期病害有关的措施,如防治层间污染、保证合理施工工期等。

③在材料部分全面修订了道路石油沥青、乳化沥青技术要求,局部修订了集料技术要求。

④针对改性沥青和 SMA 方面的一些特殊要求进行了补充完善。

⑤明确了三层矿料级配范围的意义,提出了规范矿料级配范围和调整矿料级配范围的原则。

⑥完善了沥青混合料配合比设计方法,调整了马歇尔试验配合比设计方法及设计指标、标准,修订了确定最佳沥青用量的方法,统一了空隙率等体积指标的计算方法。

⑦修订并补充了沥青混合料配合比设计检验方法和技术要求,增加了渗水性检验指标。

⑧调整了不同粒径混合料的适宜压实层厚度,不同层位的沥青混合料种类、规格;明确施工期间需要对设计结构、使用材料进行审查和监督,予以确认。

⑨在施工工艺部分,主要修订了对拌和厂的要求。提出了过程控制、总量检验的方法。增加了提高路面平整度的措施,强调了摊铺宽度限制和加强轮胎压路机压实等内容,同时强调了在冬季施工及雨季施工需要注意的问题。

⑩修改了透层、黏层、封层的内容,将封层部分移入表面处治一章中,并增补了有关稀浆封层、微表处等新型结构的内容。

⑪提出了对钢桥面铺装的基本要求。

⑫修订了施工质量检验指标、频度、方法,增补了密水性(渗水系数)要求,强调压实度检验主要是工艺控制。

沥青路面施工必须符合国家环境和生态保护的规定。沥青路面施工必须有施工组织设计,并保证合理的施工工期。沥青路面不得在气温10 ℃(高速公路和一级公路)或5 ℃(其他等级公路)以下,以及雨天、路面潮湿的情况下施工。沥青面层宜连续施工,避免与可能污染沥青层的其他工序交叉,以杜绝施工和运输污染。沥青路面施工应确保安全,有良好的劳动保护。沥青拌和厂应具备防火设施,配制和使用液体石油沥青的全过程严禁烟火。使用煤沥青时应采取措施防止工作人员吸入煤沥青或避免皮肤直接接触煤沥青造成身体伤害。沥青路面试验检测的试验室应通过认证,取得相应的资质,试验人员持证上岗,仪器设备必须检定合格。沥青路面工程应积极采用经试验和实践证明有效的新技术、新材料、新工艺。

该规范由11章、7个附录组成,具体内容见表1.3。

表1.3 《公路沥青路面施工技术规范》(JTG F 40—2004)的具体内容

1 总则	5.6 混合料的摊铺	10 其他沥青铺装工程
2 术语、符号、代号	5.7 沥青路面的压实及成型	10.1 一般规定
2.1 术语	5.8 接缝	10.2 行人及非机动车道路
2.2 符号及代号	5.9 开放交通及其他	10.3 重型车停车场、公共汽车站
3 基层	6 沥青表面处治与封层	10.4 水泥混凝土桥面的沥青铺装层
4 材料	6.1 一般规定	10.5 钢桥面铺装
4.1 一般规定	6.2 层铺法沥青表面处治	10.6 公路隧道沥青路面
4.2 道路石油沥青	6.3 上封层	10.7 路缘石与拦水带
4.3 乳化沥青	6.4 下封层	11 施工质量管理与检查验收
4.4 液体石油沥青	6.5 稀浆封层和微表处	11.1 一般规定
4.5 煤沥青	7 沥青贯入式路面	11.2 施工前的材料与设备检查
4.6 改性沥青	7.1 一般规定	11.3 铺筑试验路段
4.7 改性乳化沥青	7.2 材料规格和用量	11.4 施工过程中的质量管理与检查
4.8 粗集料	7.3 施工准备	11.5 交工验收阶段的工程质量检查与验收
4.9 细集料	7.4 施工方法	
4.10 填料	8 冷拌沥青混合料路面	11.6 工程施工总结及质量保证期管理
4.11 纤维稳定剂	8.1 一般规定	附录A 沥青路面使用性能气候分区
5 热拌沥青混合料路面	8.2 冷拌沥青混合料的配合比设计	附录B 热拌沥青混合料配合比设计方法
5.1 一般规定	8.3 冷拌沥青混合料路面施工	附录C SMA混合料配合比设计方法
5.2 施工准备	8.4 冷补沥青混合料	附录D OGFC混合料配合比设计方法
5.3 配合比设计	9 透层、黏层	附录E 沥青层压实度评定方法
5.4 混合料的拌制	9.1 透层	附录F 施工质量动态管理方法
5.5 混合料的运输	9.2 黏层	附录G 沥青路面质量过程控制及总量检验方法

《公路沥青路面施工技术规范》(JTG F40—2004),自2005年1月1日起施行,原《公路沥青路面施工技术规范》(JTJ 032—94)与《公路改性沥青路面施工技术规范》(JTJ 036—98)同时废止。

1.3.3 《公路沥青路面设计规范》(JTG D50—2006)

该规范是为适应公路建设发展的需要,使沥青路面满足使用要求,保证路面质量,提高工程耐久性等,对原有《公路沥青路面设计规范》(JTJ 014—97)进行修订后而制定的。该规范由中交公路规划设计院主持,由有关院校、科研设计单位参加编制,在总结多年的工程实践经验和科研成果的基础上,经过大量调研,经反复修改而完成。该规范适用于各级公路沥青路面新建和改建设计,专用公路可参照执行。

沥青路面设计包括交通量试验、分析与预测,材料选择,混合料配合比设计,设计参数的测试与确定,路面结构组合设计与厚度计算,路面排水系统设计和其他路面工程设计等,并进行路面结构方案的技术经济综合比较,提出推荐方案。

高速公路、一级公路的沥青路面不宜采用分期修建。软土地区或高填方路基、黄土湿陷地区等可能产生较大沉降的路段,以及初期交通量较小的公路可"一次设计,分期修建"。

沥青路面的设计应遵循下列原则:

①开展现场资料调查和收集工作,做好交通荷载分析和预测,按照全寿命周期成本的观念进行路面设计。

②调研掌握全线路基特点,查明土质、路基干湿类型,在对不良地质路段处理的基础上,进行路基路面综合设计。

③遵循因地制宜、合理选材、节约资源的原则,选择技术先进、经济合理、安全可靠、方便施工的路面结构方案。

④结合当地条件,积极、慎重地推广新技术、新结构、新材料、新工艺,并认真铺筑试验路段,总结经验,不断完善,逐步推广。

⑤符合国家环境保护的有关规定,保护相关人员安全和健康,重视材料的再生利用与废弃料的处理。

该规范由11章、7个附录组成,具体内容见表1.4。

表 1.4 《公路沥青路面设计规范》(JTG D50—2006)的具体内容

1 总则	6.2 柔性基层、底基层	附录 A 半刚性基层材料振动法试件成型方法和抗冻性试验方法
2 术语、符号	6.3 刚性基层	
2.1 术语	7 沥青面层	附录 B 气候区有关资料
2.2 符号	7.1 沥青结合料面层	附录 C 沥青混合料矿料级配与沥青贯入式、沥青表面外治规格和用量
3 一般规定	7.2 沥青贯入式路面与表面处治	
3.1 标准轴载与设计交通量	8 新建路面结构厚度	附录 D 无结合料材料的级配组成
3.2 路用材料	9 改建路面设计	附录 E 材料设计参数参考资料
4 结构层与组合设计	9.1 一般规定	附录 F 查表法估计土基回弹模量参考值
4.1 结构层设计	9.2 沥青路面加铺层	
4.2 结构组合设计	9.3 水泥混凝土路面加铺沥青路面	附录 G 本规范用词说明
5 路基与垫层	10 排水设计	附件《公路沥青路面设计规范》(JTG D50—2006)条文说明
5.1 路基回弹模量	11 桥面铺装及其他工程	
5.2 垫层与抗冻层设计	11.1 桥面铺装	
6 基层、底基层	11.2 其他工程	
6.1 半刚性基层、底基层		

该规范自 2007 年 1 月 1 日起施行,原《公路沥青路面设计规范》(JTJ 014—97)同时废止。

1.3.4 《公路工程集料试验规程》(JTG E42—2005)

《公路工程集料试验规程》(JTG E42—2005)是对《公路工程集料试验规程》(JTJ 058—2000)修订而成的,修订工作由交通部公路工程研究所完成,修订是针对原规程中水泥混凝土与沥青混合料对集料的测试方法和要求不同这一点,本着尽可能统一的原则进行的。共修订试验方法 19 项,增补试验方法 3 项及 1 个附录,删除了 5 项试验方法及原来的圆筛孔附录。

该规程制定的目的是为了适应我国公路建设的需要,保证公路工程对集料质量的要求。该规程规定了新建和改建各级公路工程中水泥混凝土、沥青混合料和路基面层所用集料的试验方法。各种集料的技术要求应符合现行有关技术规范的规定。用于该规程的试验仪器应经国家有关检测机构认定合格并符合该规程要求,实验人员在试验中应遵守安全操作、防火、防毒及环境保护的规定。送样集料样品应标明产地、规格、数量、送试单位、试验项目、送试日期等,并采用能防止污染和不易损坏的包装。该规程共收录粗集料试验项目 26 项,细集料试验项目 19 项,矿粉试验项目 5 项,附录 2 项,具体目录见表 1.5。

表1.5 《公路工程集料试验规程》(JTG E42—2005)的具体内容

粗集料试验	细集料试验
T 0301—2005 粗集料取样法	T 0327—2005 细集料筛分试验
T 0302—2005 粗集料及集料混合料的筛分试验	T 0328—2005 细集料表观密度试验(容量瓶法)
T 0303—2005 含土粗集料筛分试验	T 0330—2005 细集料密度及吸水率试验
T 0304—2005 粗集料密度及吸水率试验(网篮法)	T 0331—1994 细集料堆积密度及紧装密度试验
T 0305—1994 粗集料含水率试验	T 0332—2005 细集料含水率试验
T 0306—1994 粗集料含水率快速试验(酒精燃烧法)	T 0333—2000 细集料含泥量试验(筛洗法)
	T 0334—2005 细集料砂当量试验
T 0307—2005 粗集料吸水率试验	T 0335—1994 细集料泥块含量试验
T 0308—2005 粗集料密度及吸水率试验(容量瓶法)	T 0336—1994 细集料有机质含量试验
T 0309—2005 粗集料堆积密度及空隙率试验	T 0337—1994 细集料云母含量试验
T 0310—2005 粗集料含泥量及泥块含量试验	T 0338—1994 细集料轻物质含量试验
T 0311—2005 水泥混凝土用粗集料针片状颗粒含量试验(规准仪法)	T 0339—1994 细集料膨胀率试验
T 0312—2005 粗集料针片状颗粒含量试验(游标卡尺法)	T 0340—2005 细集料坚固性试验
	T 0341—1994 细集料三氧化硫含量试验
T 0313—1994 粗集料有机物含量试验	T 0343—1994 细集料含水率快速试验(酒精燃烧法)
T 0314—2005 粗集料坚固性试验	
T 0316—2005 粗集料压碎值试验	T 0344—2000 细集料棱角性试验(间隙率法)
T 0317—2005 粗集料磨耗值试验(洛杉矶法)	T 0345—2005 细集料棱角性试验(流动时间法)
T 0320—2005 粗集料软弱颗粒试验	T 0349—2005 细集料亚甲蓝试验
T 0321—2005 粗集料磨光值试验	T 0350—2005 细集料压碎指标试验
T 0322—2005 粗集料冲击值试验	矿粉试验
T 0323—2005 粗集料磨耗试验(道瑞试验)	T 0351—2000 矿粉筛分试验(水洗法)
T 0324—1994 集料碱活性检验(岩相法)	T 0352—2000 矿粉密度试验
T 0325—1994 集料碱活性检验(砂浆长度法)	T 0353—2000 矿粉亲水系数试验
T 0326—1994 抑制集料碱活性效能试验	T 0354—2000 矿粉塑性指数试验
T 0346—2000 破碎砾石含量试验	T 0355—2000 矿粉加热安定性试验
T 0347—2000 集料碱值试验	附录A 公路工程方孔筛集料标准筛
T 0348—2005 钢渣活性及膨胀性试验	附录B 不同温度水的密度修正方法

《公路工程集料试验规程》(JTG E42—2005)自2005年8月1日起施行,原《公路工程集料试验规程》(JTJ 058—2000)同时废止。

1.3.5 《公路工程无机结合料稳定材料试验规程》（JTG E51—2009）

《公路工程无机结合料稳定材料试验规程》（JTG E51—2009）是在《公路工程无机结合料稳定材料试验规程》（JTJ 057—94）的基础上修订的，由交通部于2006年委托交通部公路科学研究院负责。修订组开展了全面的调研和相关试验工作，参考了国内外相关标准、规范及其他技术资料并广泛征求了有关意见。

该规程增加了22个试验方法，修订了3个试验方法。修订后的规程由5章（35个试验方法）、2个附录构成，其中原材料试验15个，无机结合料稳定材料的取样、成型和养生试验6个，无机结合料稳定材料的物理、力学实验14个，具体实验目录见表1.6。

表1.6 《公路工程无机结合料稳定材料试验规程》（JTG E51—2009）的试验目录

原材料试验	无机结合料稳定材料的取样、成型和养生试验
T 0801—2009 含水量试验（烘干法）	T 0841—2009 无机结合料稳定材料取样
T 0802—1994 含水量试验（砂浴法）	
T 0803—1994 含水量试验（酒精法）	T 0804—1994 无机结合料稳定材料击实试验
T 0809—2009 水泥或石灰稳定材料中水泥或石灰剂量测定（EDTA滴定法）	T 0842—2009 无机结合料稳定材料振动压实试验
T 0810—2009 石灰稳定材料中石灰剂量测定（直读式测钙仪法）	T 0843—2009 无机结合料稳定材料试件制作（圆柱法）
T 0811—1994 石灰有效氧化钙测定	T 0844—2009 无机结合料稳定材料试件制作（梁式）
T 0812—1994 石灰氧化镁测定	
T 0813—1994 石灰有效氧化钙和氧化镁简易测定	T 0845—2009 无机结合料稳定材料养生试验
T 0814—2009 石灰细度试验	T 0805—1994 无机结合料稳定材料无侧限抗压强度试验
T 0815—2009 石灰未消化残渣含量测定	
T 0816—2009 粉煤灰二氧化硅、氧化铁和氧化铝含量测定	T 0806—1994 无机结合料稳定材料间接抗拉强度试验（劈裂试验）
T 0817—2009 粉煤灰烧失量测定	T 0851—2009 无机结合料稳定材料弯拉强度试验
T 0818—2009 粉煤灰细度测定	
T 0819—2009 石灰、粉煤灰密度测定	T 0808—1994 无机结合料稳定材料室内抗压回弹模量试验（顶面法）
T 0820—2009 粉煤灰比表面积测定（勃氏法）	

续表1.6

无机结合料稳定材料的物理、力学实验	T 0855—2009 无机结合料稳定材料温缩试验
T 0807—1994 无机结合料稳定材料室内抗压回弹模量试验(顶面承载板法)	T 0856—2009 无机结合料稳定材料疲劳试验
T 0852—2009 无机结合料稳定材料劈裂回弹模量试验	T 0857—2009 无机结合料稳定材料室内动态抗压回弹模量试验
T 0853—2009 无机结合料稳定材料弯拉回弹模量试验	T 0858—2009 无机结合料稳定材料冻融试验
	T 0859—2009 无机结合料稳定材料渗水试验
T 0854—2009 无机结合料稳定材料干缩试验	T 0860—2009 无机结合料稳定材料抗冲刷试验
附录A 正态样本异常值的判断及处理方法——狄克逊准则	附录B 一元线性回归分析

《公路工程无机结合料稳定材料试验规程》(JTG E51—2009)自2010年1月1日起施行,原《公路工程无机结合料稳定材料试验规程》(JTJ 057—94)同时废止。

《公路工程无机结合料稳定材料试验规程》(JTG E51—2009)主要针对无机结合料稳定材料,这类材料主要指水泥、石灰、粉煤灰等,与沥青混合料本来没有直接关系,但用这类结合料稳定材料制备的路面基层材料等,与沥青混合料结构层具有间接的配合关系,并且无机结合料混合料在公路建设中也很重要,因此在此处对该规程一并做一简要介绍。

第2章 沥青混合料的主要类型和性质

沥青混合料是将粗集料、细集料和填料经人工合理选择级配组成的矿质混合料与适量的沥青材料拌和而成的均匀混合料。按照集料的级配形式,沥青混合料可以分为密级配、开级配和半开级配沥青混合料;根据集料公称最大粒径,又可以细分为特粗式、粗粒式、中粒式、细粒式和砂粒式沥青混合料。

在我国目前的高等级公路中,密级配沥青混合料尤其是沥青混凝土和沥青玛琋脂碎石使用最为广泛;开级配沥青混合料具有较大的空隙,可迅速排除路面降水,但由于其耐久性较差,仅得到了部分应用;半开级配沥青混合料使用较少。

本章主要介绍(连续密级配)沥青混凝土(AC)、大粒径沥青碎石混合料(LSAM)、沥青玛琋脂碎石混合料(SMA)的基本性能,对其他沥青混合料作概要介绍。

2.1 (连续密级配)沥青混凝土(AC)

沥青混凝土(俗称沥青砼)是经人工选配具有一定级配组成的矿料(碎石或轧碎砾石、石屑或砂、矿粉等)与一定比例的路用沥青材料,在严格控制条件下拌制而成的混合料。

1. 沥青混凝土(Asphalt Concrete 或 Bituminous Concrete)定义

沥青混凝土主要有两种定义:一种定义是,经过加热的骨料、填料和沥青、按适当的配合比所拌和成的均匀混合物,经压实后为沥青混凝土[应用学科:电力(一级学科)、水工建筑(二级学科)];另一种定义是,由沥青、填料和粗细骨料按适当比例配制而成[应用学科:水利科技(一级学科);工程力学、工程结构、建筑材料(二级学科);建筑材料(水利)(三级学科)]。

2. 沥青混凝土分类

沥青混凝土按所用结合料不同,可分为石油沥青混凝土和煤沥青混凝土两大类。按所用集料品种不同,可分为碎石的、砾石的、砂质的、矿渣的四类,以碎石的最为普遍。按混合料最大颗粒尺寸不同,可分为粗粒、中粒、细粒、砂粒等。按混合料的密实程度不同,可分为密级配、半开级配和开级配等,开级配混合料也称沥青碎石。其中热拌热铺的密级配碎石混合料经久耐用,强度高,整体性好,是修筑高级沥青路面的代表性材料,应用得最广。

3. 配料情况

沥青混凝土的强度主要表现在两个方面:一方面是沥青与矿粉形成的胶结料的黏结力;另一方面是集料颗粒间的内摩阻力和锁结力。矿粉细颗粒(大多小于 0.075 mm)的巨大表面积使沥青材料形成薄膜,从而提高了沥青材料的黏结强度和温度稳定性;而锁结力则主要在粗集料颗粒之间产生。选择沥青混凝土矿料级配时要兼顾两者,以达到加入适量沥青后混合料能形成密实、稳定、粗糙度适宜、经久耐用的路面。配合矿料有多种方法,可以用公式计算,也可以凭经验规定级配范围,我国目前采用经验曲线的级配范围。沥青混合料中的沥青适宜用量,应以试验室试验结果和工地实用情况来确定,一般在有关规范内均列有可供参考的沥青用量范围作为试配的指导。当矿料品种、级配范围、沥青稠度和种类、拌和设施、地区气候及交通特征较固定时,也可采用经验公式估算。

4. 制备工艺

热拌的沥青混合料宜在集中地点用机械拌制。一般选用固定式热拌厂,在线路较长时宜选用移动式热拌机。冷拌的沥青混合料可以集中拌和,也可就地路拌。沥青拌和厂的主要设备包括:沥青加热锅、砂石贮存处、矿粉仓、加热滚筒、拌和机及称量设备、蒸汽锅炉、沥青泵及管道、除尘设施等,有些还有热集料的重新分筛和贮存设备。拌和机又可分为连续式和分批式两大类。在制备工艺上,过去多采用先将砂石料烘干加热后,再与热沥青和冷的矿粉拌和。近来,又发展一种先用热沥青拌好湿集料、然后再加热拌匀的方法,以消除集料在加热和烘干时飞灰。采用后一种工艺时,要防止残留在混合料中的水分影响沥青混凝土使用寿命,最好能同时采用沥青抗剥落剂,以增强抗水能力。

5. 连续密级配的沥青混凝土

连续密级配的沥青混凝土是我国沥青混合料中的主要类型,也是我国公路工程中使用量最大的一类沥青混合料。沥青混凝土具有较高的强度和密实度,但它们在常温或高温下具有一定的塑性。沥青混凝土的高密实度使得它水稳性好,具有较强的抗自然侵蚀能力,故寿命长、耐久性好,适合作为现代高速公路的柔性面层。从国内外的工程实践来看,以沥青混凝土作为高等级公路或城市道路的路面材料已经相当普遍。

各国对沥青混凝土有不同的规范,我国制定的热拌热铺沥青混合料技术规范中,以空隙率为10%及以下者称为沥青混凝土,又细分为Ⅰ型和Ⅱ型。抗滑表层Ⅰ型的空隙率为3%(或2%)~6%,属密级配型,其特点是中细型料较多,混合料的空隙率较低,因此具有良好的水稳定性和耐久性。Ⅱ型为6%~10%,属半开级配型,其特点是在Ⅰ型级基础上减少了细集料的用量。混合料具有较强的表面纹理、但混合料的空隙率也较大;抗滑表层沥青混合工具对Ⅰ型和Ⅱ型沥青混凝土的混合,在保留Ⅱ型级配粗集料构成的特点条件下,增加了细集料用量,从而降低了混合料的空隙率。空隙率为10%以上者称为沥青碎石,属开级配型。

经过多年的工程实践总结发现,我国传统的Ⅰ型密级配沥青混合料对于二级及二级以下公路基本上是适用的,但对渠化交通的高速公路和一级公路,用于表面层时高温稳定性和抗滑性能存在不足。特别是对重载公路及长大坡度路段,由于Ⅰ型级配采用了非常明显的悬浮结构,抗车辙能力明显不足。Ⅱ型沥青混合料虽然有较多的粗集料,但空隙率普遍偏大,现场空隙率普遍超过10%,易出现水损害,因此不适用于多雨潮湿地区的路面使用。而AK类抗滑表层混合料,除部分由于片面追求平整度或过分担心构造深度而导致空隙率偏大发生了早期损坏外,大部分使用尚可。近年来不少工程仍在AK-13A型级配范围进行配合比设计,但是不再走中值,适当减少了最粗的粗集料数量及最细的细集料数量,调整成S型级配,使空隙率有所改善,使用效果较好。所以,总的来说,这些级配仍然是适用的。

我国传统的沥青混合料设计理论中,沿用的是"级配选用"概念,也即在混合料设计过程中,根据工程特点在规范规定的级配中选用一种级配,然后以该级配的中值作为设计和施工控制目标。该方法虽然具有极大的方便性,但由于各个工程中所用的原材料不同,气候和交通特点不同,如此机械死板的方法无法体现出混合料设计的针对性和灵活性。在新的《公路沥青路面施工技术规范》(JTG F40—2004)中,借鉴了美国Superpave的设计理念,引进了"级配选择"的概念,明确了沥青混合料矿料级配范围的三个层次:规范级配范围、工程设计级配范围和施工允许波动级配范围,即在特定的级配范围内,根据各级配曲线的性能,从中选择一条符合工程需求的级配。因此在新规范中有意识地扩大了各级配的范围,以便为设计者提供更大的选择余地。

由图2.1可以看出,除在粗集料级配范围内有一定差别外,新规范中的AC-20型混合料基本覆盖了传统的Ⅰ型和Ⅱ型级配范围。由此可以看出,我国现行规范中的级配虽然不同于传统的级配,但并不能简单地理解为新级配一定优于传统级配。级配范围的规定是和混合料设计方法紧密联系的,由于新规范中引入了"级配选择"概念,因此级配曲线的具体取值的作用已明显下降,其作用已退位于混合料的性能评价。即级配曲线的最终确定,并不完全取决于规范中的级配范围,而是取决于混合料的性能检验。在此条件下,较宽的级配范围具有更为明显的工程实用性。

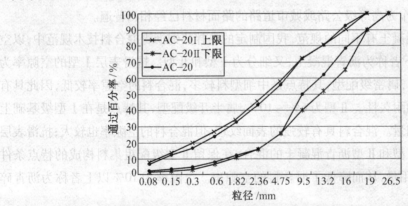

图2.1 新规范中沥青混凝土混合料级配范围与原规范级配范围的对比

我国现行规范中的密级配沥青混凝土混合料的矿料级配范围见表2.1。通常情况下,粗粒式混合料主要用于路面的基层和下面层;细粒式和中粒式混合料多用于表面层和中面层;砂粒式一般用作表面层。

表 2.1 密级配沥青混凝土混合料(AC)矿料级配范围

级配类型		通过下列筛孔(mm)的质量百分率/%											
		31.5	26.5	19	16	13.2	9.5	4.75	2.36	1.18	0.6	0.3	0.15	0.075
粗粒式	AC-25	100	90~100	75~90	65~83	57~76	45~65	24~52	16~42	12~33	8~24	5~17	4~13	3~7
中粒式	AC-20		100	90~100	78~92	62~80	50~72	26~56	16~44	12~33	8~24	5~17	4~13	3~7
	AC-16			100	90~100	76~92	60~80	34~62	20~48	13~36	9~26	7~18	5~14	4~8
细粒式	AC-13				100	90~100	68~85	38~68	24~50	15~38	10~28	7~20	5~14	4~8
	AC-10					100	90~100	45~75	30~58	20~44	13~32	9~23	6~16	4~8
砂粒式	AC-5						100	90~100	55~75	35~55	20~40	12~28	7~18	5~10

2.2 大粒径沥青碎石混合料(LSAM)

1. 基本情况

国内外高等级公路建设和营运实践表明,随着交通量的增长、重车和胎压的增大、刚性轮胎和子午轮胎的应用以及交通车辆的渠化,使得沥青路面的抗车辙能力(抗高温累积变形)和路面的耐久性变差。如何提高沥青路面的抗车辙能力和延长路面的使用寿命,是一项十分重要的科研课题,而大粒径沥青碎石混合料(Large Stone Asphalt Mixes, LSAM)的应用可以有效解决路面产生的车辙问题。

我国沥青路面常用的混合料类型,从矿料粒径大小来分有:细粒式、中粒式、粗粒式三种类型的沥青混合料。一般情况下,细粒式沥青混合料用于表面层,中粒式和粗粒式沥青混合料用于中、下面层或连接层。在生产实际中,这些类型的混合料通常为悬浮-密实型结构,强度形成主要依赖于沥青与矿料之间的黏结力,以及矿料之间的内摩阻力。在大交通量、重轴载车辆的作用下,由于这些混合料的抗剪强度较低,容易产生车辙等病害,影响了路面的使用性能,降低了路面的使用寿命,增加了路面的养护费用。因此,深入系统地研究沥青混合料的强度机理、力学特征、级配组成、体积特性,特别是着重研究开发骨架密实型结构,研究总结不同接触程度的骨架类型与各种路用性能的关系和规律,提高以抗车辙能力为主的高温稳定性,改善抗疲劳性能、水稳定性和低温抗裂性等综合路用性能,已成为迫在眉睫的一项重要任务,这也是大粒径沥青混合料设计的目的和思路。

大粒径透水性沥青混合料(Large Stone Porous Asphalt Mixes,LSPM)是指混合料最大公称粒径大于 26.5 mm、具有一定空隙率能够将水分自由排出路面结构的沥青混合料,LSPM 通常用作路面结构中的基层。这种混合料的提出是来自美国一些州的经验,美国中西部的一些州对应用了 30 多年以上而运营状况相对良好的一些典型路面进行了相关的调查,发现许多成功的路面其基层采用的是较大粒径的单粒径嵌挤型沥青混合料如灌入式沥青基层。因此提出以单粒径形成嵌挤为条件进行混合料的设计,从而形成开级配大粒径透水性沥青混合料(LSPM)。美国 NCHRP 联合攻关项目对大粒径沥青混合料也进行了相关研究,最终得到了研究报告 NCHRP Report 386,但是研究报告主要是针对于大量实体工程的调查而且偏重于密级配大粒径沥青混合料,而且 NCHRP Report 386 对 LSPM 材料与结构设计并没有进行系统的研究。我们在国外研究的基础上从 2001 年开始进行了大量的研究和应用,并对其级配与各项技术指标进行研究,使其更符合我国具体实际情况,根据研究结果与使用状况提出了我国的 LSPM 设计与施工指南,更好地指导工程实践。

LSPM 的设计采用了新的理念,从级配设计角度考虑,LSPM 应当是一种新型的沥青混合料,通常由较大粒径(25~62 mm)的单粒径集料形成骨架,由一定量的细集料填充而组成的骨架型沥青混合料。LSPM 设计为半开级配或者开级配。由于 LSPM 有着良好的排水效果,通常为半开级配(空隙率为 13%~18%)。它不同于一般的沥青处治碎石混合料(ATPB)基层,也不同于密级配沥青稳定碎石混合料(ATB)。沥青处治碎石(ATPB)粗集料形成了骨架嵌挤,其基本上没有细集料填充,因此空隙率很大,一般大于 18%,具有非常好的透水效果,但由于没有细集料填充空隙率过大,其模量较低而且耐久性较差。密级配沥青稳定碎石混合料(ATB)也具有良好的骨架结构,空隙率一般在 3%~6%,因此其不具有排水性能。LSPM 级配经过严格设计,形成了单一粒径骨架嵌挤,并且采用少量细集料进行填充,提高混合料模量与耐久性,在满足排水要求的前提下降低混合料的空隙率,其空隙率一般为 13%~18%,因此 LSPM 既具有良好的排水性能又具较高模量与耐久性。

研究和应用表明 LSPM 具有以下优点:

①级配良好的 LSPM 可以抵抗较大的塑性和剪切变形,承受重载交通的作用,具有较好的抗车辙能力,提高了沥青路面的高温稳定性。特别是对于低速、重车路段,需要的持荷时间较长时,设计良好的 LSPM 与传统的沥青混凝土相比,显示出十分明显的抗永久变形能力。

②LSPM 有良好的排水功能,可以兼有路面排水层的功能。

③由于 LSPM 有着较大的粒径和较大的空隙,它可以有效地减少反射裂缝。

④大粒径集料的增多和矿粉用量的减少,减少了比表面积,减少了沥青总用量,从而降低了工程造价。

⑤与通常的半刚性基层相比,提高了工程施工速度,减少了设备投入。

⑥在大修改建工程中,可大大缩短封闭交通时间,社会经济效益显著。

2. LSAM 力学特性和路用性能

英国的布朗教授提出,不同集料的最大公称尺寸会显著影响沥青混合料的性能,使用较大公称尺寸的集料,在减少沥青用量的同时,能提高沥青混合料的稳定性和抗滑性能。

美国 NCHRP 通过对大量的室内无侧限 1 h 徐变恢复试验研究表明:当级配指数为 0.45 的 LSAM 混合料含有 25 mm 以上、38 mm 以上和 53 mm 以上粗集料时,LSAM 混合料没有明显的徐变屈服。

南非大粒径沥青混凝土野外路用性能重载模拟试验表明:传统的沥青混凝土的车辙是 LSAM 的 2~20 倍。当 LSAM 的试验段在 40~50 ℃ 的高温时,其性能也比传统的沥青混凝土好,甚至在低温时其性能也是如此。表明 LSAM 具有较好的温度稳定性,设计适当的 LSAM 较少依靠沥青的黏滞度来提供其抗剪强度。实测低温时 LSAM 路面面层的劲度明显小于室内试验所测劲度。尽管路面弯沉有时高达 1 mm,但没有发现裂缝,这表明实体 LSAM 工程和计算模型预测相比,更具有抗疲劳损伤能力。

美国陆军工程兵团的研究表明,使用最大公称尺寸为 25 mm 的沥青混合料比使用 19 mm 的沥青混合料具有更好的抗车辙性能,同时又能够降低沥青用量。

在美国基塔基州,为减少沥青路面的车辙变形,Kamyen Mahboub 等人通过室内试验(包括静态、动态蠕变试验,压缩强度试验和回弹模量试验),研究了不同类型 LSAM 的性能,结果表明,LSAM 具有较好的稳定性、较高的压缩强度和回弹模量值,特别是具有较好的抗车辙性能。N. Paul. Khosla 的研究也表明,LSAM 的回弹模量比常用的沥青混合料大两倍左右,其抗车辙和耐久性能也优于常用的沥青混合料。

3. LSAM 的特点和存在的问题

研究表明:LSAM 与粗粒式 AC-30 沥青混合料相比,具有的特点见表 2.2。

表 2.2 LSAM 与粗粒式 AC-30 沥青混合料指标比较

	我国规范中 AC-30 Ⅰ、AC-30 Ⅱ	本章研究的 LSAM
粒径尺寸	一级最大粒径 37.5 mm 二级最大粒径 25 mm	一级最大粒径 53 mm 二级最大粒径 37.5 mm
粗集料用量	AC-30 Ⅰ 均值为 58%,AC-30 Ⅱ 均值为 72%	通常均值为 72% 左右
空隙率	AC-30 Ⅰ 为 3%~6%,AC-30 Ⅱ 为 4%~10%	密级配为 5% 以下,开级配为 15% 以上
沥青用量	较大	较小
试验方法	马歇尔试验	大马歇尔试验,旋转压实试验,马歇尔试验
设计方法	马歇尔稳定度试验设计法	本章推荐间断密实级配综合设计法
强度理论	胶浆理论、表面理论	表面理论
抗车辙性能	较差	很好
抗水损害性	AC-30 Ⅱ 较差	较好
抗疲劳性能	一般	设计良好的 LSAM 有较好抗疲劳性
抗裂性	AC-30 Ⅰ 较好,AC-30 Ⅱ 较差	较好
耐久性	一般	较好
平整度与厚度	平整度好,一次性铺筑厚度通常为 7 cm 左右	平整度差,一次性铺筑厚度通常为 11~13 cm
工程费用	较高	较低

综上所述,可以将 LSAM 特点概括为:颗粒尺寸大,沥青膜厚,路面寿命长;沥青含量低、造价低;粗集料含量高、粗集料接触程度高和主骨架稳定性高。

研究和应用 LSAM 过程中,发现存在两方面的问题。一是 LSAM 未必比传统的 AC 混凝土的抗车辙能力强;二是施工中容易出现离析、集料破碎和设备磨耗等问题。这主要是 LSAM 没有形成良好的石-石接触,形成的骨架稳定性较差。在重交通荷载的作用下,粗集料一旦产生变形或移动,就会产生比细集料更大的空间位移。对于未形成良好的石-石接触的 LSAM,抗剪强度主要依靠细砂粒间的摩擦力形成。

国外对 LSAM 的设计方法及其应用进行了较为深入的研究,并取得诸多成果。至今为止,国内有关 LSAM 的研究报告还较少。可喜的是,我国道路界已经注意到 LSAM 的发展前景,在新修订的《公路工程沥青与沥青混合料试验规程》(JTG E20—2011)中介绍了大型马歇尔击实法。

2.3 沥青玛琋脂碎石混合料(SMA)

2.3.1 SMA 路面简介

沥青玛琋脂碎石混合料(Stome Mastic Asphalt,SMA),是一种由沥青结合料、矿粉、纤维与少量的细集料组成的沥青玛琋脂结合物填充在间级配的粗集料骨架间隙所形成的沥青混合料,属于骨架密实结构。简单地说,SMA 是由互相嵌挤的粗集料骨架和沥青玛琋脂两大部分组成的。

SMA 是一种新型的路面材料,具有良好的路用性能,具有良好的表面功能:抗滑、抗高温、抗车辙、减少低温开裂、平整度高、噪声小、能见度好等特点。SMA 还具有路面抗变形能力强、不透水、使用寿命长、维修养护少等优点,同时 SMA 还可以减薄表面层厚度,易于施工和维修。由于沥青玛琋脂具有上述优点,因此,目前在高等级公路建设中被广泛应用为高等级路面材料。

SMA 起源于 20 世纪 60 年代的德国,德文称 Split mastix asphalt。20 世纪 90 年代初引入美国,被称为 Stone Mastic Asphalt,缩写为 SMA。它是在浇注式沥青混凝土的基础上为了解决车辙问题而发展起来的一种混合料类型。当时为了抵抗带钉轮胎对路面的磨耗而在浇注式沥青混凝土(Guss Asphalt)的基础上增加碎石用量而发展起来的,以后逐渐推广应用到高速公路和城市道路。由于它具有优良的路用性能,20 世纪 80 年代在北欧得到推广,后来尽管不再使用带钉轮胎,但因为 SMA 路面抗滑、抗车辙等性能优良,以至逐渐在高速公路、重交通道路、红绿灯交叉口、机场跑道、桥梁铺装、车站与码头的货物装卸区等广泛应用。

欧洲许多国家,如荷兰、瑞典、挪威、捷克等铺筑了相当数量的 SMA 路面。法国、西班牙也开发了与之相似的 BBM 路面。EAPA 为了推广 SMA 技术,于 1998 年出台了 SMA 设计草案。欧洲一些国家在自己研究和应用的基础上,分别提出了各自的设计规范或指南。

美国于 1990 年 9 月组成了大型考察团,去欧洲学习 SMA 技术,回国后在许多州作了进一步的研究和推广应用。到 1997 年,至少有 28 个州的 100 多个工程项目中铺筑了 SMA 路面,其中,以乔治亚州和马里兰州最多。到 1998 年,美国已累计生产 SMA 混合料达 300 多万吨。与此同时,美国联邦公路管理局(FHWA)、美国沥青路面协会(NAPA)等机构组织有关研究单位和高等院校,积极开展 SMA 的研究,它们结合美国的具体条件,制订了 SMA 路面的设计与施工技术规范。1994 年,NAPA 公布了关于 SMA 材料生产和摊铺的指南,这给美国 SMA 路面设计和施工提供了依据。1997 年,FHWA 又在此基础上提出了更为详细的 SMA 路面设计和施工技术规范;1998 年,又做了进一步的修改。

日本近年来对 SMA 进行了研究,认为 SMA 适合于用作桥面铺装材料。中西弘光曾对SMA混合料、浇注式沥青混合料和树脂改性沥青混合料的性能做了研究比较,发现SMA弯拉强度虽然比其他两者低,但低温抗拉应变大;在短时荷载作用下,SMA的复数回弹模量低,表现出良好的可扰性,因而适合于用作钢桥桥面的铺装。

由于各国的情况不同,在引进德国的SMA技术的同时,各国都结合气候及交通量不同等,对SMA的配合比设计指标及材料性质都有不同的要求。德国的SMA来源于浇注式沥青混凝土,再加上德国夏天不太热,因此沥青用量普遍较高。美国与我国的沥青路面一直是传统密级配沥青混凝土路面,而且,无论在欧洲还是美国,由于高速公路网已建成,SMA主要用于沥青路面的表面罩面,而我国正处于高速公路的新建阶段,SMA主要作为高速公路的抗滑表层,且基础情况与国外也不尽相同,再加上气候的差异和我国施工机械材料交通和经济条件等,使得我国的SMA路面在吸取欧洲、美国等经验的基础上,通过近十年的研究应用,积累了一些设计和施工经验。

我国是1993年引入SMA技术的。完成于1993年3月的广佛高速公路,使用了PE改性沥青,但没有使用纤维材料。由于当时未能对SMA的特性予以充分的了解和研究,只是照搬国外的方法和标准,忽略了当地的气候特点,所铺SMA路面未能收到好的效果,路面泛油、变形、开裂、坑洞和破损已非常严重,需要经常进行维修。

上述SMA路面的各种病害,都是由于不正确的设计和施工的结果,所以不能照搬国外的经验和直接套用国外的技术标准。

SMA技术在我国各地引起广泛的兴趣。1993年在首都机场高速公路上铺筑了18 km SMA路面,此后在北京公路和北京城市道路中得到了广泛应用。1998年以来,在辽宁、上海、江苏、山东等许多地方得到了进一步的研究和应用。应当指出,在众多的工程实践中,一方面既取得了成功的经验,另一方面也有不少教训,这些教训为人们今后取得成功给出了重要的启示。

2004年8月29日,经历27个月改扩建的"神州第一路"——沈大高速路全线通车。在扩建中,采用了多种世界上先进的路面技术,其路面抗震性、抗开裂能力以及车辆行驶的稳定性是普通高速公路的6倍,如沈大高速公路在全国首次全线路面采用SMA路面技术,该技术要求表面层全线采用SMA-16L结构,其中粗集料采用玄武岩,细集料全部采用机制砂,对集料的级配及粒形均提出了很高的要求。由郑州一帆机械设备有限公司提供的多套玄武岩整形、机制砂生产线所生产的高质量玄武岩和机制砂集料在沈大高速公路SMA路面中得到大量应用。

2.3.2 SMA的特点

SMA的特点为三多一少,即粗集料多,矿粉用量多,沥青结合料多,细集料少,并掺有纤维稳定剂。基本结构是具有强度的沥青玛琦脂胶浆填充粗集料形成的石-石嵌挤结构的空隙中(图2.2)。

图2.3是SMA混合料和AC混合料的级配对比。由图2.3可以看出,在相同粒径范围情况下,SMA混合料具有比沥青混凝土更多的粗集料(对于SMA混合

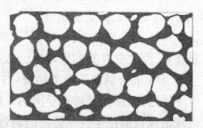

图2.2 SMA截面结构

料,粗集料通常定义为大于 4.75 mm 的颗粒),较多的粗集料形成了较为稳定的骨架结构;同时在 SMA 混合料中填料(<0.075 mm 的颗粒)的含量也明显高于沥青混凝土,正是大量的填料和沥青胶结料填充了 SMA 的骨架空隙,从而形成了密实型结构。

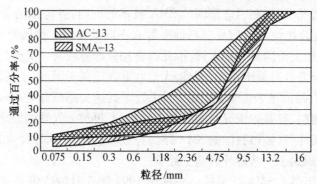

图 2.3 SMA 混合料和 AC 混合料的级配对比

图 2.4 是 SMA 路面和普通的 AC 路面对比。由图 2.4 中可以明显地看出,SMA 混合料中的粗集料含量较高,形成了较为明显的骨架结构,因而 SMA 路面比普通 AC 路面具有更大的构造深度(可达 1 cm 以上),具有较好的防滑性能。由于大量的粗集料形成了完整的骨架结构,因此 SMA 混合料的抗车辙性能非常优异。

图 2.4 SMA 路面和普通的 AC 路面对比
(图中的 SMA 路面为紧急停靠带部位,表面有较多灰尘)

沈金安院士曾总结了是否是 SMA 的"试金石":①能否在高温状态下用振动压路机碾压而不产生推挤;②碾压成型的路面是否渗水。这两点是对混合料是否形成骨架密实结构非常实用的现场判断方法,只有在高温碾压情况下不推挤,且碾压后路面不渗水的路面,才能真正称为 SMA 路面。

目前在我国高速公路中使用较多的是细粒式 SMA-13。

SMA 路面使用的实践表明,它与传统沥青路面相比较,具有以下特点:

(1)优良的高温稳定性

SMA 是由粗集料以及破碎石料的间断级配混合料形成石料与石料之间的良好的嵌挤作用,使之具有高的稳定性,可以抵抗永久变形。

SMA 混合料由于粗集料石-石接触形成骨架结构,能够支承车轮荷载,并将荷载传递至下层路面,路面能够承受大的车轮荷载而不易产生挤压变形,始终保持良好的平整度,表现出优良的稳定性。传统的沥青路面由于粗集料呈悬浮状态,不能有效地起到支承荷载的作用,荷载主要由细集料和沥青组成的砂浆所承受,路面容易产生变形。SMA 混合料的骨架结构赋予了沥青路面良好的抗车辙能力,如美国对 100 多条 SMA 路段的调查发现,其中 90% 以上的测点车辙深度小于 4 mm,27% 的测点车辙深度为 0。

在 SMA 的组成中,粗集料骨架占到 70% 以上,混合料中粗集料相互之间的接触面较多,其空隙主要由高黏度玛琋脂填补。由于粗集料颗粒之间相互良好的嵌挤作用,传递荷载能力高,可以很快地把荷载传到下层,并承担较大轴载和高压轮胎,同时骨架结构增加了混合料的抗剪能力。在高温条件下,即使沥青玛琋脂的黏度下降,对路面结构的抵抗能力影响也会减小。因此,SMA 具有较强的抗车辙能力,良好的高温稳定性。

在低温条件下,抗裂性能主要由结合料延伸性能决定。由于 SMA 的集料之间填充了相当数量沥青玛琋脂,沥青膜较厚,温度下降时,混合料收缩变形使集料被拉开时,沥青玛琋脂有较好的黏结作用,利用其柔韧性,使得混合料能够抵抗低温变形。

(2)良好的耐久性

沥青混合料的耐久性包括水稳定性、耐疲劳性和抗老化性能。

SMA 混合料的空隙率在 3%~4% 之间,受水的影响很小,沥青玛琋脂与石料黏附性好,并且,由于 SMA 不透水,对下层的沥青层和基层有较强的保护作用和隔水作用,使路面能保持较高的整体强度和稳定性,水稳定性较其他类型混合料有较大改善。

由高用量沥青胶结料、矿质填料和稳定添加剂组成的玛琋脂将粗集料颗粒黏结在一起形成厚的沥青膜,而且黏稠的无孔隙玛琋脂部分填充矿料骨架空隙,并将之紧密地胶结在一起而达到抵抗早期开裂、松散及水损害的能力。

SMA 混合料粗集料所形成的大空隙由沥青、矿粉和纤维组成的玛琋脂所填充,成为密实结构,空隙率小,集料颗粒表面的沥青膜厚,不仅使混合料具有很好的耐疲劳性能,而且所铺路面具有良好的耐久性。

(3)良好的表面特性(抗磨、抗滑、降噪、排水好)

沥青混凝土路面的低噪声、抗滑、雨天行车溅水及车后产生水雾等性能,直接影响交通安全和环境保护。SMA 混合料的集料要求采用坚硬的、粗糙的、耐磨的优质石料,在级配上采用间断级配,粗集料含量高,路面压实后表面构造深度大,抗滑性能好,有良好的横向排水性能,雨天行车不会产生较大的水雾和溅水,增加了雨天行车的可见度,并减少了夜间的路面反光。

SMA 混合料粗集料多,所用石料质量好,路面表面构造深度大,这就形成了良好的抗滑性能,同时雨天高速行车时的溅水现象减轻,提高了行车的安全性。SMA 路面良好的宏观构造和高的沥青含量,还赋予 SMA 路面吸收车轮滚动噪声的性能,路面噪声可降低 3~5 dB。在室内用驻波管测定 SMA 混合料和传统沥青混合料的垂直入射吸声系数的结果表明,SMA 吸声系数的峰值高达 0.7,而传统沥青混合料吸声系数的峰值仅为 0.25,吸声系数大,则吸收噪声的性能好。因而在靠近城市的高速公路和城市道路中铺筑 SMA 路面,对于降低交通噪声污染、保护环境,具有特殊的重要意义。

(4)良好的低温抗裂性

SMA 混合料骨架空隙中所填充的沥青玛琋脂,使混合料具有良好的柔韧性,增强了低温抗裂性能。德国是高纬度国家,冬季寒冷,但高速公路所铺的 SMA 路面几乎见不到裂缝,这说明 SMA 路面确实有很好的低温抗裂性。美国威斯康星州在 6 条试验路上对

SMA 的抗裂性与传统沥青路面作了对比,3 年后在 SMA 路面上出现的裂缝明显少于传统沥青路面。美国研究还发现,在旧路上铺筑 SMA 路面还具有很好的抗反射裂缝的能力,即使出现反射裂缝,由于 SMA 富含的玛琋脂与下层黏结良好,路面也不会松散。

(5) 良好的施工性能

采用了稳定剂保证了 SMA 间断级配混合料在生产、运输和摊铺过程中保持均匀而不离析。稳定剂可以防止集料结构的位移,因而也增进了表面层的稳定性。

(6) 投资效益高

由于 SMA 结构能全面提高沥青混合料和沥青路面的使用性能,使得 SMA 路面能够减少维修养护费用,延长使用寿命。尽管 SMA 初期费用比一般沥青混凝土高 20% ~ 25%,使用期延长 2 年左右才能补偿其初期投资,但在使用 SMA 较早的欧洲,一般认为 SMA 路面使用寿命比密级配混合料路面延长 20% ~ 40%,德国早期铺筑的 SMA 路面平均使用寿命为 17 年左右。因此,由于 SMA 使用寿命的延长,增加了投资效益,道路使用期间维修和养护工作减少,降低了维护费用,提高了社会效益。

2.4 其他沥青混合料

2.4.1 贮存式冷铺沥青混合料

与热拌沥青混合料相对应的是常温沥青混合料(或称冷铺沥青混合料或贮存式沥青混合料),这类混合料的胶结料可以采用液体沥青稀释沥青或乳化沥青,相应有液化沥青混合料和乳化沥青混合料。

常温沥青碎石混合料的集料和填料的要求与热拌沥青碎石混合料相同。常温沥青碎石混合料的类型,由其结构层位决定,通常路面的面层采用双层式时,下层采用粗粒式(或特粗式)沥青碎石 AM30(或 AM40),上层选用较密实的细粒式(或中粒式)沥青碎石 AM10、AM13(或 AM16)。稀释沥青需要用到轻油组分,混合料摊铺后轻油组分需挥发散失,为了节约能源、保护环境,我国较少采用液体沥青。我国目前经常采用的常温沥青混合料主要是乳化沥青拌制的沥青碎石混合料。

采用乳化沥青为胶结料,可拌制乳化沥青混凝土混合料或乳化沥青碎石混合料,其类型和规格应符合标准要求。乳化沥青碎石混合料的矿料级配组成,与热拌沥青碎石混合料相同。乳化沥青碎石混合料的乳液用量,参照热拌沥青碎石混合料的用量(表)折算。实际的沥青用量通常可比同规格热拌沥青碎石混合料的沥青用量减少 15% ~ 20%。确定沥青用量时,应根据当地实践经验以及交通量、气候、石料情况、沥青标号、施工机械等条件综合考虑确定。

乳化沥青碎石混合料适用于一般道路的路面面层,也适用于修补旧路坑槽,并作一般道路旧路改建的加铺层用。对于高速公路、一级公路、城市快速路、主干路等,常温沥青碎石混合料只适用于沥青路面的联结层或整平层。

采用热拌沥青混合料维修路面,对于地点集中、工程量较大的路面维修工程是适合的,而对于零星分散、工程量小的路面维修就很不方便,尤其在冬春季节,受气温限制较大。南方雨季期间,沥青路面损坏也往往比较严重,维修工作量大,采用热料修补也很不方便。由于存在初期强度低、成型时间长等缺点,因而不适用于交通量较大的城市道路。

我国已经开发生产了多种阳离子沥青乳化剂,为乳化沥青的生产和应用创造了条件。在全国许多地区,乳化沥青都有应用。实践证明,应用乳化沥青铺筑沥青路面具有以下优点:

①节约能量。由于混合料拌和时砂石料不需要加热,因而可以节省大量的燃料。虽然生产乳化沥青也需要将沥青和水加热,但所消耗的热能不多。

②延长施工季节。在潮湿和阴冷的季节,沥青路面常易出现病害,而采用热沥青混合料维修又很不方便,因此常常延误时间,使路面病害扩大。在这种情况下,采用乳化沥青则可不受阴冷潮湿气候条件的影响,使路面及时得到维修。

③节省沥青用量。阳离子乳化沥青与石料有良好的黏附性,沥青用量可略减少,一般可减少沥青用量10%~20%。

④减少污染,保护环境。乳化沥青混合料拌和、生产在常温下进行,因而没有烟气和粉尘排放。

⑤乳化沥青混合料拌制后,可以短时间贮存,即使破乳,也不影响使用。

然而,乳化沥青混合料的应用也受到一定的限制,这主要是由于乳化沥青混合料在路上铺筑后,需要经过一段时间的行车压实,才能逐渐成形,因此初期强度较低,故不适用于交通量较大的道路,通常在中、低交通量道路上应用较多。由于我国三级和三级以下道路占有很大的比重,所以乳化沥青混合料还是有广阔的应用前景。

2.4.2 (开级配)排水式沥青磨耗层(OGFC)

排水式抗滑磨耗层沥青混合料(Open Graded Friction Course,OGFC)是一种混合料中含有较多的单粒径粗集料,具有大空隙率的路面表层,常用于旧路罩面或新路的表面层。OGFC又称为开级配排水式(或称透水式)抗滑磨耗层沥青混合料,具有以下特点:①排水性和抗滑性;②降噪性;③高温稳定性;④耐久性好,特别适用于高等级公路和城市干道路面的表面层,粗集料用量较多,以提高沥青路面的抗滑和耐磨耗性能;⑤这种沥青混合料允许雨水垂直下渗到不透水的下卧层表面,然后从侧向排到路面的边缘,从而减少溅水和水雾的产生,提高行车的安全性。

OGFC不同于我国现在通常的防滑磨耗层路面,即AK类的路面。一般OGFC其空隙率达到15%以上,而AK类的防滑磨耗层,空隙率在4%~10%范围内,两者有很大的区别。不仅它们的功能不同,而且混合料的设计方法也不一样,普通的防滑磨耗层混合料设计与热拌密级配沥青混合料基本相同。

OGFC混合料空隙率通常大于18%,具有良好的排水、抗滑和降噪作用;可防"水漂",减少水雾,改善路面标志可见度;具有较高的高温稳定性。但由于其空隙率高,耐久性较差,必须采用性能突出的沥青结合料。

目前许多发达国家路面设计理念已将行车安全作为路面设计的核心内容之一,提高路面抗滑性和舒适性已引起人们的广泛关注,因而OGFC路面结构在许多发达国家普遍用于高等级公路的表面磨耗层。

欧洲国家从20世纪70年代以来,研究应用了空隙率达20%~25%的磨耗层。由于空隙率大,雨水可渗入路面之中,由路面中的连通空隙向路面边缘排走。因为能很快地排水,所以这种路面称为排水性沥青路面(Draining Asphalt),也因为它的空隙率大,故又称为多孔性磨耗层或多孔性防滑层(Porous Wearing Course or Porous Friction Course)。由于多孔性沥青路面具有降低噪声的功能,因而又称为低噪声沥青路面(Low-noise Asphalt Pavement)。开级配多孔性沥青路面在欧美国家已得到广泛应用。

国外实践表明,多孔性沥青路面一般适合铺筑在车流畅通、车速较高的道路上,如高速公路、城市高架或快速汽车专用道等。对于低交通量或慢行交通道路,以及容易污染的道路,这种路面不适合。

由于排水性路面的高空隙,结构强度相对较低,在经常刹车、停车的路段容易出现剥落,故不宜铺设在干线道路的交叉口、停车场。另外,在重交通道路的小半径弯道部位也不适宜铺筑这种路面。

国内近几年对多孔性沥青路面进行了一些研究,也铺筑了试验路段,但基本上处于初始阶段,对于这种路面的设计方法和特性人们还不了解,而且由于人们对这种路面的耐久性持怀疑态度,因而至今未能在高等级道路中实际应用,与世界许多发达国家相比有明显的差距。

除了上面介绍的几种现行规范规定的混合料类型外,在实际工程中,还存在许多混合料类型,如德国的浇注式沥青混凝土、美国的环氧树脂沥青混凝土、Superpave混合料和我国沙庆林院士提出的多碎石SAC混合料等。

2.4.3 温拌沥青混合料

温拌沥青混合料是20世纪90年代后期兴起于美国和欧洲的一种节能式沥青混合料。它主要是通过在沥青中加入特种添加剂,使沥青在混合摊铺前处于分散状态而增加流动性和渗透性,摊铺以后沥青则转变为浓缩凝聚状态以固结集料。温拌沥青混合料可降低操作温度10~60 ℃,具有显著的节能和环保的功效。

温拌沥青技术是指介于热拌沥青混合料和常温拌和混合料之间的沥青混合料拌和技术。温拌技术的核心是,采用物理或化学手段,增加沥青混合料的施工操作性,在完成混合料成型后,这些物理或化学添加剂不应对路面使用性能造成负面影响。

温拌沥青混合料中最核心和最关键的是它的添加剂技术。

在我国,使用温拌沥青混合料技术,同样要遵循《公路沥青路面施工技术规范》(JTG F40—2004)的规定。

1. 温拌技术共同优势

温拌沥青技术,总体来讲有如下技术、经济优势和社会效益。

(1)拌和成本下降

由于拌和温度下降10~60 ℃,石料加热温度、沥青保温温度下降。燃油成本下降20%~50%。拌和和裹覆难度下降,拌和能耗和机械损耗也相应下降。

(2) 沥青路面施工的灵活性、便利性增加

由于料温与环境温度的差异缩小，温拌沥青混合料的储运过程中降温速率下降，允许贮存时间和运输时间均显著延长。温拌沥青混合料卸车时料车底部因低温产生黏聚和混合料粘料车现象也显著减少。

降温速率减缓，混合料的可压实时间显著延长，压实更有保障。同时，更易于边角和补救位置的手工操作。

温拌沥青混合料对路表和环境温度的要求相对低，路面施工季节和日施工时间延长，比热拌更适合夜间施工。

温拌沥青混合料完成压实后，其温度已经处在较低水平。完工后开放交通的时间提前，从而减少施工作业对交通的干扰。

(3) 排放、污染、操作人员工作条件改善

单位混合料成品的燃油消耗减少，本身就会显著降低拌和过程中的有害气体和温室气体的排放。

由于拌和温度的下降，沥青混合料从拌和到现场压实的整个过程中产生沥青烟雾粉尘污染均会明显减少。在摊铺过程中，基本可以实现无烟尘作业。工人劳动条件显著改善，沥青路面对工人健康损害减轻。同时，混合料拌和和沥青路面作业对道路沿线居民的生活影响也显著减少。世界卫生组织和国际癌症研究协会目前正在重新评估沥青烟尘对人体健康的影响。

温拌料还具有如下优点：混合料水稳性，热稳性改善；老化减轻，寿命延长；运输和摊铺过程料温降速减缓。

2. 技术原理、技术特点和描述

(1) 技术原理

温拌添加剂(DAT)的主要成分是路用表面活性剂，分子结构由两部分组成：长碳链的亲油基团(尾部)和亲水的极性基团(头部)组成。头部亲水、尾部亲油的特性，决定了表面活性剂在介质中向界面位置富集的特性和特殊的介质溶解状态。

直投式温拌添加剂，实际上是表面活性剂水溶液。在水溶液状态下，表面活性剂首先向水和空气界面富集，头部指向同样非极性的空气。当界面达到临界状态后，表面活性剂分子的亲油尾部发生聚集，而亲水的头部向尾部聚集，中心相反的部位发散，形成球状的分子胶团。表面活性剂在水溶液内以胶团形式存在(图2.5)。

在温拌沥青混合料拌和过程中，胶团周围的水分迅速蒸发，而亲油尾部接触沥青的机会大大增加，胶团发生反转。亲水头部朝内，尾部融入沥青中，将未蒸发的水分包裹在胶团内部(图2.6)。

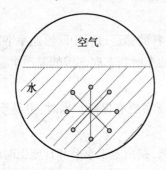
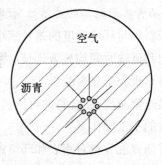

图 2.5　浓缩液状态(沥青均匀分散)　　　图 2.6　混合料状态(沥青浓缩状态)

众所周知,水的沸点与界面条件密切相关,在狭小空间、不同表面张力情况下,水的沸点可能高于 100 ℃。沥青内部和集料的裂隙水分在温拌条件下不可能完全去除,而这些水分却很容易被表面活性剂俘获。DAT 工艺本来就会引入水,而且拌和过程就是在热量和沥青作用下胶团反转的过程,胶团俘获水分的机会和数量均会进一步增加。

表面活性剂在胶结料内部以胶团形式存在,使得表面活性剂在沥青内部基本以单分子形式存在,尽管在沥青内部的质量分数仅有 0.45% ~ 0.75%,但与水结合在沥青内部形成的膜结构数量却相当可观。这个具有润滑作用的膜结构会明显改善沥青对石料的裹覆能力、拌和工作性和压实密实过程,而同时并不显著影响胶结料的黏度。

完成碾压后,表面活性剂将向石料与沥青界面位置转移,在沥青内部的残余显著减少。Everett 博士实施了一项研究证明了这个过程。研究借助了有机质氮含量测试方法。实验分为两组,一组是添加剂原液按照三个比例(0.0%、0.5% 和 1.0%)与沥青预混,直接测试氮含量。由于表面活性添加剂具有含胺官能团,添加剂比例上升会明显增加氮含量的测试结果如图 2.7 所示。另一组是同样按三个比例配制沥青,将沥青分别在温拌条件下与粗集料进行拌和(比例为 1∶10,集料粒径在 2.36 mm 以上),拌和完毕后冷却,随后将混合料放入底部密布小孔的容器,在 150 ℃ 条件下进行析漏试验,取出漏下的沥青样品,再次进行氮含量测试。如图 2.8 所示,三个比例沥青样品的氮含量基本一致。试验结果直接证明了在混合料成型完毕后,表面活性剂向沥青和石料界面转移的趋势非常显著。一方面解释了为何表面活性类温拌混合料的温拌特性不具有可逆性,另一方面也说明了表面活性剂如何在提高沥青与混合料黏附力和高温稳定性方面发挥作用。

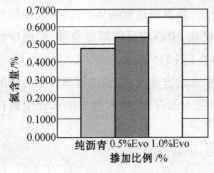
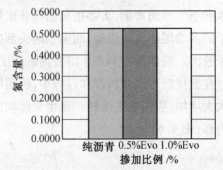

图 2.7　不同掺加比例测氮含量　　　图 2.8　不同掺加比例经拌和后析漏处理测氮含量

（2）技术特点和描述

温拌沥青混合料技术主要是一个工艺性技术，降低沥青路面施工操作温度是该技术的主要目的，而最大限度地减轻其对沥青路面材料物理、化学性状的影响，是降低操作温度的前提。因此，选择温拌沥青混合料技术有两个原则：第一，混合料操作温度下降30 ℃以上仍能达到目标压实效果；第二，混合料设计体系不涉及重大的材料调整、方法改变，竣工的沥青路面能够全部达到沥青路面路用性能要求。

沥青混合料只有在一定的温度范围内才具备施工工作性。碾压需要一定时间才能完成。因此，摊铺面温度的下降速度决定了混合料是否有足够的时间来完成压实。摊铺层的厚度、摊铺温度与气温（直接的反映为下卧层的温度）的差异是决定摊铺面温度下降速率的主要因素。因此，《公路沥青路面施工技术规范》（JTG F40—2004）以厚度和下卧层的表面温度为依据，规定了普通沥青和改性沥青混合料的最低摊铺温度（表2.3）。该规范中并没有包括厚度4 cm以下薄层和2.5 cm以下超薄磨耗层，小于5 cm实际上主要指4~5 cm。对于高等级沥青路面，4~5 cm的改性沥青面层通常规定在10 ℃以下不宜施工。表2.3中"不允许"的厚度和下卧层表面温度组合以外的条件下进行的温拌混合料施工，称为正常施工。另外，由于风力是另一个显著影响摊铺面降温速度的因素，一般规定，寒冷季节遇大风降温天气不得进行混合料摊铺施工。

表2.3 热拌沥青混合料的最低摊铺温度和条件

下卧层表面温度/℃	相应于下列不同摊铺层厚度的最低摊铺温度/℃					
	普通沥青混合料			改性沥青混合料或SMA沥青混合料		
	<50 mm	50~80 mm	>80 mm	<50 mm	50~80 mm	>80 mm
<5	不允许	不允许	140	不允许	不允许	不允许
5~10	不允许	140	135	不允许	不允许	不允许
10~15	145	138	132	165	155	150

温拌沥青混合料的操作温度下降以后，由于与环境温度差异缩小，在同等条件下，摊铺面温度下降速度显著低于热拌沥青混合料，有效压实时间相应延长，这一特性使得温拌沥青混合料具有更低温度条件下施工的可能性。普遍认为温拌沥青混合料可以适应比热拌混合料低10 ℃的外界温度条件。有一些在表2.4许可条件范围外的应用也取得了成功的应用。温拌混合料用于低温施工，实际可使得沥青路面施工季节适当延长。

表2.4 温拌沥青混合料适宜施工温度条件和最低摊铺温度

下卧层表面温度/℃	相应于下列不同摊铺层厚度的最低摊铺温度/℃					
	普通沥青混合料			改性沥青混合料或SMA沥青混合料		
	40~50 mm	50~80 mm	>80 mm	40~50 mm	50~80 mm	>80 mm
2~6	不允许	115	110	不允许	不允许	不允许
6~10	120	112	105	130	125	120
10~15	115	110	103	120	115	115

按照工作机理，温拌技术可以归入三大主要技术类型。

①沥青发泡型。该方法的基本原理是在混合料拌和过程中或者沥青进入拌和锅（筒）之前导入水，诱发沥青发泡，通过发泡形成沥青膜结构来实现较低温度下对集料的裹覆，同时降低沥青混合料操作温度。代表性的技术有 Aspha-Min、WAM-Foam、LEA 和 Astec 绿色双滚筒等。按照发泡方法的不同，可分为拌和过程细微发泡和拌和前机械发泡两种类型。发泡工艺实现降低施工温度一般都较为成功，但单纯的发泡，沥青与石料的黏附力通常不能令人满意。

②胶结料降黏型。热拌沥青混合料的施工工作性取决于沥青的高温黏度，而其抗变形能力与沥青在夏季路面使用温度条件下的黏度相关。添加有机类添加剂，使得沥青高温黏度下降，但同时夏季温度下黏度不变化，甚至提高，可以说是温拌最普遍的技术思路。降黏技术路线最大的问题是降粘添加剂用量的矛盾。控制用量，则很难达到好的降温效果，但用量增大，虽然能够取得较好的温拌效果，但对胶结料材料性质改变过大，往往产生意想不到的副作用。

③表面活性型。这一技术路线的代表性产品是 Evotherm。Evotherm 是目前在国内温拌应用依托的主要技术平台。2005 年以来，交通部公路科学研究院、辽宁省交通科学研究所、东南大学、同济大学等先后展开了各类温拌技术对比试验研究。他们最终实施的试验路项目和应用技术的开发，均主要采用了表面活性型技术平台。目前，国内和河北省的绝大多数温拌技术应用，也主要是基于表面活性型技术，我国总的温拌项目数量已经超过 40 个，全球项目数量超过 200 个，其中相当一部分项目已经使用了超过 1 万吨沥青混合料。

3. 分类和用途

温拌混合料的应用，已经覆盖了绝大多数沥青混合料的应用领域，各种胶结料类型、级配类型、不同的石料类型均有所涉及。由于温拌沥青混合料在有害物低排放、低温施工、较低操作温度等方面的优势，其特别适合的应用场合和技术结合点如下。

(1) 超薄磨耗层

正常气候的薄层施工，与低温气候下施工一般路面的降温速度相当，热拌工艺保证压实有一定困难，温拌混合料与环境温度差异减少，降温速度降低，获得更多有效碾压时间，保证了超薄磨耗层的有效实施。

(2) （长大）隧道沥青路面

无烟尘操作，将免去或降低施工的通风成本，改善工人施工操作环境。环境改善后，可以进行有效的过程质量控制，因为环境太差时，很难要求工人施工质量。温拌沥青技术适应隧道路表温度低的压实工况，适应潮湿施工作业环境，采用表面活性型的添加剂一定程度上还有助于抵抗潮湿路面工况。

(3) 橡胶沥青混合料

温拌与(废)轮胎橡胶沥青技术结合可实现降温幅度约 50 ℃，很大程度上解决了橡胶沥青施工中轮胎气味重、烟气大的问题；较低的操作温度会明显延长橡胶沥青路面施工季节；减轻老化将有利于保持橡胶沥青路面抗裂、耐久的特性；表面活性型添加剂在一定程度上还将改善橡胶沥青与石料黏附性。橡胶沥青应采用现场湿拌法进行加工。

(4)人口密集区城市道路罩面

人口密集地区,道路罩面必须回避人流的集中出行。另一方面,热拌混合料产生的烟尘,会使本来就不良的密集城区空气条件恶化,且施工对交通有一定的干扰。城市道路的罩面工程,通常在深夜开工,凌晨又必须开放交通。这一时段施工对热拌混合料施工质量是不利的,这也是城市路面施工质量相对较低的重要原因之一。

温拌沥青混合料,在夜间施工工作条件下具有比热拌沥青明显好的施工工作性,更短的开放交通间隔和更长的有效压实时间都有利于提高城市道路罩面夜间施工质量。采用温拌沥青技术,会带来显著的性能改善和寿命的提高,无论是压实不足导致的坑洞破坏,还是为了保证压实采用偏高的沥青用量而带来车辙病害都会明显减少,由此节省的费用将超过温拌技术增加的5%~10%的直接费用。除此以外,快速开放交通和无烟的温拌技术,使得道路罩面在白天两个交通高峰之间实施成为可能。

(5)沥青混合料集中厂拌再生(沥青混合料旧料大比例再生用于面层)

在循环经济、可持续发展、节约型社会的大背景下,老沥青路面的再生利用是大势所趋。目前常用的再生技术主要有热再生和冷再生。冷再生技术用泡沫沥青或乳化沥青稳定破碎料。由于老化的胶结料和新胶结料之间没有物质交换,而且两者之间的黏结以较弱的物理黏结为主,抗冲击和耐水损能力有限,冷拌再生料目前还没有突破不用于面层的限制。热再生可分为现场热再生和厂拌热再生。由于一直没有解决设备费用昂贵、燃油消耗巨大、施工噪声和空气污染大、质量控制难等问题,现场热再生技术还没有为我国道路工程界接受。厂拌热再生的质量和拌和条件控制较好,但是,由于顾忌旧料的二次老化以及输送的问题,一直以来通常采用新料提供主要拌和热量的模式,因而旧料利用的比例一直偏低,严重影响了厂拌热再生技术的发展。

厂拌热再生(特别是间歇式)的旧料比例很难突破25%,原因如下:

①为保证施工工作性,热再生出料温度高于原样沥青,会对新沥青和旧沥青造成二次老化,为了保持混合料的性能,必须限制旧料比例。

②为了避免黏结,保证输送顺畅,沥青旧料的加热温度不宜超过110 ℃,再生料的温度主要靠新石料带进拌和锅,为避免石料变质,新料加热温度不能无限提高,降低新料比例空间很小。

温拌沥青技术是很有前途的厂拌再生料面层应用的技术方案。首先,温拌技术要求集料温度较低,正好是沥青的安全加热温度,不会造成老胶结料的进一步老化。其次,旧料的加热温度与热再生相同,与新集料有干拌过程,已经熔化的老胶结料,在拌和过程中与新胶结料物质交换,也能够真正达到再生目的。温拌再生,与热拌再生一样,可以用于面层。再次,温拌再生要求骨料加热温度显著低于热拌再生,因此,再生料的添加比例将可以得到显著的增加,从而能够更大量地处置旧料,降低面层成本。温拌集中厂拌再生,使再生料在面层中的规模化应用多了一种更有效和更可靠的选择。

(6)山区或交通不便地区路面施工

在山区或交通不便地区实施高等级路面施工,拌合楼的布设是难点问题,需要有效平衡两个矛盾。一方面,山区和交通不便地区,一般交通效率相对低下,单位时间内的有效运达里程较小,为保证施工质量,需要设置比平原区、交通便捷区更密的拌合楼布局。另一方面,山区缺乏平地、交通不便地区普遍基础设施落后,拌和站场设置成本偏高。

温拌技术用于山区或交通不便地区高等级路面,可以减少拌和站场设置,集中资金建设大型站场,集中供料。同时,保障路面的充分压实。

(7)低温季节和寒冷地区的沥青路面

Evotherm温拌沥青混合料的料温低,在同样环境温度条件下,下降同样温度幅度的时间是热拌的两倍,同时,Evotherm温拌混合料的可压实温度范围比热拌混合料要宽。对于一些具有严格工期要求的项目而言,温拌技术使低温季节的施工成为可能。对于寒冷地区而言,采用温拌技术可以显著延长沥青面层年度、月度和日作业时间,从而公路建设的投资回报周期缩短,人力和物力成本下降。

2.4.4 沥青稀浆封层和微表处混合料

沥青稀浆封层用于旧路面的养护维修,亦可作为路面加铺抗滑层、磨耗层。微表处(相对于"宏表处")主要用于高速公路及一级公路的预防性养护或填补轻度车辙,也适用于新建公路的抗滑磨耗层。沥青稀浆封层和微表处技术是目前国际上广泛应用的一种公路养护技术。

1. 沥青稀浆封层简介

沥青稀浆封层混合料,简称沥青稀浆混合料,是用适当级配的石屑或砂、填料(水泥、石灰、粉煤灰、石粉等)与乳化沥青(常用阳离子慢凝乳液)、外掺剂和水,按一定比例拌和而成的流动状态的沥青混合料(糊状稀浆)。将其均匀地摊铺在路面上,经破乳、析水、蒸发、固化,形成沥青封层,其外观类似沥青砂或细粒式沥青混凝土,厚度一般为3~10 mm,对路面能够起到改变和恢复表面功能的作用。为提高集料的密实度,需掺加石灰或粉煤灰和石粉等填料;为调节稀浆混合料的和易性和凝结时间需添加各种助剂,如氯化铵、氯化钠、硫酸铝等。

沥青稀浆封层混合料可以用于旧路面的养护维修,也可作为路面加铺抗滑层、磨耗层。作为沥青路面预防性养护,在路面尚未出现严重病害之前,同时也为了避免沥青性质明显硬化,在路面上用沥青稀浆进行封层,不但有利于填充和修补路面的裂缝,还可以提高路面的密实性以及抗水、防滑、抗磨耗的能力,从而提高路面的服务能力,延长路面的使用寿命。由于这种混合料施工方便,投资费用少,对路况有明显改观,所以得到广泛应用。

在水泥混凝土路面上加铺稀浆封层,可以弥合表面细小的裂缝,防止混凝土表面剥落,改善车辆的行驶条件。用稀浆封层技术处理砂石路面,可以起到防尘和改善道路状况的作用,这对我国占有很大比例的砂石路面具有重要意义。因此,稀浆封层可以用于各级公路,甚至在城市道路、机场道面、桥面铺装以及码头、球场等工程中应用。

2. 稀浆封层的优点

稀浆封层混合料具有较好的流动性、渗透性、黏附性,有利于填充和修补路面裂缝,有利于旧路面的结合,有利于抵抗气候的变化(低温不裂与高温不软),能提高路面的密实性与防水性。采用坚质耐磨骨料,可以提高路面的防滑与耐磨,因而稀浆封层可用于地方道路和城市道路以及高等级公路和高速公路。它适用于预防性养护,但是当路面出现病害,如坑槽、车辙、泛油等,应事先修补消除,然后再做改性稀浆封层,可以取得同样的理想效果。

稀浆封层与改性稀浆封层由于采用乳化沥青和改性乳化沥青代替热沥青和改性沥青,因此在常温状态下,不需加热(包括粗、细骨料不需烘干与加热)就可进行拌和摊铺。同时还具有以下优点:

(1) 节约能源

在沥青混凝土路面的施工中,沥青一般要加热到 165~170 ℃,混合料中的集料必须烘干加热到100 ℃,因此,沥青混凝土路面中每使用1 t 沥青需要1 t 的燃煤。而稀浆封层只有在生产乳化沥青时将沥青加热至 130 ℃,以后无论倒运几次或贮存多久都不需重复加温或持续加温,拌制混合料用的粗细骨料,即使是在潮湿状态下,也可以拌制,不需烘干,更不需加热。生产1 t 乳化沥青只需0.1 t 燃煤,比热沥青可以省90%的热能,并且大量减少污染气体,减少可吸入粉尘颗粒物,减少大气温室效应。

(2) 改善施工条件

采用稀浆封层与改性稀浆封层施工技术,大大改善了施工条件,从装料、配比、拌和、摊铺,自始至终在常温条件下操作。改性乳化沥青与砂石料都不需加热,没有繁重的体力劳动,完全由机械自动操作,减轻劳动强度,显著降低有害物质的排放量,从而减少对工人身体的危害。从乳化沥青厂与热沥青厂周围监测结果表明(见表 2.5),热沥青厂检测有害气体是乳化沥青厂的14~136 倍,完全符合国际环境保护要求标准。

表 2.5 热沥青厂与乳化沥青厂周围环境监测比较

监测地点 检测内容	热沥青厂	乳化沥青厂	结果比较 $\left(\dfrac{热沥青厂数据}{乳化沥青厂数据}\right)$
苯并(a)芘	1.49×10^{-4}	23.0×10^{-6}	14
酚	3.14	0.023	136
总烃	22.27	2.5	9
苯	未检出	未检出	—
二甲苯	未检出	未检出	—

(3) 延长施工季节

在我国湿热的南方地区,雨季漫长,也是路面病害的多发季节。阴雨连绵的气候,经常湿润的砂石料无法与热沥青拌和,经常湿润的路面,不可能用热沥青混合料修补,待漫长的雨季(4~6月)过后,由于在行车不断的冲击下,雨水不断向基层浸渗,路面的病害程度将扩大到 8~10 倍,修补量增大,而且严重降低公路的运营效益。在我国北方寒冷地区,一般 7~9 月是修路的黄金季节,气温冷暖适宜,但这期间又是北方的雨季,9月中旬以后,气温常常骤然下降,难以进行热沥青混合料施工,适宜于热沥青修路时间很短。在这些不利季节的气候条件下,采用改性稀浆封层与改性乳化沥青拌制的冷拌混合料,可以对路面的病害及时做早期的修补,制止病害的蔓延与扩大,一年内使修路时间可以延长 2~4 个月,使路面经常保持良好的服务状态。

(4) 综合效益好

由于改性乳化沥青黏度比热沥青低,工作度好,便于拌和与喷洒,能够均匀地裹覆在骨料表面,保持骨料间足够的自由沥青,同时又不出现油包与泛油现象。还由于生产改性乳化沥青时,沥青加热温度低,加热时间短,较热沥青热老化损失小。因此用改性稀浆封层的路面,低温季节很少出现开裂,高温季节没有推移和波浪。初铺的封层外表不如热沥青路面颜色深,但随着行车碾压,路面越来越好;无论酸性骨料与碱性骨料都可以使用,从而扩大骨料来源,便于就地取材,显著降低工程造价。

3. 稀浆封层的应用

优质稀浆封层特有快速、节能等优,其用途十分广泛:用于沥青路面可以封阻地表水,减少水患,可以改善路面摩擦力,治理一般网裂;用于道路下封层可以防水,增加半刚性基层与底面层间的抗剪强度;用于桥面养护尤其水泥混凝土桥面不但可以治愈麻面还能最大限度地减少附加应力。如果对稀浆封层加以改良,如 SBR 改性稀浆封层(微表处)、加纤维稀浆封层、高弹降噪稀浆封层或以铝钒土等矿料制成的抗磨耗稀浆封层以及彩色稀浆封层等,其用途还可以更加广泛。

水泥混凝土路面常常出现裂纹,细小的裂纹很难修补,但它对路面的耐久性很不利。采用改性稀浆封层可以达到治愈效果,防止表面水泥混凝土的剥落,提高路面的平整度,减少由于伸缩缝而引起行车的颠簸,还可防止汽车轮胎行驶在水泥混凝土路面上产生噪声。

在桥面上采用稀浆封层养护,由于封层的厚度薄,可以显著减轻桥面自重,特别是对于严格限制桥身上部自重的,如吊桥、斜拉桥、悬索桥等,更适宜采用改性稀浆封层保护桥面,并能提高桥面的平整度、粗糙度与防水性。

我国公路中,还有不少的公路是砂石路面,急需解决防尘问题,可用改性稀浆封层在坚实平整的基层上做防尘措施,必要时可以做双封层,可以防止旱季行车尘土飞扬。

沥青路面两侧路肩,可以采用改性稀浆封层拓宽路面,减少中间路面上车辆拥挤,有利于快慢车辆分道行驶。

隧道中的路面,采用改性稀浆封层养护,缩短封闭交通时间,封层的厚度薄,不会影响隧道中的净空高度。

改性稀浆封层可用于道路表面层,如高速公路、快速路和主干道的抗滑表层、车辙处,作为桥面防水层减少渗水并减轻自重,还可做成各种彩色路面,显示出各种标志等。

稀浆封层目前主要是一个用于道路大规模机械化养护的冷拌细粒式沥青混凝土薄层施工技术,厚度一般为 3~10 mm,它不具备道路补强作用,假如我们对一条弯沉值严重超标的道路实施稀浆封层,结果一定是徒劳无益的。由于泛油形成的路面光滑也不适合用稀浆封层进行养护,在这样的路面上已经形成了"软油层",而稀浆封层的含油量比较大,一般为 10% 左右,原路面上的多余自由沥青会很快反映到新层面上来。稀浆封层也不能用于治理由半刚性基层所引起的路面反射裂缝,因为在这些裂缝处应变量较大,而稀浆封层对应力的吸收作用则是有一定限度的。

4. 微表处

微表处是用适当级配的石屑或砂、填料(水泥、石灰、粉煤灰、石粉等)、聚合物改性乳化沥青、外掺剂和水,按一定比例拌和而成的流动状态的沥青混合料,将其均匀地摊铺在路面上形成的沥青封层。

微表处与沥青稀浆封层相比,其最大特点是采用聚合物改性乳化沥青、优选集料,可以用来修复车辙、快速开放交通(一般1~2h内即可开放交通),比稀浆封层养护效果更好。微表处尽管具有修复车辙的功能,但仅局限于车辙深度不太大、且下面各结构层比较稳定的情况,对路面产生的严重车辙无能为力,而且其表面构造深度较小,不能修复路面产生的严重车辙。为了克服微表处以上不能修复路面产生的严重车辙,近年来国内外逐渐形成了一种新的"宏表处"技术,它可以用于高等级公路沥青路面的车辙修复和表面功能的恢复,效果比微表处更好,但这种技术还未能得到广泛推广应用。这些技术措施一般可以应用在旧沥青路面的维修养护、新铺沥青路面中作为封层、在砂石路面上铺作磨耗层、在水泥混凝土路面和桥面的维修养护,可以起到防水、防滑、耐磨作用或填充后作为车辙修复手段,应用非常广泛。目前我国《公路沥青路面施工技术规范》(JTG F40—2004)规定,微表处主要用于高速公路及一级公路的预防性养护或填补轻度车辙,也适用于新建公路的抗滑磨耗层;稀浆封层一般用于二级及二级以下公路的预防性养护,也适用于新建公路的下封层。其中单层微表处一般适用于旧路面车辙深度不大于15 mm的情况,超过15 mm的必须分两层铺筑,或先用V形车辙摊铺箱摊铺。车辙深度大于40 mm时,不适宜微表处处理,有资料认为可以采用"宏表处"进行修复,但其耐久性和适用性还有待进一步认证。

2.4.5 沥青稳定碎石(ATB)

沥青稳定碎石(ATB)是我国近年来新出现的一种新型沥青混合料类型,常用于高速公路路面的基层或下面层。其特点是粒径较为粗大,但混合料的空隙率较低,因此不能将ATB与我国传统的沥青碎石混合料(AM)和粗粒式沥青混凝土(AC)混为一谈。AM混合料由于其矿粉和沥青用量较少,因此混合料的空隙率较大(6%~12%),呈半开级配形式,而ATB混合料的空隙率一般为3%~6%,呈密级配形式。

由图2.9可以看出,ATB-30混合料中的粗集料用量明显多于传统的粗粒式沥青混凝土AC-30 I,从而有助于形成稳定的骨架结构。传统的粗粒式沥青混凝土中由于细集料用量较大,粗集料呈悬浮状态,因而其高温稳定性通常不足。

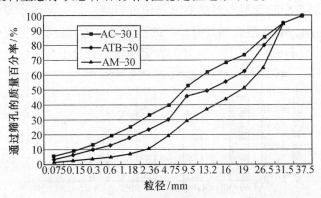

图2.9 三种级配类型沥青混合料的级配

采用表2.6的级配成型车辙板,测试ATB混合料和传统粗粒式沥青混凝土的高温性能,试验结果见表2.7。试验表明,无论以动稳定度来判断还是以总变形量来判断,ATB混合料的高温稳定性都明显好于传统的AC-30 I,其原因就在于ATB混合料的级配经过优化,有助于混合料形成骨架结构。

表2.6 三种级配类型沥青混合料的级配

级配	通过下列筛孔(mm)的质量百分率/%											
	37.5	31.5	26.5	19	16	13.2	9.5	4.75	2.36	1.18	0.6	0.3	0.15	0.075
ATB-30	100	95	80.3	57.5	48	42.6	35.2	25	17.2	13	9.1	6.9	5.7	5
ATB-25	100	100	95	70	58	52	42	30	23	17	13	9	6	5
AC-30 I	100	95	86	74	68	62	53	42	34	25	19	13	9	5

表2.7 三种级配类型沥青混合料的车辙实验数据

级配	动稳定度/(次·mm^{-1})	总变形量/mm
ATB-30	5 115	1.64
ATB-25	3 000	2.74
AC-30 I	682	8.86

2.4.6 (开级配)排水式沥青稳定碎石基层(ATPB)

在沥青稳定碎石混合料中,还有一类称为排水式沥青碎石基层混合料(ATPB),常用于排水基层中。图2.10为不同结构类型混合料的芯样(由左至右为SMA-13、AC-20 I、ATPB-30、AC-15),可以看出,与其他沥青混合料相比,ATPB混合料中集料粒径粗大,大粒径颗粒含量多,具有较大的空隙率(不小于18%),因而具有较强的排水能力,其排水能力是传统的密实型混合料的数十倍。

图2.10 不同结构类型混合料的芯样

图2.11为不同级配沥青混合料的高温稳定性试验结果。可以看出,ATPB混合料具有较好的抗车辙性能,其动稳定度仅次于相同最大公称粒径的ATB混合料,这与其具有良好的骨架稳定性是分不开的。

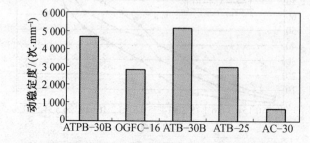

图2.11 不同级配沥青混合料动稳定度对比图

2.4.7 纤维(加筋)沥青混合料

作为一种高强、耐久、质轻的增强材料,纤维在道路工程中已得到了广泛应用,如纤维增强充气橡胶轮胎、交通工程设施的纤维复合材料、纤维桥梁结构或桥梁加固、纤维水泥混凝土路面和机场道路、路基加筋土和纤维加强基层等。加入钢纤维、玻璃纤维、软纤维(合成纤维),可以改善沥青路面的使用品质,延长路面使用寿命。

纤维在沥青混合料中的应用最初目的是用于预防路面的反射裂缝。纤维加强沥青路面以其性能好、施工技术简单等特点已受到了越来越多的关注。

普遍认为,沥青路面的铺筑材料——沥青混合料是一种具有空间网络结构的多相分散体系,而从宏观上讲,可以认为它是由骨料、沥青和空气所组成的一种三相体系,如图 2.12 所示。因而,在改善沥青混合料的路用性能上出现了三个大的研究方向:一方面是改善矿质混合料的级配来提高沥青混合料的高温抗变形能力,如沥青玛琋脂碎石(SMA)结构、多碎石(SAC)结构、大粒径沥青混凝土(LSAM)等;另一方面是通过改善沥青

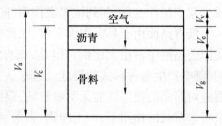

图 2.12 沥青混合料的三相体系
V_a—视体积;V_c—真体积;V_v—空气体积;
V_g—骨料体积

性能品质来提高沥青混合料的黏聚力,增强抵抗永久变形能力并减少感温性,如 SBS 改性沥青、SBR 改性沥青、PE 改性沥青等;第三个重要的研究方向是在沥青混合料中加入纤维加筋材料以改善其整体的物理力学性能,常应用的加筋纤维有钢纤维和软纤维两大类。

钢纤维具有高强度、耐高温、高弯曲弹性和高取向等路用性能。但其金属腐蚀是影响其功能的根源,它增加了混凝土的导电性,因而加速了电解化学腐蚀;其次金属与混凝土的不相融性,使其与混凝土混合后黏附性能较差,握裹力低;另外由于金属的磨损系数小于混凝土,使得钢纤维混凝土路面产生后期效应——"凸尖"现象,对轮胎的磨损非常不利。鉴于上述几种原因,近几年来钢纤维在沥青混凝土路面的推广应用中受到很大制约。

软纤维加强混凝土及沥青混凝土实际上就是在混凝土中掺入合成纤维。早在 30 年前,英国西部海岸工程中就把剁碎、切断的毛发搅拌到泥土中,用这些块体砌成防波堤。在我国民间,人们把麦秸剁碎或用切断的毛发、麻丝搅拌到泥土中,建造土坯墙体等工程。其原理都是解决块体(墙体)的非结构性开裂,并起到加强筋作用。直到 20 世纪 70 年代末(80 年代初)纤维混凝土技术才有进一步的发展,欧洲和美国取得了一系列有价值的成果,尤其在美国已进入了商品化阶段。软纤维是由合成纤维制成,按其材料分为玻璃纤维、聚合物纤维。软纤维混凝土是继钢纤维混凝土后发展起来的。由于软纤维呈惰性,不受混凝土酸碱性环境影响而衰变,也不吸收湿气,换言之,它不随时间的增长而损失,还具有高强度、高延伸率、高取向性、易拌和等路用性能。在纤维混凝土路面应用中,克服了钢纤维混凝土路面出现的"腐蚀锈"和"凸尖"等路面现象。因此,合成纤维混凝土的发展非常迅速。

玻璃纤维的抗拉强度由其材料所决定,可以达到 1 400 ~ 1 500 MPa,对混凝土不仅增韧效果好,而且增强效果也很好。但由于玻璃纤维太脆,以致在搅拌过程中,极易断裂。

为了解决搅拌过程中的纤维发生断裂,必须采取非常严格的工艺操作过程,使玻璃纤维在混凝土中的应用受到制约。纤维掺入混凝土中起加强筋作用的首要条件是纤维必须呈均匀的三维分布。结团纤维和不均匀分布的纤维在混凝土中不仅起不到加强作用,而且会有负作用。钢纤维和玻璃纤维须用特殊的拌和装置或对原有的拌和装置加以改造才能达到较理想的均匀程度。

2.4.8　土工合成材料加筋沥青混凝土

土工合成材料加筋沥青混凝土,掺加石棉纤维、聚合物格栅(塑料格栅),主要目的是减少累积塑性变形,起到抗车辙作用,同时提高抗拉强度,减少和延缓了裂缝的产生。

沥青路面由于具有表面平整、无接缝、行车舒适、耐磨、振动小及噪声低等优点,已在我国公路网中占很大比例。但是,沥青路面建成后,不论基层是柔性、半刚性、还是刚性的,都会产生各种形式的裂缝。通常认为裂缝是沥青路面的主要缺陷之一。初期产生的裂缝对路面的使用性能无明显影响,但随着雨水或雪水的侵入,路面强度明显降低,在大量行车荷载的作用下,产生冲刷、剥落、唧浆和坑槽等破坏现象,因而,沥青路面的裂缝问题就和沥青混合料的高温稳定性、低温抗裂性、耐久性等成为沥青路面设计中所考虑的重要问题。许多道路工作者对这些问题进行了大量的研究。

为解决这一问题,道路工作者进行了很多尝试,在理论和实践上寻找解决途径,已经取得了很好的效果。用土工合成材料加强沥青面层克服其性能上的不足是非常有效的方法之一。

通过对沥青路面进行加筋来达到提高路面结构层对裂缝的抑制能力、对剪切破坏的抵抗能力,达到延长路面结构的疲劳寿命、节省材料和降低费用的目的。

格栅对沥青混合料中的矿料颗粒具有嵌锁作用,从而减少了累积塑性变形,起到了抗车辙作用,同时由于格栅本身具有较高的抗拉强度,减少和延缓了裂缝的产生。从减少反射裂缝和车辙的角度看,加铺格栅可以使路面结构的使用寿命提高3倍以上,就疲劳开裂而言,可延长使用寿命约10倍。

2.4.9　多碎石沥青混凝土

自20世纪80年代末期,我国开始修建高速公路。路表面层的摩擦系数对高速行车的安全有重要影响,路表面摩擦系数会随车速的增加而减小。表面构造深度越大,摩擦系数降低的幅度越小。为保证车辆在高速公路上安全舒适地高速行驶,要求沥青面层除必须具备良好的热稳性、不透水和耐久性等性能外,还必须有良好的抗滑性能,在满足摩擦系数要求外,还要有较深的表面构造深度。

多碎石沥青混凝土——柔和密级配沥青混凝土Ⅰ型和Ⅱ型,既能提供要求的表面构造深度,又具有较小的空隙率,同时又具有较好的抗变形能力,而且不增加工程造价。

Ⅰ型和Ⅱ型的主要差别在空隙率。Ⅰ型沥青混凝土由于是连续级配,细集料多,空隙率仅3%~6%,因此透水性小,耐久性好,但其表面构造深度只有0.3mm,远达不到要求。Ⅱ型沥青混凝土的碎石含量大,按级配范围的中值达60%,但其中细料和填料的含量少,因此混合料的空隙率大,一般在6%~10%之间。Ⅱ型沥青混凝土的优点是表面构造深度大，能达到规定要求，而且抗变形能力较强。但其大空隙率会带来一些弊病，它在压实度100%时，空隙率为6%～10%，施工时的压实度为96%，因此竣工后和开放交通初期沥青混凝土的实际空隙率将是9.8%～13.6%，造成表面层空隙率过大，因此透水性大和耐久性差是Ⅱ型沥青混凝土的突出缺点。

如果在Ⅱ型沥青混凝土的下层，也采用空隙率较大的Ⅱ型沥青混凝土，或其他级配的沥青混凝土，雨水将透过沥青表面层滞留在基层或沥青混合料内部，停留在基层表面的自由水冲刷基层表面的细料，导致唧浆现象，使面层与基层脱开，面层表面产生网裂和沉陷变形，甚至发展成局部坑洞。滞留在面层沥青混凝土中的水在夏季行车作用下，使沥青混凝土松散剥落，降低面层混凝土的稳定性并产生辙槽，冬季经过反复冻融，严重影响沥青混凝土的强度，缩短其抗疲劳寿命。

在Ⅱ型沥青混凝土表面层下设透水性小的Ⅰ型密级配的沥青混凝土，虽然可以基本阻止雨水下渗到基层顶面，但仍然会滞留在表面层沥青混凝土中，影响沥青混凝土的强度和耐久性。另外，为减少Ⅱ型沥青混凝土的空隙率而加大沥青的用量，将会降低沥青混凝土的稳定性，易产生车辙。因此，Ⅱ型沥青混凝土不宜做高速公路的表面层。

进入20世纪90年代以来，随着我国车流量的增大以及大量超载车辆的出现，我国的高速公路路况受到严峻考验。沥青路面破坏日益严重，路况下降，首先是路面的车辙比以前大幅度增加，它已成为沥青路面最严重、最普通的破坏形式。采用Ⅰ型密级配结构的高速公路路面在通车一两年内，不同程度地出现了车辙、推移和壅包。在大型车辆多、行走轮迹最集中的车道，在慢行、刹车、启动和交叉口附近，爬坡车道、车辆阻塞的车道，车辙严重，已严重影响了行车的舒适性和安全性。

沙庆林院士在1988年根据Ⅰ型和Ⅱ型沥青混凝土各自的特点首次提出了多碎石沥青混凝土的理论。其原意是要通过多碎石结构来达到既保持传统的Ⅰ型密实级配沥青混凝土的优点，又适当地提高了粉料成分，以求得密实、不透水，同时又具有Ⅱ型半密实级配沥青混凝土有较粗糙表面构造深度的优点。

多碎石沥青混凝土自1988年铺筑试验段以来，已在我国1 000多公里的高速公路上得到应用。多碎石沥青混凝土是粗集料断级配的沥青混凝土，它既能提供满足要求的表面构造深度，又具有较小的空隙率，同时又具有较好的抗变形能力，而且不增加工程造价。

2.4.10 半刚性面层

根据路面结构层的力学特性，一般情况下把路面层分为下述三种结构类型：

①柔性路面。柔性路面即刚度较小，抗弯拉强度较低，主要靠抗压、抗剪强度来承受车辆荷载的路面。它主要包括各种基层（水泥混凝土除外）和各类沥青面层、碎砾面层或块石面层所组成的路面结构。柔性路面刚度小，在荷载作用下所产生的弯沉变形较大，路面结构本身抗弯拉强度较低。车轮荷载通过各结构层向下传递到土基，使土基受到较大的单位压力。因而土基的强度和稳定性对路面结构整体强度有较大影响。

②刚性路面。刚性路面即面层板体刚度较大、抗弯拉强度较高的路面，主要指用水泥混凝土做面层或基层的路面结构。水泥混凝土的强度很高，特别是它的抗弯拉强度，较之其他各种路面材料要高得多。它的弹性模量也较其他各种路面材料大得多，故呈现出较

大的刚性。水泥混凝土路面板在车轮荷载作用下的弯沉变形极小,荷载通过混凝土板体的扩散分布作用传递到基础上的单位压力,比柔性路面小得多。

③半刚性路面。1983年召开的第七届道路会议上,半刚性路面正式命名:具有水硬性结合料处治层的沥青路面为半刚性路面。后来定义为:在沥青路面结构中含有一层或一层以上厚度大于10 cm的半刚性材料层且能发挥其特性时,此沥青路面结构称为半刚性路面。近来,许多学者认为将半刚性面层铺筑在半刚性基层上,使二者合二为一,才是真正意义上的半刚性路面。

众所周知,刚性路面由于其自身的诸多不利的特点,尤其是行车不舒适及维修困难制约了其在高等级公路上的应用。目前仍是以沥青混凝土路面占高等级公路路面的主导地位,但是由于沥青所具有的黏弹塑性等特殊性能,使沥青路面的强度和流变性质均受温度影响。高温时沥青混凝土会因黏度降低与集料颗粒间凝聚力减弱,导致沥青路面容易出现波浪、壅包之类的剪切变形,特别是在车辆经常制动的地方,更容易产生过大的塑性变形而形成车辙。而在降温时,又因沥青黏度的提高,变形能力大大降低,表现出脆性,由于混合料所铺筑的面层材料收缩,车辆荷载作用或半刚性基层产生收缩裂缝等,使面层内产生过大的拉应力而导致开裂。

近年来,为了克服沥青路面的高、低温性能上的不足,国内外很多学者进行了大量研究,开发出了水泥-沥青复合材料面层,通常通过以下两种方式:第一种方式是在沥青混合料母体中掺加刚性材料水泥砂浆或灌筑水泥乳浆,以提高沥青路面的抗车辙能力,同时具有抗滑耐久性和低温抗裂性;第二种方式是在水泥混凝土拌和物母体中掺加柔性材料(乳化沥青或高分子聚合材料),从而可以降低水泥混凝土材料的模量,提高水泥混凝土路面的抗裂性能,同时也改善行车的舒适性。不论以哪种方式铺筑的路面,都是以水泥、沥青共同作为结合料形成的路面,兼具刚性和柔性路面的优点。

由上述可知,半刚性面层是利用无机(水泥)、有机(沥青)复合技术开发的具有特殊微结构的新型路面材料铺筑而成,是介于刚性和柔性路面之间,路用性能更趋合理的一种新型路面结构。

从施工工艺上来讲,半刚性面层分成两类:第一类是拌和法半刚性面层,即在沥青混凝土拌和物母体中加入适量的水泥砂浆,进行拌和铺筑,经过一段时间养护,凝结硬化后兼有水泥路面刚性与沥青路面柔性的新型复合材料路面结构;第二类是灌浆法半刚性面层,它是在具有特殊级配的沥青混合料母体骨架材料压实后,灌筑含外掺剂的水泥乳浆材料填充骨料空隙,经过一段时间的养护后,胶结材料凝结硬化,兼有刚性与柔性的力学特性。

由于半刚性面层中水泥砂浆或水泥乳浆的存在,增大了材料的骨架组成部分,减小了沥青材料的相对比例,从而减小了混合料的温度敏感性。另一方面,由于面层颜色变浅,减小了路面的吸热速率,使路面内部温度低于普通沥青路面的温度,使温度应力显著降低。同时,由于半刚性面层颜色浅,对夜间行车十分有利。与水泥混凝土路面相比,半刚性面层的骨料相对较多,所以其面层胀缩系数大大降低。同时,混合料具有一定的空隙率及沥青材料的存在,使得混合料本身具有弹性,对收缩和膨胀具有一定的缓冲作用。这样面层可以不设或少设胀缝,大大提高了行车的舒适性。

在半刚性面层的水泥-沥青-骨料复合材料体系中,对拌和法而言,沥青混凝土是"悬浮密实"结构,它作为复合材料的基体,当水泥砂浆以拌和形式填充入空隙中,凝结硬化后,形成了新的空间骨架——水泥石骨架。因而,新的水泥-沥青混合料就成为"水泥石骨架+粗骨料悬浮"的密实型受力主体结构。对灌浆法而言,沥青混合料是骨架空隙结构,水泥乳浆灌注入空隙中后,凝结硬化形成水泥石骨架,这样,水泥沥青混合料复合体系就成为"水泥石骨架+矿料骨架"的密实型双重骨架的受力主体结构。

水泥对沥青混凝土的强度改善由两部分构成,大部分水泥吸收混合料中水泥乳剂或沥青乳剂中的水分发生水化反应,纤维状的水化产物向周围空间发展,填充混合料中水分蒸发留下来的空隙。水泥水化反应与沥青膜黏附石料同时进行,因而水化物与沥青膜既相互独立又相互渗透地交织在一起,形成空间立体网格结构裹覆在矿料周围,将矿料紧密地结合在一起,这种空间结构既保证了混合料具有足够的强度,又防止了高温下沥青软化时混合料产生过大的变形。因此,半刚性面层材料强度高且高温稳定性好。随着水泥水化反应进行,所生成的水化物切断混合料内部相贯连通的微孔,形成均匀、密实、孔隙闭合的整体,提高了混合料的总体强度和抗水剥落性。另一小部分水泥由于水分不足,不能发生水化反应,在混合料中起活性矿粉作用。它与沥青分子发生化学吸附,形成一层结构力学薄膜,使沥青以更薄的结构沥青形式存在,大大提高了沥青与骨料间的黏附性。结构力学薄膜的存在起着隔离作用,它能降低和阻止沥青组分选择性地渗入矿物颗粒的微孔中,延缓沥青混合料的老化。

东南大学的道路研究工作者根据水泥基复合半刚性面层材料(CBSCC)的微结构,建立了把橡胶沥青粗集料颗粒球和水泥砂浆空心基体球嵌入 CBSCC 等效复合材料介质中的三层嵌套模型。根据推导的热应力计算公式进行计算表明,降温时粗集料相对沥青相处于压应力状态,仅在水泥砂浆相及 CBSCC 等效复合材料中存在较小的拉应力,且该应力数值不足以使材料损坏,表明这种复合半刚性材料不但可以消除路面的高温病害,还具有较强的低温抗裂性能,抑制了材料的感温性对路面材料的不利影响,较好地协调了高温和低温对路面材料相互矛盾的要求。

2.4.11 RCC-AC 复合式路面

沥青路面作为一种高级路面被广泛应用于公路与城市道路,但沥青价格的不断上涨,使沥青路面投资增加,直接影响了公路的可持续发展。因此,在水泥混凝土路面上加铺沥青层,即修筑水泥混凝土与沥青混凝土复合式路面结构,不仅可减少沥青用量(与柔性路面相比),而且可弥补刚性路面的不足。这样刚柔相济,大大改善了路面的使用性能。

随着水泥、混凝土路面施工工艺的不断发展,20 世纪 70 年代中后期,美国、加拿大开始研究碾压混凝土(Roller Compacted Concrete,RCC)路面。我国于 1980 年初开始碾压混凝土路面铺筑技术的研究,先后有十多个省市列项研究。1987 年,国家科技工作引导性项目——我国水泥混凝土路面发展对策及修筑技术研究,把碾压混凝土路面作为研究重点之一,对碾压混凝土路面的强度形成机理、材料组成、施工工艺及路用性能等进行了系统研究,并于 1990 年通过了国家鉴定。我国 1994 年颁布的《公路水泥混凝土路面设计规范》(JTJ 012—94)已将碾压混凝土路面纳入规范,提出适应范围为二级、二级以下公路和相应等级的城市道路。特别是"八五"期间,我国又把"高等级公路碾压混凝土路面施工成套技术的研究"作为国家重点科技攻关课题,在路面材料、配合比设计、施工工艺等一系列关键技术方面取得了突破性的成果。

RCC是一种含水率低,通过振动碾压施工工艺达到高密度、高强度的水泥混凝土。其刚硬性的材料特点和碾压成型的施工工艺特点,使碾压混凝土路面具有节约水泥、收缩小、施工速度快、强度高、开放交通早等技术、经济上的优势。但RCC路面平整度差,难以形成粗糙面,在汽车高速行驶时抗滑性能下降较快。平整度、抗滑性、耐磨性三方面的不足,使其难以在高等级公路上得到广泛应用。随着路面结构研究的不断深入,修筑碾压水泥混凝土与沥青混凝土复合式路面(RCC-AC),能有效地解决RCC抗滑性、耐磨性、平整度的三大难题,从而使性质截然不同的两种类型(RCC与AC)路面以复合的形式达到了高度统一与和谐。

复合式路面系列结构中,RCC-AC路面结构发展迅速,备受道路研究者关注。RCC-AC复合式路面结构层中,沥青混凝土层在一定厚度范围内可改善行车的舒适性。因此,随着沥青混凝土厚度的增加,下层RCC板的平整度可适当放宽,这样也便于不同类型RCC路面的施工。

不仅如此,这种新型路面结构对下层的RCC材料要求也可以适当放宽,如可掺加适量粉煤灰或用低标号水泥、地方非规格集料等材料,并可不考虑抗滑、耐磨性能,从而降低工程造价。

2.4.12 高速公路沥青路面层间黏结材料

为加强在路面的沥青层与沥青层之间、沥青层与水泥混凝土路面之间的黏结而洒布的沥青材料,称为黏层油。主要应用的是SBR复合黏结材料。

高速公路沥青路面结构一般由面层、基层、底基层、垫层组成。面层一般由三层组成,是直接承受车轮荷载反复作用和自然因素影响的结构层,分为表面层、中间层和底面层,配合路面强度同荷载应力随深度变化的规律,这三层结构分别选用不同的混合料级配,使沥青面层具有较好的承载力和耐久性。为加强路面结构层之间的紧密结合,提高路面结构的整体性,应采取相应的技术措施,避免产生层间滑移。众所周知,压实成型的沥青混合料是由石质骨料、沥青胶结料和残余空隙所组成的一种空间网络结构的多相分散体,其材料属性为颗粒性材料,它的强度构成来源于沥青材料的黏结力和骨料的内摩阻力。但是在自下而上完成每一个结构层的铺装时,包括水泥稳定碎石基层都需要进行足够的振实碾压,因而这些结构层的表面都达到了相对平整密实状态,所以在沥青各层的联结面上的内摩阻力就会在很大程度上低于混合料本身,其强度构成转为对黏结力的依赖。如果没有更加优质的材料来实现层间黏结处理,建立一个等于或大于混合料强度的条件,层间结合面就会成为一个薄弱环节。因此,沥青路面的层间技术是十分重要的。

一般在沥青面层与半刚性基层或粒料基层之间浇洒黏层油沥青,这在我国目前的高速公路建设中,已成为一项较为成熟的技术。黏层的作用在于上下沥青层完全黏结成一整体。沥青层之间的黏层,在国外的规范中规定层与层之间必须洒黏层沥青,我国在规范中则要求,连续摊铺未受到污染可省去黏层,遇到污染清除后,洒布黏层油。因此,黏层油的洒布在我国的高速公路沥青面层中,运用的并不多见。目前我国黏层油运用技术比较成功的有河南省高远公路养护技术有限公司生产的 SBR 复合黏结剂和美国科氏工业集团生产的科氏黏层沥青。河北省自1998年石黄高速公路石辛段洒布黏层油获得成功以来,全省的高速公路沥青面层之间均洒布了黏层沥青。

SBR 复合黏结材料,是一种多组分改良沥青乳液,不仅具有 SBR 改性沥青的优良性能,而且其黏结力比原沥青高 2~3 倍。在路面的芯样弯拉试验中,其断裂面均为不规则形状,而且偏离结合面,这就说明利用 SBR 复合黏结材料使结合面超出了混合料本身的强度。由于该材料引入了多种高分子聚合物,在沥青中相互交连,形成网状,限制了沥青胶束的自由度,因此喷洒在路面的黏结剂,不会与车轮发生黏连。

通过大量的实际应用发现,SBR 复合黏结剂材料与同类材料相比,具有以下四个特点:

①SBR 复合黏结剂对沥青混凝土和水泥混凝土材料都有良好的黏结力,并且具有良好的温度稳定性。因此,适用于高速公路沥青路面的黏层或透层。

②当这种复合材料在道路表面成型后,不会与行驶中的工程车车轮发生黏连脱落,也不会引起摊铺机胶轮或履带打滑的麻烦,为交叉施工、加快工程进度以及保证工程质量创造了必要条件,这是普通黏结材料所不具备的。

③SBR 复合黏结剂材料,如果配以可移动式沥青乳液生产车间,可以节约投资,并方便使用。

④施工中不会造成二次污染,保护环境。

2.4.13 浇注式沥青混合料的特性及其应用

浇注式沥青混合料是由高含量沥青、矿粉和细集料,在高温下经过较长时间拌和,成为一种流态的沥青混合料,摊铺后不用碾压即可成型。由于其在高温下操作,又称为高温摊铺式沥青混合料。

浇注式沥青混凝土并非是一种新型的沥青混凝土材料,其应用历史可以追溯至19世纪。只是由于浇注式沥青混凝土特殊的性能,近年来在大中型桥梁,特别是在钢桥桥面铺装中的应用,引起了人们的关注。由于钢桥面变形大、热容性差,在行车荷载作用下局部应力非常复杂,对于铺装技术的要求相当苛刻,而浇注式沥青混合料具有优良的防水、抗老化性能,密实不透水,耐久性好,同时又有极好的黏韧性,适应变形能力强,对钢板的追从性、与钢板间的黏结性能比一般沥青混合料具有更大的优势,因而特别适用于大中型桥梁,尤其是大跨度的斜拉桥和悬索桥的钢桥做桥面铺装。所以在桥面铺装,特别是钢桥面铺装中采用浇注式沥青混合料效果比较好,如日本一般应用浇注式沥青混合料做结构下层,上层采用抗高温性能好的改性沥青密级配混合料。然而我国目前对浇注式沥青混凝土的材料组成、配合比设计、性能评价指标以及施工技术等方面均缺乏深入了解和研究,但从我国道路和桥梁建设的发展趋势来看,研究和开发浇注式沥青混合料铺面技术是十分必要的。

浇注式沥青混合料不同于普通碾压式沥青混合料,它是由高含量且高黏度的沥青、高剂量的矿粉,有时还加入纤维材料,再配以适量的集料,在高温(约 220~260 ℃)下经过长时间的搅拌熬制,形成的一种黏稠且有很好流动性、空隙率小于1%的特殊沥青混合料。该混合料浇注后用镘刀抹平,不需要碾压,冷却后即能密实成型,是一种悬浮-密实型结构,粗集料悬浮于沥青胶砂中,不能相互嵌挤形成骨架,其强度主要取决于沥青与填料交互作用产生的黏聚力。其性能特点主要有:

①防水性好。由于其空隙率小于1%,几乎接近于零,因而具有良好的防水性能。

②柔韧性强。该混合料沥青含量较高,变形能力强,柔韧性较好,对钢桥面板具有良好的追从性,能使混合料与桥面形成统一体,保持其整体性。

③耐久性好。浇注式沥青混合料一般采用品质优良的天然沥青与基质沥青掺配得到的改性沥青作为结合料,而且沥青含量比普通沥青混合料大,黏度高,因而具有良好的耐久性。

④黏结性好。其沥青含量大,空隙率几乎为零,且采用高质量的改性沥青,因而与桥面板的黏结性能比普通沥青混合料好得多。

2.4.14 机场沥青道面混合料及其工作特点

机场跑道修建沥青道面,欧美国家早在20世纪40年代就已经开始。以后随着优质沥青的生产,从20世纪60年代到70年代,许多国家竞相修建沥青道面。根据国际民航组织的资料,在147个成员国共计1 038个机场的1 718条跑道中,沥青跑道占62.6%,水泥跑道占25.2%,其他类型的跑道占12.2%,可见机场道面主要是沥青道面。亚洲一些国家,如日本、泰国、巴基斯坦等国家的军用机场大部分也都是沥青跑道。然而,我国过去几乎全是水泥跑道,据统计,水泥跑道占87%,沥青跑道仅占6%,其他跑道为7%。20世纪90年代以来,这种局面有了很大的改观,为适应民航交通事业的发展,先后相继在上海虹桥机场、桂林机场、南京机场、厦门机场以及北京首都机场等机场,在原水泥跑道上加铺了沥青道面。国家技术委员会在《中国科学技术政策指南》中就航空运输提出技术政策:改进机场道面结构,提高跑道等级,跑道道面应因地制宜,刚柔结合,向柔性道面过渡。

沥青道面的最大优点是修建方便,尤其是对于许多老机场来说,由于能够利用航班结束后的夜间对道面进行扩建或改建,从而避免了停航所造成的经济损失,显示了沥青道面的优越性。

分析比较机场道面与公路路面所处的工作状态,两者有以下不同:

①机场道面所承受的飞机荷载大,如大型远程宽体客机波音747~400,其起飞全质量达386.8 t,轮胎接地压力为1.44 MPa,道面在这样高的压力作用下将产生很大的应力和应变。公路汽车交通的荷载一般为几吨至几十吨,轮胎接地压力为0.4~0.7 MPa,与飞机荷载相比要小得多。

②飞机轮迹在道面上横向分布很分散。各种飞机由于机型大小不同,起落架结构不同,轮子的数量、组合方式和间距都有很大差别,同时飞机是在宽度为五六十米的跑道上滑行,轮迹横向分布宽度可达36 m。而各种汽车轮距相差不大,在画有分隔线的车行道上行驶易形成渠化交通。

③机场道面飞机交通量相对少于公路汽车交通量。

④飞机在道面上滑行的速度很高,时速可达两三百千米/时,故对道路的不平整和表

面积水十分敏感。道面摩阻系数不足,雨天飞机降落会使滑行距离过长,甚至冲出跑道,造成飞行事故。公路上汽车行驶的速度与飞机相比则低得多。

显而易见,机场道面呈现为有限的大荷载重复作用疲劳特征,而公路路面则是小荷载下大量重复作用的疲劳特征。因此,机场沥青道面混合料设计,既有与公路沥青路面相同的地方,又有机场比较特殊的一些要求。

综观世界机场沥青道面,面层有采用传统密级配沥青混凝土的,也有采用排水式沥青混合料的,还有采用沥青玛瑞脂碎石道面的,但目前多数机场道面都是采用传统的密级配沥青混凝土。

2.4.15 高强沥青混凝土

高强沥青混凝土:在沥青中添加热固性树脂材料和固化剂,拌制成混合料,压实固化即形成具有很高强度的混凝土,用于需要高强、耐久、耐油等场所。

1. 环氧沥青混凝土的特性

高强沥青混凝土是采用环氧沥青配制而成的热固性沥青混凝土材料。由于环氧沥青经过固化后,改变了沥青的热塑性性质,用环氧沥青所拌制的沥青混凝土与普通沥青混凝土相比较,或者与一般的热塑性改性沥青混凝土相比较,表现出以下特性:

(1)强度高、刚度大

环氧沥青混凝土强度高、变形小、刚度大。壳牌石油公司所配制的环氧沥青混凝土,其马歇尔稳定度超过 45 000 N,而普通沥青混凝土的稳定度仅为 8 000~12 000 N,前者是后者的 4~5 倍。虽然马歇尔稳定度并不是标准的力学指标,但反映出环氧沥青混凝土高强是无疑的。在 20 ℃常温下,环氧沥青混凝土的弯拉劲度模量高达 12 000 MPa,而普通沥青混凝土仅为 3 000 MPa,前者也为后者的 4 倍。

(2)优良的疲劳性能

环氧沥青混凝土由于强度高,在同样的应力水平下,表现出极其优良的耐疲劳性能,几乎是普通沥青混凝土疲劳寿命的 10~30 倍。澳大利亚西门大桥(West Gate Bridge)管理局所做的疲劳试验表明,环氧沥青混凝土的疲劳寿命为 5×10^6 次,而普通沥青混凝土仅为 0.29×10^6 次,前者是后者的 17 倍。

(3)良好的耐久性

普通沥青混凝土如果有柴油等燃油渗入,会使沥青失去黏结力而松散。环氧沥青混凝土却不怕燃油的侵蚀。壳牌公司曾经做过有趣的对比试验,它们将环氧沥青混凝土和普通沥青混凝土放在柴油中浸泡,经过 24 h,结果普通沥青混凝土已经泡软,棱角松散脱落,而环氧沥青混凝土经过一个多月浸泡仍然完好无损。

环氧沥青混凝土许多性质,如强度、刚度、耐久性等方面与水泥混凝土十分相似,同时在很多方面又具有沥青混凝土的优良性能。

2. 环氧沥青混凝土材料的应用

(1)大型桥梁的桥面铺装

环氧沥青用于桥面铺装,首先是美国加州的 San Mateo-Hayward 大桥。该桥建于 1967 年,桥面设 6 车道,日交通量达 20 000 辆/d。采用环氧沥青作桥面铺装,主要鉴于以下考虑：

①铺装层能与钢板形成牢固黏结，不因温度变化和交通荷载作用而脱开；

②能适应因温度变化引起钢板尺寸的变化而不致脱落；

③具有足够的疲劳强度，使用多年而不出现裂缝。

壳牌公司为该桥提供了改性环氧沥青、改性剂和固化剂。环氧沥青混凝土用普通沥青拌和机拌和，摊铺和压实。60 ℃时其马歇尔稳定度为64 800 N，204 ℃仍能达到18 900 N，而普通沥青混凝土60 ℃为11 700 N，204 ℃时则已成松散状了。混合料的温度控制以能保证在45 min的运输时间内能充分起化学反应，但未硬化不影响摊铺和压实。每天摊铺500 t混合料，压实后其性状如同普通沥青混凝土，14 d后开放交通，但60 d内强度仍继续增长。

以后，又有许多大桥采用环氧沥青做桥面铺装，如1973年建成的美国加州San Diego Coronado大桥、Quees Way大桥、San Francisco Okland海湾大桥等；1975年温哥华的Lion Gate大桥；1980年荷兰建造的Hagestein大桥等。此外，日本等国家也在钢桥上采用环氧沥青混凝土铺装。

（2）高等级公路和城市干道路面

1974年法国在Blois公路，1975年英国伦敦在Filmer路采用环氧沥青混凝土铺筑路面。

（3）公共汽车停车站

公共汽车停车站因汽车频繁的刹车、启动和较长时间的停车作用，路面常出现严重车辙。英国曼彻斯特Piccadilly公共汽车站、巴克停车站曾采用环氧沥青铺筑路面。

（4）公路与城市道路、机场道面的防滑磨耗层

1973年英国伦敦的大西路（Great West Road）曾用环氧沥青碎石铺筑防滑面层。1973年伦敦机场、1980年卡塔尔首都多哈机场，在道面上加铺过环氧沥青防滑面层，以保证足够的抗滑能力。采用环氧沥青铺筑排水性路面，能减少剥落等病害。

（5）广场铺面

在一些广场，尤其在装运燃油的集装箱转运站、汽车库等场地，采用环氧沥青做铺面，能使铺面经久耐用，对燃油的腐蚀有很好的抵抗能力。1977年，英国在Roysl Seaforth Dock集装箱转运站、Tilbury转运站等处曾采用环氧沥青混凝土铺筑过铺面地坪。

2.4.16 桥面铺装材料

桥面铺装又称车道铺装，其作用是保护桥面板，防止车轮或履带直接磨耗桥面，并可分散车轮集中荷载。通常有水泥混凝土和沥青混凝土铺装，这里主要介绍沥青混凝土桥面铺装。

1. 钢筋水泥混凝土桥的沥青混凝土桥面铺装

中型钢筋水泥混凝土桥（包括高架桥、跨线桥、立交桥）用沥青铺装层，应与混凝土桥面很好地黏结，并具有防止渗水、抗滑及有较高抵抗振动变形的能力。对于小桥桥面铺装只要与相接路段的车行道路面面层结构一致即可。对立交桥或防水要求高或在桥面板位于结构受拉区而可能出现裂缝的桥梁上，要求采用防水层铺装。

(1)防水层

厚度约 1.0~1.5 mm,可采用下列形式:

①沥青涂胶类防水层——采用沥青或改性沥青,分两次洒布,总用量 0.4~0.5 kg/m², 然后撒布一层洁净中砂,经碾压成下封层。

②高聚物涂胶类防水层——采用聚氨酯胶泥、环氧树脂、各种高聚物胶乳与乳化沥青制成的改性沥青胶乳等防水层。这类防水层由于施工方便,目前用得较多。

③沥青卷材防水层——采用各种化纤胎的改性沥青卷材和改性沥青胶黏剂做成三毡四油或两毡三油等结构的防水层。可以用油毡或其他防水卷材。

(2)保护层

为了保护防水层免遭损坏,在其上应加铺保护层,保护层采用 AC-10(或 AC-5)型沥青混凝土或沥青石屑,或单层表面处治,厚约 10 mm。

(3)面层

面层分承重层和抗滑层。承重层宜采用高温稳定性好的 AC-16(或 AC-20)型中粒式热拌沥青混凝土,厚度为 40~100 mm。抗滑层(或磨耗层),宜采用抗滑表层结构,厚度为 20~25 mm,为提高桥面铺装的高温稳定性,承重层和抗滑层胶结料宜采用高聚物改性沥青。

2. 公路钢桥的沥青混凝土桥面铺装

钢桥面铺装应满足防水性好、稳定性好、抗裂性好、耐久性好以及层间黏结性好的性能要求。应根据不同地区道路等级以及铺装的功能要求,选择适当的钢桥面铺装结构型式,一般可采用如图 2.13 所示型式。

图 2.13 钢桥面沥青铺装

(1)防锈层

必须对钢桥面采取防锈措施。

(2)防水层

在防锈层上应采用适当的防水层,可采用反应性树脂防水层或沥青防水层。

(3)钢桥面沥青铺装

钢桥面沥青铺装层厚为 40~80 mm,并宜分两层铺筑,当铺装厚度低于 60 mm 时,则应一层铺筑。沥青铺装必须采用沥青混凝土混合料铺筑。混合料类型应选用沥青玛琦脂碎石(SMA)、浇注式沥青混凝土(GA)或密级配沥青混凝土(AC)混合料。沥青铺装层混合料的选择应充分考虑钢桥面板受力特点、沥青铺装层的功能以及气候环境因素。沥青铺装下层混合料应具有较好的变形能力,能适应钢桥面板的各种变形,上层混合料应具有较好的热稳定性,抗车辙能力强。同时混合料还应满足耐久、抗车辙、抗水损害、防水性能等多方面要求。沥青铺装层胶结料应采用能满足铺装层混合料性能要求的材料,其中SMA、AC 混合料的胶结料应采用改性沥青,GA 混合料的胶结料应采用硬质沥青。

2.4.17 彩色沥青混合料及其用途

彩色沥青混合料:采用浅色结合料(聚合物合成用色结合料、脱色沥青)、集料(或有色集料)、颜料拌和而成的混合料,用于铺筑彩色路面,由于浅色结合料具有与沥青一样的性能,故也将它归类为沥青混合料。

1. 彩色铺面对环境的美化作用

在道路或广场铺筑彩色路面能够起到美化环境,给人良好心理感受的作用,因而彩色路面作为一种新型的铺面技术,已引起人们的兴趣和关注。

日本对彩色铺面技术进行了卓有成效的研究,并且在道路、广场、公路等场所大面积铺设。如北九州市 199 号国道(街道段)将靠边的两侧车道铺成铁红色路面,作为专用车道;在神户市中心长田楠日尾线中间车道铺成黄色的密级配彩色路面;水户市 50 号国道在弯道位置铺有黄色路面专供大型客车行驶。

荷兰阿姆斯特丹、海牙等城市在人行道上都设有 1.0~1.5 m 的自行车道,自行车道铺成铁红色沥青路面,不仅给骑车人以导向,而且成为城市的一道风景线。

瑞典哥德堡的里斯伯格的公共游乐场,铺设的红色和黄色地坪,使游乐场更加五彩缤纷。

随着我国经济的发展,人民生活水平的提高,人们对周围环境的改善也日益更加需要,不仅道路要通畅,而且也希望道路美观整洁。厦门市在环岛路黄唐段海滨浴场,铺设了 3.4 km 长的铁红色路面,这在我国是第一条比较长的彩色沥青路面。今后在公园小道、居民生活小区的道路、城市的自行车道、广场和游乐场、湖滨和海滨等场所,都有可能逐步铺设彩色铺面。

2. 彩色路面对交通的组织与控制作用

对于道路交通的管理,仅依靠色灯信号或人工指挥是不够的。在道路中铺筑不同色彩的路面在某种程度上比交通标志牌更好,它能够自然地给驾驶员以信号,引导驾驶员,使车辆行驶在应该行驶的位置。例如,在事故多发地段铺筑红色或橙黄色路面,可直观地提醒驾驶员注意,谨慎驾驶。在通往中小学校区域的道路上,铺筑铁红色路面,能提醒驾驶员减缓车速,为中小学生的安全提供保证。

在城市人车混杂的街道,可以将车道划分成"车优先"和"人优先"两种类型。在"人优先"的车道上,除设置"限制车速"的标志外,同时铺筑彩色路面,用不同颜色代表不同的功能,可作为交通稳静化(Traffic Calming)管理标志。德国在 1990 年已将交通稳静化标志方法纳入了交通法规。

2.4.18 废旧橡胶沥青混合料

1. 废旧橡胶的环境状况

全世界一年要产生废轮胎 3 500 万吨(约合 7 亿条)。美国环境保护总署(EPA)早在 1991 年就统计过美国一年可产生 2.85 亿条废轮胎,全国积存大约 2~3 亿条。当时他们每年废轮胎的处理能力是:3.3 千万条被翻修成新,2.2 千万条生产再生胶,4.2 千万条被转向其他各种用途。最终,还有 1.9 亿条,只能像山一样堆积起来。这些废轮胎自身不会腐烂,是一个很难处理的固体污染问题。由于每条轮胎中含有相当 4.5 升汽油的物质,因此,堆积的废轮胎极易自燃,形成大火,甚至很难扑灭,有的大火燃烧了几个月,不仅污染了地下水,而且向大气中释放了大量黑烟和有毒物质。迫于越来越多的废旧轮胎的产生和处理压力,美国自 20 世纪 70 年代就已经开始研究废旧橡胶沥青路面,南非、印度等是铺筑废旧橡胶沥青路面比较成功的国家。二十多年前,我国的科技工作者受到美国的启示,也开始研究废旧橡胶沥青路面,但当时的交通工具大多是自行车。没有足够的废旧轮胎,自然也形成不了废旧橡胶粉加工产业,这种研究因缺乏重要性和紧迫性,而没有得到社会足够的重视和支持。然而,我国的经济发展迅速,当年的自行车大国,现在已经是汽车保有量居世界第三的国家。中国的一些城市如北京、上海、广州及昆明早已是车满为患了。2002 年我国废旧轮胎已达到 0.8 亿条,2010 年达到 2 亿条。因此将废旧轮胎磨细成橡胶粉应用于道路工程建设又得到了国家建设及管理部门广泛的关注,这也是大量处理废旧轮胎的较佳途径之一。

2. 废旧橡胶粉在沥青混合料中的应用方法

橡胶是一种难以自然降解的工业产品废弃物,用它作为沥青改性剂或直接掺入集料中,可以得到性能良好的沥青混合料,具有减振降噪功能,以及良好的排水性能和防滑性能。沥青橡胶结合应用技术是沥青改性技术的一种,它有许多优越的性能,在国际上特别是 20 世纪 90 年代以来,技术日趋成熟,得到了广泛的应用。由于它在环境保护、解决废轮胎固体污染方面的特殊作用,因而在沥青改性的各种方法中独树一帜,占据着特殊的位置。

通常,废旧橡胶在沥青混合料中的应用有湿法(Wet Process)和干法(Dry Process)两种工艺。湿法是指直接将磨细的橡胶粉加入到沥青中,经过搅拌制备成具有改性沥青特性的橡胶沥青。由废旧轮胎加工成的橡胶粉主要成分为天然橡胶与合成橡胶,另外还含有炭黑、氧化硅、氧化铁、氧化钙、硫黄等添加剂,这些成分均可作为沥青性能的改性剂。将磨细的废旧橡胶粉掺入沥青中,可明显提高沥青的高温性能和抗老化、耐疲劳性能。干法是将较粗的橡胶颗粒直接加入到集料中,然后喷入沥青拌制成沥青混合料。干法与湿法的主要区别在以下几个方面:

①干法采用的橡胶颗粒尺寸粒径一般为 1~6.3 mm,而湿法采用的橡胶粉粒径都在 1 mm 以下,因而干法所用的橡胶颗粒加工工艺相对简单,成本相对较低。

②干法中橡胶颗粒的掺量一般为集料净重的 1%~5%,湿法工艺一般为沥青质量的 5%~20%,故干法所用橡胶的数量是湿法的 2~4 倍,干法工艺可消耗大量废旧轮胎。

③干法中橡胶颗粒主要当作部分集料,对沥青的改性作用甚微。湿法中,橡胶粉主要

作为沥青的改性剂,它可较明显地改善沥青混合料的性能。

④在沥青拌和厂中,干法工艺不需要特殊的设备或较大的设备改装,而湿法工艺需要特殊的混合容器、反应罐和拌和罐等。湿法生产的橡胶沥青主要应用于水泥道路填缝料、碎石封层、应力吸收层和沥青混凝土,而干法只能用于拌制沥青混凝土。干法拌制的沥青混凝土其路用性能有一定的改善,而且还具有降低轮胎与路面的接触噪声的功效。

尽管干法工艺在橡胶颗粒尺寸、橡胶用量和拌制设备上具有明显优势,但世界上绝大多数研究都集中在湿法工艺上,其主要原因在于采用干法工艺铺筑的试验路性能不稳定,而采用湿法工艺铺筑的试验路则可获得较为满意的性能。

3. 废旧橡胶粉在沥青混凝土中的应用前景

橡胶粉用于沥青路面既可以采用湿拌法也可以采用干拌法。大量的研究与实际应用证明,废旧橡胶粉改性沥青具有以下优点:

①从环保角度讲,可减轻"黑色污染",降低道路交通噪声。

②从资源再生利用角度讲,可使废旧轮胎循环利用,符合我国建设可持续发展、节约型社会的发展理念。

③从工程质量角度讲,可提高沥青路面路用性能,延长路面使用寿命。具有减振降噪,良好的排水性能,优异的抗滑性能等。

在应用上,从气候环境看,它适用于非冰冻地区、炎热、多雨地区的高等级路面;从交通环境看,它适用于各种交通量下的沥青路面上面层及中面层。另外,采用湿拌法生产的胶粉改性沥青还可以用于应力吸收层、碎石封层等工程。

2.4.19 再生沥青混合料

沥青路面再生利用技术,是将需要翻修或者废弃的旧沥青路面,经过翻挖、回收、破碎、筛分,再和新集料、新沥青适当配合,重新拌和,成为具有良好路用性能的再生沥青混合料,用于铺筑路面面层或基层的整套工艺技术。沥青路面再生利用,能够节约大量的沥青和砂石材料,节省工程投资,同时,有利于处治废料,节约能源,保护环境,因而具有显著的经济效益和社会效益。

我国的沥青混合料再生利用技术研究起步较晚。20 世纪 70 年代,一些公路养护部门自发进行了废旧沥青路面材料的再生利用。1982 年,交通部科技局将沥青路面再生利用作为重点科技项目下达,由同济大学负责该课题研究的协调,山西、湖北、河南、河北等省(市)参加,分别确定主攻方向,开展比较系统的试验研究。通过室内外大量的试验和研究,不仅在再生机理、沥青混合料的再生设计方法、再生剂的质量技术指标等方面取得突破性的进展,而且在热拌再生和冷拌再生的施工工艺、再生机械等多方面取得了系统的研究成果。方法主要是在旧沥青路面材料中掺配新沥青或乳化沥青,对于旧沥青混合料中的老化沥青起到化学改性,恢复旧沥青路用性能和技术指标的作用。据不完全统计,至 1986 年,我国铺筑再生沥青路面已累计超过 600 km。到 20 世纪 90 年代,我国开始了大规模的高速公路建设,沥青路面再生技术的研究和推广暂时被搁置起来。到 2004 年底,我国已建成高速公路累计超过 3.42×10^4 km,一些先建成的高速公路的沥青路面陆续到了大修阶段。沥青路面再生作为一种养护技术,又被重新提了出来。许多国外厂商将其技术引入中国,国内一些企业也抓住这一机遇开发了相应的再生产品和再生设备,这对进一步提高我国旧沥青混合料的再生利用技术,加强这一技术的开发和推广应用是非常重要的。

再生路用沥青混凝土(RAP)是把由路面上清除下来的旧沥青混凝土进行加工处理后的混合料,可在旧料中加入结合料、再生剂(也称塑化剂、复苏剂,目的是恢复弹性)和石料作添加剂,也可不加上述添加剂。

旧沥青混凝土主要来自道路破除或改建以及路面修复工程。重复利用旧沥青混凝土可减少购置短缺沥青材料的费用,降低材料的长途运费。另外,还可减少仓储面积,改善周围环境条件。

再生沥青混凝土可作为面层的上层和下层材料使用。在修筑沥青混凝土路面时,旧沥青混凝土中加入一定数量的矿料、结合料和再生剂,可把它当作主要材料使用,也可作为新混合料的添加剂使用。在某些场合,如果旧沥青混凝土可作为路面基层材料使用,此时旧沥青混凝土一般不作再生处理。

总之,以前沥青混凝土路面大中修的主要方法是加铺新的沥青混凝土层,现在已经出现了下列新的工艺方法:

①把被磨损的沥青混凝土路面加热、翻松、整型再压实成型,而不需要加入新的材料。

②把被磨损待修部位的沥青混凝土路面加热后翻松,与新添加的沥青混凝土混合料拌和均匀,摊铺整形,碾压成型。

③把被磨损的沥青混凝土面层清除下来送往工厂,在专用设备中使之再生。

铺筑再生沥青路面有明显的经济效益,由于大大减少了筑路材料的用量,因而节省了工程费用。尤其在缺乏砂石材料的地区,由于砂石材料都是从外地远运而来,成本较高,采用沥青路面再生技术,所节约的工程投资是十分可观的。即使在盛产砂石材料的地区,也能够节约大量材料费用。

2.4.20 水泥混凝土路面填缝料

水泥混凝土路面板因受温度应力的影响或施工的原因,必须修筑纵向的和横向的接缝。接缝分为温度缝和工作缝,温度缝多为横向的,分为膨胀缝和收缩缝两种;工作缝有纵向的和横向的。为使表面水不致渗入接缝而降低路面基层的稳定性,必须在这些接缝处嵌填接缝材料。

水泥混凝土路面接缝材料包括接缝板和填缝料。接缝板可用木材(如松木、杉木、桐木、白杨板)、合成板材(如软木板、木屑板)及泡沫树脂(如聚苯乙烯泡沫板)等。填缝料可用树脂沥青(如聚氯乙烯胶泥填缝料)、橡胶沥青(如氯丁橡胶沥青填缝料)及聚氨酯类填缝料(如聚氨酯改性沥青填缝胶、聚氨酯焦油、密封胶)等。

作为水泥混凝土路面接缝的填缝料,首先要求它与混凝土板具有很好的黏结性;在低温时有较大的延性,以适应混凝土板的收缩而不开裂;在高温时有较好的热稳定性,抗老化性、不软化、不流淌;此外,还要具有一定的抗砂石嵌入的能力。填缝料的技术性能可以通过高温流变值、低温延伸量、弹性复原率、砂石嵌入度及耐久性等技术指标来评定。

第3章 沥青混合料的材料组成

3.1 组成材料概述

沥青混合料是公路、城市道路以及机场道面的主要铺面材料,它直接承受车轮荷载和各种自然因素——日照、温度、空气、雨水等的作用,其性能和状态都会发生变化,以至影响路面的使用性能和使用寿命。为了保证沥青路面长期保持良好的使用状态,沥青混合料必须满足路用性能。沥青混合料的技术要求主要可分为高温稳定性和低温稳定性,路面使用性能可分为耐久性(抗疲劳性能和抗老化性能)、抗水损害性、抗滑性等。

3.1.1 沥青混合料的基本组成

沥青混合料是由沥青、集料、填料以及少量添加材料组成的复合材料。在沥青混合料中,沥青作为连续相主要起固结作用,通常称之为沥青结合料,它的用量虽然较少,但却是沥青混合料发挥良好性能的保障,因此沥青材料的性能和质量好坏至关重要。一般在同一批次沥青混合料中,仅用一种沥青材料,不同种类的沥青不宜混用,调配沥青除外。集料按照粒径大小可以分为粗集料和细集料,主要由各种石料如石灰石、花岗石等粉碎而成,在沥青混合料中起骨架作用,赋予沥青混合料强度和摩擦性能等,是沥青混合料发挥良好性能的基础。填料主要指矿粉和生石灰粉等,在沥青混合料中主要起填充作用。在沥青混合料中,需要同时用到粗集料、细集料和填料以形成良好的级配,因此首先需要进行沥青混合料矿料组成的配合比设计,然后再与沥青配合,形成沥青混合料配合比设计,满足沥青混合料的各项优良路用性能。为了提高沥青混合料的性能,有时要加入一些添加材料,如木质纤维、环氧树脂、水泥、粉煤灰等。沥青混合料组成材料如图 3.1 所示。

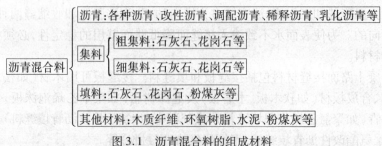

图 3.1 沥青混合料的组成材料

3.1.2 沥青混合料组成材料基本概念

①集料(骨料)(Aggregate)。在混合料中起骨架和填充作用的颗粒料,包括碎石、砾石、机制砂、石屑、砂等。

②粗集料(Coarse Aggregate)。在沥青混合料中,粗集料是指粒径大于 2.36 mm 的碎

石、破碎砾石、筛选砾石和矿渣等。

③细集料(Fine Aggregate)。在沥青混合料中,细集料是指粒径小于2.36 mm的天然砂、人工砂(包括机制砂)及石屑。

④天然砂(Natural Sand)。由自然风化、水流冲刷、堆积形成的粒径小于4.75 mm的岩石颗粒,按生存环境分河砂、海砂、山砂等。

⑤人工砂(Manufactured Sand,Synthetic Sand)。经人为加工处理得到的符合规格要求的细集料,通常指石料加工过程中采取真空抽吸等方法除去大部分土和细粉,或将石屑水洗得到的洁净的细集料。从广义上分类,机制砂、矿渣砂和煅烧砂都属于人工砂。

⑥机制砂(Crushed Sand)。由碎石及砾石经制砂机反复破碎加工至粒径小于2.36 mm的人工砂,亦称破碎砂。

⑦石屑(Crushed Stone Dust,Screenings,Chips)。采石场加工碎石时通过最小筛孔(通常为2.36 mm或4.75 mm)的筛下部分,也称筛屑。

⑧混合砂(Blend Sand)。由天然砂、人工砂、机制砂或石屑等按一定比例混合形成的细集料的统称。

⑨填料(Filler)。在沥青混合料中起填充作用的粒径小于0.075 mm的矿物质粉末,通常是石灰岩等碱性料加工磨细得到的矿粉,水泥、消石灰、粉煤灰等矿物质。

⑩矿粉(Mineral Filler)。由石灰岩等碱性石料经磨细加工得到的、在沥青混合料中起填料作用的、以碳酸钙为主要成分的矿物质粉末。

⑪堆积密度(Accumulated Density)。单位体积(包括固体物质颗粒及其闭口、开口孔隙体积及颗粒间空隙体积)物质颗粒的质量。有干堆积密度及湿堆积密度之分。

⑫表观密度(视密度)(Apparent Density)。单位体积(包括材料的实体矿物成分及闭口孔隙体积)物质颗粒的干质量。

⑬表观相对密度(视比重)(Apparent Specific Gravity)。表观密度与同温度水的密度之比值。

⑭表干密度(饱和面干毛体积密度)(Saturated Surface-dry Density)。单位体积(包括材料的实体矿物成分及其闭口孔隙、开口孔隙等颗粒表面轮廓线所包围的全部毛体积)物质颗粒的饱和面干质量。

⑮表干相对密度(饱和面干毛体积相对密度)(Saturated Surface-dry Bulk Specific Gravity)。表干密度与同温度水的密度之比值。

⑯毛体积密度(Bulk Density)。单位体积(包括材料的实体矿物成分及其闭口孔隙、开口孔隙等颗粒表面轮廓线所包围的毛体积)物质颗粒的干质量。

⑰毛体积相对密度(Bulk Specific Gravity)。毛体积密度与同温度水的密度之比值。

⑱石料磨光值(Polished Stone Value)。按规定试验方法测得的石料抵抗轮胎磨光作用的能力,即石料被磨光后用摆式仪测得的摩擦系数。

⑲石料冲击值(Aggregate Impact Value)。按规定方法测得的石料抵抗冲击荷载的能力,冲击试验后,小于规定粒径的石料的质量百分数。

⑳石料磨耗值(Weared Stone Value)。按规定方法测得的石料抵抗磨耗作用的能力,其测定方法有洛杉矶法、道瑞法和狄法尔法。

㉑石料压碎值(Crushed Stone Value)。按规定方法测得的石料抵抗压碎的能力,以压碎试验后小于规定粒径的石料质量百分数表示。

㉒集料空隙率(间隙率)(Percentage of Voids in Aggregate)。集料的颗粒之间空隙体积占集料总体积的百分比。

㉓针片状颗粒(Flat and Elongated Particle in Coarse Aggregate)。

指粗集料中细长的针状颗粒与扁平的片状颗粒。当颗粒形状的诸方向中的最小厚度(或直径)与最大长度(或宽度)的尺寸之比小于规定比例时,属于针片状颗粒。

㉔标准筛(Standard Test Sieves)。

对颗粒性材料进行筛分试验用的符合标准形状和尺寸规格要求的系列样品筛。标准筛筛孔为正方形(方孔筛),筛孔尺寸依次为 75 mm、63 mm、53 mm、37.5 mm、31.5 mm、26.5 mm、19 mm、16 mm、13.2 mm、9.5 mm、4.75 mm、2.36 mm、1.18 mm、0.6 mm、0.3 mm、0.15 mm、0.075 mm。

㉕集料最大粒径(Maximum Size of Aggregate)。

指集料的 100% 都要求通过的最小的标准筛筛孔尺寸。

㉖集料的公称最大粒径(Nominal Maximum Size of Aggregate)。指集料可能全部通过或允许有少量不通过(一般容许筛余不超过 10%)的最小标准筛筛孔尺寸。通常比集料最大粒径小一个粒级。

3.2 石料的种类和基本性质

3.2.1 石料的种类及主要性质

用于拌制沥青混合料的集料主要由天然岩石破碎而成,因此石料是公路建设的基础材料之一。天然岩石按其形成条件可分为火成岩(岩浆岩)、沉积岩和变质岩。它们中又由于所含矿物成分不同而形成多种多样的岩石。为了选择沥青路面工程所用的岩石或对岩石进行改性处理以适应工程需要,需要了解岩石的基本性质。

1. 火成岩(岩浆岩)

火成岩是岩浆从地壳或地表面流出凝固而成,故又称岩浆岩。

(1)火成岩按矿物学分类,常用的火成岩岩石主要有以下几种:

①花岗岩。

花岗岩主要由石英、长石、云母及角闪石组成。颜色有灰色、深灰色、淡红色、粉红色等。由于所含矿物颗粒粒度的不同,分为细粒花岗岩(粒径小于 2 mm)、中粒花岗岩(2~5 mm)、粗粒花岗岩(大于 5 mm)。岗岩中有色矿物呈层状分布时称花岗片麻岩。

花岗岩组织均匀致密,密度平均为 2.61~2.75 g/cm³,孔隙率为 0.4%~1.0%。花岗岩的力学强度与颗粒结构有关,细粒花岗岩强度较中粒与粗粒花岗岩高,同时花岗岩中云母的含量对其力学强度有很大影响。一般花岗岩具有较高的抗压强度(100~250 MPa)。花岗岩为酸性岩石,与沥青黏结性较差。

②辉绿岩。

辉绿岩由基性斜长石与普通辉石组成。辉绿岩多呈深灰色,具有针状结构,断面不齐平。辉绿岩的密度为 2.85~3.05 g/cm³,孔隙率为 0.5%~0.8%,吸水率为 0.1%~0.4%。它具有较高的力学强度,其极限抗压强度达 200~300 MPa,磨耗率不超过 3%。由于它力学强度高,开采和轧制加工比较困难。辉绿岩为碱性石料,是修建沥青路面的优良材料。

③玄武岩。

玄武岩是一种基性喷出岩,由斜长石与辉石组成,呈暗灰色或黑色。其结构致密,成柱状或球状节理。玄武岩的物理力学性质与辉绿岩相似,其密度为 2.95~3.0 g/cm³,吸水率小于 0.5%,极限抗压强度高达 400 MPa。玄武岩开采和轧制加工困难,故一般碎石价格较高。玄武岩为碱性石料,是拌制沥青混合料的理想材料。

④安山岩。

安山岩也为基性喷出岩,其成分和性质与玄武岩相近。安山岩的密度为 2.65~2.75 g/cm³,极限抗压强度为 120~200 MPa,比玄武岩低。安山岩属中性岩石。

(2)火成岩按其 SiO_2 的含量又可分为:

①酸性岩类($w(SiO_2)>65\%$)。

矿物成分以石英、正长石为主,并含有少量的黑云母和角闪石,岩石的颜色浅,密度小。酸性岩中除花岗岩外,尚有:

a. 花岗斑岩。是浅成浸入岩。成分与花岗岩相似,所不同的是具有斑状结构,斑晶为长石或石英,石基多由细小的长石、石英及其他矿物组成。

b. 流纹岩。是喷出岩,呈岩流状产出。常呈灰白、灰红、浅黄褐等色。矿物成分同花岗岩,具有典型的流纹构造,隐晶质斑状结构,细小的斑晶常由石英或长石组成。

②中性岩类($w(SiO_2)=65\%~52\%$)。

矿物成分以正长石、斜长石、角闪石为主,并含有少量的黑云母及辉石,岩石的颜色比较深,密度比较大。中性岩中,除安山岩外,尚有:

a. 正长岩。是深成侵入岩。多呈肉红色、浅灰或浅黄色。全晶质等粒结构,块状构造。主要矿物为正长石,其次为黑云母和角闪石,一般石英含量极少,其物理力学性质与花岗岩相似,但不如花岗岩坚硬,且易风化。

b. 正长斑岩。是浅成侵入岩。一般呈棕灰色或浅红褐色。矿物同正长岩,与正长岩所不同的是具有斑状结构,斑晶主要是正长石,石基较致密。

c. 粗面岩。是喷出岩。常呈浅灰、浅褐黄或淡红色。斑状结构,斑晶为正长石,石基多为隐晶质,具有细小孔隙,表面粗糙。

d. 闪长岩。是深成侵入岩。灰白、深灰至黑灰色。主要矿物为斜长石和角闪石,其次有黑云母和辉石。全晶质等粒结构,块状构造。闪长岩结构致密、强度高,且具有较高的韧性和抗风化能力,是良好的建筑石料。

e. 闪长斑岩。是浅成侵入岩。呈灰色或灰绿色。矿物与闪长岩相同,具有斑状结构,斑晶主要为斜长石,有时为角闪石。岩石中常有绿泥石、高岭石和方解石等次生矿物。

③基性岩类($w(SiO_2)=55\%~45\%$)。

矿物成分以斜长石、辉石为主,含有少量的角闪石及橄榄石,岩石的颜色深,密度也比较大。基性岩中,除辉绿岩、玄武岩外,尚有辉长岩,它是深成侵入岩,呈灰黑至黑色。全晶质等粒结构,块状构造。主要矿物为斜长石和辉石,其次有橄榄石、角闪石和黑云母。辉长岩强度高,抗风化能力强。

④超基性岩类($w(SiO_2)<45\%$)。

矿物成分以橄榄石、辉石为主,其次有角闪石,一般不含硅铝矿物,岩石的颜色很深,密度很大。

2. 沉积岩

沉积岩是各种岩石破碎后再硬化,或经水搬运移动沉积而成。沉积岩是在地表环境中形成的,沉积物质来自先前存在的岩石(岩浆岩、变质岩和早已形成的沉积岩)的化学和物理破坏产物。沉积岩是地壳表面分布最广的一种岩石,虽然它的体积只占地壳的5%,但是出露面积约占陆地表面积的75%。

沉积岩的形成是一个长期而复杂的地质作用过程。出露地表的各种岩石,经长期的日晒雨淋,风化破坏,逐渐地松散分解,或成为岩石碎屑,或成为细粒黏土矿物,或成为其他溶解物质。这些先成岩石的风化产物,大部分被流水等运动介质搬运到河、湖、海洋等低洼的地方沉积下来,成为松散的堆积物。这些松散的堆积物经过压密、胶结、重结晶等作用,逐渐形成沉积岩。

这些沉积物的矿物成分取决于原生岩,根据成型方式还可分为:河流沉积岩、冰川沉积岩、海洋沉积岩、风积岩和岩屑堆积岩。代表性的沉积岩有石灰岩、砂岩、白云岩等。

(1)石灰岩

石灰岩简称灰岩由碳酸钙组成,因含有氧化硅、氧化镁与氧化铁而呈灰色、淡红色,含有有机碳化物的石灰岩则呈深灰色或黑色,纯质灰岩呈白色。矿物成分以方解石为主,其次含有少量的白云石和黏土矿物。石灰岩分布相当广泛,岩性单一,易于开采加工,是一种用途很广的建筑石料。由纯化学作用生成的石灰岩具有结晶结构,但晶粒极细,经重结晶作用即可形成晶粒比较明显的结晶灰岩。由生物化学作用生成的石灰岩,常含有丰富的生物残骸。石灰岩中一般都含有一些白云石和黏土矿物,当黏土矿物的质量分数达25%~50%时,称为泥灰岩;白云石的质量分数达25%~50%时,称为白云质灰岩。

石灰岩的物理力学性质随其结构、构造及混合物成分与含量而变化很大,密度为1.5~2.7 g/cm^3,孔隙率为2%~4.0%,因此石灰石的力学性质变化也很大。例如,介壳石灰岩的抗压强度仅为0.5~5 MPa,而泥质石灰岩则可达25~50 MPa,密实板状石灰岩可达80 MPa,硅质石灰岩与大理岩状的结晶石灰岩可达100~200 MPa。因此选择石灰岩时应予注意。石灰岩是典型的碱性岩石,与沥青有很好的黏结性,但一般石灰岩质地较软,耐磨性差,不适合用于路面上面层。

(2)白云岩

白云岩的主要成分为碳酸钙和碳酸镁。主要矿物成分为白云石,也含有方解石和黏土矿物。具有结晶结构。纯质白云岩为白色,随所含杂质的不同,可出现不同的颜色。白云岩的密度为2.8~2.9 g/cm^3,极限抗压强度达100 MPa。白云岩的外貌特征与石灰岩近似,在野外难于区别,可用盐酸起泡程度辨认。白云岩的成分、物理力学性质与石灰石相似。但强度和稳定性比石灰岩高,是一种良好的建筑石料。

(3)砂岩

砂岩由50%以上粒径介于2~0.05 mm的砂粒胶结而成,黏土含量小于25%。按砂粒的矿物组成,可分为石英砂岩、长石砂岩和岩屑砂岩。按砂粒粒径的大小,可分为粗粒砂岩、小粒砂岩和细粒砂岩。胶结物的成分对砂岩的物理力学性质有重要影响。根据胶结物的成分,又可将砂岩分为硅质砂岩、铁质砂岩、钙质砂岩及泥质砂岩几个亚类。硅质砂岩的颜色浅,强度高,抵抗风化的能力强。泥质砂岩一般呈黄褐色,吸水性强,易软化,强度和稳定性差。铁质砂岩常呈紫红色或棕红色。钙质砂岩呈白色或灰白色,强度和稳定性介于硅质与泥质砂岩之间。砂岩分布很广,易于开采加工,是工程上广泛采用的建筑石料。

大部分砂岩主要由石英组成,少数由长石的胶结碎屑组成的砂岩称为长石砂岩。砂岩的颜色和力学性质与它的矿物成分及砂岩中的砂粒大小有关,也与岩石中的胶结物的性质和数量有关。砂岩的密度为1.8~2.7 g/cm^3,孔隙率为2%~30%,吸水率为0.8%~17%,极限抗压强度为5~200 MPa。

云母砂岩和铁质砂岩力学强度不高,在水与温度变化作用下会很快风化破坏。砂质的与致密的石英砂岩强度很高,极限抗压强度往往可达200 MPa,而且耐冻性也好。这种砂岩不易加工和轧碎。石英质砂岩坚硬而耐磨,可用于沥青路面磨耗层,但它属酸性,与沥青的黏附性很差。

3. 变质岩

地壳内部原有的岩石(岩浆岩、沉积岩和变质岩),由于受到高温、高压及新化学成分加入的影响,改变原来的矿物成分和结构、构造,形成新的岩石,称为变质岩。变质岩不仅具有变质过程中所产生的特征,而且还常保留着原来岩石的某些特点。

这种使岩石改变的作用,称为变质作用。变质作用可概括为接触变质与区域变质两种基本类型。岩浆从地球深处上升到地壳中,带着很大的热能,使与之接触的岩石温度急剧上升,由这种热的影响所引起的变质作用,称为接触变质作用。在大规模区域性地壳变动影响下,使大面积岩体处在高温、高压、岩浆活动等因素的综合作用下所引起的变质作用,称为区域变质作用。

(1)变质岩的矿物成分

变质岩的矿物成分可分为两类:一类是岩浆岩、沉积岩,如石英、长石、云母、角闪石、辉石、方解石等,它们大多是原岩残留下来的,有的是在变质作用中形成的;另一类是在变质作用中产生的变质岩所特有的矿物,如石墨、滑石、蛇纹石、石榴子石、绿泥石、云母、硅灰石、蓝晶石、红柱石等,称为变质矿物。根据这些变质矿物,可以把变质岩与其他岩石区别开来。

(2)常见的变质岩

1)片理状岩类

①片麻岩。片麻岩具典型的片麻状构造,因发生重结晶,一般晶粒粗大,肉眼可以辨识。片麻岩可以由岩浆岩变质而成,也可由沉积岩变质形成。主要矿物为石英和长石,其次有云母、角闪石、辉石等,此外有时含有少许石榴子石等变质矿物。岩石颜色视深色矿物含量而定,石英、长石含量多时色浅,黑云母、角闪石等深色矿物含量多时色深。片麻岩

进一步的分类和命名,主要根据矿物成分,如角闪石片麻岩、斜长石片麻岩等。因具有片理构造,故较易风化。

片麻岩由花岗岩变质而成,矿物成分与花岗岩相近,不同之处是片麻岩为板状结构或条状结构。片麻岩的密度为 $2.4 \sim 2.9$ g/cm³。这种岩石的力学强度很高,抗压强度可达 $100 \sim 200$ MPa。如果云母含量增多,强度相应降低。片麻岩易劈成板形,但加工成碎石时易成扁平状颗粒,因此不适合于沥青路面使用。

②片岩。片岩具有片状构造,变晶结构。矿物成分主要是一些片状矿物,如云母、绿泥石、滑石等,此外尚含有少许石榴子石等变质矿物。片岩进一步的分类和命名是根据矿物成分,如可分成云母片岩、绿泥石片岩、滑石片岩等。片岩的节理一般比较发达,片状矿物含量高,强度低,抗风化能力差,极易风化剥落,岩体也易沿片理倾向塌落。

③千枚岩。千枚岩多由黏土岩变质而成。矿物成分主要为石英、绢云母、绿泥石等。结晶程度比岩差,晶粒极细,肉眼不能直接辨别,外表常呈黄绿、褐红、灰黑等色。由于含有较多的绢云母,片理面常有微弱的丝绢光泽。千枚岩的质地松软,强度低,抗风化能力差,容易风化剥落,沿片理倾向容易产生塌落。

④板岩。板岩具板状构造,变余结构,有时具有变晶结构。多是由页岩经浅变质而成。矿物颗粒细小,主要由绢云母、石英、绿泥石和黏土组成。常为深灰至黑灰色,也有绿色及紫色。易裂开成薄板,打击时有清脆声,可与页岩区别。能加工成各种尺寸的石板,但在水的作用下易于泥化。

(3)块状岩类

①大理岩。大理岩由石灰岩或白云岩经重结晶变质而成,等粒变晶结构,块状构造。主要矿物成分为方解石,遇稀盐酸强烈反应起泡,可与其他同色岩石相区别。大理岩常呈白色、浅红色、淡绿色、深灰色以及其他各种颜色,常因含有其他带色杂质而呈现出美丽的花纹。大理岩强度中等,易于开采加工,色泽美丽,是一种很好的建筑装饰石料。

②石英岩。石英岩结构和构造与大理岩相似。一般由较纯石英砂岩变质而成,常呈白色,因含杂质,可出现灰白色、灰色、黄褐色或浅紫红色。石英岩主要成分为二氧化硅,石质致密而坚硬。石英岩的密度为 $2.65 \sim 2.75$ g/cm³,吸水率不超过 0.5% ,石英岩强度很高,抵抗风化的能力很强,是良好的建筑石料,但硬度很高,开采加工相当困难。

3.2.2 石材的技术性质

1. 物理性质

(1)密度

由于石材含有一定的孔隙(包括开口孔隙和闭口孔隙),因此,孔隙考虑方式的不同,其密度的计算结果也不同,常使用的密度包括真实密度、表现密度、毛体积密度、饱和面干密度等。天然石材根据表观密度大小可分为:轻质石材,表观密度小于或等于 $1\,800$ kg/m³;重质石材,表观密度大于 $1\,800$ kg/m³。

(2)吸水性

石材在浸水状态下吸入水分的能力称为吸水性。吸水性的大小,以吸水率表示。吸水率分为质量吸水率和体积吸水率。

(3)耐水性

石材的耐水性以软化系数表示。岩石中含有较多的黏土或易溶物质时,软化系数较小,其耐水性较差。根据软化系数大小,可将石材分为高、中、低三个等级。软化系数大于0.90为高耐水性,软化系数在0.75~0.90之间为中耐水性,软化系数在0.6~0.75之间为低耐水性,软化系数小于0.60者不允许用于重要道路工程中。

(4)抗冻性

材料在饱水状态下,能经受多次冻结和融化作用(冻融循环)而不破坏,同时也不严重降低强度的性质称为抗冻性。通常采用−15 ℃的温度(水在微小的毛细管中低于−15 ℃时才能冻结)冻结后,再在20 ℃的水中融化,这样的过程为一次冻融循环。

材料经多次冻融交替作用后,表面将出现剥落、裂纹,产生质量损失,强度也将会降低。由于材料孔隙内的水结冰时体积膨胀将引起材料的破坏。

根据能经受的冻融循环次数,可将石材分为:5、10、15、25、50、100及200等标号。根据经验,吸水率小于0.5%的石材具有较好的抗冻性,可不进行抗冻试验。

(5)耐热性

石材的耐热性与其化学成分及矿物组成有关。含有石膏的石材,在100 ℃以上时就开始破坏;含有碳酸镁的石材,温度高于725 ℃时会发生破坏;含有碳酸钙的石材,温度达827 ℃时开始破坏。由石英与其他矿物所组成的结晶石材(如花岗岩等),当温度达到700 ℃以上时,由于石英受热发生膨胀,强度迅速下降。石材的耐热性与导热性有关,导热性主要与其致密程度有关。重质石材的热导率可达 $2.91~3.49~W/(m·K)$。具有封闭孔隙的石材,导热性较差。

(6)坚固性

坚固性是采用硫酸钠侵蚀法(JTG E42—2005)来测定的。该法是将烘干并已称量过的规则试件浸入饱和的硫酸钠溶液中,经20 h后取出置于(105±5)℃的烘箱中烘干。然后取出冷却至室温,这样作为一个循环。如此重复若干个循环。最后用蒸馏水沸煮洗净,烘干称量,再计算其质量损失率,以此来计算其坚固性。此方法的机理是基于硫酸钠饱和溶液浸入石材孔隙后,经烘干,硫酸钠结晶体积膨胀,产生有如水结冰相似的作用,使石材孔隙周壁受到张应力,经过多次循环,引起石材破坏。坚固性是测定石材耐候性的一种简易、快速的方法。

2. 力学性质

天然石材的力学性质主要包括抗压强度、冲击韧性、硬度及耐磨性等。

(1)抗压强度

石材的抗压强度以边长为70 mm的立方体试块的抗压破坏强度的平均值表示。试件自由浸水48 h后,施加应力速率在0.5~1 MPa/s范围内。

根据抗压强度值的大小,石材共分9个强度等级:MU100、MU80、MU60、MU50、MU40、MU30、MU20、MU15和MU10。抗压试件也可采用表3.1所列边长尺寸的立方体,但应对其试验结果乘以相应的换算系数。

表 3.1　石材强度等级的换算系数

立方体边长/mm	200	150	100	70	50
换算系数	1.43	1.28	1.14	1	0.86

矿物组成对石材抗压强度有一定影响。例如,组成花岗岩的主要矿物成分中石英是很坚硬的矿物质,其含量越高则花岗岩的强度也越高;而云母为片状矿物,易于分裂成柔软薄片,因此,云母含量越多则其强度越低。沉积岩的抗压强度则与胶结物成分有关,由硅质物质胶结的其抗压强度较大,石灰质物质胶结的次之,泥质物质胶结的最小。

石材的结构与构造特征对抗压强度也有很大影响。结晶质石材的强度较玻璃质的高,等粒状结构的强度较斑状的高,构造致密的强度较疏松多孔的高。具有层状、带状或片状构造的石材,其垂直于层理方向的抗压强度较平行于层理方向的高。各种岩石的强度见表 3.2。

表 3.2　各种岩石的强度

岩石名称	抗压强度/MPa	抗剪强度/MPa	抗拉强度/MPa
花岗岩	100~250	14~50	7~25
闪长岩	150~300		15~30
辉长岩	150~300		15~30
玄武岩	150~300	20~60	10~30
砂岩	20~170	8~40	4~25
页岩	5~100	3~30	5~10
石灰岩	30~250	10~50	5~25
白云岩	30~250		15~25
片麻岩	50~200		5~20
板岩	100~200	15~30	7~20
大理岩	100~250		7~20
石英岩	150~300	20~60	10~30

(2)冲击韧性

冲击韧性取决于矿物组成的硬度与构造。凡由致密、坚硬矿物组成的石材,其硬度就高。岩石的硬度以莫氏硬度表示。

(3)耐磨性

耐磨性是指石材在使用条件下抵抗摩擦以及冲击等复杂作用的性质。石材的耐磨性与其内部组成矿物的硬度、结构以及石材的抗压强度和冲击韧性等性质有关。组成矿物越坚硬,构造越致密以及其抗压强度和冲击韧性越高,则石材的耐磨性越好。凡是用于可能遭受磨损作用的场所(例如台阶、人行道、地面、楼梯踏步)和可能遭受磨耗作用的道路路面的碎石等,应采用具有高耐磨性的石材。

3. 工艺性质

石材的工艺性质指开采和加工过程的难易程度及可能性,包括加工性、磨光性与抗钻性等。

(1) 加工性

加工性指对岩石劈解、破碎与凿琢等加工工艺的难易程度。凡强度、硬度、韧性较高的石材,都不易加工;性脆而粗糙,有颗粒交错结构,含有层状或片状构造以及已经风化的岩石,也都难以满足加工要求。

(2) 磨光性

磨光性指岩石能否磨成光滑表面的性质。致密、均匀、细粒的岩石,一般都有良好的磨光性,可以磨成光滑整洁的表面。疏松多孔,有鳞片状构造的岩石,磨光性均不好。

(3) 抗钻性

抗钻性指岩石钻孔时难易程度的性质。影响抗钻性的因素很复杂,一般与岩石的强度、硬度等性质有关。

由于用途和使用条件不同,对石材的性质及其所要求的指标均有所不同。工程中用于基础、桥梁、隧道以及石砌工程的石材,一般规定其抗压强度、抗冻性与耐水性必须达到一定指标。

4. 化学性质

在道路工程中,各种矿质集料是与结合料(水泥、石灰或沥青)组成混合料而用于结构物中的。早年的研究认为,矿质集料是一种惰性材料,它在混合料中只起着物理的作用。随着近代物化力学研究的发展,认为矿质集料在混合料中与结合料起着复杂的物理化学作用,矿质集料的化学性质很大程度地影响着混合料的物理-力学性质。

在沥青混合料中,矿质集料的化学性质变化,对沥青混合料的物理-力学性质起着极为重要的作用。例如,在其他条件完全相同的情况下,采用石灰岩、花岗岩和石英岩与同一种沥青组成的沥青混合料,它们的强度和浸水后强度就有差异。

3.3 沥青混合料用粗集料

集料是岩石经人工破碎,成为粒径大小不等的碎石材料,也称为轧制集料。天然形成的砂砾料,也是一种集料。集料按其粒径大小分为粗集料和细集料,粒径大于 2.36 mm 的集料为粗集料,小于 2.36 mm 为细集料。

3.3.1 沥青混合料用粗集料的基本要求

粗集料应该洁净、干燥、表面粗糙,形状接近立方体且富有棱角,且无风化、不含杂质,质量应符合表 3.3 的规定。当单一规格集料的质量指标达不到表 3.3 中要求,而按照集料配比计算的质量指标符合要求时,工程上允许使用。对受热易变质的集料,宜采用经拌和机烘干后的集料进行检验。

表 3.3 沥青混合料用粗集料质量技术要求

指标		高速公路及一级公路		其他等级公路
		表面层	其他层次	
粗集料压碎值/%	≤	26	28	30
洛杉矶磨耗损失/%	≤	28	30	35
表观相对密度/(t·m^{-3})	≥	2.60	2.50	2.45
吸水率/%	≤	2.0	3.0	3.0
坚固性/%	≤	12	12	—
针片状颗粒(混合料)质量分数/%	≤	15	18	20
其中粒径大于 9.5 mm/%	≤	12	15	—
其中粒径小于 9.5 mm/%	≤	18	20	—
水洗法小于 0.075 mm 颗粒质量分数 1/%	≤	1	1	1
软石含量/%	≤	3	5	5

注：①固坚性试验可根据需要进行；

②用于高速公路、一级公路时，多孔玄武岩的视密度可放宽至 2.45 t/m³，吸水率可放宽至 3%，但必须得到建设单位的批准，且不得用于 SMA 路面；

③对 S14 即 3～5 mm 规格的粗集料，针片状颗粒含量可不予要求，小于 0.075 mm 颗料质量分数可放宽到 3%

采石场在生产过程中必须彻底清除覆盖层及泥土夹层。生产碎石用的原石不得含有土块、杂物，集料成品不得堆放在泥土地上。

钢渣作为粗集料时，仅限于三级及三级以下公路和次干公路以下的城市道路，并应经过试验论证取得许可后使用。钢渣破碎后应有 6 个月以上的存放期，除吸水率允许适当放宽外，各项指标应符合表 3.3 的要求。且要求钢渣中游离氧化钙的质量分数不大于 3%，浸水膨胀率不大于 2%，检验合格方可使用。

3.3.2 沥青混合料用粗集料规格要求和技术性质

1. 各结构层面对沥青混合料用粗集料的要求

在路面中粗集料起着支承荷载的作用，在选择粗集料岩石的品种时，应分别对路面结构层次提出要求。如对于中、下面层，对石料的硬度、磨光值可不予强求，而适当放宽要求。但对于上面层，则对石料的硬度、磨光值、沥青的黏附性等指标，则必须满足要求，有时可以高于规范的标准。

沥青面层用粗集料包括碎石、破碎砾石、筛选砾石、钢渣、矿渣等，但高速公路和一级公路不得使用筛选砾石和矿渣。主干路沥青路面表层的粗集料应选用坚硬、耐磨、抗冲击性好的碎石或破碎砾石，不得使用筛选砾石、矿渣及软质集料。当坚硬石料来源缺乏时，允许掺加一定比例较小粒径的普通粗集料，掺加比例根据试验确定。在以骨架原则设计的沥青混合料中不得掺加其他粗集料。粗集料必须由具有生产许可证的采石场生产或施工单位自行加工。

沥青混合料用粗集料的质量,尤其是针片状颗粒含量、风化石含量,对路面的使用性能有很大影响。针片状颗粒含量不仅与岩石的品质有关,而且与加工的工艺方法、机械设备以及质量管理水平有关。要严格限制针片状颗粒含量,不仅要选择好的岩石,而且要选择合适的设备。欧美国家特别重视集料的质量,尤其关注集料的颗粒形状。美国 SHRP 对大于 5 mm 的粗集料无论交通量多少,针片状颗粒均要求不大于 10%。长期以来,许多工程单位对材料质量未予充分的重视,碎石料的针片状颗粒含量很高,而且其名称为"瓜子片",可见在主观上就缺乏对针片状颗粒危害性的理解和认识。集料的颗粒形状影响混合料的和易性,也影响混合料的稳定性。

2. 沥青混合料用粗集料粒径规格要求

粗集料应符合一定的级配要求,以便在沥青混合料生产时能保证集料矿料级配始终符合设计要求而不致偏差过太。对于集料粒径分布不均衡的碎石料,应进行过筛处理。最有效的做法是避免集料颗粒尺寸升挡过宽,例如用粒径 5~15mm 的碎石料,往往粒径分布不均衡,有时 5~10 mm 部分偏多,有时则 10~15 mm 部分偏多。如能将这部分料分成两挡,5~10 mm 和 10~15 mm,分别进拌和,就能保证混合料级配的准确性。

粗集料粒径规格应按表 3.4 进行生产和使用。如某一挡粗集料不符合规格,但确认与其他集料组配后的合成级配符合设计级配的要求时,也可使用。

表 3.4 沥青混合料用粗集料规格

规格名称	公称粒径 mm	通过下列筛孔(mm)的质量百分率/%											
		106	75	63	53	37.5	31.5	26.5	19.0	13.2	9.5	4.75	2.36	0.6
S1	40~75	100	90~100	—	—	0~15	—	0~5						
S2	40~60		100	90~100	—	0~15	—	0~5						
S3	30~60		100	90~100	—	—	0~15	—	0~5					
S4	25~50			100	90~100	—	0~15	—	0~5					
S5	20~40				100	90~100	—	0~15	—	0~5				
S6	15~30					100	90~100	—	0~15	—	0~5			
S7	10~30					100	90~100	—	—	0~15	0~5			
S8	10~25						100	90~100	—	0~15	—	0~5		
S9	10~20							100	90~100	—	0~15	0~5		
S10	10~15								100	90~100	0~15	0~5		
S11	5~15								100	90~100	40~70	0~15	0~5	
S12	5~10									100	90~100	0~15	0~5	
S13	3~10									100	90~100	40~70	0~20	0~5
S14	3~5										100	90~100	0~15	0~3

3. 沥青混合料用粗集料黏附性、磨光值的技术要求

高速公路、一级公路沥青路面的表面层(或磨耗层)的粗集料的磨光值应符合表 3.5

的要求。除 SMA、OGFC 路面外,允许在硬质粗集料中掺加部分较小粒径的磨光值达不到要求的粗集料,其最大掺加比例由磨光值试验确定。

表 3.5　粗集料与沥青的黏附性、磨光值的技术要求

雨量气候区	1(潮湿区)	2(湿润区)	3(半干区)	4(干旱区)
年降雨量/mm	>1 000	1 000~500	500~250	<250
粗集料的磨光值　≥				
高速公路、一级公路表面层	42	40	38	36
粗集料与沥青的黏附性　≥				
高速公路、一级公路表面层	5	4	4	3
高速公路、一级公路的其他层次及其他等级公路的各个层次	4	4	3	3

粗集料与沥青的黏附性应符合表 3.5 的要求。当使用不符合要求的粗集料时,宜掺加消石灰、水泥或用饱和石灰水处理后使用,必要时可同时在沥青中掺加耐热、耐水、长期性能好的抗剥落剂,也可采用改性沥青的措施,使沥青混合料的水稳定性检验达到要求。掺加外加剂的剂量由沥青混合料的水稳定性检验确定。

在高速公路、一级公路、城市快速路和主干路沥青路面中,需要使用坚硬的粗集料,但酸性岩石(如花岗岩、石英岩等)因与沥青的黏附性较差,一般不宜用于高等级公路,这是一对矛盾。因此,在使用花岗岩、石英岩等酸性岩石轧制的粗集料时,若达不到表 3.5 黏附性等级的要求,必须采取抗剥落措施。工程中常用的抗剥落方法主要有:使用针入度较低的高黏度沥青;在沥青中掺加胺类等表面活性抗剥落剂;用干燥的生石灰、消石灰粉或水泥作为填料的一部分,其用量宜为矿料总量的 1%~2%;用石灰浆处理粗集料。

4. 沥青混合料用粗集料对破碎面的技术要求

粗集料的破碎面大小对混合料的稳定性影响很大,对于具有表面功能要求的结构层,必须有较高的破碎面积要求,一般应满足表 3.6 的要求。

表 3.6　粗集料对破碎面的要求

路面部位或混合料类型	具有一定数量破碎面颗粒的质量分数/%	
	1 个破碎面	2 个或 2 个以上破碎面
沥青路面表面层		
高速公路、一级公路	100	90
其他等级公路	80	60
沥青路面中下面层、基层		
高速公路、一级公路	90	80
其他等级公路	70	50
SMA 混合料	100	90
贯入式路面	80	60

破碎砾石应采用粒径大于 50 mm、含泥量(质量分数)不大于 1% 的砾石轧制,破碎砾石的破碎面应符合表 3.6 的要求。颗粒的表面构造是集料的又一重要特性,它对集料颗

粒间的内摩阻力有重要影响。表3.6中对于砾石破碎的要求,以面积百分率作为标准,实际上是难以控制的,因为破碎面积难以量取。为保证高速公路沥青路面的高温稳定性,用于沥青面层的沥青混合料不得采用破碎砾石作为集料。

对于高速公路和一级公路用碎石,应采用高性能的联合破碎机加工,其最后两级的细破阶段必须选用反击式或锤式破碎机加工,不得采用颚式破碎机单级加工,以保证粗集料的良好颗粒形状,减少针片状石料含量,增强集料间的嵌挤力。

3.4 沥青混合料用细集料

3.4.1 沥青混合料用细集料的基本要求

沥青路面的细集料包括天然砂、机制砂、石屑。细集料必须由具有生产许可证的采石场、采砂场生产。

细集料应洁净、干燥、无风化、无杂质,并有适当的颗粒级配,其质量应符合表3.7的规定。细集料的洁净程度,天然砂以小于0.075 mm颗粒的质量分数表示,石屑和机制砂以砂当量(适用于0~4.75 mm)或亚甲蓝值(适用于0~2.36 mm或0~0.15 mm)表示。

表3.7 沥青混合料用细集料的质量要求

项 目		高速公路、一级公路	其他等级公路
表观相对密度/(t·m^{-3})	≥	2.50	2.45
坚固性(>0.3 mm部分)/%	≥	12	—
含泥量(小于0.075 mm的颗料质量分数)/%	≤	3	5
砂当量/%	≥	60	50
亚甲蓝值/(g·kg^{-1})	≤	25	—
棱角性(流动时间)/s	≥	30	—

注:坚固性试验可根据需要进行

热拌密级配沥青混合料中天然砂的用量通常不宜超过集料总量的20%,SMA和OGFC混合料不宜使用天然砂。天然砂可采用河砂或海砂,通常宜采用粗、中砂,砂的含泥量超过规定时应水洗后使用,海砂中的贝壳类材料必须筛除。开采天然砂必须取得当地政府主管部门的许可,并符合水利及环境保护的要求。

对于细集料的选择,一般优先选择人工机制砂和优质的天然砂,尽量少用石屑,在天然砂与石屑混合使用时,天然砂所占的比例应高于石屑的比例。

应将细集料与粗集料及填料配制成矿质混合料后,再判断其是否符合矿料设计级配的要求,决定细集料的级配在沥青混合料中的适用性。当一种细集料不能满足级配要求时,可采用两种或两种以上的细集料掺和使用。

3.4.2 沥青混合料用细集料规格要求和技术性质

1. 沥青混合料用细集料的质量技术要求

沥青面层用机制砂或石屑规格应符合表 3.7 的要求。不得使用泥土、细粉、细薄碎片颗粒含量高的石屑,砂当量应符合表 3.7 的要求。对于高速公路、一级公路、城市快速路、主干路,应将石屑加工成 S14(3~5 mm)和 S16(0~3 mm)两挡使用,在细集料中石屑含量不宜超过总量的 50%。

细集料应与沥青有良好的黏结能力,如果在高速公路、一级公路、城市快速路、主干路沥青面层中使用与沥青黏结性能差的天然砂或花岗岩、石英岩等酸性岩石破碎的人工砂及石屑时,应采取前述粗集料的抗剥落措施对细集料进行处理。

细集料同样也要求颗粒形状呈立方形,且富有棱角。但目前许多采石场所供应的石屑都是石料轧制过程中剥落下来的碎屑,片状居多,因而是不符合要求的。同时我国的现行规范对细集料的棱角性也缺乏要求。美国 SHRP 就细集料的棱角性已提出具体衡量标准。SHRP 的研究成果认为,细集料的棱角性对于确保混合料高的内摩阻力和抗车辙能力至关重要。对细集料的棱角性定义为:通过 2.36 mm 筛孔集料的未压实(松方)空隙率。这是因为较高的空隙率意味着更多的破碎面。其试验方法是将细集料通过标准漏斗倒入一个经标定的小圆筒内,测试充满已知体积圆筒的细集料质量,根据圆筒体积与圆筒中细集料体积之差,即可算出其空隙率,用细集料的毛体积密度可计算出细集料体积。对不同的交通等级和路面位置,SHRP 关于细集料棱角性的标准见表 3.8。

表 3.8 细集料的棱角性要求

当量单轮荷载累计交通量/10^6		<0.3	<1.0	<3.0	<10.0	<30.0	<100.0	>100.0
距路表的厚度	<100 mm	—	40	40	45	45	45	45
	>100 mm	—	—	40	40	40	45	45

注:40 表示细集料松散状态时的空隙率为 40%

从细集料的棱角性考虑,应尽可能采用机制砂。天然砂使用时应注意用量不能过多,这是因为天然砂在自然作用下经过搬运和输送,棱角已被磨去,用量过多,会引起混合料稳定性明显下降。

在规范《公路工程集料试验规程》(JTG E42—2005)中,对细集料含泥量采用砂当量指标控制,对高速公路和一级公路要求砂当量不小于 60%,其他等级的公路和城市道路砂当量不小于 50%。由于许多单位缺乏砂当量试验器具,在这种情况下,一方面可控制小于 0.075 mm 颗粒的含量,另一方面可通过测定这部分颗粒的塑性指数,要求塑性指数不大于 4%。

2. 天然砂的基本要求和规格

天然砂可采用河砂或海砂,通常宜采用粗砂、中砂,其规格应符合表 3.9 的规定。

表 3.9 沥青混合料用天然砂规格

筛孔尺寸/mm	通过各孔筛的质量百分率/%		
	粗砂	中砂	细砂
9.5	100	100	100
4.75	90~100	90~100	90~100
2.36	65~95	75~90	85~100
1.18	35~65	50~90	75~100
0.6	15~30	30~60	60~84
0.3	5~20	8~30	15~45
0.15	0~10	0~10	0~10
0.075	0~5	0~5	0~5

3. 沥青混合料用机制砂和石屑质量技术要求

石屑是采石场破碎石料时通过 4.75 mm 或 2.36 mm 筛孔的筛下部分，它与机制砂有着本质不同，是石料加工破碎过程中表面剥落或撞下的边角，强度一般较低，且针片状含量较高，在沥青混合料的使用过程中还会进一步细化，俗称"下脚料"或"瓜子皮"，其用量应有严格限制或最好不采用。在生产石屑的过程中应特别注意，避免山体覆盖层或夹层的泥土混入石屑。其规格应符合表 3.10 的要求。采石场在生产石屑的过程中应具备抽吸设备，高速公路和一级公路的沥青混合料，宜将 S14 与 S16 组合使用，S15 可在沥青稳定碎石基层或其他等级公路中使用。机制砂宜采用专用的制砂机制造，并选用优质石料生产，其级配应符合 S16 的要求。

表 3.10 沥青混合料用机制砂或石屑规格

规格	公称粒径/mm	水洗法通过各筛孔(mm)的质量百分率/%							
		9.5	4.75	2.36	1.18	0.6	0.3	0.15	0.075
S15	0~5	100	90~100	60~90	40~75	20~55	7~40	2~20	0~10
S16	0~3	—	100	80~100	50~80	25~60	8~45	0~25	0~15

注：当生产石屑采用喷水抑制扬尘工艺时，应特别注意含粉量不得超过表中要求

3.5 沥青混合料用填料

填料在沥青混合料中的作用非常重要，沥青混合料主要是依靠沥青与矿粉的交互作用形成高黏度的沥青胶浆，将粗、细集料结合成一个整体。用于混合料的填料最好采用石灰岩或岩浆岩中的强基性岩石等憎水性石料经磨细得到的矿粉，生产矿粉的原石料中泥土杂质应清除。矿粉要求干燥、洁净，能自由地从石粉仓中流出，其质量应符合表 3.11 的要求。

表 3.11 沥青混合料用矿粉质量要求

项 目		高速公路、一级公路	其他等级公路
表观相对密度/(t·m^{-3}) ≥		2.50	2.45
含水量/% ≤		1	1
粒度范围	<0.6 mm 的含量/%	100	100
	<0.15 mm 的含量/%	90~100	90~100
	<0.075 mm 的含量/%	75~100	70~100
外观		无团粒结块	
亲水系数		<1	
塑性指数		<4	
加热安定性		实测记录	

矿粉的用量应满足规范中对于粉胶比的要求(一般在 0.6~1.2 之间),如果矿粉用量偏高,将使矿料颗粒表面油膜变薄,使混合料出现干燥、发暗现象,引起低温开裂;反之,矿粉用量过少,易使混合料中含油过多,造成泛油和壅包等高温病害。因此,应严格控制混合料中矿粉数量和类型。

在沥青混合料中,矿粉与沥青形成胶浆,它对混合料的强度有很大影响。用于沥青混合料的矿粉应使用碱性石料,如石灰石、白云石磨细的粉料。在拌制沥青混合料过程中的吸尘灰,往往含有较多的黏土成分,而黏土的存在将影响混合料的水稳性,故一般不宜用于上面层,但下面层允许使用一部分。

在拌和厂采用干法除尘回收的粉尘可代替一部分矿粉使用,湿法除尘回收粉尘应经干燥粉碎处理,且不得含有杂质。回收粉尘用量不得超过填料总量的 25%,掺有回收粉尘填料的塑性指数不得大于 4%,其余质量要求与矿粉相同。

粉煤灰作为填料使用时,其烧失量应小于 12%,与矿粉混合后的塑性指数应小于 4%,并有足够的细度,其余质量要求与矿粉相同。粉煤灰的用量不宜超过填料总量的 50%,并应经过试验认证与沥青有良好的黏结力,且沥青混合料的水稳定性应满足要求。磨细的高钙粉煤灰可取代矿粉用于拌制沥青混合料,以节约成本。上海沥青混凝土二厂曾对上海电厂所用东胜煤做燃料的粉煤灰进行过试验研究,证明高钙粉煤灰完全适用做矿粉填料,其粉煤灰的性质见表 3.12。

表 3.12 高钙粉煤灰的性质

技术性质	密度/(g·cm^{-3})	pH 值	亲水系数	比表面积	滴 HCl
高钙粉煤灰	2.40	9	0.82	3 580	起泡反应大
石灰石矿粉	2.72	7	0.89	2 620	起泡反应小

高速公路、一级公路和城市快速路、主干路的沥青混凝土面层不宜采用粉煤灰做填料。粉煤灰若用于高速公路、一级公路、重要城市干道应经试验确认符合矿粉要求。

为了改善沥青混合料的水稳定性,可以采用干燥的磨细生石灰粉、消石灰粉或水泥代替部分矿粉作为填料有很好的效果,其用量不宜超过矿料总量的 1%~2%,或一般不宜超过矿粉总量的一半。

3.6 沥青混合料用纤维稳定剂

在沥青混合料中掺加的纤维稳定剂宜选用木质素纤维、矿物纤维等,木质素纤维的质量应符合表 3.13 的技术要求。

表 3.13 木质素纤维质量技术要求

项目	指标	试验方法
纤维长度/mm	≤ 6	水溶液用显微镜观测
灰分含量/%	18±5	高温 590~600 ℃燃烧后测定残留物
pH 值	7.5±1.0	水溶液用 pH 试纸或 pH 计测定
吸油率	≥ 纤维质量的 5 倍	用煤油浸泡后放在筛上经振敲后称量
含水率(以质量计)/%	≤ 5	105 ℃烘箱烘 2 h 后冷却称量

纤维应在 250 ℃的干拌温度下不变质、不发脆,使用纤维必须符合环保要求,不危害身体健康。纤维必须在混合料拌和过程中能充分分散均匀。纤维应存放在室内或有棚盖的地方,松散纤维在运输及使用过程中应避免受潮,不结团。

矿物纤维宜采用玄武岩等矿石制造,易影响环境及造成人体伤害的石棉纤维不宜直接使用。

纤维稳定剂的掺加比例以沥青混合料总量的质量百分率计算,通常情况下用于 SMA 路面的木质素纤维掺量不宜低于 0.3%,矿物纤维掺量不宜低于 0.4%,必要时可适当增加纤维用量。纤维掺加量的允许误差不宜超过±5%。

当采用酸性碎石集料时应考虑采取抗剥落措施,故在拌制沥青混合料前,应准备好抗剥落剂。现在市场上有多种抗剥落剂可供选择,有些液体状的产品在贮存过程中会出现沉淀,影响使用效果;还有些产品热稳定性较差,在热沥青中会失效。因此,在采购时要注意识别和选择。

为提高沥青混合料的力学性能,在混合料中掺加短纤维也是一种新型技术。目前使用的短纤维主要是有机合成纤维,如腈纶纤维等。

3.7 沥青混合料用沥青

3.7.1 沥青混合料用沥青基本要求

沥青结合料指的是在沥青混合料中起结合作用的沥青材料,可以是普通沥青、改性沥青、乳化沥青等。常用沥青的标号表示沥青的高温性能。沥青标号是沥青针入度分级体系中划分沥青种类的方法,其他沥青分级体系还有黏度分级体系和性能分级体系(Superpave 分级体系)。

沥青标号的选择,应根据气候条件和沥青混合料类型、道路等级、交通性质、路面类型、施工方法以及当地使用经验等,经过技术论证后确定。选择沥青的基本原则是,在使用条件相同的情况下,黏度较大的黏稠沥青所配制的混合料具有较高的力学性能和稳定性,但如果黏度过高,则沥青混合料的低温变形能力较差,沥青路面容易产生开裂;反之采用黏度较低的沥青所配制的混合料在低温时具有较好的变形能力,但在夏季高温时往往会由于稳定性不足使沥青路面产生较大的变形。

在气温常年较高的地区,沥青路面热稳定性是设计必须考虑的主要方面,宜采用针入度较小、黏度较高的沥青,对于交通量较大的道路也同样如此。在冬季寒冷地区,宜采用稠度低、劲度较小的沥青。对于昼夜温差较大的地区还应考虑选择针入度指数较大、感温性较低的沥青。

对于重载交通、高速公路等渠化交通公路,山区及丘陵地区上坡路段,服务区、停车场等行车速度较慢的路段,为了提高沥青混合料的强度和承载力,应选用稠度大的沥青,即提高高温气候分区的温度水平来选择沥青。对于交通量小、公路等级低的路段可选用稠度略小的沥青。

传统上(2004年以前)我国道路沥青分为重交通道路沥青和中、轻交通道路沥青两类。对于高等级公路和城市主要道路,要求采用重交通道路沥青。实际上从道路的使用要求来说,无论哪一等级的道路都应该使用优质的沥青材料,而并不是次要道路一定要用中、轻交通道路沥青,只是过去我国符合重交通道路沥青标准的沥青产量不足,才提出次要道路使用品质稍差沥青的措施。近年来,我国适于炼制优质道路沥青的稠油油田相继发现,重交通道路沥青产量大幅度上升,优质沥青供应紧张的情况得到缓解,修建高等级道路依赖进口沥青的局面已得到一定改变。

现在我国采用《公路沥青施工技术规范》(JTG F40—2004)中道路石油沥青的技术标准,各种标号的沥青分为A、B、C三个质量等级,不再按交通量划分。

目前,在我国对沥青的标号大体上已形成这样的概念,即南方地区采用50号或70号沥青;长江流域采用70号沥青;黄河流域采用90号沥青;东北地区采用90号或110号沥青。

对于沥青路面下层所用的沥青,一般可以采用同一标号,以便于工程采购和贮存。《沥青路面施工及验收规范》(JIG F40—2004)中指出,上面层宜采用较稠的沥青,下层或连接层宜采用较稀的沥青,这种提法值得商榷。在热区,上、中、下层都应该采用较稠的沥青,以保证抗车辙能力,中、下层仍是车辆荷载的主要承受层。对于寒区和温区,为防止和减少路面开裂,应考虑当地可能出现的极端最低气温,面层采用针入度较大的沥青。

3.7.2 沥青混合料用沥青基本性质(沥青材料)

1. 物理常数

(1)密度

在规定温度条件下,单位体积的质量称为密度,单位为 kg/m^3 或 g/cm^3。

(2)相对密度

在规定温度下,沥青质量与同体积水质量之比。我国现行方法规定测定25℃下的相对密度。沥青混合料配合比设计要求使用25℃的相对密度。

2. 黏滞性

反映沥青材料内部阻碍沥青粒子产生相对流动的能力，简称为黏性，以绝对黏度表示。沥青的黏度是沥青首要考虑的技术指标之一，沥青绝对黏度的测定方法精密度要求高，操作复杂，不适于作为工程试验，因此，工程中通常采用条件黏度反映沥青的黏性。

3. 延性

延性是沥青材料受到外力拉伸作用时，所能承受的塑性变形的总能力，以延度作为条件延性的表征指标。

将沥青试样制成"8"字形标准试件，采用延度仪，在规定拉伸速度和规定温度下拉断时的长度称为延度，单位为 cm。沥青延度与其流变特性、胶体结构和化学组分等有密切的关系。研究表明：随着沥青胶体结构发育成熟度的提高，含蜡量的增加以及饱和蜡和芳香蜡的比例增大等，都会使沥青的延度值相对降低。

沥青延度越大，其塑性变形越大，有利于低温变形。采用延度大的沥青筑路，使用寿命较长。

4. 温度敏感性

温度敏感性可用软化点、针入度指数及脆点表征。

5. 耐久性

沥青材料在施工时需要加热，工程完成投入使用过程中又要长期经受大气、日照、降水、气温变化等自然因素的作用而影响耐久性。

沥青的老化是在上述因素的综合作用下产生不可逆的化学变化，而导致工程性能逐渐劣化的过程。其评价方法有蒸发损失试验和薄膜加热试验。

6. 安全性

沥青使用时必须加热，由于沥青在加热过程中挥发出的油会与周围的空气组成混合气体，遇到火焰会发生闪火，此时的温度称为闪点。若继续加热，挥发的油分饱和度增加，与空气组成的混合气体遇火极易燃烧，燃烧时的温度称为燃点。

安全性的评价指标为闪点，闪点和燃点是保证沥青安全加热和施工的一项重要指标。通常采用克利夫兰开口杯法测定（简称 COC 法）。

7. 其他性质

为综合评价沥青的技术性能，还应全面地了解沥青的其他性质，如溶解度、含蜡量、黏附性等。

（1）溶解度：指沥青在有机溶剂（三氯乙烯、四氯化碳、苯等）中可溶物的质量分数。可以反映沥青中起黏结作用的有效成分的含量。

（2）蜡：性脆，易裂缝，对沥青的生产和使用都有重要的影响。对我国采用石蜡基原油炼制的沥青尤为重要，含蜡量将直接影响沥青产品的质量。

（3）黏附性：评价石料的化学等级，等级越高，沥青与石料的黏附性越强。

3.7.3　道路石油沥青

道路石油沥青的质量应符合表 3.14 规定的技术要求。各个沥青等级的适用范围应符合表 3.15。

表 3.14 道路石油沥青技术要求

指标		等级	沥青标号							试验方法[①]
			160号[④]	130号[④]	110号	90号	70号[③]	50号	30号[④]	
针入度(25 ℃,5 s,100 g)/dmm			140~200	120~140	100~120	80~100	60~80	40~60	20~40	T 0604
适用的气候分区[⑥]			注[④]	注[④]	2-1 2-2 2-3	1-1 1-2 1-3	1-1 1-2 1-3 1-4	1-2 1-3 1-4	注[④]	附录A[⑤]
针入度指数 PI[②]		A	-1.5~+1.0							T 0604
		B	-1.8~+1.0							
软化点/℃	≥	A	38	40	43	45	44	46	45	49	55	T 0606
		B	36	39	42	43	42	44	43	46	53	
		C	35	37	41	42		43		45	50	
60 ℃动力黏度[②]/(Pa·s^{-1})	≥	A	—	60	120	160	140	180	160	200	260	T 0620
10 ℃延度[②]/cm	≥	A	50	50	40	45	30	20	30	20	20	15	25	20	15	15	10	T 0605
		B	30	30	30	30	20	15	20	15	15	10	20	15	10	10	8	
15 ℃延度/cm	≥	A、B	100						80	50	T 0605
		C	80	80	60	50		40		30	20	
蜡含量(蒸馏法)/%	≤	A	2.2							T 0615
		B	3.0							
		C	4.5							
闪点/℃	≥		230			245		260		T 0611
溶解度/%	≥		99.5							T 0607
密度(15 ℃)/(g·cm^{-3})			实测记录							T 0603
TFOT(或 RTFOT)后[⑤]										T 0610 或 T 0609
质量变化/%	≤		±0.8							
残留针入度比/%	≥	A	48	54	55	57	61	63	65	T 0604
		B	45	50	52	54	58	60	62	
		C	40	45	48	50	54	58	60	
残留延度(10 ℃)/cm	≥	A	12	12	10	8	6	4	—	T 0605
		B	10	10	8	6	4	2	—	
残留延度(15 ℃)/cm	≥	C	40	35	30	20	15	10	—	T 0605

注:①试验方法按照现行《公路工程沥青及沥青混合料试验规程》(JTJ 052)规定的方法执行。用于仲裁试验求取 PI 时的5个温度的针入度关系的相关系数不得小于0.997;
②经建设单位同意,表中 PI 值、60 ℃动力黏度、10 ℃延度可作为选择性指标,也可不作为施工质量检验指标;
③70 号沥青可根据需要要求供应商提供针入度范围为 60~70 或 70~80 的沥青,50 号沥青可要求提供针入度范围为 40~50 或 50~60 的沥青;
④30 号沥青仅适用于沥青稳定基层。130 号和160 号沥青除寒冷地区可直接在中、低级公路上直接应用外,通常用作乳化沥青、稀释沥青、改性沥青的基质沥青;
⑤老化试验以 TFOT 为准,也可以 RTFOT 代替;
⑥气候分区参见附录 A(JTG F40—2004)

表 3.15　道路石油沥青的适用范围

沥青等级	适用范围
A 级沥青	各个等级的公路,适用于任何场合和层次
B 级沥青	①高速公路、一级公路沥青下面层及以下的层次,二级及二级以下公路的各个层次; ②用作改性沥青、乳化沥青、改性乳化沥青、稀释沥青的基质沥青
C 级沥青	三级及三级以下公路的各个层次

沥青路面采用的沥青标号,宜按照公路等级、气候条件、交通条件、路面类型及在结构层中的层位及受力特点、施工方法等,结合当地的使用经验,经技术论证后确定。

对高速公路、一级公路,夏季温度高、高温持续时间长、重载交通、山区及丘陵区上坡路段、服务区、停车场等行车速度慢的路段,尤其是汽车荷载剪应力大的层次,宜采用稠度大、60 ℃黏度大的沥青,也可提高高温气候分区的温度水平选用沥青等级;对冬季寒冷的地区或交通量小的公路、旅游公路宜选用稠度小、低温延度大的沥青;对温度日温差、年温差大的地区宜注意选用针入度指数大的沥青。当高温要求与低温要求发生矛盾时应优先考虑满足高温性能的要求。

当缺乏所需标号的沥青时,可采用不同标号掺配的调和沥青,其掺配比例由试验决定。掺配后的沥青质量应符合表 3.14 的要求。

沥青必须按品种、标号分开存放。除长期不使用的沥青可放在自然温度下存储外,沥青在储罐中的贮存温度不宜低于 130 ℃,并不得高于 170 ℃。桶装沥青应直立堆放,加盖苫布。

道路石油沥青在储运,使用及存放过程中应有良好的防水措施,避免雨水或加热管道蒸汽进入沥青中。

3.7.4　乳化沥青

乳化沥青适用于沥青表面处治路面、沥青贯入式路面、冷拌沥青混合料路面,修补裂缝,喷洒透层、黏层与封层等。乳化沥青的品种和适用范围宜符合表 3.16 的规定。

表 3.16　乳化沥青品种及适用范围

分类	品种及代号	适用范围
阳离子乳化沥青	PC-1	表处、贯入式路面及下封层用
	PC-2	透层油及基层养生用
	PC-3	黏层油用
	BC-1	稀浆封层或冷拌沥青混合料用
阴离子乳化沥青	PA-1	表处、贯入式路面及下封层用
	PA-2	透层油及基层养生用
	PA-3	黏层油用
	BA-1	稀浆封层或冷拌沥青混合料用
非离子乳化沥青	PN-2	透层油用
	BN-1	与水泥稳定集料同时使用(基层路拌或再生)

乳化沥青的质量应符合表3.17的规定。在高温条件下宜采用黏度较大的乳化沥青，寒冷条件下宜使用黏度较小的乳化沥青。

表3.17 道路用乳化沥青技术要求

试验项目		品种及代号										试验方法
		阳离子				阴离子				非离子		
		喷洒用		拌和用		喷洒用			拌和用	喷洒用	拌和用	
		PC-1	PC-2	PC-3	BC-1	PA-1	PA-2	PA-3	BA-1	PN-2	BN-1	
破乳速度		快裂	慢裂	快裂或中裂	慢裂或中裂	快裂	慢裂	快裂或中裂	慢裂或中裂	慢裂	慢裂	T 0658
粒子电荷		阳离子(+)				阴离子(−)				非离子		T 0653
筛上残留物(1.18 mm筛)1% ≤		0.1				0.1				0.1		T 0652
黏度	恩格拉黏度计 E_{25}	2~10	1~6	1~6	2~30	2~10	1~6	1~6	2~30	1~6	2~30	T 0622
	道路标准黏度计 $C_{25,3}$	10~25	8~20	8~20	10~60	10~25	8~20	8~20	10~60	8~20	10~60	T 0621
蒸发残留物	残留分含量/% ≥	50	50	50	55	50	50	50	55	50	55	T 0651
	溶解度/% ≥	97.5				97.5				97.5		T 0607
	针入度/%(25℃)/dmm	50~200	50~300	45~150		50~200	50~300	45~150		50~300	60~300	T 0604
	延度(15℃)/cm ≥	40				40				40		T 0605
与粗集料的黏附性裹附面积 ≥		2/3		—		2/3		—		2/3	—	T 0654
与粗、细粒式集料拌和试验		—		均匀		—		均匀				T 0659
水泥拌和试验的筛上剩余/% ≤		—				—				3		T 0657
常温贮存稳定性：1 d/% ≤ 5 d/% ≤		1 5				1 5				1 5		T 0655

注：①P为喷洒型，B为拌和型，C、A、N分别表示阳离子、阴离子、非离子乳化沥青；
②黏度可选用恩格拉黏度计或沥青标准黏度计之一测定；
③表中的破乳速度、与集料的黏附性、拌和试验的要求与所使用的石料品种有关，质量检验时应采用工程上实际的石料进行试验,仅进行乳化沥青产品质量评定时可不要求此三项指标；
④贮存稳定性根据施工实际情况选用试验时间,通常采用5 d,乳液生产后能在当天使用时也可用1 d的稳定性；
⑤当乳化沥青需要在低温冰冻条件下贮存或使用时,尚需按T 0656进行−5℃低温贮存稳定性试验,要求没有粗颗粒、不结块；
⑥如果乳化沥青是将高浓度产品运到现场经稀释后使用时,表中的蒸发残留物等各项指标指稀释前乳化沥青的要求

乳化沥青类型根据集料品种及使用条件选择。阳离子乳化沥青可适用于各种集料品种，阴离子乳化沥青适用于碱性石料。乳化沥青的破乳速度、黏度宜根据用途与施工方法选择。

乳化沥青宜存放在立式罐中，并保持适当搅拌。贮存期以不离析、不冻结、不破乳为度。

3.7.5 液体石油沥青

液体石油沥青适用于透层、黏层及拌制冷拌沥青混合料。根据使用目的与场所，可选用快凝、中凝、慢凝的液体石油沥青，其质量应符合表 3.18 的规定。

液体石油沥青宜采用针入度较大的石油沥青，使用前按先加热沥青后加稀释剂的顺序，掺配煤油或轻柴油，经适当的搅拌、稀释制成。掺配比例根据使用要求由试验确定。

液体石油沥青在制作、贮存、使用的全过程中必须通风良好，并有专人负责，确保安全。基质沥青的加热温度严禁超过 140 ℃，液体沥青的储存温度不得高于 50 ℃。

表 3.18　道路用液体石油沥青技术要求

试验项目		快凝		中凝						慢凝						试验方法
		AL(R)-1	AL(R)-2	AL(M)-1	AL(M)-2	AL(M)-3	AL(M)-4	AL(M)-5	AL(M)-6	AL(S)-1	AL(S)-2	AL(S)-3	AL(S)-4	AL(S)-5	AL(S)-6	
黏度	$C_{25,5}$	<20	<20							<20						T 0621
	$C_{60,5}$			5~15	5~15	16~25	26~40	41~100	101~200		5~15	16~25	26~40	41~100	101~200	
蒸馏体积	225 ℃前/%	>20	>15	<10	<7	<3	<2	0	0							T 0632
	315 ℃前/%	>35	>30	<35	<25	<17	<14	<8	<5							
	360 ℃前	>45	>35	<50	<35	<30	<25	<20	<15	<40	<35	<25	<20	<15	<5	
蒸馏后残留物	针入度(25 ℃)/mm	60~200	60~200	100~300	100~300	100~300	100~300	100~300	100~300							T 0604
	延度(25 ℃)/cm	>60	>60	>60	>60	>60	>60	>60	>60							T 0605
	浮漂度(5 ℃)/S									<20	<20	<30	<40	<45	<50	T 0631
闪点(TOC 法)/℃		>30	>30	>65	>65	>65	>65	>65	>65	>70	>70	>100	>100	>120	>120	T 0633
含水量 /% ≤		0.2	0.2	0.2	0.2	0.2	0.2	0.2	0.2	2.0	2.0	2.0	2.0	2.0	2.0	T 0612

3.7.6 煤沥青

道路用煤沥青的标号根据气候条件、施工温度、使用目的选用,其质量应符合表3.19的规定。

表3.19 道路用煤沥青技术要求

试验项目		T-1	T-2	T-3	T-4	T-5	T-6	T-7	T-8	T-9	试验方法
黏度/S	$C_{30.5}$	5~25	26~70								T 0621
	$C_{30.10}$			5~25	26~50	51~120	121~200				
	$C_{50.10}$							10~75	76~200		
	$C_{60.10}$									35~65	
蒸馏试验,馏出量/%	170℃前 ≤	3	3	3	2	1.5	1.5	1.0	1.0	1.0	T 0641
	270℃前 ≤	20	20	20	15	15	15	10	10	10	
	300℃	15~35	15~35	30	30	25	25	20	20	15	
300℃蒸馏残留物软化点(环球法)/℃		30~45	30~45	35~65	35~65	35~65	35~65	40~70	40~70	40~70	T 0606
水分/% ≤		1.0	1.0	1.0	1.0	1.0	0.5	0.5	0.5	0.5	T 0612
甲苯不溶物/% ≤		20	20	20	20	20	20	20	20	20	T 0646
萘含量/% ≤		5	5	5	4	4	3.5	3	2	2	T 0645
焦油酸含量/% ≤		4	4	3	3	2.5	2.5	1.5	1.5	1.5	T 0642

道路用煤沥青适用于下列情况:

①各种等级公路的各种基层上的透层,宜采用 T-1 或 T-2 级,其他等级不合喷洒要求时可适当稀释使用;

②三级及三级以下的公路铺筑表面处治或贯入式沥青路面,宜采用 T-5、T-6 或 T-7 级;

③与道路石油沥青、乳化沥青混合使用,以改善渗透性。

道路用煤沥青严禁用于热拌热铺的沥青混合料,作其他用途时的贮存温度宜为 70~90 ℃,且不得长时间贮存。

3.7.7 改性沥青

改性沥青可单独或复合采用高分子聚合物、天然沥青及其他改性材料制作。

各类聚合物改性沥青的质量应符合表3.20 的技术要求,其中 PI 值可作为选择性指标。当使用表3.20 中未列出的聚合物及复合改性沥青时,可通过试验研究制订相应的技术要求。

表 3.20 聚合物改性沥青技术要求

指标	SBS类(I类)				SBR类(II类)			EVA、PE(III类)				试验方法
	I-A	I-B	I-C	I-D	II-A	II-B	II-C	III-A	III-B	III-C	III-D	
针入度(25 ℃,100 g,5 s)/dmm	>100	80~100	60~80	30~60	>100	80~100	60~80	>80	60~80	40~60	30~40	T 0604
针入度指数 PI ≥	-1.2	-0.8	-0.4	0	-1.0	-0.8	-0.6	-1.0	-0.8	-0.6	-0.4	T 0604
延度(5 ℃,5 cm/min)/cm ≥	50	40	30	20	60	50	40	—				T 0605
软化点 $T_{R\&B}$ ≤	45	50	55	60	45	48	50	48	52	56	60	T 0606
运动黏度①(135 ℃)/(Pa·s) ≤	3											T 0625 / T 0619
闪点/℃ ≥	230				230			230				T 0611
溶解度/% ≥	99				99			—				T 0607
弹性恢复(25 ℃)/% ≥	55	60	65	75	—			—				T 0662
黏韧性/(N·m) ≥	5											T 0624
韧性/(N·m) ≥	2.5											T 0624
贮存稳定性② 离析,48 h 软化点差/℃ ≤	2.5				—			无改性剂明显析出、凝聚				T 0661
TFOT(或 RTFOT)后残留物												
质量变化/% ≤	1.0											T 0610 或 T 0609
针入度比(25 ℃)/% ≥	50	55	60	65	50	55	60	50	55	58	60	T 0604
延度(5 ℃)/cm ≥	30	25	20	15	30	20	10	—				T 0605

注:①表中 135 ℃运动黏度可采用《公路工程沥青及沥青混合料试验规程》(JTJ 052—2000)中的"沥青布氏旋转黏度试验方法(布洛克菲尔德黏度计法)"进行测定。若在不改变改性沥青物理力学性质并符合安全条件的温度下易于泵送和拌和,或经证明适当提高泵送和拌和温度时能保证改性沥青的质量,容易施工,可不要求测定;
②贮存稳定性指标适用于工厂生产的成品改性沥青。现场制作的改性沥青对贮存稳定性指标可不作要求,但必须在制作后,保持不间断地搅拌或泵送循环,保证使用前没有明显的离析

制造改性沥青的基质沥青应与改性剂有良好的配伍性,其质量宜符合表 3.15 中 A 级或 B 级道路石油沥青的技术要求。供应商在提供改性沥青的质量报告时应提供基质沥青的质量检验报告或沥青样品。

天然沥青可以单独与石油沥青混合使用或与其他改性沥青混融后使用。天然沥青的质量要求宜根据其品种参照相关标准和成功的经验执行。

改性沥青宜在固定式工厂或在现场设厂集中制作,也可在拌和厂现场边制造边使用,改性沥青的加工温度不宜超过 180 ℃。胶乳类改性剂和制成颗粒的改性剂可直接投入拌和缸中生产改性沥青混合料。

现场制造的改性沥青宜随配随用,需作短时间保存,或运送到附近的工地时,使用前必须搅拌均匀,在不发生离析的状态下使用。改性沥青制作设备必须设有随机采集样品的取样口,采集的试样宜立即在现场灌模。

工厂制作的成品改性沥青到达施工现场后存贮在改性沥青罐中,改性沥青罐中必须加设搅拌设备并进行搅拌,使用前改性沥青必须搅拌均匀。在施工过程中应定期取样检验产品质量,发现离析等质量不符要求的改性沥青不得使用。

3.7.8 改性乳化沥青

改性乳化沥青宜按表3.21选用,质量应符合表3.22的技术要求。

表3.21 改性乳化沥青的品种和适用范围

品 种		代号	适用范围
改性乳化沥青	喷洒型改性乳化沥青	PCR	黏层、封层、桥面防水黏结层用
	拌和用乳化沥青	BCR	改性稀浆封层和微表处用

表3.22 改性乳化沥青技术要求

试验项目			品种及代号		试验方法
			PCR	BCR	
破乳速度			快裂或中裂	慢裂	T0658
粒子电荷			阳离子(+)	阳离子(+)	T0653
筛上剩余量(1.18 mm)/%		≤	0.1	0.1	T0652
黏度	恩格拉黏度 E_{25}		1~10	3~30	T0622
	沥青标准黏度 $C_{25,3}$		8~25	12~60	T0621
蒸发残留物	含量	≥	50	60	T0651
	针入度(100 g,25 ℃,5 s)/dmm		40~120	40~100	T0604
	软化点/℉	≥	50	53	T0606
	延度(5 ℃)/cm	≥	20	20	T0605
	溶解度(三氯乙烯)/%	≥	97.5	97.5	T0607
与矿料的黏附性,裹覆面积		≥	2/3	—	T0654
贮存稳定性	1 d/%	≤	1	1	T0655
	5 d/%	≤	5	5	T0655

注:①破乳速度、与集料黏附性、拌和试验,与所使用的石料品种有关。工程上施工质量检验时应采用实际的石料试验,仅进行产品质量评定时可不对这些指标提出要求;
②当用于填补车辙时,BCR蒸发残留物的软化点宜提高至不低于55 ℃;
③贮存稳定性根据施工实际情况选择试验天数,通常采用5 d,乳液生产后能在第二天使用完时也可选用1 d。个别情况下改性乳化沥青5 d的贮存稳定性难以满足要求,如果经搅拌后能够达到均匀一致并不影响正常使用,此时要求改性乳化沥青运至工地后存放在附有搅拌装置的贮存罐内,并不断地进行搅拌,否则不准使用;
④当改性乳化沥青或特种改性乳化沥青需要在低温冰冻条件下贮存或使用时,尚需按T0656进行-5 ℃低温贮存稳定性试验,要求没有粗颗粒、不结块

第4章 沥青混合料的组成结构和特性

4.1 沥青混合料的结构类型及特点

沥青混合料是一种复杂的多种成分组成的材料,其结构概念同样也是极其复杂的。因为这种材料的各种不同特点都与结构概念联系在一起。这些特点是:矿物颗粒的大小及其不同粒径的分布、颗粒的相互位置、沥青在沥青混合料中的分布特征和矿物颗粒在沥青层中的性质、空隙率及其分布、闭合空隙率与连通空隙率的比值等。沥青混合料结构是个综合性术语,其中包括:沥青结构、矿物骨架结构及沥青-矿粉分散系统结构等,它是各种材料单一结构和相互联系结构的概念的总和。上述每一结构中的每种性质,都对沥青混合料的性质产生很大的影响。

4.1.1 组成结构理论

沥青混合料是由沥青、粗集料、细集料和矿粉按照一定的比例拌和而成的一种复合材料。由于组成材料质量的差异和级配的不同,可形成不同的组成结构,在不同温度、荷载及不同的加载方式下,表现出不同的力学特性。随着对混合料组成研究的深入,形成了两种互相独立的沥青混合料组成结构理论。

1. 表面理论

表面理论是传统的理论。该理论认为:沥青混合料是由粗、细集料和填料按一定比例组成密实级配的矿质骨架结构,稠度较稀的沥青作为胶结材料(结合料)并分布于其表面,将它们胶结成一个具有一定强度的整体。这种理论认识可参见表4.1。

表4.1 表面理论的认识

沥青混合料 { 矿质骨架 { 粗集料 / 细集料 / 填料 }, 结合料——沥青 }

根据流体力学的观点,许多研究成果也表明,沥青结合料的动力学特性是沥青路面结构性能最直接、最关键的影响因素之一,对于改性沥青结合料更是如此。SHRP研究成果表明:沥青结合料的作用对于高温车辙的贡献率为29%;对于疲劳的贡献率为52%;对于温度裂缝的贡献率则达到了87%。因此,该理论特别强调沥青结合料在沥青混合料中的重要作用。

2. 胶浆理论

胶浆理论基于近代某些研究的理论。该理论认为沥青混合料是一种具有空间网络结构的多相分散体系。它是以粗集料为分散相而分散在沥青砂浆介质中的一种粗分散系;

同样,砂浆是以细集料为分散相而分散在沥青胶浆介质(胶结物)中的一种细分散系;而胶浆又是以填料为分散相而分散在高稠度的沥青介质中的一种微分散系。这三种分散系以沥青胶浆形成的内聚力最为重要。这种理论认识可参见表 4.2。

表 4.2 胶凝理论的认识

研究表明,沥青胶浆的组成结构决定沥青混合料的高温稳定性、低温变形能力和抗疲劳性能。但是,关于沥青胶浆的研究成果并不多见,Superpave 沥青混合料设计标准规定粉胶比为 0.6~1.2,我国规范建议为 1.0~1.2,沥青玛琋脂碎石(SMA)混合料通常为 1.5~2.0。华南理工大学通过利用动态剪切流变仪(DSR)研究指出:当粉胶比相同时,随着温度增加,动态剪切因子迅速减小,说明沥青胶浆与沥青单体一样具有温度敏感性;对于不同的粉胶比,相同温度随粉胶比增加,动态剪切因子逐步增大,即提高粉胶比可显著改善沥青胶浆的高温稳定性,但过度提高沥青胶浆的高温稳定性,也必将损伤沥青胶浆的疲劳特性和低温特性。

试验表明,普通沥青混合料改为改性沥青混合料后,动稳定度能够提高 1.76 倍;改成 SMA 结构后动稳定度提高了 74%。由此可见,改善沥青胶浆性能比改善级配更有助于提高高温稳定性,同时也验证了胶浆理论的正确性。

就前苏联 Л.А.列宾捷尔院士提出的空间结构而论,应把所研究的分散系统归为胶凝结构。这种结构的特点是:结构单元(固体颗粒)通过液相的薄膜(沥青)而黏结在一起。胶凝结构的强度,取决于结构单元与液相薄膜之间产生的分子力。胶凝结构具有力学破坏后结构触变性复原(自发可逆)的特点。

对于胶凝结构,固体颗粒之间液相薄层的厚度起着很大的作用。相互作用的分子力随薄层厚度减小而增大,因而系统的黏稠度增加,结构就变得更加坚固。此外,分散介质(液相)本身的性质对胶凝结构的性质亦有很大影响。

可以认为,沥青混合料的弹性、黏塑性的性质主要取决于沥青的性质、黏结矿物颗粒的沥青膜的厚度以及矿粉与结合料相互作用的特性。沥青混合料胶凝键合的特点也取决于这些因素。

为进一步改善沥青混合料的性质,必须从根本改变它的结构。特别是改变矿料与沥青结合料相互作用状况,使两种材料之间产生化学键,从而成为具有较高强度的凝聚结构。

决定沥青混合料结构的因素:矿物骨架结构、沥青胶结料种类与数量、矿料与沥青相互作用特点及沥青混合料的密实度及其毛细-孔隙结构的特点。

矿物骨架结构是指沥青混合料成分中矿物颗粒在空间的分布情况。由于矿物骨架本身承受大部分的内力,因此骨架应由坚固的颗粒所组成,并且是密实的。沥青混合料的强度,在一定程度上也取决于内摩阻力的大小,而内摩阻力又取决于矿物颗粒的形状、大小及表面特性和矿物骨架的结构。

形成矿物骨架的材料结构,也在沥青混合料结构的形成中起很大作用,应把沥青混合料中沥青的分布特点,以及矿物颗粒上形成的沥青层的构造综合理解为沥青混合料中的沥青结构。为使沥青能在沥青混合料中起到应有的作用,沥青应均匀地分布于矿料之中,使尽可能完全裹覆矿物颗粒。矿物颗粒表面上沥青层的厚度,以及填充颗粒间空隙的自由沥青的数量多少具有重要作用。

综上所述可认为,沥青混合料是由矿质骨架和沥青结合料所构成的、具有空间网格结构的一种多相分散体系。沥青混合料的力学强度,主要由矿质颗粒之间的内摩阻力和嵌挤作用,以及沥青与矿料之间的黏结力构成。

4.1.2 组成结构类型

沥青混合料按其强度构成原则的不同,可分为按嵌挤原则构成的结构和按密实级配原则构成的结构两大类。介于两者之间的还有一些半嵌挤(部分形成了嵌挤作用)的结构,还有最理想的则是嵌挤而又紧密的结构,如沥青玛琋脂碎石混合料结构(SMA)。

按嵌挤原则构成的沥青混合料的结构强度,是以矿质颗粒之间的嵌挤力和内摩阻力为主,沥青结合料的黏结作用为辅而构成的。这些结构是以较粗的、颗粒尺寸均匀的矿料构成骨架,沥青结合料填充其空隙,并把矿料黏结成一个相对稳定的整体。这类沥青混合料结构强度受温度的影响较小。

按密实级配原则构成的沥青混合料的结构强度,是以沥青与矿料之间的黏聚力为主,矿质颗粒间嵌挤力和内摩阻力为辅而构成的。这类沥青混合料的结构强度受温度的影响较大。

沥青混合料按路面压实后形成的残留空隙率划分,通常分为4级:
①密实式:设计空隙率小于等于5%,这种混合料在完全成型后基本上不透水;
②半密实式:设计空隙率大于5%,而小于等于10%;
③半开式:设计空隙率大于10%,而小于等于15%;
④开式:设计空隙率大于15%的排水式沥青混合料。

4.1.3 沥青混合料的结构特点

沥青混合料按其结构特点可分为三种类型:悬浮密实结构、骨架空隙结构、骨架密实结构。图4.1为这三种类型矿质混合料级配曲线,图4.2为这三种类型混合料结构示意图。

1.悬浮密实结构

连续型密级配沥青混合料(图4.1中曲线a),这种级配由于材料从大到小连续存在,并且各有一定的数量,实际上同一挡较大颗料都被较小一挡颗粒挤开,大颗料犹如以悬浮状态处于较小颗料之中,如图4.2(a)所示。这种结构通常按密实级配原则进行设计,其密实度与强度较高,水稳定性、低温抗裂性能、耐久性都比较好,是最普遍使用的沥青混合料。但由于受沥青材料的性质和物理状态的影响较大,故高温稳定性较差。我国规范规定的Ⅰ型密级配沥青混凝土是典型的悬浮密实结构。Ⅱ型及抗滑表层沥青混合料虽然基本上也是按照连续级配的原则设计的,但空隙率大都大于5%,实际上是一种悬浮的半密实式沥青混合料。悬浮密实结构沥青混合料适合多雨量且交通量较小地区。

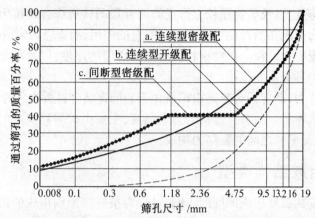

图4.1 三种类型矿质混合料级配曲线

图4.2 沥青混合料典型结构示意图

2. 骨架空隙结构

当采用连续型开级配矿质混合料(图4.1中曲线b)与沥青组成沥青混合料时,由于混合料中粗集料数量较高,且相互接触形成骨架,但细集料数量较少,不足以填充粗集料之间形成的空隙,或者说,矿质混合料递减系数较大,形成开级配骨架空隙结构,如图4.2(b)所示。这种结构空隙率较大而密实度较低,内摩阻力较大但黏聚力较低,高温稳定性较好。骨架空隙结构沥青混合料适合于透水性路面。

沥青混合料的粗颗粒集料彼此紧密相接,石料与石料能够形成互相嵌挤的骨架。当较细粒料数量较少,不足以充分填充骨架空隙时,混合料中形成的空隙较大,这种结构是按嵌挤原则构成的。在这种结构中,粗集料之间内摩阻力与嵌挤力起着决定性作用。其结构强度受沥青的性质和物理状态影响较小,因而高温稳定性较好。但由于空隙率较大,其透水性大、耐老化性能、低温抗裂性能、耐久性较差。我国规范中的半开式沥青碎石混合料及国外使用的开式大空隙排水式沥青混合料(OGFC)是典型的骨架空隙结构。

3. 骨架密实结构

当采用间断型密级配(间断级配)矿质混合料(图4.1中曲线c)与沥青组成的沥青混合料时,混合料兼备骨架空隙和悬浮密实两种结构的特点,不仅粗集料数量较高,相互接触形成骨架,且因断去了中间尺寸的集料,故而有相当数量的细集料填实骨架的空隙,形成了间断型骨架密实结构,如图4.2(c)所示。这种结构密实度较大,黏聚力较高,内摩阻力较大,高温、低温路用性能较好。骨架密实结构沥青混合料越来越受到道路工作者的重视,适合于重交通和高温的地区。现在国际上普遍得到重视的沥青玛琋脂碎石混合料(SMA)是典型的骨架密实结构。

表4.3是不同沥青混合料结构类型比较。

表4.3 不同沥青混合料结构类型的比较

结构类型	悬浮密实结构	悬浮半密实空隙结构	嵌挤空隙结构	嵌挤密实结构
空隙率/%	3~6	3~8	>10	3~4(4.5)
沥青用量	较多	较少	很少	多
通过4.75 mm筛孔质量百分率/%	多	较多	很少	较少
通过0.075 mm筛孔质量百分率/%	中等(3~8)	较少(4~5)	很少(0~5)	很多(8~12)
抗车辙变形	差	差	好	很好
疲劳耐久性	好	较差	很差	好
抗裂性能	好	较差	很差	好
水稳定性	好	较差	很差	很好
渗水情况	小	较大	很大	小
抗老化性能	很好	较好	很差	好
抗磨损	很好	较好	很差	很好
抗滑性能	较差	较差	好	好
路面噪声反光、溅水、水雾	差	较差	好	较好

由表4.3可以看出,沥青混合料中各矿料排列位置不同,会导致混合料整体性质或强度发生变化,因此只有深入分析沥青混合料内部组成结构,才能设计出符合实际要求且性能优良的沥青混合料。沥青路面结构承受车辆荷载,路面厚度范围内各层应力应变状态是不同的。一方面,应力分布总体上是上大下小,所以结构设置应是上强下弱。另一方面,路面的上层处于三向压缩区,主要考虑抗剪要求;中层处于竖向压缩区,主要考虑抗压缩、抗车辙要求;下层处于两向拉伸区,主要考虑抗弯拉、抗疲劳性能。因此,在力学分析的基础上,还应综合考虑各层功能方面的要求。

单轴压缩蠕变试验结果表明,最大粒径相同但碎石含量为59%的多碎石混合料的压缩应变,明显小于碎石含量为42%的沥青混凝土。此外,环道试验表明,细粒式沥青混凝土的车辙也比中、粗粒式沥青混凝土大,因此建议一般情况下,上面层宜用细或中粒式骨架密实结构,中面层宜用中、粗粒式骨架密实结构。

综合以上几个方面分析,在选择沥青混合料结构类型时,要结合所处的气候、交通量大小及路面结构层次,进行综合设计。

上述三种结构的沥青混合料由于结构组成不同,因而所表现的结构常数和稳定性也具有显著的差异,相关结构和稳定性参数见表4.4。

表 4.4　不同结构组成的沥青混合料的结构常数和稳定性指标

混合料名称	组成结构类型	结构常数			稳定性指标	
		密度/$(g \cdot cm^{-3})$	空隙率/%	矿料间隙率/%	黏聚力/kPa	内摩阻角/rad
连续型密级配沥青混合料	悬浮密实结构	2.40	1.3	17.9	318	0.600
连续型开级配沥青混合料	骨架空隙结构	2.37	6.1	16.2	240	0.653
间断型密级配沥青混合料	骨架密实结构	2.43	2.7	14.8	338	0.658

4.2　沥青混合料的强度理论

沥青混凝土路面产生破坏的主要原因,一是夏季高温时因抗剪强度不足或塑性变形过大而引起的高温变形;二是冬季低温时抗拉强度不足或应力松弛模量降低太慢而抵抗变形能力较差,引起温度开裂;三是由于车辆荷载的重复作用以及沥青性能的老化,引起结构性的疲劳开裂。抵抗低温变形能力主要取决于沥青胶浆的性质。因此,提高沥青路面高温抗剪切能力,是减少路面永久破坏的关键。

4.2.1　沥青混合料抗剪强度理论

沥青混凝土路面抗剪强度,是指其对于外荷载产生的剪应力的极限抵抗能力。当沥青混凝土路面中某点由外力产生的剪应力达到其抗剪强度,剪切破坏是路面破坏的主要形式。目前一般都倾向采用 18 世纪库仑提出的内摩擦理论,分析沥青混合料高温抗剪强度和稳定性。沥青混合料的抗剪强度,通过三轴剪切试验方法,应用摩尔-库仑理论来计算,即

$$\tau = c + \sigma \tan \varphi \tag{4.1}$$

式中,τ 为沥青混合料在某一平面上产生的剪应力,MPa;c 为沥青混合料的黏聚力,MPa;φ 为沥青混合料的内摩阻角;σ 为正应力,MPa。

可以看出,沥青混合料的抗剪强度主要取决于黏聚力 c 和内摩阻角 φ 两个参数。决定 c 和 φ 值的摩尔圆包络线如图 4.3 所示。如果已知在某一平面上作用着法向压力 σ 和剪应力 τ,则由 τ 与抗剪强度 τ_f 的对比,可能有下列三种情况:①$\tau<\tau_f$(在库仑强度破坏线以下),安全(或称弹性平衡);②$\tau=\tau_f$(在库仑强度破坏线上),临界状态(或称极限平衡);③$\tau>\tau_f$(在库仑强度破坏线上方),破坏(或称塑性破坏)。

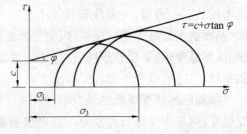

图 4.3　决定 c 与 φ 值的摩尔圆包络线

4.2.2　摩尔-库仑理论评价抗剪强度的局限性

摩尔-库仑理论分析问题的前提是把沥青混合料视作剪切破坏前不变形的钢塑体。

事实上,沥青混凝土在高温时呈黏弹塑性状态,只有按照流变力学的观点研究其应力和应变规律性,才能真实地反映实际情况。由于黏弹塑性体的力学性质的复杂性,对其高温时的失稳破坏机理研究还不够深入,还没有将强度和变形有机联系统一考虑的研究成果。有些研究者建议直接采用高温强度模量指标,用来作为沥青混合料高温状态下的设计参数和性能评价指标。

另外,该理论主要适用于在温度较高时评价沥青混合料的抗剪强度。当温度较低时,由于受沥青黏滞性影响,黏聚力 c 是温度的函数,低温时 c 值较大,而内摩阻角 φ 基本不变。σ 值是剪损时的法向压应力,该值较小时,φ 值也较小,此时黏聚力 c 起主要作用。此外,无论高温和低温,采用三轴试验,求取黏聚力和内摩阻角较为困难。

4.3 沥青混合料的强度影响因素

如前所述,沥青混合料的强度由两部分组成:矿料之间的嵌挤力与内摩阻力和沥青与矿料之间的黏聚力。下面从内因、外因两方面分析沥青混合料强度的影响因素。

4.3.1 影响沥青混合料强度的内因

1. 沥青黏度的影响

从沥青本身来看,沥青的黏度是影响黏聚力的重要因素,矿质集料由沥青胶结为一整体,沥青的黏度反映沥青在外力作用下抵抗变形的能力,黏度越大,则抵抗变形的能力越强,可以保持矿质集料的相对嵌锁作用。沥青的黏度随温度而变化,由于沥青的化学组分和结构不同,沥青的黏度随温度的变化率不同,同一标号的沥青在高温时可以呈现不同的黏度。沥青混合料可作为一个具有多级空间网络结构的分散系来看,从最细一级网络结构来看,它是各种矿质集料(分散相)分散在沥青(分散介质)中的分散系,因此它的黏聚力(强度)与分散相的浓度和分散介质黏度有着密切的联系。因此应深入探讨沥青的温度敏感性对沥青混合料的黏聚力的影响。在其他因素固定的条件下,沥青混合料的黏聚力,随沥青黏度的提高而增加。沥青的黏度即沥青内部沥青胶团相互位移时,其分散介质抵抗剪切作用的能力,所以沥青混合料受到剪切作用时,特别是受到短暂的瞬时荷载时,具有高黏度的沥青能赋予沥青混合料较大的黏滞阻力,因而具有较高的抗剪强度,但内摩阻角随沥青黏度的增加对抗剪强度的贡献较小。在相同的矿料性质和组成条件下,随着沥青黏度的提高,沥青混合料黏聚力有明显的提高,同时内摩阻角亦稍有提高。

2. 沥青与矿料化学性质的影响

在沥青混合料中,矿粉颗粒之间接触处是由结构沥青膜所联结时,可使沥青具有更高的黏度和更大的扩散溶化膜的接触面积,因而可以获得更大的黏聚力;反之,如果颗粒之间接触处是自由沥青联结,则具有较小的黏聚力。

沥青与矿料表面的相互作用对沥青混合料的黏聚力和内摩阻力有重要的影响,沥青与矿料相互作用不仅与沥青的化学性质有关,而且与矿粉的性质有关。H·M·鲍尔雷曾采用紫外线分析法对两种最典型的矿粉进行研究,在石灰石粉和石英石粉的表面上形成一层吸附溶化膜,如图 4.4 所示。研究认为,在不同性质矿粉表面形成结构和厚度不同的吸附溶化膜,在沥青混合料中,当采用石灰石矿粉时,矿粉之间更有可能通过结构沥青来联结,因而具有较高的黏聚力。

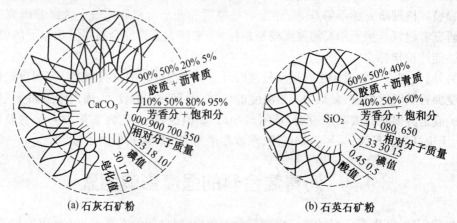

图 4.4　不同矿粉的吸附溶化膜结构

由于不同成分的矿料和沥青会产生不同的效果,石油沥青与碱性石料(如石灰石)有较好的黏附性,而与酸性石料黏附性较差。这是由于矿料表面对沥青的化学吸附是有选择性的,如碳酸盐类或其他碱性矿料能与石油沥青组分中活度最高的沥青酸和沥青酸酐产生化学吸附作用,这种化学吸附比石料与沥青之间的分子力吸附(即物理吸附)要强得多,可产生较大的黏聚力,而酸性石料与石油沥青之间的化学吸附作用较差。

根据前苏联学者的观点,认为由于矿料(主要是矿粉)对其周围的沥青分子相互有吸附作用,使靠近矿料的沥青组分重新排列,黏度变高。越靠近界面,沥青黏度越高,形成一层扩散结构膜,当矿料之间的沥青膜很薄时(小于 10 μm),在此膜之内的结构沥青,其黏度较高,具有较强的黏聚力;当矿料之间的沥青膜很厚时,在结构沥青之外的自由沥青黏度较低,则使黏聚力降低。

矿料化学性质不同而与沥青相互作用强度不同的情况,还可以定量地通过二者在发生相互作用时所放出的热量加以说明。不同矿料和沥青相互作用释放热量示意图如图 4.5 所示。放热量是曲线下面积的积分,显然,碱性矿料与沥青相互作用所放出的热量要远大于酸性矿料与沥青相互作用所放出的热量。

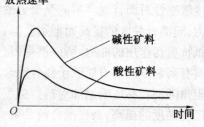

图 4.5　不同矿料和沥青相互作用释放热量示意

3. 沥青混合料中矿料比表面的影响

由前述沥青与矿粉交互作用的原理可知,结构沥青的形成主要是由于矿料与沥青的交互作用,而引起沥青化学组分在矿料表面的重分布。所以在相同的沥青用量条件下,与沥青产生交互作用的矿料表面积越大,则形成的沥青膜越薄,则在沥青中结构沥青所占的比率越大,因而沥青混合料的黏聚力也越高。通常在工程应用上,以单位质量集料的总表面积来表示表面积的大小,称为比表面积(简称比面)。例如 1 kg 粗集料的表面积约为 $0.5 \sim 3 \text{ m}^2$,它的比面即为 $0.5 \sim 3 \text{ m}^2/\text{kg}$,而矿粉的比面则比粗集料大得多,往往可达到 300~2 000 m²/kg。在沥青混合料中矿粉用量虽只占 7% 左右,而其表面积却占矿质混合料总表面积的 80% 以上,所以矿粉的性质和用量对沥青混合料的强度影响很大。为增加沥青与矿料物理化学作用的表面积,在沥青混合料配料时,必须含有适量的矿粉。提高矿粉细度可增加矿粉比面,所以对矿粉细度也有一定的要求。希望小于 0.075 mm 粒径的矿粉含量不要过少,但是小于 0.005 mm 部分的含量亦不宜过多,否则将使沥青混合料结成团块,不易施工。

4.沥青用量的影响

在固定质量的沥青和矿料的条件下,沥青与矿料的比例(即沥青用量)是影响沥青混合料抗剪强度的重要因素,不同沥青用量的沥青混合料结构如图 4.6 所示。

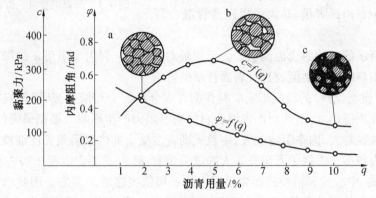

图 4.6　不同沥青用量的沥青混合料结构和 c,φ 值变化示意图
a—沥青用量不足；b—沥青用量适中；c—沥青用量过度

在沥青用量很少时,沥青不足以形成结构沥青的薄膜来黏结矿料颗粒。随着沥青用量的增加,结构沥青逐渐形成,沥青更为完满地包裹在矿料表面,使沥青与矿料间的黏附力随着沥青的用量增加而增加。当沥青用量足以形成薄膜并充分黏附矿料颗粒表面时,沥青胶浆具有最强的黏聚力。随后,如沥青用量继续增加,则由于沥青用量过多,逐渐将矿料颗粒推开,在颗粒间形成未与矿料交互作用的自由沥青,则沥青胶浆的黏聚力随着自由沥青的增加而降低。当沥青用量增加至某一用量后,沥青混合料的黏聚力主要取决于自由沥青,所以抗剪强度几乎不变。随着沥青用量的增加,沥青不仅起着黏结剂的作用,而且起着润滑剂的作用,降低了粗集料的相互密排作用,因而降低了沥青混合料的内摩阻角。

过多的沥青用量和矿物骨架空隙率的增大,都会使削弱沥青混合料结构黏聚力的自由沥青量增多。上面已经指出沥青与矿粉在一定配比下的强度,可达到二元系统(沥青与矿粉)的最高值。这就是说,矿粉在混合料中的某种浓度下,能形成黏结相当牢固的空间结构。

显然,为使沥青混合料产生最高的强度,似乎应该设法使自由沥青含量尽可能地少或完全没有。但是,必须有某种数量的自由沥青,以保证应有的耐侵蚀性,以及使沥青混合料具有最佳的塑性。因此最好的沥青混合料结构,不是用最高强度来表示,而是所需要的合理强度。这种强度应配合沥青混合料在低温下具有充分的变形能力以及耐侵蚀性。

上面已经指出,选择空隙率最低的沥青混合料的矿料级配,能降低自由沥青量,因此许多国家都规定了矿料最大空隙率。此外,自由沥青量也取决于空隙的填满程度。配比正确的沥青混合料中,被沥青所充满的颗粒之间的空隙体积,应不超过总空隙的80%~85%,以免在温度升高时沥青溢出。这种可能性是因为沥青比矿质材料具有更高的体积膨胀系数。除此之外,自由沥青的填满程度过大,还会导致路面的附着力(内摩阻力)降低。

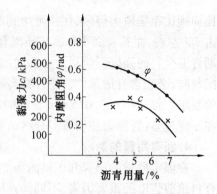

图4.7 沥青用量对c和φ的影响

沥青混合料的拌制与压实工艺的进一步完善,也能大大减少自由沥青量,并大大提高沥青混合料的结构强度。

图4.7所示的试验曲线也说明了沥青用量对黏聚力c和内摩阻角φ的影响。

5. 矿质集料的级配类型、粒度、表面性质的影响

矿料(矿质混合料)的级配影响矿料在沥青混合料的分布情况,从而影响在混合料中矿料颗粒相互嵌挤程度,由此对沥青混合料的内摩阻力产生影响。根据研究(见表4.5),矿质颗粒的粒径越大,内摩阻角越大,中粒式沥青混凝土的内摩阻角要比细粒式和砂粒式沥青混凝土大得多。根据伊万诺夫等人的试验资料,砂粒式沥青混凝土的内摩阻角φ约为30°,细粒式、中粒式和粗粒式沥青混凝土的φ可依次递增3°左右。因此增大集料粒径是提高内摩阻角的有效途径,但应保证级配良好、空隙率适当。颗粒棱角尖锐的混合料,由于颗粒相互嵌紧,要比滚圆颗粒的内摩阻角大得多。

表4.5 矿质混合料的级配对沥青混合料黏聚力及内摩阻角的影响

沥青混合料级配类型	三轴试验结果	
	内摩阻角φ	黏聚力c/MPa
茂名粗粒式沥青混凝土	45°55′	0.076
茂名细粒式沥青混凝土	35°45′30″	0.196
茂名砂粒式沥青混凝土	33°19′30″	0.227

沥青混合料的强度与矿质集料在沥青混合料中的分布情况有密切关系。沥青混合料有密级配、开级配和半开级配等不同组成结构类型。已如前述,矿料级配类型是影响沥青混合料强度的因素之一。

此外,沥青混合料中,矿质集料的粗度、形状和表面粗糙度对沥青混合料的抗剪强度都具有极为明显的影响。因为颗粒形状及其粗糙度,在很大程度上将决定混合料压实后颗粒间相互位置的特性和颗粒接触有效面积的大小。通常具有显著的面和棱角、各方向尺寸相差不大、近似正立方体以及具有明显细微凸出的粗糙表面的矿质集料,在碾压后能相互嵌挤锁结而具有很大的内摩阻角。在其他条件相同的情况下,这种矿料所组成的沥青混合料较之圆形而表面平滑的颗粒具有较高的抗剪强度。

许多试验证明,要获得具有较大内摩阻角的矿质混合料,必须采用粗大、均匀的颗粒。在相同其他条件下,矿质集料颗粒越粗,所配制的沥青混合料越具有较高的内摩阻角。对相同粒径组成的集料,卵石的内摩阻角较碎石小(见表4.6)。

表4.6 集料粒径和表面性质对沥青混合料黏聚力及内摩阻角的影响

沥青混合料类型	集料表面性质	高温稳定性指标(65 ℃)	
		黏聚力 c/kPa	内摩阻角 φ/rad
粗粒式沥青混合料	表面粗糙有棱角(碎石)	318	0.600 4
中粒式沥青混合料	表面粗糙有棱角(碎石)	279	0.590 5
细粒式沥青混合料	表面粗糙有棱角(碎石)	308	0.584 1
粗粒式沥青混合料	表面光滑(卵石)	232	0.438 7
中粒式沥青混合料	表面光滑(卵石)	172	0.379 9

4.3.2 影响沥青混合料强度的外因

1. 温度的影响

沥青混合料黏聚力的形成主要是由于沥青的存在。沥青作为一种热塑性材料,其状态及性能必然受到温度的影响,从而影响到沥青混合料的黏聚力,它的抗剪强度(τ)随着温度的升高而降低。在材料参数中,黏聚力随温度升高而显著降低,但是内摩阻角受温度变化的影响较少。沥青混合料的黏聚力随温度的升高而逐渐降低,特别是温度从10 ℃上升到40 ℃左右时,黏聚力的降低速率较大,其后趋于平缓。由于沥青混合料的内摩阻力的大小依赖于混合料内部矿质集料颗粒间的嵌挤与摩擦作用的大小,而这些作用受温度的影响极小,因此,温度对沥青混合料内摩阻力的影响极小。所以,总体上讲,沥青混合料的抗剪强度随温度的升高而降低。

2. 形变速率的影响

沥青混合料是一种黏-弹性材料,其抗剪强度(τ)与形变速率($d\tau/dt$)有密切关系。在其他条件相同的情况下,变形速率对沥青混合料的内摩阻角 φ 影响较小,而对沥青混合料的黏聚力影响较为显著。试验资料表明,黏聚力随变形速率的减少而显著提高,而内摩擦阻角随变形速率的变化很小。

综上所述可以认为,得到高强度沥青混合料的基本条件是:密实的矿物骨架,可以通过适当地选择级配和使矿物颗粒最大限度地相互接近来取得;对所用的混合料、拌制和压实条件都适合的最佳沥青用量;能与沥青起化学吸附的活性矿料。

4.4 沥青与填料(矿粉)相互作用

沥青与矿料之间的相互作用是沥青混合料结构形成的决定性因素。它直接关系到沥青混合料的强度、温度稳定性、水稳定性以及老化速度等路用性能。因此,深入研究沥青与矿料之间相互作用的原理,充分认识并积极地利用与改善这个作用过程具有十分重要的意义。

研究表明,沥青与矿料相互作用时,所发生的效应是各种各样的,主要与表面效应有关。

4.4.1 矿料对沥青的吸附作用

前苏联 Л.А.列宾捷尔研究认为,沥青与矿料相互作用后,沥青在矿料表面产生化学组分的重新排列,在矿料表面形成一层扩散结构膜(图4.8(a)),在此膜以内的沥青称为结构沥青,此膜以外的沥青称为自由沥青。结构沥青与矿料之间发生相互作用,并且沥青的性质有所改变;而自由沥青与矿料距离较远,没有与矿料发生相互作用,仅将分散的矿料黏结起来,并保持原来性质。

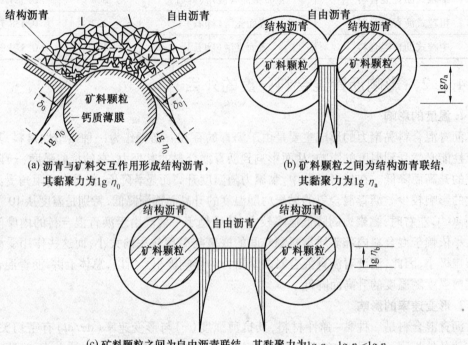

图4.8 沥青与矿料交互作用的结构图式

如果颗粒间接触处由扩散结构膜所联结(图4.8(b)),则使沥青具有更高的黏度和更大的扩散结构膜接触面积,从而可获得更大的颗粒黏聚力。反之,如果颗粒之间接触处由自由沥青所联结(图4.8(c)),则其黏聚力较小。

按照物理化学观点,沥青与矿料之间的相互作用过程是个比较复杂的、多种多样的吸附过程,包括沥青层被矿物表面的物理吸附、沥青-矿料接触面上进行的化学吸附以及沥青组分向矿料的选择性扩散作用过程。固体或液体的表面和与它进行接触的液态或气态物质分子的黏结性质,以及对气体或液体的吸着现象称为吸附。吸附作用分为物理吸附和化学吸附两种形态,当吸附剂与被吸附物质之间仅有分子间作用力(即范德华力)存在时,则产生物理吸附;当接触的两种相(沥青和矿料)形成化合物时,则产生化学吸附。

在引力作用下发生的物理吸附作用,会在矿料表面形成沥青的定向层,此时,被吸附的沥青不发生任何化学变化。在化学吸附的情况下,被吸附的沥青发生化学变化。但是,化学吸附作用仅触及被吸附物质的一层分子,而物理吸附时,实际上可能形成几个分子厚度的吸附层。

沥青在矿料表面上的吸附强度,很大程度上取决于这些材料之间发生的黏结性质。当存在化学键时(即产生化学吸附时),沥青与矿料的黏结最为牢固。当碳酸盐等碱性岩石与含足够数量酸性表面活性物质的活化沥青黏结时,会发生化学吸附过程。这种表面活性物质能在沥青与矿料的接触面上,形成新的化合物。因为这些化合物不溶于水,所以矿料表面上形成的沥青层具有较高的抗水害能力。而当沥青与酸性岩石(SiO_2含量大于65%的岩石)黏结时,不会形成化学吸附化合物,故其间的黏结强度较低,遇水易剥离。

前苏联 А. И. 雷西辛娜等人的研究表明,在其他条件相同的情况下,沥青混合料使用碳酸盐等碱性石料时,被吸附的沥青量将超过相应含酸性石料混合料的沥青量。这就决定了使用碳酸盐石料的沥青混合料具有更坚固的结构,这对于比表面大和吸附能力强的矿粉是非常重要的。

沥青与矿料表面黏结牢固的先决条件是沥青能很好地润湿矿料的表面。由物理化学得知,彼此接触物体相互作用过程的特性和强度主要取决于物体的表面性质,首先是表面自由能。

沥青与矿料表面的物理吸附,主要是由于表面自由能的作用。研究物质内部质点(原子、离子、分子)与位于表面的质点之间的相互作用力时,可以得到关于固体或液体表面能的概念。位于固体或液体内部的每一固体或液体质点,都从各方面承受着围绕它的并和它相类似质点的引力作用,其引力的合力应等于零。而位于固体或液体表面的质点,只从一面受到处于固体或液体内部质点的引力作用,而另一面是空气(气相)。由于气体分子彼此相距甚远,因此只有邻近固体或液体表面的气体分子才能产生力场。气体分子对固体或液体表面质点的作用非常小,不能平衡从内部质点方面产生的力的作用。

固体或液体表面未平衡(未补偿)质点的存在,相当于该表面每单位面积具有一定量的自由能,该自由能称为表面自由能或表面张力,其数量等于形成表面所消耗的功。其大小计算式为

$$\sigma = W/S \tag{4.2}$$

式中,W 为形成表面层所消耗的功,即从固体或液体内部转移到材料质点表层上的功,J;S 为表面层的面积,cm^2。

为了降低系统能量,暴露于空气中的干燥集料的表面吸附着一些气体分子。由于沥青可以更有效地降低集料的表面自由能,因此当沥青与集料拌和时,可以紧密地吸附于集料表面。

液体与空气或另一种不相混合的液体界面上的表面张力可由试验确定。水具有最大的表面张力,其值等于 72.75×10^{-7} J/cm^2;碳氢化合物液体的表面张力最小,例如苯与空气界面上的表面张力为 35×10^{-7} J/cm^2,而苯与水界面上的表面张力为 29.9×10^{-7} J/cm^2。固体的表面张力尚无直接测定的方法,可采用间接法确定,如确定其润湿角、黏结(附着)作用或其吸附能力等。

润湿是自发的过程,在这一过程中,相接触的三相——矿料、水和空气或沥青体系内,在一定的温度条件下会发生体系表面的自由能降低现象。度量润湿情况,可使用边界角 θ 的余弦值,此边界角由固体表面与通过液滴(通常是水)和固体接触点切于此液滴表面

的切线所构成(图4.9)。$\cos\theta$是与沿三种毗邻表面周界的三个表面张力(σ_{12}、σ_{32}、σ_{31})相联系的。

由图4.3可以看出,这些力的平衡条件为

$$\sigma_{32}-\sigma_{31}-\sigma_{12}\cos\theta=0 \quad (4.3)$$

由式(4.4)可得

$$\cos\theta=(\sigma_{32}-\sigma_{31})/\sigma_{12} \quad (4.4)$$

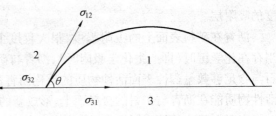

图4.9 选择性润湿力的平衡
1—液体;4—气体或不与液体相混合的夜体;3—固体

因此,若$\theta=0°$,$\cos\theta=1$,则表面完全润湿;若$\theta=180°$,则$\cos\theta=-1$,表面不被湿润。在用反极性液体选择性润湿的情况下,例如水和碳氢化合物液体时,当$\theta<90°$,即$0<\cos\theta<1$时,表面可能被水润湿的程度比碳氢化合物润湿得要好,此种表面称为亲水性表面。当$\theta>90°$,即$0>\cos\theta>-1$和$\sigma_{31}>\sigma_{32}$时,固体表面被碳氢化合物润湿的程度比水润湿得更好,此种表面称为憎水性表面或亲油表面。

大多数的造岩矿物,如氧化物、碳酸盐、硅酸盐、云母、石英等,均属于亲水性的。所有亲水性矿物都具有离子键(有极性的)的晶格,因此,当它们分裂时在表面层可能有未平衡的离子——带自由价的离子。憎水性矿物具有共价键(原子键)的晶格,或者具有分子键的晶格。有些憎水性材料具有离子和分子键的晶格,即元素质点内部有牢固的离子键,质点之间有分子键。这些元素质点的表面几乎没有未补偿的键。

两种相互接触的物体,例如沥青同矿料的接触表面相互作用所消耗的能量,以黏结作用来表征,这种黏结作用通常称为黏聚力,其数值可以按杜普尔-英格方程确定

$$W_a=\sigma_{32}+\sigma_{12}-\sigma_{31}=\sigma_{12}(1+\cos\theta) \quad (4.5)$$

由方程4.6得出,黏结作用亦即液体与固体相互作用的能量,等于固体-液体形成公共分界面时固体-液体与空气界面上的总表面自由能的减少值。显然,液体与空气界面上的表面引力越大,则此种液体与固体构成的润湿角θ越小,它们之间的相互作用表现得越激烈。假若$\theta=0°$,则$W_a=2\sigma_{12}=W_t$,即固体与液体之间的黏聚力的能量W_a等于液体黏聚力的内能W_t。

能良好地润湿固体干燥表面的液体,并不意味着一定有良好的黏聚力。两种能润湿固体表面的液体中,哪种有最好的黏聚力,其$\cos\theta$值就越大。沥青润湿与黏结潮湿矿料表面的能力,取决于固体表面排挤水分的性质和沥青的个别组分在边界层中的选择性吸附,这就相应减小了体系的表面自由能。

吸附的结果增加了相界面处被吸附物质的浓度,且减小了界面上的表面自由能。此吸附比可按下式确定

$$\varGamma=m_S m_V/S \quad (4.6)$$

式中,$\varGamma$为比吸附;m_S为表面层某一体积内该组分的质量;m_V为同一体积溶液内该组分的质量;S为分界面面积。

吸附层的性质取决于被吸附物质的数量、被吸附物质与固体相互作用的性质和能量。这些因素构成固-液分界面上两相相互联系的特性。吸附层,特别是在完全饱和的情况下,类似于很薄的固体膜,具有高的力学强度。这种性质由于周围液体介质(溶剂-沥青

中的油分)的作用,吸附能力再一次加强了。

对于亲水型集料由于表面具有较多的未饱和键,易与水以氢键等形式结合在一起,而沥青中的非极性有机物无法与这些游离的键相键合,因此水分具有比沥青更强的与集料表面相吸附的能力。在裹覆了沥青的亲水型集料遇到水分时,沥青将慢慢地被水分剥落下来,而产生了水损害。

化学吸附是沥青中的某些物质(如沥青酸)与矿料表面的金属阳离子产生化学反应,生成沥青酸盐,在矿料表面构成化学吸附层的过程。化学相互作用力的强度,超过分子力作用许多倍。化学相互作用的能量转为化学反应的热量时,其数值为数百焦耳/摩尔以上;而物理相互作用的能量转为热量时最大仅为数十焦耳/摩尔。因此,当沥青与矿料形成化学吸附层时,相互间的黏附力远大于物理吸附时。也只有产生化学吸附,沥青混合料才可能具有良好的水稳性。

化学吸附产生与否以及吸附程度,决定于沥青及矿料的化学成分。例如石油沥青中因含有沥青酸及沥青酸酐能与碱性矿料中的高价金属盐产生化学反应,生成不溶于水的有机酸盐,与低价金属盐反应生成的有机酸盐则易溶于水,而与酸性矿料之间则只能产生物理吸附。煤沥青中既有酸性物质(如酚类),又有碱性物质(如吡啶类),因而与酸性矿料及碱性矿料均能起化学吸附作用,但其吸附程度和生成物的性质仍与矿料的化学成分密切相关。

所谓选择性吸附,就是一相物质中的某一特定组分由于扩散作用沿着另一相的微孔渗透到其内部。当沥青与矿料相互作用时,选择性扩散产生的可能性以及其作用大小,取决于矿料的表面性质、孔隙状况及沥青的组分与活性。

矿料对沥青的吸附作用,主要产生于表面有微孔(直径小于 0.02 mm)的矿料,如石灰岩、泥灰岩、矿渣等。此时沥青中活性较高的沥青质吸附在矿料表面,树脂吸附在矿料表层小孔中,而油分则沿着毛细管被吸附到矿料内部。因此,矿料表面的树脂和油分相对减少,沥青质增多,结果沥青性质发生变化,稠度提高、黏聚力增加,从而在一定程度上改善了沥青混合料的热稳性与水稳性。

沥青与多孔的材料相互作用的特点,一方面取决于表面性质和吸附物的结构(孔隙的大小及位置),另一方面与沥青的特性有关。矿料表面上如果有微孔,就会大大改变其与沥青相互作用的条件。微孔具有极大的吸附势能,因而孔中吸附大部分的沥青表面活性组分。当沥青与结构致密的矿料(如石英岩)相互作用时,上述过程就失去了必要的条件,因而其对沥青的选择性吸附不显著。

4.4.2 沥青与初生矿物表面的相互作用

沥青与初生矿物表面的相互作用是一种特殊的作用形式,因为它决定于化学-力学过程,并与上面叙述的化学吸附同时发生。

化学-力学是一个比较新的科学领域,它研究力学作用对各种物质所产生的范围极广的现象。许多研究人员对化学-力学有着特殊兴趣,这与在力学作用时有可能在一定条件下引起化学过程有关。因此,利用化学-力学手段进行材料机械加工过程的研究具有非常广阔的前景。早在 1873 年,卡列. M. 里曾经指出,某些化学反应只能在力学作用的条件下才会更有效,或是一般只能在这种作用下才能发生反应。

引起固体中大部分力学-化学过程的最重要的因素有:化学活性很大的新表面的产生;受机械力破坏而形成的颗粒表面层的结构变化;初生颗粒表面上进行的化学反应。

固体受机械力作用产生的初生表面的能量状态的研究,包括初生表面的带电及其吸附能力的研究,重新形成的颗粒表层结构的研究,以及自由基的产生过程和自由基的相互反应过程等。

Ъ.Ъ.德拉金指出,颗粒经磨碎后成为带电颗粒,并且电荷的正负与大小取决于颗粒的大小和物质的性质。初生表面的带电,在矿料的活化过程中起着一定的作用。

决定初生表面具有很高的化学活性的一个因素是由于出现自由基,自由基是借助机械力的破坏作用,使化学键断开而产生的。化学键在机械力作用下断开的可能性是史塔乌金捷尔最先提出的。1952年,帕依克和瓦特森证实了在这种情况下可能产生自由基。

自由基是分子的残余部分,或是处于电子受激震状态下的分子,它具有很大的化学活性。自由基的主要化学特性是具有很高的反应能力,这种能力与自由化合价有关,自由基易与一般的饱和分子起化学反应。

初生表面很高的活性,也与磨碎过程中形成的颗粒表面层的结构变化有关。例如,德姆波斯捷尔等人的研究表明,磨碎的石英表面是由变化了的含结晶硅砂层所组成。阿尔姆斯特朗格观测到磨碎石英颗粒表层的非晶形性,并且某些磨碎破坏的深度约为50~100 μm。在磨碎的石英表面上,非晶形层的厚度达40 nm。

因磨细而产生的颗粒表面层的松散结构,有助于它的反应能力和吸附能力,从而提高了其活化效果。

顺磁共振试验表明,矿料中自由基的浓度随磨碎时间的增长而增大,试验还证明,当沥青与花岗石或石英进行一般的拌和时,只产生矿料与沥青的物理吸附,而在沥青与花岗石或石英一起磨碎的过程中,沥青和矿料之间发生了化学键。

在沥青与矿料一起磨碎的过程中,沥青与矿料表面的相互作用,与沥青和早先磨细的矿料拌和时的相互作用,有着明显的差别,前者化学吸附的沥青量及其随磨碎时间的增长速率均明显高于后者。

4.5 沥青混合料的破坏特性和强度特性

4.5.1 沥青混合料的破坏特性

1. 沥青混合料的破坏模式

对沥青混合料来说,在不同的温度域的破坏模式有很大的不同。在低温温度域,沥青路面的破坏主要是由于温度降低过快,沥青混合料收缩产生的应力来不及松弛而产生积聚,当收缩应力超过破坏强度或破坏应变、破坏劲度模量时而产生开裂。温缩裂缝也可以是反复降温的温度疲劳所致。这是低温破坏模式。在低温温度域,混合料的模量很高,既不会产生高温时常见的车辙流动变形,也不会由于荷载作用产生导致混合料开裂的很大的拉应力。

在常温温度域,沥青混合料的模量既不太高,又不太低,荷载反复作用造成的疲劳破坏成为沥青路面的主要破坏模式。我国目前的沥青路面设计基本上是按照这个破坏模式进行的。

在高温温度域,沥青混合料的劲度模量很低,混合料的破坏模式主要是失去稳定性,产生车辙等流动变形。混合料发生流动的原因可能是车辆交通的水平剪应力超过其抗剪强度所致,也可能是蠕变变形的累积形成,有多种解释。

研究沥青混合料的强度、稳定性、破坏模式等,都必须紧密地与沥青混合料的破坏环境联系分析。如果不注意温度的影响,乱套用混合料的破坏模式,往往出现一些反常的结果。例如对同一种级配沥青混合料,在高温条件下试验,胜利沥青比克拉玛依稠油沥青稀得多,高温稳定性也差得多。但是如果在路面设计温度15 ℃试验时,当采用胜利沥青时,由于沥青混合料较脆,破坏强度较高,而采用质量很好的克拉玛依稠油沥青则由于柔性较好,强度较低,以强度作为设计指标将会得出沥青越脆,由此设计的沥青路面厚度将越薄的反常结果。

一般认为,沥青混合料的破坏模型有三种形式:Ⅰ型破坏(脆性区的破坏);Ⅱ型破坏(过渡区的破坏);Ⅲ型破坏(流动区的破坏)。

Ⅰ型破坏是脆性破坏,应力-应变呈线性关系,当沥青含量较少,低温时沥青混合料是脆性破坏。Ⅲ型破坏是混合料蠕变时表现出来的破坏现象,当沥青含量较多,高温时沥青混合料呈流动状态破坏。

Ⅱ型破坏表现了屈服现象,并有下列特点:抗弯强度-温度曲线具有极大值;临界应变随温度而急剧变化;弯拉强度的变差系数较大;试件断裂面的形状发生改变。常温沥青含量适中的沥青混合料呈现Ⅱ型破坏。归纳所得破坏模式图如图4.10所示。

破坏强度(应力)-温度曲线具有峰值(图4.10(a))。在低于峰值温度的一侧混合料呈现Ⅰ型破坏,在另一侧呈现Ⅲ型破坏,在这一温度附近呈Ⅱ型破坏。称曲线峰值相对应的温度为脆化点,这是区分破坏类型的一个特征点。

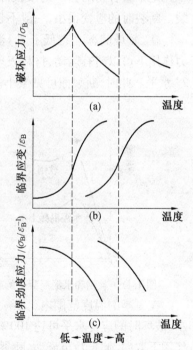

图4.10 破坏模式图

临界应变-温度曲线呈较缓的S形,在低温区及高温区似乎存在着临界应变的"下限"和"上限"(图4.10(b))。该曲线斜率变化点处的温度与破坏强度温度曲线上峰值处的温度相对应。

临界劲度随温度增加而降低,呈"向右下方弯曲状"(图4.10(c))的曲线关系。但是,在以破坏强度温度曲线上峰值处由温度划分的低温区及高温区内,临界劲度-温度曲线的斜率明显不同。在低温区,曲线的斜率较高温区缓和。可以认为,在较缓区内临界劲度接近层状结构理论分析中作为行驶车辆"响应"的材料"弹性模量",而高温区呈黏性流。

破坏强度-温度曲线,临界应变-温度曲线和临界劲度-温度曲线随应变速度及结合料性状的变化,以大致相同的形状平行地沿温度轴左右移动。

2. 沥青混合料的破坏特性

沥青路面在使用过程中将会遇到各种各样的破坏与损伤。在研究这些问题时,一次荷载作用下的强度问题研究是各种破坏问题研究的基础。

在传统的材料强度理论中,通常按照图 4.11 所示的模式,把材料的破坏划分为以软钢为代表的延性破坏和以水泥混凝土为代表的脆性破坏两大类。对于像沥青与沥青混合料这样的黏弹性材料,在不同的温度条件和不同的加载速度条件下,材料的强度特性比较复杂。对于黏弹性材料的破坏特性,有不同的破坏模式分类方法。其中,以相同加载速度下不同温度范围导致不同破坏模式的分类更适合于无定型聚合物的力学与工程研究要求。

如图 4.12 中曲线 a 所示,在"硬玻璃态"(远远低于玻璃态脆化点 T_g)温度范围内,由于无定型聚合物的分子链段被冻结,材料在拉伸时应力迅速增加到最大值,随即发生断裂。断裂时的应变很小,一般不超过 2* 水平。拉伸破断面通常与轴线垂直。

在"软玻璃态"(稍低于 T_g)温度范围内,如图 4.12 中曲线 b 所示,由于分子链段在应力作用下可以略有运动,材料表现为高弹变形,材料的断裂应变较硬玻璃态时略大,可达 2* 水平。此时,断裂面可见微小流动与收缩,破坏仍以脆性为主。

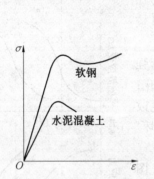

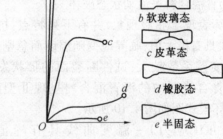

图 4.11　软钢和水泥混凝土的破坏模式　　　　图 4.12　破坏模式分类

在更高的温度范围内(大约为 (T_g+30) ℃),材料的破坏模式如图 4.12 中曲线 c 所示,破坏时的应变水平可达 100%,称为"皮革态"。由于已有链段运动,分子可以在应力作用下取向、伸长乃至流动,断裂面与拉伸轴线成 45°角,破坏具有明显的塑性。

在橡胶弹性状态下(温度>(T_g+30) ℃)的拉伸破坏如图 4.12 中曲线 d 所示,此时链段可以自由运动,破坏时的应变可达 1 000%。只有在拉伸速度较高且伴随有结晶现象时,断裂面才有可能与应力方向垂直。

当温度继续升高而接近流动温度 T_f 时,材料表现为半固体,其破坏曲线和形态如图 4.12 中曲线 e 所示。

对于沥青路面工程中使用的沥青混合料,在开放交通后其遭遇的温度范围大约为 60~30 ℃左右,试验研究工作中没有必要、因而也很少使用上述的分类方法。通常把沥青混合料的破坏形态分成如下三类:

如图 4.13(a)所示,在较低的温度区域内,沥青混合料具有明显的脆性破坏特征,破坏时的应变为 1^* 量级。在较高的温度区域内,沥青混合料的破坏具有明显的流动特征,破坏应变可达 2^* 量级。由于材料通常不发生断裂,我们形式地把最大应力定为材料强度如图 4.13(c)所示。沥青混合料的破坏模式由脆性向流动的过渡不是突变的,而是逐渐的过渡区破坏模式被称为转移区破坏。

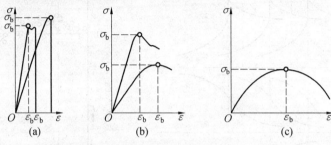

图 4.13　沥青混合料的破坏模式

为了更好地说明沥青混合料破坏模式与温度的关系,在图 4.14 中给出了破坏强度 σ_b、破坏时的应变 ε_b 和破坏时的割线模量 S_b 与温度的关系。如图所示,在低温区,破坏强度趋于恒定值,破坏应变较小,破坏时的模量大。在高温区,随着温度增加,强度迅速降低,破坏应变急剧增加,破坏时的模量也迅速减小。在两个区域相交处,破坏强度达到最大值,破坏应变-温度曲线和破坏模量-温度曲线在这一温度处具有变曲点。我们称这样的温度为沥青混合料破坏模式的脆化点,通常简称为脆化点并记为 T_b。在上述沥青混合料破坏模式的分析中,可以采用温度对于胶结料沥青中高分子链段运动特性的影响来加以解说。为了更好地研究影响其破坏模式的其他因素,采用能量平衡理论可能更加方便。

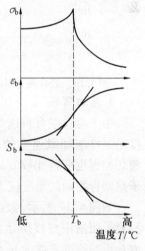

图 4.14　破坏特性与温度

沥青混合料这样的黏弹性材料的破坏,事实上是一个能量平衡的过程。在破坏过程中,外力所做的应力功一部分被作为弹性应变能贮存,一部分伴随流动变形作为热能被消耗,当材料产生微小裂缝时,还有一部分能量被消耗于产生新表面所需要的表面能。当弹性应变能累积到一定程度并超过材料的容许极限时,材料将发生断裂,积蓄的能量消耗于新表面的形成。当黏性流动变形具有较高比例时,应力功主要转化成热能。

在沥青混合料破坏特性的研究中,通常使用一定应变速度的测试方法。假定材料在达到一定应变水平时破坏,那么,较高的应变速率代表较短的加载时间,材料将发生脆性破坏;较低的应变速率对应较长的加载时间,材料呈现流动变形破坏。因此,加载速度也是决定沥青混合料破坏模式的因素。在图 4.15 中给出了一种沥青混合料在不同加载速率和不同温度条件下测定得到的小梁弯曲破坏试验结果。

对于沥青混合料这样的黏弹性材料,也可以根据经验使用时间-温度换算法则来处理它们的破坏特性。例如,在图 4.15 中,变形速率每降低一个量级,所有的破坏特性曲线

(强度、破坏应变和破坏时的模量)都可以向低温区平行移动 6~7 ℃。使用最多的处理方式是图 4.16 所示的破坏包络线,由于 σ_b 和 ε_b 同为温度和变形速率(或时间)的函数,利用时间-温度换算法则,消去中间变量即可直接得到 σ_b 和 ε_b 的关系曲线。在这样的破坏包络线上,也可以包括疲劳破坏的试验结果。

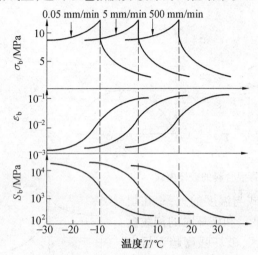

图 4.15 沥青混合料的小梁弯曲破坏试验结果

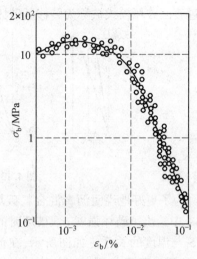

图 4.16 沥青混合料的破坏包络线

3. 应力累积

由于沥青混合料这类黏弹性材料的破坏强度是温度与加载速度的函数,因此沥青路面的破坏判据也变得比较复杂。其中一个特别的例子是沥青路面的温度应力破坏。

如图 4.17 所示,假定降温时沥青路面内的温度按照图中虚线所示的直线方式下降,沥青混合料的收缩系数为 α,温度每下降 ΔT,沥青路面单元内应该产生的应变 $\varepsilon = \alpha \Delta T$。由于相邻材料单元的约束作用,沥青面层材料不能自由收缩,产生的松弛应力为

$$\sigma(t) = E_r(t)\varepsilon = \alpha E_r(t) \Delta T \quad (4.7)$$

为论述方便,将连续过程离散为图 4.17 所示的时间序列 t_i,则对应产生的应变序列和温度序列为 $\varepsilon_1, \varepsilon_2, \cdots, \varepsilon_{n-2}, \varepsilon_{n-1}, \varepsilon_n$ 和 $T_1, T_2, \cdots, T_{n-2}, T_{n-1}, T_n$,相应的应力增量序列为

$$\sigma_1, \sigma_2, \cdots, \sigma_{n-2}, \sigma_{n-1}, \sigma_n$$

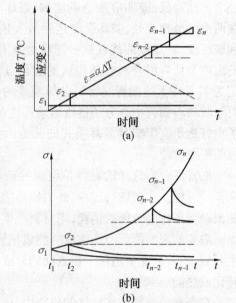

图 4.17 降温过程中的温度应力累积

在时刻 t,各应力增量经历的时间序列为 $t - t_i$,对应的松弛弹性模量可以记为 $E_r(T_{i,t-t_i})$,因此,按照线性叠加原理,时刻 t 的累积温度应力为

$$\sigma(t) = \sum n_{i-1} \varepsilon_i E_r(T_{i,t-t_i}) \quad (4.8)$$

令 $n \to \infty$，得到积分

$$\sigma(t) = \int t_0 \, E_r(T_{i,t-t_i}) \, \mathrm{d}\varepsilon(i) \tag{4.9}$$

当累积的温度应力 $\sigma(t)$ 超过材料的破坏强度时，沥青路面产生开裂。

应该注意，在式（4.10）中，松弛弹性模量 $E_r(T_{i,t-t_i})$ 不仅是时间的函数，也是温度的函数。同时，由于破坏强度 σ_b 也是时间和温度的函数，尽管仍可采用经典材料力学中的各种破坏判据，如应力判据：

$$\sigma \geq \sigma_b$$

但由于等式两端都是依赖于时间 t 和温度 T 的变量，问题将变得比较复杂。

尽管如此，由于这样的技术方法最接近沥青路面的实际开裂过程，许多研究机构采用室内模拟的办法进行沥青混合料温度应力试验来判断材料的低温抗裂性能（图4.18）。美国 SHRP 研究计划即采用了这样的温度应力试验（The Thermal Stress Restrained Specimen Test，STRST）方法来评价沥青混合料的低温特性。

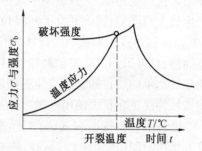

图 4.18　沥青路面低温开裂模式

4.5.2　沥青混合料的强度特性

1. 剪切强度

对于沥青混合料的剪切强度各国都做过大量工作，这不仅因为沥青路面的推移、壅包、车辙等是剪切变形的结果，还由于摩尔-库仑公式反映了沥青混合料的强度是由混合料内部的黏聚力和内摩阻力所构成，从而揭示了原材料、混合料组成结构及混合料强度之间的直接联系，有利于材料组成设计。但是，由于沥青混合料，特别是在高温情况下，其力学性质的复杂，常使抗剪强度理论的应用处于半理论、半经验的状态。加上高等级公路对沥青面层材料的高标准要求，因而对剪切强度验算的重视程度有所下降。

一般根据沥青结构层的三向应力状态，采用三轴试验方法，其剪切强度（τ）的特性符合摩尔-库仑公式 $\tau = c + \sigma \tan \varphi$，但方法不同，取值不同，黏聚力（$c$）与内摩阻角（$\varphi$）的数值也不同。数值的绝对值相差并不多，但其间缺乏固定的联系，并自成体系。归纳起来，主要有三个流派：①极限标准：如我国城市道路设计规范；②屈服标准：如史密斯法；③黏性流理论：如尼契卡峰。

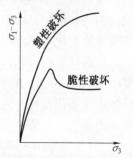

图 4.19　三轴应力的应力-应变曲线

同样的物体，在三轴应力状态下，随 σ_3 的增大，材料由脆性破坏过渡为塑性破坏，呈现出不同的力学特性（图4.19），与材料的强度有关。存在一个由脆性过渡到塑性的破坏临界值，该值的大小与材料强度有关。

2. 断裂强度

断裂强度主要用于分析随气温下降时沥青面层收缩因受两端限制以及与下层层间摩阻约束而转化为收缩应力,当应力超过强度时所造成的缩裂问题,也有用于分析车辆紧急制动时,车轮后侧路表受到径向拉应力,当应力超过混合料抗拉强度时所造成的拉裂问题等。

沥青混合料的断裂强度,可由直接拉伸或间接拉伸(劈裂)试验确定。拉伸强度的规律与弯拉强度相似,但数值偏小。由于直接拉伸试验易于偏心,会对数值较小的拉伸强度产生较大的误差,因此开发了间接拉伸试验。直接拉伸采用长度为直径或边长的 2.5～3.0 倍的圆形或矩形截面的试件,间接拉伸采用长度只是直径一半的圆柱体试件,因之成型简便,且可采用钻孔路面取样;间接拉伸试件在切向受拉应力的同时径向受压,其受力状态较之单向受拉的直接拉伸更接近于层状体系的实际;随着侧向位移测量精度的提高,间接拉伸法正在扩大使用范围。

沥青混合料的断裂强度,同样是温度和加荷时间(或速率)的函数,随着温度的下降与加荷速率增大而提高(图 4.20)。当温度继续下降时,强度还会略有下降,因拉伸强度与温度曲线存在一个峰值,其大小与加荷速率有关。

对密级配沥青混合料,断裂强度随集料级配细度的增大而增大,且在某一最佳粉胶比时断裂强度最高。

沥青混合料的断裂强度一般在 3.5～10.0 MPa,断裂时的应变量约为 $(1\ 000 \sim 2\ 000) \times 10^{-6}$。

3. 临界应变

临界应变和强度一样是材料组成结构的特征值,并随温度和加荷时间而有规律地变化。

弯曲试验时,沥青混合料的临界应变值因温度不同而在很大范围内变化。

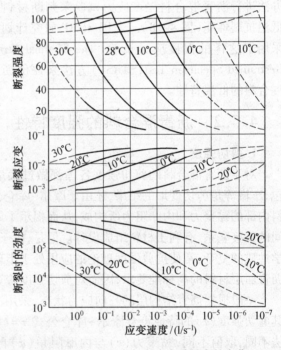

图 4.20 断裂强度与应速度随温度的变化

临界应变不仅在每一温度与加载条件下有足够灵敏度的变化,而且对应每一破坏现象都有一个典型的数值。不论弯曲还是压缩,在不同荷载速度下,沥青砂在流动破坏区的临界应变,有收敛于 $(6 \sim 10) \times 10^{-2}$ 左右的趋势;而在脆性破坏区临界应变范围更窄,约为 $(1 \sim 5) \times 10^{-3}$。

大量疲劳试验表明,当疲劳寿命为 $10^2 \sim 10^7$ 时,应变水平相应为 $10^{-3} \sim 10^{-5}$。满足一般使用年限要求时,应变水平约为 10^{-4} 级。当应变水平小于 10^{-5} 时,大致达到耐久极限应变,即承受行车荷载重复作用而不至于产生疲劳破坏。

综上所述,对应于不同的破坏现象存在一个临界应变典型的数值(表4.7)。临界应变的这一特点对于路面结构的评价、开裂现象的分析都有重要的意义。

表 4.7 临界应变水平

工作区域	临界应变[①]	破坏形式	备注
延性区域	10^{-1} 10^{-2}	具有延伸(展)性的区域(搓揉 作用)伴随流动的破坏区域	具有动的 交通载荷
过渡区域	$(3\sim6)\times10^{-3}$[②]		脆化点
脆性区域	10^{-3} 10^{-4} 10^{-5} $<10^{-5}$	脆性破坏区域 疲劳破坏区域 无疲劳破坏发生的区域	具有动的 交通载荷

注:①对于道路经常出现的破坏;
　　②对于过渡区域仅表示成一个水平

4.5.3 提高沥青与矿料黏附性的措施

提高沥青混合料的强度包括两个方面:一是提高矿质骨料之间的嵌挤力与内摩阻力;二是提高沥青与矿料之间的黏结力。

为了提高沥青混合料的嵌挤力和内摩阻力,要选用表面粗糙、形状方正、有棱角的矿料,并适当增加矿料的粗度。此外,合理地选择混合料的结构类型和组成设计,对提高沥青混合料的强度也具有重要的作用。当然,混合料的结构类型和组成设计还必须根据稳定性方面的要求,结合沥青材料的性质和当地自然条件加以权衡确定。

提高沥青混合料的黏聚力可以采取下列措施:改善矿料的级配组成,以提高其压实后的密实度;增加矿粉含量;采用稠度较高的沥青;改善沥青与矿料的物理-化学性质及其相互作用过程。

改善沥青和矿料的物理-化学性质及其相互作用过程可以通过以下三个途径:
①调整沥青的组分,往沥青中掺加表面活性物质或其他添加剂等方法;
②采用表面活性添加剂使矿料表面憎水的方法;
③对沥青和矿料的物理-化学性质同时作用的方法。

下面着重从往沥青中掺加表面活性物质和改善矿料表面性质,以及改善沥青与矿料之间的相互作用两个方面加以论述。

1. 表面活性物质及其作用原理

表面活性物质是一种能降低表面张力且相应地吸附在该表面层的物质。表面活性物质大都具有两亲性质,由极性(亲水的)基团和非极性基团两部分组成。极性基团带有偶极矩,且激烈地表现力场,属于此类基的有羟基、羧基和氨基等。极性基有水合作用能力,是亲水的、可溶的,且强烈地表现化合价力。非极性基是由具有弱化合价力和偶极矩接近于零的碳氢链或芳香族链所组成的分子钝化部分,是憎水性的。

表面活性物质吸附在两相界面上时,形成定向分子层。此时,分子的极性基团定向于极性较大的矿料表面,而烃基却朝向外面。由于朝向外面的烃链很大,致使矿料表面(大多数是亲水的)产生憎水性。同时,当表面活性物质的极性基团与矿料表面上的吸附中心产生化学键时,憎水效果就会大大增加。使用与该种矿物材料有化学亲和力的表面活性物质,就能达到这个目的。因此,相界面上表面活性物质分子的定向层,改变了表面的分子性质和相互接触相界的反应条件。表面活性物质的作用效果,随烃链的长度增大而增大。

采用表面活性物质达到的沥青与矿料表面黏结力的改善,极大地提高了沥青路面的耐侵蚀性,并且有助于扩大所用矿料的品种。

表面活性物质按其化学性质,可以分为离子型和非离子型两大类。离子型表面活性物质,又可分为阴离子型活性和阳离子型活性两种基本形式。阴离子型表面活性物质在水中离解时,形成带负电荷的表面活性离子(阴离子);阳离子型表面活性物质是带正电荷的离子(阳离子)。因此,在阴离子型表面活性物质中,分子的烃基包含在阴离子组分内;而在阳离子型表面活性物质中,分子的烃基包含在阳离子组分内。高羧酸、高羧酸重金属盐和碱土金属的盐类(皂),以及高酚物质等,是阴离子型表面活性物质的典型代表。高脂肪胺盐、季铵盐等是典型的阳离子型表面活性物质。

为了改善沥青与碳酸盐矿料和碱性矿料(石灰石、白云石、玄武岩、辉绿岩等)的黏结力,可使用阴离子型表面活性物质。在这类矿料表面上,可形成不溶于水的化合物(如羧酸钙皂),有助于加强与沥青的黏结。当使用酸性矿料(石英、花岗岩、正长岩、粗面岩等)时,可采用阳离子型表面活性物质来改善其与沥青的黏结。

煤块、木柴、页岩、泥灰石等固体燃料的树脂中,含有阴离子型的表面活性物质(有机酸和有机碱)。

当前,生产中常使用的阴离子型工业产品及其副产品有:油萃取工厂的棉子树脂(棉籽渣油)、合成脂肪酸的蒸馏釜残渣、次级脂肪渣油(生产肥皂的副产品)、炼油厂生产的氧化石蜡油等。含羧酸铁盐的表面活性产品得到了某些发展。这种产品是用上述一种物质(如棉子油渣、蒸馏釜残渣等)与氯化铁水溶液和增塑剂聚合而成的。

表面活性物质掺入沥青混合料的方法有两种:掺入沥青中或洒在矿料表面上。第一种方法无疑在操作上比较方便,也可以直接在炼油厂将表面活性物质注入沥青中;将表面活性物质掺到矿料表面上,虽然工艺比较繁琐,可是它是一种有效的方法。

2. 矿料表面的活化

许多研究表明,在往沥青中掺加表面活性物质的同时,用表面活性添加剂使矿料表面活化,对提高沥青混合料的强度可望获得更好的效果。

用各种矿物盐类(钙盐、铁盐、铜盐、铅盐等)以及石灰、水泥等电解质水溶液活化矿料表面,是以吸附理论和吸附层中的离子交换为基础的。由于多价阳离子吸附在未补偿阴离子的矿料表面,或者在表面层的一价阳离子与多价阳离子交换的结果,减小了亲水性,而改善了其与沥青之间相互作用的特性,为形成不溶于水的化合物的化学吸附创造了更好的条件。

通常,矿料表面的改性处理有三个目的:①改进矿料与沥青间相互作用的条件;②改善吸附层中的沥青性质;③扩大矿料的使用品种和改善其性质。

特别值得注意的是,预先物理-化学活化是能最有效地利用表面活性添加料的一种方法。实践证明,产生新表面的时刻是进行化学改性的最好时机,因为这时可以利用只有初生的表面才具有的特殊能态。这种特殊的能态会强烈地激发表面的反应能力，有助于与各种改性的活化剂起相互反应。这种反应在一般的材料加工条件下是有可能发生的。

利用初生表面所产生的效果与处理丧失了原有潜能的旧表面所得到的效果是无法比拟的。新表面的高度活性没有及时而合理地利用时，也会引起相反的效果。这是因为初生表面不论怎样总要吸附各种物质，其中也包括影响以后与沥青相互作用的物质。

利用初生表面的使用效果证明，促使材料颗粒产生新表面在经济上是划算的，因为矿物材料任何的破碎或磨细过程，都需要消耗很多能量，所以适宜于同时对制得产品作相应的物理-化学处理（活化）。

矿物材料按上述工艺进行物理-化学活化时，伴随力学-化学过程而发生的最主要作用是：由于化合链的断开产生顺磁中心（自由基）以及磨碎过程中形成的矿料表面层结构的变化。自由基具有非常大的活性，易与其他物质的普通分子起化学反应。

表面层结构的变化也促进初生表面反应能力的提高。研究表明，预先物理-化学活化作用能从根本上改变矿料和用它拌制的沥青混合料的性质。

矿粉的活化工艺是考虑用它使沥青能在矿料上形成高度结聚的沥青最初接触层，它会改变矿粉和用它拌制的沥青混合料的性质。为使沥青容易分布，提高矿料的磨细和用沥青活化处理的效果，可以掺入适量的表面活性物质。

活化矿粉对沥青混凝土性质的影响表现在以下几个方面：加强沥青与矿粉的结构分散作用；提高沥青混凝土的密实度，降低透水性；延缓沥青混凝土的老化过程，提高抗水性和抗冻性，因而从本质上改善沥青混凝土的耐久性这一最重要的使用性质。

砂子的活化工艺是考虑用适当的活化剂来改变颗粒表面的性质。活化剂与初生表面接触，也是产生良好相互作用的条件。改善石英砂性质的一种最有效的方法，是在砂粒新表面裸露的状况下，对它进行物理-化学活化处理。研究表明，熟石灰可用来作为活化剂，它能与石英砂的初生表面相互作用而使砂粒改性，新表面强烈地吸附熟石灰，此时产生的链合是最强的。这种改性处理根本改变了颗粒表面的吸附性质和颗粒与沥青相互作用的状况。应指出的是，这里谈到的并不是砂的细磨，而只是使用机械力击出颗粒的新表面，并使它容易与活化剂接触。颗粒的表面改性后，砂子变为沥青混凝土结构形成的活性组分。在改性后的砂粒表面上发生强烈的结构形成过程，加强了砂与沥青的接触，从而增强了沥青混凝土的结构强度。试验表明，在磨碎过程中，硅砂与石灰相互作用，在砂粒表面能形成活性的含水硅酸钙，用沥青处治时，在砂粒的活化表面上形成钙皂，使沥青吸附层得到加强。根据上述改性的砂粒表面对沥青产生很大影响的机理，可以认为，在含活化砂的沥青混凝土中，可以使用阴离子表面活性物质浓缩的沥青来促进结构形成过程。

实践证明，用活化砂拌制的沥青混凝土，具有很高的强度、耐热性、抗水性和抗冻性。由于这种沥青混凝土的强度较高，因此可以少许降低沥青的黏稠度，以提高其低温抗裂性能。

试验表明，碎石初生表面的形成，可以在水电破碎过程中进行，由于在液体中发生高压的火花放电，液体中产生冲击波和空蚀过程，这种现象属于"水电效应"概念。破碎岩石是利用这种效应的一个可能的领域，这种破碎方法的特点是：可以得到立方体的碎石；完全没有粉尘；水电破碎机磨损小；可以控制碎石的级配在一定范围内等。

破碎过程有可能用有机结合料处理所形成的产品,或使该过程与其物理-化学活化结合在一起进行,在这种情况下,应更换进行破碎过程所用的液相——用沥青乳浊液、表面活性物质的水溶液来取代水。使用沥青乳液作为液相,能立即得到黑色碎石。当使用表面活性物质的水溶液时,能有效地使矿质颗粒表面改性,使初生表面固有的高度化学活性得到最大限度的利用。

试验表明,水电破碎过程中,用沥青处理的材料比一般条件下用乳液处理的同样材料的黏结力要大得多。

活化材料的采用,提供了强化沥青混合料结构形成过程的可能性。此时,可使一部分沥青用于矿料的预先处理,而另一些沥青用来拌制沥青混合料。许多场合(特别是温、冷沥青混凝土混合料)适宜于采用黏稠度较高的沥青来活化矿粉,而用黏稠度较低的沥青来拌制沥青混凝土混合料,在使用乳化沥青拌制的沥青混凝土中,活化矿料对结构的形成起着重要的作用。

4.6 沥青混合料的黏弹性特性

黏弹性材料力学性能的基本特征表现在以下几个方面:

①应力-应变关系的曲线性及其不可逆性。这类材料不像金属材料具有明显的屈服点(弹性极限)。

②对加载速度(时间效应)和试验温度(温度效应)的依赖性,并服从时间温度换算法则。

③具有十分明显的蠕变与应力松弛特性。

④对于线黏弹性材料,则服从 Boltzmann 线性叠加原理和复数模量(Complex Modulus)原理。

在常温下通过对沥青混合料加卸载并反向加载后的典型应力-应变曲线如图 4.21 所示。

任意一点的切线模量定义为 $E(t) = d\sigma(t)/d\varepsilon(t)$,是时间 t 的函数。通过对切线模量的分析可以发现,黏弹性材料的 σ-ε 曲线具有以下三个区域。

弹性区域:在加荷初期的极短时间内,应变值($\varepsilon < 10^{-4}$)较小,切线模量 $E(t)$ 约为常数,应力-应变具有线性比例关系,材料基本上处于弹性工作状态,如图 4.22 中 OA 段。

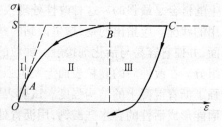

图 4.21 常温下沥青混合料的应力-应变曲线

Ⅰ—弹性区域;Ⅱ—黏弹性区域;Ⅲ—黏塑性区域

黏弹性区域:随着加载时间的增长,切线模量不再为常数,而是逐渐变小,且减少的速度逐渐加快,σ-ε 具有曲线特征,如图 4.21 中 AB 段。

黏塑性区域:当加载时间继续延长超过图中 B 点后,应力不再增加,此时切线模量 $E(t) = 0$,σ-ε 曲线呈水平直线,如图 4.21 中 BC 段,材料发生塑性流动,且应力极限值与加载速度有关,在 C 点卸载后会产生较大的永久变形,材料表现为一种塑性性质。

黏弹性材料的力学特性对时间(t)与温度(T)的依赖性具有如图 4.22 所示的关系,当试验温度一定时,给定不同的加载条件 $\varepsilon(t)=\sigma_{it}$,达到相同的应变水平时,其响应表现为应力随加载速度的加快或加载时间的缩短而增大。当加载速度一定时,给定不同的试验温度,则相同时间内达到同样的应变水平时,黏弹性材料响应的应力水平随温度的升高而降低。事实上,试验温度的升高相当于慢速加载,试验温度的降低相当于快速加载,黏弹性材料的这种特性称为时间-温度换算法则。

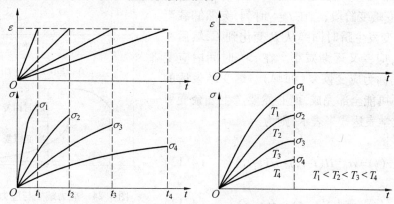

图 4.22　时间与温度对黏弹性材料的响应影响

沥青混合料的黏弹性通常采用蠕变试验、应力松弛试验、等应变速率试验和动态试验测定,荷载类型及其响应如图 4.23 所示。

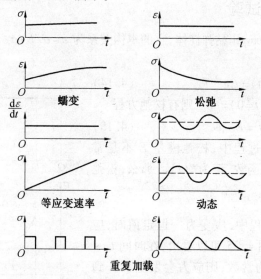

图 4.23　黏弹性材料的受力图

4.6.1　蠕变试验

蠕变试验宜采用 Kelvin 模型,其本构关系为 $\sigma=E\varepsilon+\eta\dot{\varepsilon}$,当 $t=0$,加载 $\sigma(t)=\sigma_0$(常数)时,则上式有通解:

$$E(t) = \sigma_0 / E(1 - e^{-E/\eta t}) \tag{4.10}$$

利用边界条件,在时间 $t=t_0$ 时撤去应力,则有蠕变方程

$$\varepsilon(t=t_0) = \varepsilon_0 \, e^{-E/\eta t} \tag{4.11}$$

蠕变是当应力为一恒定值时,应变随时间增加的现象。如图 4.24 所示,在时间 $t_0 \sim t_1$ 内,给定应力 $\sigma = \sigma_0$ 为常数,则应变会发生从 A 到 B 增大的变化,即为应变蠕变阶段;当在 $t=t_1$ 时刻,突然卸载至 $\sigma = 0$ 时,应变发生瞬时回弹从 B 变化到 C,然后在 $t > t_1$ 时间里,应变又逐渐减小。在 $t > t_1$ 时间内应变发生的变化称为应变恢复(回弹)。蠕变结束后的应变恢复不可能全部完成,而必然要产生残余变形 ε_e。如用数学表达式来表示,则为

加载

$$\sigma(t) = \sigma_0 [H(t-t_0) - H(t-t_1)] \tag{4.12}$$

响应

$$\varepsilon(t) = \sigma_0 [J(t_0, t) - J(t_1, t)] \tag{4.13}$$

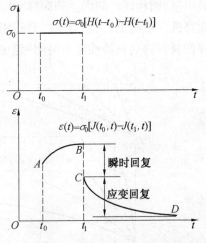

图 4.24 应力蠕变与应力恢复

式中,H 为 Heaviside 函数,当 $t > t_1$ 和 $t < t_0$ 时,$H = 0$,当 $t_0 \leq t \leq t_1$ 时,$H = 1$;J 为蠕变柔量,即劲度模量的倒数,视具体流变模型而定。

4.6.2 松弛试验

松弛试验对于 Maxwell 黏弹性体,它的本构关系为 $\dot{\varepsilon} = \dot{\sigma}/E + \sigma/\eta$,当加载 $\varepsilon(t) = \varepsilon_0$(常数)时,则上式有通解

$$\sigma(t) = C e^{-E/\eta t} \tag{4.14}$$

利用边界条件 $\sigma(t=0) = \varepsilon_0$,则有松弛方程

$$\sigma(t) = E \varepsilon_0 e^{-E/\eta t} \tag{4.15}$$

在应力松弛试验过程中,松弛模量 E 不是常数,它是松弛时间 t 的函数,记为 $E(t)$。那么,松弛函数 $R(t) = \int_0^\infty E(t) \, \varepsilon_0 \, e^{-E/\eta t} \, dt$。

应力松弛试验过程中,应变为一恒定值时,应力随时间而衰减,由图 4.25 可以看出,在时间 $t_0 \sim t_1$ 内,给定应变 $\varepsilon = \varepsilon_0$ 为常数,则应力会发生从 A 到 B 的衰减变化,称为应力松弛。当 $t = t_1$ 时刻,应变突然卸载到 $\varepsilon = 0$,则应力瞬时变化到 C,然后在 $t > t_1$ 时间内,应力逐渐减小至 $\sigma \to 0$。在 $t > t_1$ 时间内应力的这种变化称为应力消除。应力松弛与应力消除的数学表达式为

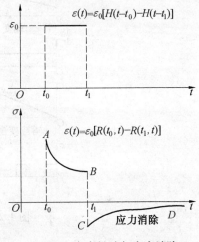

图 4.25 应力松弛与应力消除

加载

$$\varepsilon(t) = \varepsilon_0 [H(t-t_0) - H(t-t_1)] \tag{4.16}$$

响应

$$\sigma(t) = \varepsilon_0 [R(t_0,t) - R(t_1,t)] \quad (4.17)$$

式中，H 为 Heaviside 函数，同前；R 为松弛函数，视具体流变模型而定。

研究表明，对于沥青混合料，材料的应力松弛服从幂指数衰减函数。而应变蠕变的变化规律按蠕变现象可以分为蠕变迁移、蠕变稳定和蠕变破坏三个阶段(图 4.26)；按蠕变速度又可分为瞬时蠕变、等速蠕变和加速蠕变三个阶段。蠕变稳定或等速蠕变的 $E(t)$ 函数为一直线，该过程占蠕变总过程的主要部分，这个阶段可用直线函数 $\varepsilon(t) = at+b$ 来表示。

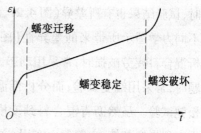

图 4.26　沥青混合料蠕变规律

4.6.3　等应变速度试验

在固定的应变速度下求得应力-应变曲线，然后计算曲线的切线斜率即可得到松弛弹性模量($E_r(t)$，为时间 t 的函数)。该试验要求使用能够完全控制变形速度的试验机，在几种应变速度下进行试验。等应变速度试验同样适合于拉伸、压缩、弯曲等不同力学图示，计算式为

$$E_r(t) = d\sigma/d\varepsilon = \frac{1}{\varepsilon} \times \sigma d\sigma dt \quad (4.18)$$

沥青混合料的应力-应变关系并不总是直线关系，在时间长、温度高时常常表现为曲线关系。因而，应力-应变关系不仅可以用 σ/ε 表达，也可用应力-应变曲线的切线斜率来表示。按曲线斜率计算得到的是松弛模量，按割线得到的是劲度模量。

4.6.4　动载试验

对试件施加正弦波荷载，对于黏弹体所测定的应变也是一个正弦波，但存在一个相位差 φ，复数(弹性)模量即是两个最大幅值之比，即

$$E(\omega) = [E^*] = \sigma_0/\varepsilon_0 \quad (4.19)$$

用黏弹性理论研究沥青混合料的模量应遵循以下基本原则：
①沥青混合料兼具胡克弹性与牛顿黏性的双重性质；
②沥青混合料的力学性质均应作为温度与时间的函数考虑；
③将沥青混合料的性质作为"某一条件的响应"是比较合理的，宜将其描述为仅在某一条件下才具有的性质。

基于上述原则，在较宽的温度及时间区域中考查混合料的力学性质，则其变化是极有规律的，这种规律性可以用黏弹性理论加以表达，作为温度与时间的函数加以分析。因为沥青路面工作在时间与温度都极宽的范围内，如果不是同时采用数种试验方法的话，就很难把希望考查的区域全部包括进去。例如，在讨论混合料分散荷载能力及变形特性时，采用复数(弹性)模量、松弛(弹性)模量是方便的，而在讨论流动变形及施工性能时，采用松弛弹性模量、蠕变柔量、体黏滞系数比较方便。

事实上同一种混合料，在同样的时温区段，采用同样的力学图示，但当试验方法不同

时,试验结果也有所差异(图4.27,图4.28),更不用说不同力学图示所带来的差异性(图4.29)。因此在分析混合料疲劳破损时,常采用动态试验;在解决车辙问题时,常采用蠕变试验;而分析低温开裂,则采用应力松弛试验。虽然沥青混合料劲度模量比较粗略,但作为工程指标却统一、简便而实用,这也就是目前在工程上广泛应用的原因。同时沥青混合料的黏弹性在很大程度上取决于沥青的黏弹性。

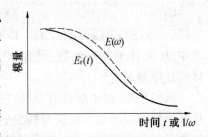

图 4.27 复数模量 $E(\omega)$ 与松弛模量 $E_r(t)$ 比较

$1/\omega$ 表示每转 1 rad 所需的时间

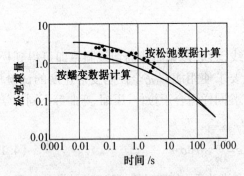

图 4.28 两种方法计算得到的松弛模量

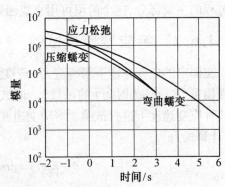

图 4.29 弯曲与压缩(5°)下模量的比较

4.7 沥青混合料的劲度特性

4.7.1 沥青混合料的变形特性

道路沥青路面,尤其是在半刚性基层上的沥青面层、桥面沥青铺装,在使用过程中所出现的车辙、推挤等永久变形,主要是由于沥青层本身强度和稳定性不足引起的。如果假设沥青混合料中的矿质集料是不可变形的刚性材料,那么,沥青混合料的变形则是由于矿质颗粒之间的沥青膜在外力作用下产生了剪切变形,以致引起集料颗粒发生相对位移的结果。因此,沥青混合料的变形性质与其结合料的性质有密切关系。

沥青混合料是典型的黏弹性材料,由一定级配和适量沥青拌和而成的沥青混合料,虽然所含的沥青仅占百分之几,但是沥青混合料的黏弹性受沥青的影响。它与沥青材料的变形特性一样,沥青混合料在外力作用下的变形不仅与荷载的大小、荷载的作用时间有关,而且受温度的影响极大,完全表现为黏弹性性质。

设对沥青混合料施加一荷载,以观察其变形过程(图4.30)。当沥青混合料受到荷载的瞬时,立即就会出现瞬时弹性变形 OA。随后应变不断增加,但在 AB 段应变随时间的增长率 $d\varepsilon/dt$ 逐渐减小,AB 段表现了沥青混合料的黏弹性性质,其变形也称之为黏弹性变形。BC 段应变随时间的增长率 $d\varepsilon/dt$ 几乎为常数,沥青混合料表现为黏性流动,也是混合料蠕变的主要阶段。CD 段的应变速率 $d\varepsilon/dt$ 急剧增大,材料即将破坏。

如果荷载在沥青混合料的黏弹性阶段的 S 处卸除，则沥青混合料立即出现弹性恢复 SP，SP 称之为回弹变形。之后沥青混合料的变形逐渐恢复至 Q，尽管时间再延长，但始终残留着变形 α，PQ 段的变形恢复为迟缓弹性恢复，也称弹性后效，这一段无黏性流动，α 为塑性变形，$\alpha = OA - SP$。

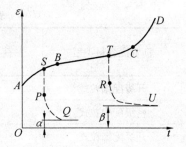

图 4.30 沥青混合料蠕变曲线

如果荷载从沥青混合料产生黏性流动的 T 处卸除，同样有瞬时弹性恢复 TR 和滞后弹性恢复 RU，以及残留变形 β。由于在 BC 段是黏性流动，所产生的变形不能恢复，黏性流动变形等于 $OA - TR$，所以 β 等于塑性变形加黏性流动变形。

由此可见，沥青混合料的变形随荷载作用时间的长短而不同，因而在研究其变形性质时必须说明变形所处的时间。另一方面，沥青混合料的变形随温度的变化而变化。高温时其弹性效应降低，黏性性质增强；相反，低温时沥青混合料刚度增大，弹性效应明显，黏性性质减弱。故评价沥青混合料的力学性质还必须说明其所处的温度。

范・德・波尔引入劲度的概念来描述沥青混合料的力学性质：

$$S(t,T) = \sigma / [\varepsilon(t,T)] \qquad (4.20)$$

式中，$S(t,T)$ 为荷载作用时间 t 和温度 T 条件下沥青混合料的模量，称为劲度模量，也简称劲度；σ 为荷载应力；$\varepsilon(t,T)$ 为沥青混合料在荷载作用时间 t 和温度 T 时的应变。

劲度的表达式虽然同样是应力与应变的比值，在形式上与弹性胡克定律一样，但它是在特定的温度和时间条件的应力与应变的关系，它说明了材料的黏弹性性质，因而劲度模量的概念得到了普遍的认可。

有时为方便应用，用劲度模量倒数的表达方式，称其为柔量：

$$J(t,T) = \varepsilon(t) / \sigma_0 \qquad (4.21)$$

4.7.2 沥青混合料劲度模量的影响因素

1. 温度影响

温度对沥青混合料劲度模量有显著影响。表 4.8 是采用丙脱 60 号沥青制备成两种沥青混合料，在不同温度下进行静载蠕变试验，加载不同时间所得到的沥青混合料劲度模量。在同样荷载作用时间下，沥青混合料随着温度升高，劲度模量降低。显然，由于不同品种的沥青对温度的敏感性不同，因此，沥青混合料劲度模量随温度而变化的程度就与沥青温度的敏感性有密切关系。

表 4.8　不同温度下的劲度模量

沥青混合料类型	荷载作用时间/s	蠕变劲度模量/MPa			
		20 ℃	35 ℃	50 ℃	60 ℃
开级配细粒式	0.02	648	493	127	101
密级配中粒式	0.02	834	600	164	164
开级配细粒式	3 600	112	66	44	43
密级配中粒式	3 600	117	72	49	49

2. 荷载作用时间的影响

由于沥青材料的黏弹性性质,在同样的温度下,如果荷载作用的时间不同,沥青混合料还表现出不同的劲度特性。同样由表 4.6 可以看出,加载 0.02 s 的劲度模量比加载 3 600 s 的大得多。这是因为荷载作用时间长,沥青混合料因黏性流动所产生的变形就大,结果表现为较低的劲度模量;反之,荷载作用时间短,沥青混合料黏性流动变形很小,而呈现较高的弹性性质,其劲度模量则大。

3. 荷载大小与方向的影响

当施加较小的荷载所产生应变小于 10^{-3} 时,沥青混合料的劲度模量与应力的大小无关。实际上在应力较小的情况下,沥青混合料是处于弹性状态,应力与应变的比值即模量为常数。在这种情况下,劲度模量也与荷载作用的方向没有关系。但是当施加较大的荷载时,情况则有所不同,沥青混合料的劲度模量则较低。这是因为在大的荷载下,沥青混合料的塑性变形明显表现出来,与此同时,不同受力方向的劲度模量在数值上也有较大的差别,例如,沥青混合料的抗压回弹模量一般都大于弯拉模量和劈裂模量。

4. 荷载状态的影响

车辆在道路上行驶时,沥青路面受到车轮荷载的动力作用。对沥青混合料施加静载和动载所测得的劲度模量是不同的,这是因为动态荷载比静态荷载可引起更大的变形。由图 4.31 可见,虽然动态荷载的中值与静载相同,但动载产生变形的中值却明显大于静载的变形,其主要原因是动载会引起沥青混合料产生较大的塑性变形。

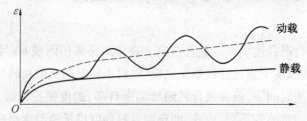

图 4.31　沥青混合料在动载下的变形

用动载和静载进行沥青混合料蠕变试验。一组试件为中粒式密级配沥青混凝土,所用沥青为丙脱 60 号,油石比为 5.0%,空隙率为 4.0%。另一组试件为沥青碎石,所用沥青为氧化沥青 60 号,油石比为 4.0%,空隙率为 9.8%。动载的最大应力和静载的常应力均为 86 kPa,试验温度为 35 ℃。动载的频率为 8 Hz,按 $t = 1/2\pi f$ 换算成荷载持续时间。测试结果以动载和静载同样持续时间的累积应变表示,并以累积应变之比即动载影响系

数 $CM=\varepsilon_{动}/\varepsilon_{静}$ 来表示动载与静载的关系。

表 4.9 动载与静载的应变

中粒式沥青混凝土				沥青碎石			
载荷作用持续时间/s	$\varepsilon_{动}$/×10^{-4}	$\varepsilon_{静}$/×10^{-4}	CM ($\varepsilon_{动}/\varepsilon_{静}$)	载荷作用持续时间/s	$\varepsilon_{动}$/×10^{-4}	$\varepsilon_{静}$/×10^{-4}	CM ($\varepsilon_{动}/\varepsilon_{静}$)
2	1.81	2.32	0.78	2	2.50	2.89	0.87
19	3.38	4.07	0.83	18	4.17	4.27	0.98
45	4.15	4.78	0.87	42	4.99	4.68	1.07
130	5.70	5.86	0.97	115	6.57	5.55	1.18
178	6.47	6.41	1.01	180	7.35	5.92	1.23
295	8.04	7.86	1.09	311	8.90	6.51	1.37
431	9.61	8.16	1.18	593	10.46	7.15	1.41
555	10.48	8.73	1.20	775	11.26	8.37	1.35
639	11.24	9.35	1.20	887	12.03	8.81	1.37
836	12.03	9.86	1.22	1033	12.80	9.19	1.39
1 162	13.58	11.01	1.23	1 387	14.35	10.44	1.37
1 644	15.16	12.33	1.23	1 728	15.06	11.36	1.33

由表 4.9 可见,当荷载持续时间很短时,静载应变大于动载应变。但当荷载持续时间长时,则动载应变大于静载应变。同时动载影响系数 CM 与荷载的持续时间之间有一定关系,可回归成半对数线性关系式:

对于中粒式沥青混凝土:

$$CM = 0.66 + 0.18 \lg t \tag{4.22}$$

对于沥青碎石:

$$CM = 0.77 + 0.21 \lg t \tag{4.23}$$

壳牌石油公司对沥青路面的设计方法进行了卓有成效的研究,提出了著名的"壳牌法"。在 1978 年壳牌石油公司所发表的文献中,在估算沥青永久变形时考虑了动载的影响,即在车辙深度计算的公式中加入了动载影响系数 CM,CM 的数值与沥青混合料的类型有关,见表 4.10。

表 4.10　壳牌的动载影响系数 CM

沥青混合料类型		CM
开式 ↓ ↓ ↓ 密实式	贫沥青砂 贫油开式沥青混凝土	1.6~2.0
	贫油沥青碎石	1.4~1.8
	沥青混凝土 沥青砂砾 密实式沥青碎石	1.4~1.6
	沥青砂胶 摊铺式沥青混凝土 热压式沥青混凝土	1.0~1.3

5. 沥青混合料组成的影响

影响沥青混合料的劲度特性就其材料组成结构来说,主要是所用沥青的品种、沥青用量、混合料的结构类型等。

沥青的黏性及其温度敏感性影响混合料的劲度。在常温下和高温下,聚合物改性的沥青混合料其劲度比普通沥青混合料要大,而在低温下聚合物改性的沥青混合料其劲度反过来又比普通沥青混合料要小。

在一定的温度和荷载作用时间下,沥青混合料的劲度模量随密度的增大而增大,换言之,沥青混合料的空隙率增大,而导致劲度降低。表 4.8 中密级配沥青混凝土的劲度模量就比开级配沥青混合料要大。

沥青混合料的劲度模量与沥青的含量有一定的关系。当沥青用量增加时,混合料的劲度提高,随着沥青用量进一步的增加,混合料劲度反而下降,沥青用量存在一个最佳值。这是因为在含油量低时,混合料呈现脆性,随着沥青用量的增加,混合料的黏韧性改善,强度提高,但用油量过多,混合料的可塑性增大,劲度模量降低。

4.7.3　沥青混合料劲度模量的确定方法

1. 由沥青劲度推算混合料的劲度

1969 年赫克洛姆(Heukelom)和克罗泼(Klomp)提出了在相同的温度和荷载作用时间下,混合料劲度与沥青劲度相互关系的半经验公式:

$$S_{mix} = S_b [1 + 2.5/n \times C_V/(1-C_V)]^n$$
$$N = 0.83 \lg [4 \times 10^4/S_b] \tag{4.24}$$
$$C_V = (100 - VMA)/(100 - V_a)$$

式中,S_{mix},S_b 分别为在荷载作用时间 t 及温度 T 时的混合料劲度和沥青劲度;n 为经验参数;C_V 为集料的体积百分率;VMA 为集料的间隙率;V_a 为混合料的空隙率。

赫克洛姆公式是根据空隙率为 3% 密级配的沥青混合料建立的,并且 C_V 在 0.7~0.9 的范围内。对于空隙率大于 3% 的混合料,范·德拉特(Van Drra)和沙姆(Sommer)提出了以 C'_V 代替 C_V:

$$C'_V = C_V/(1 + \Delta V_a)$$

$$\Delta V_a = (V_a - 3)/100 \tag{4.25}$$

2. 由诺模图求算混合料的劲度

1977 年壳牌石油公司的研究人员绘制了一张用以求算沥青混合料劲度的诺模图(图 4.32)。根据沥青的劲度和混合料中矿质集料的体积 V_g,沥青的体积 V_b,从图 4.33 中就可查得沥青混合料的劲度模量。这张诺模图只适用于混合料处于弹性性质强的情况,也就是劲度模量比较高的条件下,通常这时沥青的劲度必须大于 5×10^6 Pa。

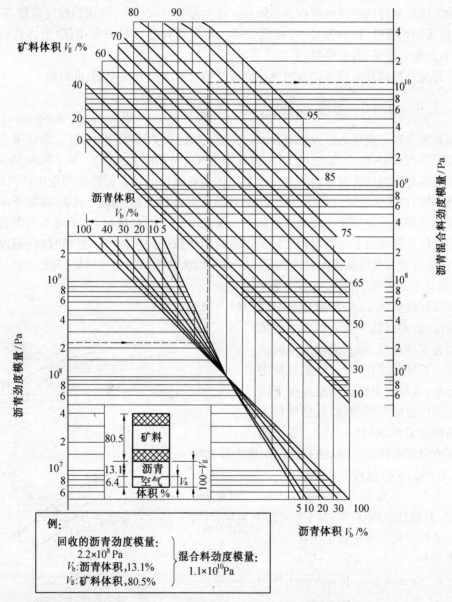

图 4.32 估算沥青混合料劲度模量诺模图

用查诺模图的方法估算沥青混合料的劲度将很方便,但实际上在使用时存在一定的局限性:第一,在这张图中,坐标尺度比较复杂,必须小心地使用,一支粗钝的铅笔就可能导致显著的误差;第二,从常规沥青试验的数据开始,经过一系列的变换所求得的沥青混合料劲度,难免误差太大,也无法估计误差的程度。因此,在有条件的情况下采取直接测试沥青混合料的劲度模量仍然是有必要的。

3. 直接测试沥青混合料的劲度模量

沥青混合料的劲度模量可以采用不同的方法进行测试,测试时所施加的荷载可以是静载也可以是动载,这主要取决于研究对象所处的状态以及所具备的测试条件。由不同的试验方法所测得的劲度模量也是不同的。在实际工程应用中,常用的劲度模量有:蠕变模量、抗压回弹模量、拉伸模量、弯拉模量等。而在沥青混合料研究中,除上述几种模量外,还有如松弛模量、有效模量、复数模量等。

沥青混合料的劲度模量的直接测试的详细情况可参见有关书籍,此处略。

4.7.4 时间-温度换算法则

沥青混合料是典型的黏弹性材料,其力学行为是温度与时间的函数。沥青混合料在路面中温度在 $-30 \sim 60$ ℃ 范围内工作,荷载作用时间从 10^{-3} s 至很长,要了解和测试很大温度和时间范围内沥青混合料的劲度模量往往是有困难的。在黏弹性理论中的时间-温度换算法则,许多学者研究证明,这一法则对沥青混合料是适用的。例如,高温下沥青混合料的劲度模量就相当于在较低温度而较长加载时间下的劲度模量;低温下的沥青混合料的劲度模量就相当于在温度相对较高而短时间加载的劲度模量。根据时间-温度换算法则,可将改变温度所测得的劲度模量换算成不同加载时间的劲度模量;反之亦然。时间-温度换算法则适用于抗压、弯拉等各种试验。

在双对数坐标中,绘制模量与时间的关系曲线,如以其中某一温度下的关系曲线为基准曲线,将其他温度下的试验曲线向基准曲线作平行移动,并使之靠拢重叠,这样就得到在基准温度下而包含相当广泛时间的曲线,此曲线称之为主曲线或总曲线(图4.33)。各个曲线向基准温度曲线平行移动的距离 α_T 称为移动因子(图4.34),其数值按下式计算

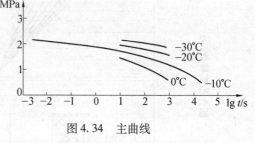

图 4.34 主曲线

$$\lg \alpha_T = \lg t_0 - \lg t_T \quad (4.26)$$

式中,T_0 为基准温度 T_0 在时间坐标轴上坐标;t_T 为温度为 T 时在时间坐标轴上坐标。

因为 $\lg t_T = \lg t_{T_0} - \lg \alpha_T$

$\lg \alpha_T = \lg t_T - \lg t_{T_0} = \lg(t_T/t_{T_0})$

故 $\alpha_T = t_T/t_{T_0}$

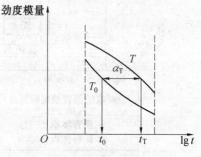

图 4.34 移动因子

移动因子也可按 WLF 方程确定。威廉斯(Williiams)、兰特尔(Lander)、菲来(Ferry)三人将物质固有的标准温度 T_s 作为基准温度。一般无定形高分子材料都遵从 WLF 方程

$$\lg \alpha_T = \lg[\eta_T/(\eta_{T_s})] = -C_1(T-T_s)/[C_2+(T-T_s)] \tag{4.27}$$

式中，C_1，C_2 为常数；α_T 为移动因子；η_T 为温度 T 时的黏度；η_{T_s} 为温度 T_s 时的黏度。

伯罗丹因（Brodnyan）等学者都证实 WLF 方程适用于沥青材料，其中两个常数一般取值为 $C_1=8.86$，$C_2=101.6$，但也因沥青种类不同而有差异。1969 年，学者道伯申（Dobson）提出，当 $T<T_s$ 时，$C_1=12.5$，$C_2=142.5$。

日本牛尾俊介研究认为，没有一个适合于任何沥青通用的 T_s，T_s 随沥青性质而变。但是任何一种沥青在某一温度下都固定为一黏度 η_s，并测得 $\eta_s=10^4$ Pa·s，与 η_s 对应的温度 T_s 等于软化点减去 8.5 ℃，即 $T_s=T_{R\&B}-8.5$。将式（4.27）经过转换，并计算了针入度指数为 $-3 \sim +1.0$ 范围各种沥青的常数 C 与 PI 的关系，得到以下关系式：

$$C_1 = -2.0836PI + 24.7532 \quad (T<T_s)$$
$$C_1 = -0.8527PI + 8.2789 \quad (T>T_s)$$
$$C_2 = C_1(0.7609PI + 10.9185)$$
$$\lg \eta_T = -C_1(T-T_{R\&B}+8.5)/[C_2+(T-T_{R\&B}+8.5)] + 5 \tag{4.28}$$

这样，当测定黏度有困难时，还可利用此式计算某温度下的黏度。

第5章 沥青混合料的路用性能及评价方法

为了保证沥青路面长期保持良好的使用状态,沥青混合料必须满足路用性能。沥青混合料的技术要求主要可分为高温稳定性和低温稳定性,以及水稳定性、表面特性(包括抗滑性能、路面噪声、反光特性等)、动态性能、抗渗性能、疲劳性能、老化性能等。路面使用性能可分为耐久性(抗疲劳性能和抗老化性能)、抗水损害性、抗滑性等。

5.1 高温稳定性能

沥青混合料高温稳定性,是指沥青混合料在夏季高温条件下,经车辆荷载长期重复作用后,不产生车辙、推移、波浪、壅包、泛油等病害的性能,在荷载作用下抵抗永久变形的能力。

沥青混合料是一种典型的黏弹性材料,其物理力学性能与温度和荷载作用时间密切相关,特别是它的强度和劲度模量随着温度的升高而显著降低。沥青混凝土路面在夏季高温时,在重交通的重复作用下,由于交通的渠化,在轮迹带逐渐形成变形下凹、两侧鼓起的所谓"车辙",这种永久性变形是现代高等级沥青路面最常见的高温病害。

道路使用的实践表明,在通常的汽车荷载条件下,永久性变形主要在夏季气温高于25～30 ℃左右,即沥青路面的路表温度达到40～50 ℃以上,已经达到或超过道路沥青的软化点温度时容易产生,且随着温度的升高和荷载的加重,变形增大。相反,低于这个温度,一般不会产生严重的高温塑性变形。也就是说,所谓"高温"条件通常是指高于25～30 ℃的气温条件。

沥青混合料的高温稳定性与多种因素有关,诸如沥青的品种、标号、含蜡量,集料的岩性、集料的级配组成,混合料中沥青的用量等。为了提高沥青混合料高温稳定性,在混合料设计时,可采取各种技术措施,如采用黏度较高的沥青,必要时可采用改性沥青;选用颗粒形状好而富有棱角的集料,并适当增加粗集料用量,细集料少用或不用砂,而使用坚硬石料破碎的机制砂,以增强内摩阻力;混合料结构采用骨架密实结构;适当控制沥青用量等,都能有效地提高混合料的高温稳定性。

5.1.1 高温稳定性病害

1. 推移、波浪、壅包

推移、波浪、壅包等损坏主要是由于沥青混合料路面在水平荷载作用下抗剪强度不足所引起的。导致此类沥青混合料抗剪强度不足的主要原因有:混合料用油量过大;细集料或填料过多;沥青标号选择不合适;在沥青混合料铺筑之前表面平整度差;上下层间光滑接触,无层间黏结力等。实际的原因则是其中一种或数种因素的共同作用。其外界原因则可能是夏季高温时间长、交通量大、车速慢,特别是刹车较多的路段,如道路弯道、陡坡路段、城市公共汽车站附近、道路交叉口等处,易产生推移、波浪、壅包等损坏。这些损坏现象外观明显,危害易被认识,容易在大修养护或新建工程中消除。

2. 泛油

泛油是沥青混合料内部多余的沥青在车辆荷载作用下向沥青路面表面迁移的结果。沥青移向表面,使路表面光滑、抗滑性下降,在潮湿情况下严重影响车辆行车安全。泛油的主要原因是沥青用量过大或压实沥青混合料的残留空隙率太小。引起沥青用量过大的原因,一是混合料设计过程中出现错误,如在沥青混合料击实时,击实温度偏低或者在某种临界状态下现行的击实方法与路面受荷压实作用有较大差异;二是施工管理不严或设备计量精度不合格。同时,合适的残留空隙率既能保证沥青受热膨胀时有足够的空间,又可确保沥青混合料路面保持较小的渗水率,有利于路面的耐久性。

3. 车辙

车辙是路面行车道轮迹带在车辆荷载反复作用下形成的永久下陷变形的累积结果。车辙的产生会严重影响沥青混合料路面的服务质量和使用寿命。车辙出现后路面平整度下降,雨天路表面排水不畅,降低了路面的抗滑能力,甚至会由于车辙内积水而导致车辆飘滑,影响高速行车的安全。当然,车辙槽内是否会积水,与车辙深度和路面横断面的坡度有关。由于车辙使得路面横断面方向高度起伏变化大,车辆在超车或更换车道时方向容易失控,从而影响车辆操纵的稳定性。轮迹处沥青混合料厚度减薄,削弱了面层及路面结构的整体强度,从而容易诱发路面的其他病害,缩短路面的使用寿命。车辙是高速公路沥青路面最有危害的破坏形式之一。由于沥青混合料所固有的黏弹特性、影响沥青路面高温特性的因素的多样性、车辙形成的复杂性,使永久性变形成了一个世界性难题,防治沥青路面的车辙也成了世界各国公路技术人员的重要研究课题。

5.1.2 影响沥青混合料高温稳定性的因素

我国的高等级道路一般采用半刚性路面,即采用水泥或石灰粉煤灰(或水泥粉煤灰)稳定粒料做基层或底基层。这些材料的强度和刚度都相当高,行车荷载通过半刚性材料层作用在土基顶面的应力相当小。这些因素的综合影响,使得高等级公路上沥青路面的车辙深度主要取决于沥青面层混合料的性质和面层的厚度。据分析,由面层产生的车辙深度可能占总车辙深度的90%左右,因此应分析面层沥青混合料高温稳定性不良和车辙产生的原因,并采取对应措施。

影响沥青混合料高温性能的因素可归纳为内在因素和外部条件。内在因素主要反映在材料本身的质量上,而外部条件则主要包括气候条件和交通条件。当外部条件与材料的内在因素结合在一起时就会对沥青路面产生综合影响。此外,路基、路面基层和路面结构组成及其施工质量也会影响到沥青路面的高温性能。

1. 沥青混合料类型的影响

沥青混合料的高温稳定性主要源于沥青结合料的高温黏结性和矿料的嵌挤作用。但在高温状态下即使采用了高黏度改性沥青结合料,仅仅依靠沥青的胶结作用仍无法承受车辆荷载的水平推挤力和水平剪切作用。此时粗细集料和矿粉组成的矿料级配起到了重要作用。国外研究表明,沥青混合料的高温抗车辙能力有70%依赖于矿料级配的嵌挤作用,而沥青结合料的黏结性能只能有30%的贡献。

对不同组成的沥青混合料,集料(尤其是产生嵌挤作用的粗集料)比例是重要的因素。对密级配沥青混凝土来说,如果集料是悬浮在沥青胶(砂)浆中,嵌挤作用不能很好形成,沥青的作用将上升为主要因素。相反,对以集料嵌挤作用为主的沥青碎石、贯入式以及沥青玛琋脂碎石混合料(SMA)、大孔隙排水式沥青磨耗层混合料(OGFC)等,高温稳定性主要依靠粗集料的嵌挤作用。

集料粒径对沥青混合料的高温稳定性也有影响,传统的观点认为,集料越粗对抗车辙越有利,因此我国沥青路面结构中粗集料粒径一般较大。例如,高温的沥青路面表面层集料公称粒径通常为13 mm,而我国则常用16 mm,中、下面层更大。但是车辙试验表明,对AC-13、AC-16、AC-25混合料,动稳定度并没有什么明显差别。美国为验证Superpave配合比设计成果,在西部环道试验中,将集料分为粗、中、细3种级配,试验表明,热拌沥青混合料在最佳沥青用量,空隙率为8%时,粗级配的车辙深度最大,细级配次之,中级配最小。我国有的试验结果也表明,在最佳沥青用量时,在不同粒径的混合料中,中粒式沥青混凝土的高温抗车辙能力最好,其次是细粒式,粗粒式的反而最差。这是由于路面成型时,集料在混合料中的存在状态没有一定的规律,完全是随机的,集料不可能完全接近立方体,总有一定程度的扁平、细长颗粒(尽管不超过规定),这些集料的排列是无序的,但是随着交通荷载的不断碾压,颗粒则逐步向最稳定的形态变化,渐渐地顺直排列。在这个过程中,混合料必然发生变形,这可能是集料较粗的混合料反而变形较大的主要原因。除此以外,粗粒式混合料摊铺中易引起离析,从而导致细料集中部位、胶浆离析严重路段车辙比较严重。

2. 原材料的影响

沥青混合料由沥青、粗细集料和矿粉等材料混合而成,这些材料的物理力学特性将不同程度地直接影响到沥青混合料的各种路用性能。一般来说,选择优质的材料,采用合适的沥青用量,进行适当的级配设计,能显著地提高沥青混合料的高温稳定性。在诸多材料影响因素中,集料所具有的特性对沥青混合料高温性能的影响尤其显著。通常,破碎、坚硬、纹理粗糙、多棱角、颗粒接近立方体的集料,相应的沥青混合料高温性能就比较好。有研究认为,在集料组成中,破碎的细集料比破碎的粗集料对改善沥青混合料的高温性能更有利,表明中等颗粒采用破碎集料更重要。沥青用量对混合料的抗车辙能力有极为明显的影响,我国《公路沥青路面施工技术规范》(JTG F40—2004)规定,在夏季炎热的高温地区,在配合比设计得出的最佳沥青用量OAC的基础上,减少0.3%之后的沥青用量作为设计沥青用量往往是适宜的,特别是重载路段。降低最佳沥青用量时,尽管施工中压实困难,但可通过重型压路机碾压成型路面,以增强高温抗车辙能力。因此适当减少沥青用量,加大压实功,使混合料充分嵌挤,又没有留下大的空隙率是提高沥青路面高温稳定性能的重要措施,但是,如果沥青用量减少而没有得到充分的压实,则可能适得其反。此时虽然还没来得及产生车辙,但水损害却形成了。

沥青与集料的配合比以及集料的级配组成也是沥青混合料高温稳定性的重要影响因素。有的研究人员认为,密级配混合料使得集料颗粒间具有较多的接触点,因此比间断级配或开级配混合料更稳定。但SMA为间断级配,使用较多的矿粉和纤维,该混合料也具有较强的稳定性。有人建议，沥青混合料的空隙率应接近4%，最低不能小于3%，空隙率小于3%的混合料发生车辙的可能性明显增大。但如果是通过采用较多的沥青而使沥青混合料的空隙率满足要求，这样的混合料同样是不稳定的，因为沥青用量的增加将使混合料的高温稳定性严重降低。同时，除了空隙率极端小（小于10%）的情况外，增大空隙率能使混合料的抗车辙性能增强。研究表明，采用粗糙的混合料，虽其和易性变差，施工比较困难，但通过充分的压实，可以获得足够的抗车辙性能。

沥青材料本身的特性对沥青混合料高温性能的影响也是不可忽视的，沥青的高温黏度越大、劲度越高、与石料的黏附性越好，相应的沥青混合料抗高温变形能力也越强。普通沥青通过添加合适的改性剂可大幅度提高其高温黏度，从而改善沥青混合料的高温稳定性。

3. 气候环境的影响

气候条件主要包括气温、日照、热流、辐射、风、雨等，其中，除了湿度对沥青混合料高温性能的影响机理不同外，其他因素归结起来都反映在温度上，而这也是影响最为显著的因素。黑褐色的沥青混合料具有较强的吸热能力，而整个路面又构成了一个巨大的温度场，由于热量的大量聚集、蓄积，使得路面温度不断升高，这也是在夏季沥青路面的温度远高于气温的重要原因。由于热量难以从沥青路面中散出，使沥青路面长时间处于高温状态，在外部荷载的作用下就很容易产生流动变形，从而形成壅包、车辙。在钢箱梁的桥面铺装上，由于箱内空气的流通很差，温度比箱外可能要高30 ℃，使沥青层的温度达到70 ℃以上。有资料认为，在40~60 ℃范围内，沥青混合料的温度每上升5 ℃，其变形将增加2倍。因此，尽管不可能改变天然的气候状况，但若能采取措施，降低路面温度，例如采用浅色的石料，种植行道树，改善路面的通风等，将有利于保持沥青路面的高温稳定性。研究表明，路面在潮湿状态下，沥青混合料的水敏感性增大，同时高温稳定性也降低。尽管下雨能使路面温度下降5 ℃左右，但有水状态比干燥状态更容易产生车辙。

4. 交通荷载

交通条件对沥青混合料高温性能的影响可以归结为荷载、轮胎气压、行车速度、车流渠化等。荷载对沥青混合料高温车辙的影响是不言而喻的，特别是重载车、超载车对加速混合料的变形起到了推波助澜的作用。通常，轮胎气压是适应车辆荷载的，荷载越大则轮胎气压越高。车辆超载也会促使汽车司机增加轮胎气压，其对沥青路面永久变形的影响与荷载的影响是一致的。行车速度对沥青路面永久变形的影响主要反映在荷载的持续时间上，车辆行车速度越慢，荷载作用时间越长，相同交通量所引起的路面变形越大。这种情况主要出现在停车场、车站、交叉路口、爬坡车道、收费站，以及其他交通拥挤的地方。渠化交通也会加快沥青路面车辙的形成，特别是高速公路的行车道，重载车、超载车、较高的轮胎气压、较慢的行车速度，再加上渠化交通则无疑是雪上加霜。影响车辙深度的主要因素可以归纳为表5.1。

表 5.1　影响车辙深度的主要因素

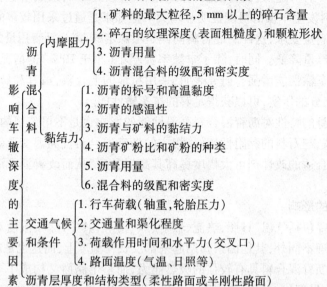

```
        ┌ 内摩阻力 ┬ 1. 矿料的最大粒径,5 mm 以上的碎石含量
        │          ├ 2. 碎石的纹理深度(表面粗糙度)和颗粒形状
        │          ├ 3. 沥青用量
沥青    │          └ 4. 沥青混合料的级配和密实度
混      │
影 合    │          ┌ 1. 沥青的标号和高温黏度
响 料    │          ├ 2. 沥青的感温性
车      ├ 黏结力    ├ 3. 沥青与矿料的黏结力
辙      │          ├ 4. 沥青矿粉比和矿粉的种类
深      │          ├ 5. 沥青用量
度      │          └ 6. 混合料的级配和密实度
的      │
主      │          ┌ 1. 行车荷载(轴重,轮胎压力)
要      │ 交通气候  ├ 2. 交通量和渠化程度
因      │ 和条件    ├ 3. 荷载作用时间和水平力(交叉口)
        │          └ 4. 路面温度(气温、日照等)
素      └ 沥青层厚度和结构类型(柔性路面或半刚性路面)
```

5.1.3　沥青混合料高温稳定性评价方法

1. 常用方法

评价沥青混合料高温稳定性的方法较多,我国目前采用的方法为马歇尔试验法和车辙试验法。

（1）马歇尔试验法

马歇尔试验是将沥青混合料制成直径为 101.6 mm、高为 63.5 mm 的圆柱形试件,在高温下(60 ℃)采用规定的马歇尔稳定度试验仪,测定在以规定的加载速率条件下试件破坏前所能承受的最大荷载即马歇尔稳定度,其对应的变形,即流值。马歇尔稳定度越大,流值越小,说明高温稳定性越高。该试验最早由 B. 马歇尔(B. Marshall)提出,1948 年美国陆军工程兵部队对马歇尔试验方法加以改进并添加了一些测试性能,最终发展成为沥青混合料设计的试验方法。从 1948 年以来,马歇尔试验法被许多国家的机构或政府部门几乎直接采用,有时仅仅把试验步骤或条件做一些修改。从马歇尔试验的主要装置——马歇尔加载压头(图 5.1)可以看出,加载装置的压头弯曲面箍住了试件的大部分侧面,圆柱体的上部和底部平面不受力,所以试验过程中试件内部的应力分布状态变得极为复杂。虽然马歇尔试验在全世界范围内使用很广泛,但也有其局限性。诺丁汉大学的研究者用重复荷载三轴试验、三轴蠕变试验、单轴无侧限蠕变试验和马歇尔试验比较了各种沥青混合料的力学性质,结果表明,与更符合实际情况的重复荷载三轴试

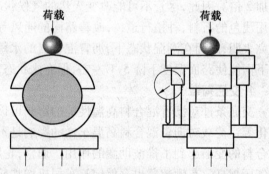

图 5.1　马歇尔试验加载示意图

验相比,马歇尔试验在评价路面永久变形抵抗能力方面并不是很好的方法,用它也不能列出混合料抵抗永久变形性能的优劣次序。

(2) 车辙试验法

车辙试验的目的是测定沥青混合料的高温稳定性,即抗车辙能力,可供沥青混合料配合比设计的高温稳定性检验。试验方法最初是由英国道路研究所(TRRL)开发,由于试验方法简单、试验结果直观,而且与实际沥青路面的车辙相关性较好,因此得到了广泛应用。这是一种模拟实际车轮荷载在路面上行走而形成车辙的工程试验方法。其他的室内小型往复车辙试验、旋转车辙试验、大型环道试验、直道试验等也可认为属于车辙试验的范畴。这些试验共同的原理就是通过采用车轮在板块状试件(小型车辙试验)或在专门铺筑的模拟沥青混合料路面结构上(大型车辙试验)反复行走,观察和检测试块或路面结构的反应。

车辙试验被认为是沥青混合料性能检验中最重要的指标,它是评价沥青混合料在规定温度条件下抵抗塑性流动变形能力的方法。通过板块状试件与车轮之间的往复相对运动,试块在车轮的重复荷载作用下,产生压密、剪切、推移和流动,从而产生车辙。根据 2002 年 NCAT 试验路的观测,车辙发生在路面连续 7 d 的平均最高气温在 28 ℃以上,我国绝大部分地区夏季高温季节都在此温度以上,所以都有可能发生车辙。如果还有超、重载交通同时作用,尤其是连续上坡的慢速路段,很可能在短短几天内就产生很大车辙,而且车辙经常发生在中面层或下面层。中面层虽然温度会略低于表面层,但剪应力比表面层更大,所以对动稳定度的要求不能降低。其实下面层也一样重要,不过下面层(或基层)的公称最大粒径一般较大,车辙试验对它们不太合适。

目前世界上采用的车辙试验方法主要有以下四类:

① 日本车辙试验。利用直径为 200 mm 的实心橡胶轮对 300 mm×300 mm×50 mm 沥青混合料板试件做反复行走加载试验。

② 英国式车辙试验。由英国道路研究所(TRRL)于 1990 年提出的一种新的试验方法,利用直径为 200 mm 的实心橡胶轮对现场钻取的直径 195~205 mm、厚 35~50 mm 的圆柱体试件进行反复荷载行车试验。

③ 西欧车辙试验。采用直径为 400 mm 的充气橡胶轮,对在试槽内的条形试件做反复车轮荷载试验,条形试件的宽为 180 mm,长为 500 mm,厚度可根据实际需要变化。也可从现场钻芯取样,回到实验室后,将 3 个沥青混合料芯样稍加切割后,放入试槽内,并用类似材料填充空隙,形成条形试件进行试验。

④ 以美国佐治亚州为代表的沥青混凝土面层分析仪(APA),其荷载轮通过压在试件顶的充气(充气压力可调,从 0.827~1.380 MPa)硬橡胶管(直径可调,从 12.7~29.0 mm)施加垂直荷载。在板式试件尺寸为 125 mm×300 mm、高 75 mm,或圆柱体试件直径为 150 mm、高 75 mm 条件下进行反复荷载行车试验,轮速为 0.6 m/s。

我国目前采用的方法是参照日本道路协会方法提出的,试验温度考虑我国绝大多数地区的温度条件,采用 60 ℃,若在寒冷地区也可采用 45 ℃或其他温度。根据我国路面设计的标准车轮荷载,试验轮对试验板的压强为 0.70 MPa±0.05 MPa,试验轮加载总荷重为 78 kg,试验过程记录绘制时间-变形曲线。通过试验可以得到任何一个时刻的车辙深度

D 和规定时间范围内的动稳定度 DS。DS 的含义就是产生单位变形时的轮载作用次数,以次/mm 为单位。动稳定度越大,表明沥青混合料高温稳定性越好。

从车辙试验得到的时间-变形曲线一般有如图 5.2 所示的三种形式,在试验变形曲线的直线段上,求取 45 min(t_1)、60 min(t_2) 对应的车辙变形 d_1 和 d_2。当车辙变形过大,在未到 60 min 变形已达 25 mm 时,则以达到 25 mm(d_2) 时的时间为 t_2,将其前 15 mm 作为 t_1,此时的变形记为 d_1。

则动稳定度 DS 计算式为

$$DS = [(t_2-t_1)N]/(d_2-d_1) \, C_1 C_2 \tag{5.1}$$

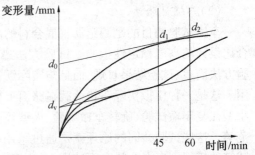

图 5.2　车辙试验中时间-变形曲线

式中,d_1 为对应于时间 t_1 的变形量,mm;d_2 为对应于时间 t_2 的变形量,mm;C_1 为试验机类型修正系数,曲柄连杆驱动试件的变速行走方式为 1.0,链驱动试验轮等速方式的修正系数为 1.5;C_2 为试件系数,试验室制备宽为 300 mm 的试件系数为 1.0,从路面切割宽为 150 mm 的试件系数为 0.8;N 为试验轮往返碾压速度(压实速度),通常为 42 次/min。

车辙试验方法和设备对试验结果有很大的影响。国际上车辙试验机的类型很多,各有特点。有人主张采用德国汉堡车辙试验机、美国的沥青混凝土面层分析仪 APA 等,作为研究使用都是不错的,荷载、温度等试验条件不同,试验结果不一样。汉堡试验机在水中进行试验,温度较低,与在空气中试验不一样。我国车辙试验之所以不采用总变形,是因为开始阶段几次的压实变形占有相当比例,预压也不好处理,所以国际上所有蠕变试验都采用变形速率,即动稳定度的倒数表示混合料的高温性能,以避免试验开始阶段的影响。

2. 其他方法

(1) 单轴加载试验

应用于单轴加载试验的设备和试验方法相对来说比较简单,一个两端面平整、平行的圆柱体试件,放在两块经硬化处理的钢质加载板之间,一般是下压板固定,上压板活动,试验机通过上压板对试件加载。试件变形用 LVDT 等位移传感器进行测量,图 5.3 所示为荷兰阿姆斯特丹壳牌石油公司实验室 (KSLA) 实验装置。试验中对试件施加的轴向荷载保持不变,基于现场的加载时间小于蠕变试验的加载时间,因此要求在单轴静载蠕变试验中施加较小的荷载,以使材料处于线性范围。试件的变形或蠕变劲度模量是时间的函数,与试件的形状、高径比、端面平整

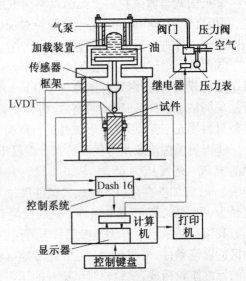

图 5.3　KSLA 的压缩蠕变实验装置

度、平行度及润滑情况等有关。

单轴重复荷载试验与单轴静载试验相比,能较好地反映实际交通荷载的作用,可测定试件的回弹模量、塑性应变和泊松比。试件的轴向变形是荷载作用次数的函数。一般要求试验机能提供重复的轴向脉冲荷载,具有能保持恒温的环境箱。

圆柱试件的单轴动力试验与重复荷载试验相似,二者都是动载试验。但一般来说动力试验采用正弦波形荷载,也可采用其他波形的荷载(如模拟汽车轮胎作用的钟形荷载),可测量沥青混合料的动力模量、阻尼比、泊松比、变形与荷载作用次数的关系等。动力模量、相位角是加载频率、荷载作用次数和试验温度的函数,通常可简单地用峰值应力与峰值应变的比值来表征线黏弹性材料的动力模量。重复荷载试验的关键是荷载波形及频率对测定值有较大的影响,而且荷载与荷载之间的间隙时间(影响到应力松弛与弹性恢复)对试验结果也有较大的影响,所以如何使试验符合路面的实际情况非常重要。

(2) 三轴压缩试验

圆柱试件的三轴压缩试验,从加载方法上说是压缩,从破坏方式来说是剪切,所以通常又称三轴剪切试验。无论是静载、重复荷载或是动力试验,由于具有侧向压力而比单轴试验更符合路面混合料的实际受力状态,但同时也需要更为复杂的设备才能完成。三轴蠕变试验过程中所需测定的数据特性与单轴蠕变试验相同,也包括蠕变劲度模量、回弹模量、动力模量、泊松比、永久变形与荷载作用时间或作用次数的关系等。这些数据特性更能反映路面的变形特征。例如,美国 Barksdale 的一项研究发现,按照壳牌方法的蠕变试验,某混合料的沥青用量从 4.5% 增加到 5.5%,车辙深度没有显著的增加,但采用重复荷载三轴试验,车辙深度增加了 16%。虽然三轴试验模拟路面受力状况较好,但试验设备复杂、试验要求高,因此,在业内对数据如何与路用性能建立关系等一直有不同的看法。

(3) 径向加载试验(劈裂试验)

径向加载试验是沿圆柱试件的直径方向施加垂直压缩荷载的试验。在垂直压缩荷载的作用下,沿垂直于荷载作用方向将间接产生拉应力,因而也称为间接拉伸试验,通常称为劈裂试验。试件在径向荷载作用下呈二维受力状态。这种试验的优点是试件受力状态与现场路面状态比较符合,可使用路面钻芯试件。除试验夹具、测量变形的位移传感器安装位置与数据处理方法不同外,主要试验设备与数据测量方法等与单轴试验相似。劈裂试验的关键是变形的测量,与低温条件下加载时间短、变形小、变形测定困难相比,在较高温度条件下,荷载时间长,变形测量要方便得多,尤其适宜于进行劈裂蠕变试验。

劈裂试验由于试件在试验中沿荷载作用线的正交方向受拉,沥青结合料对混合料变形的影响比集料要大,这与单轴或三轴试验时试件受压或受剪的情况不同,因此更适合于重复荷载试验及回弹模量的测定。

(4) 弯曲蠕变试验

弯曲蠕变试验采用棱柱形小梁试件,在试验过程中通过对简支方式的小梁试件中部施加瞬时荷载,使试件在荷载的作用下产生弯曲变形,然后在恒载的作用下产生蠕变变形。梁试件的蠕变参数可通过测定梁试件中部的挠度间接计算。由于梁试件的断面尺寸较小,为使弯曲蠕变试验能在沥青混合料的线性变形范围内进行,通常要求施加的荷载比较小。即使是在较低的试验温度条件下,需要施加的荷载也不应太大。对于这种小荷载、小变形的情况,要求试验和检测设备具有较高的分辨率,能具有提供比较准确的荷载和测定微小变形的能力。

(5) 扭转剪切试验

J. B. Sousa 开发的中空圆柱体试件的扭转剪切试验是在轴向荷载和扭矩的共同作用下,沿试件的内、外壁分布均匀的径向压力,使试件处于三维应力状态,进而研究混合料动态特性的试验方法。由于中空圆柱体试件的对称性,试件上的法向和剪切应力都是均匀分布的。该方法适用于确定沥青混合料在三维应力状态下的永久变形特性和动力性能,但由于该试验要求的设备相当复杂,因此只适合于在研究工作中采用。

(6) 简单剪切试验

通常认为,沥青混合料的永久变形,主要是由于其在剪切应力作用下产生塑性流动引起的。美国 SHRP 开发的简单剪切试验机及其试验方法,因为能提供接近于纯剪切应力状态,也比较符合实际路面的应力状态,所以特别适用于考查沥青混合料的抗剪切流动性能。简单剪切试验方法由土壤材料的直剪试验方法移植过来,并进一步考虑了沥青混合料的特殊性质,增加了垂直的动力荷载、围压和温度控制,可通过提供重复的或者动力荷载,测定试件的回弹剪切模量、动力剪切模量或者剪切阻尼响应等。与三轴试验相比,简单剪切试验要简单一些,但这个试验也需要较复杂的专用试验设备。通过美国西部环道试验的验证结果来看,这种简单剪切试验的结果与实际的车辙产生情况相关关系并不理想。

(7) 大型环道、直道试验

环道或直道试验是一种大型的足尺路面结构在实际车轮和交通荷载作用下的试验,其试验结果与实际路面结构的关系密切,是一种实际路面结构的加速加载试验方法。由于许多试验条件可以控制,因此因素单一,便于分析。这类试验设备都是大型的,许多国家拥有各种形式的环道试验装置,例如我国交通部公路研究所、东南大学及北京市政研究院的室内环道,荷兰壳牌公司及日本道路公团的室内环道等。为了简化试验装置,也有将环道按照室外条件修建的,如美国华盛顿州立大学、荷兰 Delft 大学的室外环道等。利用夏季高温季节试验,作不同混合料的相对比较。环道试验除了垂直荷载外,还有相当大的侧向荷载,为了使问题更加简单化,直道试验为一些国家所重视。大型环道试验或直道试验因为最能反映实际路面的车辙形成过程和性状,因此可用于验证试验。但试验成本大,试验周期长,一般不轻易开展这种试验。

(8) 野外现场试验

野外现场试验是一种实际路面结构在实际交通荷载作用下的试验,可直接观察到路面结构在汽车荷载作用下的响应与变形情况。由于试验费用昂贵,试验周期长,这类试验极少采用。

5.1.4 沥青混合料高温性能指标

由于沥青混合料的马歇尔稳定度和流值与沥青路面实际的车辙深度相关关系不好,满足马歇尔稳定度和流值指标的沥青混合料并不能对路面车辙进行有效的控制。为寻求能控制沥青路面车辙的指标与标准,各国道路研究人员对沥青混合料的抗永久变形特性进行了大量的、多方面的试验研究,获得了许多宝贵的数据和成果。尽管目前大多数国家对沥青混合料的高温性能设计,仍然采用马歇尔稳定度和流值指标,但它主要是用于确定最佳沥青用量和施工质量检验。作为沥青混合料的高温性能指标,已逐步要求采用其他试验作为补充或检验,这为建立沥青混合料抗永久变形指标与标准打下了基础。

1. 沥青混合料蠕变劲度标准

在众多沥青混合料高温特性的试验方法中,三轴重复加载试验是比较接近沥青路面三维受力状态的一种,试验中除了要求垂直荷载与恒温外,还要求提供恒定或动态的侧压力,因此,对试验人员和试验设备都有较高的要求。单轴静载蠕变试验是一种相对简单的试验方法,经过多年的试验研究,获得了宝贵的材料参数。这些参数主要用于对沥青混合料的高温性能进行验证与评价,或者用作相应车辙预估模型的输入参数来预测车辙深度,并相应提出了一些有关的指标(表 5.2)。

表 5.2 沥青混合料蠕变劲度模量极限值

研究者	温度/℃	时间/min	作用应力 σ_0/MPa	蠕变劲度模量/MPa
Viljoen 等(1981)	40	100	0.2	≥80
Kronfuss 等(1984)	40	60	0.1	≥50~60
Tinn 等(1983)	40	60	0.2	≥135

由表 5.2 中数据可见,各研究者采用的试验条件是不同的,所提出的劲度模量极限值差异也较大。显然需要建立标准的试验方法,才能结合路面的使用性能制定出可供参考和对比的混合料设计标准。否则这些就没有普遍性,其应用将受到各种条件的限制。

我国也采用单轴静载蠕变试验方法对沥青混合料进行过较多研究,由于影响蠕变试验结果的因素很多,试验结果变异性较大,到目前为止,也还未提出相应蠕变劲度极限值。

2. 车辙试验动稳定度标准

在车辙试验过程中,沥青混合料试块上车辙的产生与发展都与实际沥青路面车辙的产生和发展十分相似,大量调查也证明,车辙试验的动稳定度与沥青路面的车辙深度有较好的相关性。因此,若能恰当地进行沥青混合料的设计,使其动稳定度满足规定的要求,就有可能对沥青路面的车辙深度进行有效控制。

日本对车辙试验动稳定度指标与标准做了大量的试验研究工作,发现车辙试验的动稳定度与沥青路面的车辙深度有着较好的相关性。恰当地控制沥青混合料的动稳定度,可生产出抗永久变形能力强的混合料。在日本,动稳定度已作为正式指标纳入了沥青路面设计规范中,见表 5.3。

针对不同的沥青混合料和工程所处地区的气候分区,我国《公路沥青路面施工技术规范》(JTG F40—2004)提出在规定的实验条件下进行车辙试验,并应符合表 5.4 的要求。

表5.3 日本道路公团规定的动稳定度技术要求

交通量等级		轻交通量	中交通量	重交通量	超重交通量
一方向大型车交通量/(辆·d^{-1})		1 500以下	1 500~3 000	3 000~15 000	15 000以上
动稳定度要求/(次·mm^{-1})	一般地区	800	1 000	1 200	3 000~5 000
	准磨耗地区	500	800	1 000	3 000~5 000

表5.4 沥青混合料车辙试验动稳定度技术要求

气候条件与技术指标		相应下列气候分区所要求的动稳定度/(次·mm^{-1})									试验方法
7月平均最高气温(℃)及气候分区		>30				20~30				<20	
		1. 夏炎地区				2. 夏热区				3. 夏凉区	
		1-1	1-2	1-3	1-4	4-1	4-2	4-3	4-4	3-2	
普通沥青混合料≥		800		1 000		600	800			600	T 0719
改性沥青混合料≥		2 400		2 800		2 000	2 400			1 800	
SMA混合料	非改性≥	1 500									
	改性≥	3 000									
OGFC混合料		1 500(一般交通路段)、3 000(重交通量路段)									

注:①如果其他月份的平均最高气温高于七月时,可使用该月平均最高气温;

②在特殊情况下,如钢桥面铺装、重载车特别多或纵坡较大的长距离上坡路段、厂矿专用道路,可酌情提高动稳定度的要求;

③对因气候寒冷确需使用针入度很大的沥青(如大于100),动稳定度难以达到要求,或因采用石灰岩等不很坚硬的石料,改性沥青混合料的动稳定度难以达到要求等特殊情况,可酌情降低要求;

④为满足炎热地区及重载车要求,在配合比设计时采取减少最佳沥青用量的技术措施时,可适当提高试验温度或增加试验荷载进行试验,同时增加试件的碾压成型密度和施工压实度要求;

⑤车辙试验不得采用二次加热的混合料,试验必须检验其密度是否符合试验规程的要求;

⑥如需要对公称最大粒径等于和大于26.5 mm的混合料进行车辙试验,可适当增加试件的厚度,但不宜作为评定合格与否的依据

应该注意,JTG F40—2004规定的车辙试验动稳定度的指标要求并不是理论上的要求值,即不能理解为只要沥青混合料达到了该动稳定度标准,沥青路面就不会发生车辙或其他永久变形。目前,此标准是正常沥青混合料或改性沥青混合料所能达到的最小值,低于此标准的混合料往往可以认为配合比设计不合理,或者级配和材料使用不当,或者沥青用量不合适,或者沥青质量太差,或者改性沥青没有充分发挥效能,这只是一个最基本的检验标准。

3. 抗剪强度参数设计标准

史密斯(Smith)分析了圆形均布荷载作用下路表面出现的最大剪应力,利用摩尔圆分析建立了为防止剪应力超过该点抗剪强度时混合料必须具有的黏聚力关系式,图5.4所示为混合料具有不同内摩阻角时防止路表面出现超应力所需的黏聚力关系曲线。例如混

合料的内摩阻角为25°,其黏聚力不应小于所作用单位压力的15%,否则路面会出现剪切破坏。史密斯把上述理论分析结果同沥青路面的实际使用性能相对照,分别为不同的混合料类型和交通量等级提出了3条稳定性满足要求的最低标准线(图5.5),并提出为了避免混合料在使用过程中由于压密而稳定性下降,其内摩阻角不能低于50°。

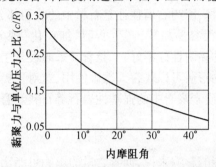 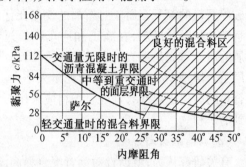

图 5.4　不同摩阻角的混合料具有的黏聚力　　图 5.5　满足稳定性要求的混合料抗剪强度参数标准

史密斯提出的稳定性设计标准,适用于车辆匀速行驶情况。进行三轴压缩试验时,按预期实际行车速度和路面平均高温拟定试验时加荷速度和温度。

萨尔(Saal)分析了沥青路面对圆形均布荷载的极限承载力,从不出现塑流的要求出发,提出了混合料内摩阻角与所需黏聚力之间的关系曲线。这一最低设计标准如图 5.5 所示,适用于持久荷载作用的情况。三轴试验时,应采用较慢的加荷速率和预期的路面平均温度。由图 5.5 可看出,按不出现塑流所要求的混合料黏聚力,低于史密斯按屈服标准定出的黏聚力。

5.1.5　改善沥青混合料高温性能的措施

沥青路面高温稳定性不足出现的车辙不仅影响行车舒适性和快速性,而且影响行车安全。产生车辙的路面维修养护困难,应特别引起重视。沥青混合料的高温性能受诸多因素影响,涉及材料、设计、施工及气候、荷载等方面。改善沥青混合料的高温性能应针对这些因素采取相应的措施。

1. 材料

(1)集料

集料对沥青混合料高温性能的影响至关重要,对高等级公路或一些重要路段,应首选高质量的集料,特别是表面两层沥青混合料,应采用坚硬、表面粗糙、破碎方式形成、颗粒接近立方体的集料。

应该强调的是集料表面粗糙度问题,其他许多性能都有相应的指标要求,而粗糙度却没有。近年来已经发生多起这样的情况,即集料的密度很大,压碎值、磨耗值很好,说明石质非常坚硬,可是配合比设计的指标如马歇尔稳定度、车辙试验动稳定度都很低,其原因主要是集料的破裂面不粗糙。在进行集料与沥青的黏附性试验时可以发现集料表面的油膜很薄,配合比设计的油石比也偏小,这样的集料不适于拌制沥青混合料。随着集料开采量的增加及环境保护的加强,破碎砾石的使用量将会增加。为了提高沥青混合料的高温性能,破碎砾石一定要使用较大的且洁净的砾石破碎,使集料的破碎面符合要求。在目前缺乏经验的情况下,高速公路使用破碎砾石一定要慎重。我国对细集料的选择和使用往往不太重视。与粗集料一样,石英质含量多的天然砂固然非常坚硬,但与沥青的黏附性较差。在有可能的情况下,应充分考虑采用破碎的人工砂,尽可能避免使用天然砂,不能避免时也应尽量减少其用量。不过目前我国尚缺乏真正意义上的人工砂,基本上还是采石场破碎石料的筛下石屑。对石屑的使用要仔细选择,因为石屑往往是石料中的软弱部分,而且针片状颗粒极多,在施工和通车碾压过程中很容易粉碎,产生所谓"细粒化"现象。石屑的质量首先是看岩石本身是否坚硬,与沥青的黏附性好不好;二是看开采时覆盖层及夹层是否清理干净,石屑中的含泥量大不大。好的石屑可以代替天然砂使用,这对于提高混合料的高温稳定性有好处。填料应采用石灰岩或岩浆岩中的强基性岩石等石料经磨细得到的矿粉。

(2)沥青结合料

有关研究认为,就沥青对沥青混合料高温性能的影响来说,沥青含量的影响可能比沥青本身特性的影响更重要。对于细粒式或中粒式密级配沥青混合料,适当减少沥青用量有利于抗车辙。因此,当用马歇尔法进行混合料设计,且主要考虑高温性能时,沥青用量应选择最佳沥青用量范围靠下限。但对于粗粒式或开级配沥青混合料,在考虑抗车辙因素时应综合考虑级配、集料对沥青的吸附性、集料与沥青间的黏聚力、混合料的空隙率等,不能简单地采用减少沥青用量的方法来改善抗车辙性能。此外,沥青应有较高的黏度或劲度,可根据工程所在地的气候情况,选择比常规使用的沥青低一个等级。若试验、验证结果仍不能令人满意时,可考虑利用改性沥青提高其抗车辙能力。

2. 设计

(1)级配

集料级配也是一个影响沥青混合料高温性能的非常重要的因素。较粗的级配有较好的抗车辙能力,但不容易控制,而且级配过粗反而影响其高温稳定性,相比之下,密级配的沥青混合料抗车辙性能较开级配混合料更加稳定一些。就目前规范而言,公称最大粒径 13 mm 及 16 mm 的集料适合于铺筑表面层,20 mm 及 25 mm 的集料适合于铺筑沥青路面中面层和下面层。另外,适当提高混合料中粗集料的用量(不一定是最粗的部分),对改善沥青混合料的高温性能有利。对于细集料,美国 Superpave 混合料设计方法给出了一个限制区,规定 0.3～2.36 mm(或 4.7 mm)范围内的集料级配线不得进入限制区,认为进入选择区的级配容易产生塑性流动,虽然级配限制区的实际功能还不很清楚,但限制砂的含量尤其是细砂的用量这一点值得借鉴。

(2)混合料

在进行混合料设计时,可有意识地按较多的重载车辆、较大的轴载、较高的轮胎气压进行沥青混合料的设计与试验室验证。例如,可适当提高马歇尔试件的击实功,使得现场 2～3 年龄期沥青路面的密度与设计的混合料密度相当。采用"大粒径"混合料时应进行专门设计与验证,应控制混合料中矿粉的含量。一般来说,矿粉与沥青之比不宜大于1.2。

另外,沥青混合料的设计空隙率是个非常重要又一直有争议的指标。目前世界上存在两种截然不同的看法:传统的,或者说经典的看法认为空隙率是混合料配合比设计最重要的指标,按照美国 Superpave 的要求,设计空隙率应为 4%;另一种看法认为,4% 的设计空隙率是毫无道理的,因为它是基于搓揉压实,机压头 0.6 MPa 压力的基础上的,如果路面承受的荷载比 0.6 MPa 大,例如我国的汽车设计荷载为 0.7 MPa,实际空隙率就变了。对我国一些 SMA 路面出现的泛油现象,德国专家认为是集料粒径太大,设计空隙率太小,应该增大到 5%。从这些不同的看法可以看出,在现阶段,沥青混合料的设计空隙率在 3%~5% 范围内是适宜的,它既考虑了高温性能又考虑了水稳定性,可望有较好的耐久性。

3. 施工

沥青路面施工应针对不同的混合料采用不同的施工方法,除了把握好材料质量关以外,最重要的还有两点:一是施工温度,包括拌和、摊铺、压实温度,都必须严格控制;二是压实,这是沥青路面施工的最后工序,也是最重要的工序。好的混合料设计只有通过充分的压实才能获得优良的性能,碾压次数少肯定达不到压实度要求,但过度压实可能使压实度降低,适度的碾压能够获得最满意的效果。

5.2 低温性能

5.2.1 沥青路面低温下开裂

本小节内容可与第一章"裂缝"病害互相参考。

沥青路面在冬季气温急剧下降时会因收缩而产生横向裂缝。沥青混合料抵抗低温收缩变形产生裂缝的能力称为低温抗裂性。路面的横向裂缝虽然不影响车辆行驶,但雨水渗入裂缝将逐渐引起路面破坏。低温缩裂往往是沥青路面各种病害的开始,而裂缝的发展将直接影响到路面的使用性能。裂缝的产生不仅破坏了路面的连续性、整体性及美观,而且会从裂缝中不断渗入水分使基层甚至路基软化,导致路面承载力下降,加速路面破坏。同时纵向无限长的沥青面层开裂后,其承载模式转变为有限尺寸板。冬季面层模量较高,承受重复车轮荷载时,开裂后的路面可能折断成更小尺寸的板,并发生网裂。随着裂缝逐年加宽,边缘折断破碎,使路面平整度降低,严重危及道路的使用寿命和质量。沥青混合料开裂是路面的主要病害之一,但其成因往往很复杂,因此引起了各国道路界的普遍关注和重视。

为防止或减少沥青路面的低温开裂,可选用黏度相对较低的沥青,或采用橡胶类的改性沥青,同时适当增加沥青用量,以降低沥青混合料的低温劲度模量,增强柔韧性。如果沥青路面在低温下仍能保持足够的柔韧性,在比较短的时间内使所产生的收缩应力松弛消失,就能避免裂缝的产生。

国内外有很多研究和控制沥青混合料低温性能的方法,如限制劲度法、预估破裂温度法、松弛理论简化法、能量法等。预估破裂温度法或松弛理论简化法都是以低温缩裂应力小于容许应力为判据,仅考虑了面层的收缩特性和黏弹性行为,具有较大的局限性,与实际情况不完全一致。而能量法将路面结构整体的热物理性能和力学行为作为一个系统,既考虑沥青面层的特性,也考虑基层热物理特性对缩裂率的影响。根据黏弹断裂力学的有关理论,计算沥青路面的贮存能和断裂能。在 SHRP 沥青结合料标准指标中,采用梁的弯曲蠕变试验评价沥青的低温抗裂性,我国也多采用弯曲蠕变试验法进行沥青的低温评价。

国外在20世纪50年代后期就注意到混合料开裂的严重性,并从沥青路面的横缝调查入手,进行了研究,通过试验路的修筑以及室内试验等取得了不少研究成果。国内自1975年以来先后对哈尔滨、沈阳、天津、西安、南京、上海等地的裂缝现象进行了调查,从调查结果可知,由于路面设计或施工原因,结构层本身强度不足,不能适应日益增长的交通量及轴载作用而产生的开裂,最初一般表现为纵向开裂,然后发展为网裂,这一类由荷载产生的裂缝在中、低级道路及一些超载严重的高等级车道轮迹处常见。对大多数高等级公路来说,由于普遍采用了半刚性基层,有足够的强度,这一类荷载裂缝并不是主要的,相反另一类裂缝即非荷载裂缝则普遍存在,这已引起了我国道路工作者的普遍关注。

非荷载裂缝引起的大都为横向裂缝,主要是由于降温及温度循环反复作用在沥青路面产生温度收缩裂缝以及由于半刚性基层收缩开裂产生的反射裂缝,而且许多裂缝是多方面原因共同作用而产生的。

沥青混凝土的低温变形能力在很大程度上取决于沥青材料的低温性质、沥青与矿料的黏结强度、级配类型以及沥青混合料的均匀性。因此除了采用合理的配合比,选用与沥青黏结良好的矿物集料和控制施工工艺外,可采用稠度低塑性大的沥青来提高沥青混凝土的抗低温变形能力。

我国由于地域辽阔,南北方温度差别大,而且有一半以上地区沥青路面要受到温度裂缝的危害。随着交通运输事业的发展,对道路品质的要求也越来越高,因此为了减少或消除低温裂缝,提高路面的质量,深入地开展沥青混合料低温缩裂的研究就显得十分必要。

5.2.2 影响沥青混合料低温抗裂性的因素

影响沥青混合料低温抗裂性的因素主要有:材料特性、环境、路面结构几何尺寸等。

1. 沥青性质的影响

(1) 沥青的感温性

不同油源决定了沥青的性质各有不同,同样决定了沥青混合料不同的抗裂性能。稠油沥青在低温时能承受较大的拉伸应变,有较低的劲度模量,所以抗裂性能较好。但仅用稠度或黏度指标尚不足以评价沥青混合料的抗裂性能,而影响更大的是沥青的温度敏感性。

(2) 沥青的劲度

沥青混合料的低温劲度是决定其是否产生开裂的最根本因素,沥青的劲度又是决定沥青混合料劲度的关键。Readshaw提出在沥青接近最低使用温度时的7 200 s劲度不超过200 MPa时路面开裂较少。Fromm和Phang提出根据荷载作用时间为10 000 s时的劲度为1 400 MPa来选择沥青的标号。Deme从圣安妮试验路20年调查得出沥青结合料的极限劲度为1 000 MPa(1 800 s)。

(3) 沥青的针入度

当温度敏感性相同时(或者油源相同),通常针入度大的沥青有较低的劲度模量,比针入度低的沥青路面裂缝少。

(4) 沥青的延度

沥青的低温延度与开裂有一定关系。第18届国际道路会议总报告认为只有0 ℃延度能更好地说明黏聚力,老化后的延度仅适用于氧化沥青及多蜡沥青,10 ℃延度能粗略地估计低温性能,25 ℃延度一般都能大于100 cm,很少能反映其使用性能。对于沥青的低温性能优劣,还可以参考沥青的测力延度试验结果。所谓测力延度试验,可用一般延度试验同时测得随拉伸长度变化的拉力,把得到的试验结果绘图,横轴代表拉伸长度,纵轴是与其相对应的拉力,就得到一条向上凸起的曲线。这条曲线陡度很大,呈尖状,则这种沥青是很脆的,用该沥青铺路,其抗低温收缩的能力很差。

(5) 沥青的感时性

一般认为沥青延度试验的拉伸速率为 $10^{-2}/s$ 左右,而路面降温时的应变速率约为 $(10^{-7} \sim 10^{-8})/s$,因此还必须考虑沥青的感时性。感时性大,表示非牛顿沥青的黏性凝聚力结构容易遭到破坏。在很低温度时温降收缩几乎不发生黏性流动,只在凝胶结构内部产生应力积聚,并提早在集中力薄弱处产生裂缝,尖端的应力集中导致裂缝扩大并使抗拉强度降低。由于针入度指数值大的沥青一般感时性较大,所以,一些沥青标准规定针入度指数值的上限为+1。

(6) 沥青的老化性能

沥青的老化是由轻质油分的挥发、沥青的氧化分解及位阻硬化所引起的。氧化及位阻硬化是引起路面使用期过早老化的主要原因。前联邦德国的研究结果表明,当软化点因老化而升高至 54~56 ℃时,表层将开裂,软化点越高,裂缝率越大。日本名神高速公路的调查表明,老化后的沥青针入度下降到 45(0.1 mm),延度低于 20 cm 时,路面开裂较多。很显然,沥青在使用期的老化越严重,劲度越大,裂缝出现越早。

2. 沥青混合料的组成的影响

(1) 沥青用量

沥青用量对沥青混合料的劲度有显著影响。但圣安妮试验路结果表明,沥青用量在最佳用量的+0.5% ~ -1.0%范围内波动时,对开裂率无明显影响。沥青用量增加,混合料的应力松弛性能提高,但其收缩性也变大,二者互相抵消。

(2) 矿料性质及组成级配

对不同混合料类型做温度应力试验发现,不同级配的混合料的温度应力增长有较大差异,粒径粗的、空隙率大的混合料内部微空隙较多,应力松弛极限温度降低,使温度应力减小;中粒式比细粒式的温度应力小。沥青碎石及灌入式的温度应力要比沥青混凝土小,但由于其内部缺陷多,破坏时的温度应力也小,致使破坏应变并无多大差别。另外,由于沥青混合料中加入矿粉,沥青与矿粉形成的胶浆的黏度比沥青单体的黏度要大一个数量级,而且黏度的速度敏感性也大,比游离的沥青单体本身容易开裂。但矿粉太少又会影响黏聚力及高温稳定性,所以沥青混合料中的粉胶比是影响其低温性能的一个重要因素,一般取粉胶比为 0.8~1.2。研究表明,矿粉通过 0.75 mm 筛孔量少,沥青胶浆的感温性变大,则混合料产生裂缝的可能性就变大。

使用吸水性大的骨料,路面的温缩裂缝将增多。

(3) 剥落率

沥青混合料的剥落率大,就易产生裂缝。这意味着剥落率大的沥青和骨料间的结合力弱,从而导致沥青混合料的抗拉强度变小。一般认为这种剥落现象和沥青老化有密切的关系。

3. 路面结构的几何尺寸

现场调查结果表明,窄路面比宽路面的温度裂缝间隔更近。7 m 宽的道路的初始裂缝间距为 30 m,而宽度为 15~30 m 的普通机场道面的初始裂缝间距大于 45 m。采用质量好的沥青,即使面层较薄,其横向裂缝可能很少甚至没有,但采用质量不好的沥青时,即使沥青混合料面层很厚,裂缝亦大量发生。但使用相同的沥青时,厚度大的比薄的裂缝率小,因此,增大沥青混合料面层厚度对于减少温度收缩裂缝及反射裂缝都是有效的措施。

4. 基层的影响

半刚性基层较之柔性基层热容量小,与沥青面层的附着性能差,尤其是本身收缩(干缩、温缩)的附加影响,故横向裂缝要多些。基层与面层的附着性能差,将使面层有一定自由收缩变形的可能性,混合料的应力松弛性能得不到充分发挥,温度应力无法传递到基层中去,而在面层内部积聚,容易产生开裂。基层上洒布透层油,加强基层与面层的黏结,由于减小了沥青面层的收缩,对于提高其抗裂性有好处。当半刚性基层已有收缩裂缝时(往往是难以避免的),在裂缝处将造成应力集中从而使面层的温缩裂缝容易在这里发生并上下汇合。为减小基层收缩附加力的影响与面层收缩的共同作用,任何减轻基层收缩及减轻反射裂缝的措施都将有利于防止半刚性路面温缩裂缝的产生。

5. 气温等环境因素

较大的温度梯度(温差)是沥青路面温缩裂缝产生的最直接起因。日本的研究表明,路面的收缩变形是日平均气温及温度梯度的函数。当日平均气温在 20 ℃ 以上时,由于沥青材料已有足够的应力松弛性能,路面基本上不再产生收缩变形。

温度应力试验表明,降温速率越大,混合料收缩应变速率越大,材料的应力松弛性能越难发挥,积聚的温度应力越高,脆化点温度越高,也就越容易发生开裂。另一方面,即使一次降温未达破坏温度的地区,但处于接近该温度的低温状态下,混合料内部也将发生微裂缝,随着低温持续时间的延长,裂缝不断扩展,也将发生开裂。在气温稍高的地区,由于反复地升温降温循环,虽然温度应力不高,但材料的破坏应力将减小,再加上材料的老化影响,也将由于疲劳而发生开裂破坏。因此,最低温度、温降速率、低温持续时间、温度循环次数是影响温度对沥青路面温缩裂缝的四大要素。例如,在立交桥下或防风林带的裂缝较少,而处于风口的裂缝较多。

6. 其他影响因素

(1) 应力集中

沥青混合料的低温抗拉强度一般在 4~5 MPa 以上,石料的抗拉强度往往高达 14 MPa,这说明裂缝扩展时由于应力集中的影响,除了基层裂缝的影响外,温度裂缝总是在路面内某一最薄弱的部位首先发生。而浅色路标线的收缩系数一般达 $(6~12) \times 10^{-5}$,因此很容易首先发生横向开裂。

(2) 交通量

由于温度收缩裂缝主要是温度变化所引起的,所以在交通量小的慢车道、路缘带、自行车或行人专用道路均有发生。由于荷载的搓揉压实,交通量大的路段温缩裂缝在最初几年可能反而较少,但随路龄的增长,车辆荷载的反复疲劳作用将使横缝增长加快,缝距缩短。

5.2.3 沥青混合料抗裂性能评价方法

低温收缩裂缝与沥青的低温品质及沥青混合料的收缩性能有关。自 20 世纪 60 年代加拿大率先对沥青混合料面层的低温收缩开裂进行系统调查研究以来,路面抗裂与材料低温性能指标研究一直是国际道路学术界的重要内容,特别是美国 SHRP 计划,将沥青与沥青混合料的技术标准列为主要研究内容,加拿大、澳大利亚及欧洲许多国家也先后制订了类似的研究计划。我国在"七五"国家攻关专题中曾对沥青及沥青混合料的低温性能做了一些研究,在"八五"国家攻关专题中又专门对沥青及沥青混合料的低温性能指标作了研究,并提出了相应的建议值。这足以说明提出适当的评价沥青及沥青混合料低温性能的指标,以控制或消除沥青路面的温度裂缝,是国际上重要的研究课题。

国内外用于研究沥青混合料低温抗裂性能的试验方法有多种,主要包括:等应变加载的破坏试验(间接拉伸试验、弯曲、压缩试验)、直接拉伸试验、弯曲拉伸蠕变试验、受限试件温度应力试验、三点弯曲 J 积分试验、C* 积分试验、收缩系数试验、应力松弛试验等。

1. 间接拉伸试验(劈裂试验)

间接拉伸试验即通常所说的劈裂试验,是通过加载条加静载于圆柱形试件的轴向,试件按一定的变形速率加载,施加的压缩荷载,其垂直、水平变形可通过 LVDT 得到,从而可获得沥青混合料的劈裂强度和变形数据。试件尺寸国内外均采用标准马歇尔试件尺寸,即直径为 101.6 mm,高度为 63.5 mm。加载速率国内外略有不同,我国对其加载速率规定如下:对于 15 ℃、25 ℃ 等采用从 50 mm/min 加载,对 0 ℃ 或更低温度建议采用 1 mm/min 作为加载速率。其评价指标有劈裂强度、破坏变形及劲度模量等。

在"八五"攻关专题中,沈金安等人针对我国常用的七种沥青进行了沥青混合料低温劈裂试验,级配采用 AC-13 I 型。表 5.5 列出 7 种沥青混合料在各个温度下的平均破坏应力、破坏应变及破坏劲度值。

表 5.5 劈裂试验的平均破坏应力、破坏应变、破坏劲度(加载速率为 50 mm/min)

指标	试验温度/℃	不同厂家沥青的试验结果						
		克拉玛依(KLM)	欢喜岭(HXL)	辽河(LHE)	茂名(MMN)	单家寺(SJS)	兰炼(LAL)	胜利(SLI)
破坏应力/MPa	10	2.40	2.58	2.39	3.32	2.88	2.56	2.32
	0	3.71	3.58	3.62	3.51	3.89	4.11	3.82
	−5	3.99	3.91	4.15	3.84	4.36	4.24	4.24
	−10	4.16	4.24	3.67	4.20	4.28	4.54	4.33
	−15	4.50	4.21	3.58	3.81	3.37	3.26	4.25
	−20	3.50	3.34	3.29	2.97	3.25	3.12	3.48

续表 5.5

指标	试验温度/℃	不同厂家沥青的试验结果						
		克拉玛依(KLM)	欢喜岭(HXL)	辽河(LHE)	茂名(MMN)	单家寺(SJS)	兰炼(LAL)	胜利(SLI)
破坏应变/$\times 10^{-6}$	10	6 546	5 618	5 934	6 565	5 241	6 186	6 767
	0	5 672	4 416	5 117	3 789	4 324	4 701	4 481
	−5	5 101	4 234	4 166	3 573	3 766	4 883	4 671
	−10	3 939	4 648	3 159	4 190	3 840	4 828	3 788
	−15	3 962	3 498	3 434	3 050	3 430	3 505	3 283
	−20	2 969	3 204	2 909	2 747	3 003	2 424	2 909
破坏劲度/MPa	10	642.96	790.76	693.78	869.53	945.96	717.44	602.47
	0	1 577.7	1 398.6	1 245.6	1 593.5	1 549.1	1 504.6	1 467.7
	−5	1 422.9	1 386.6	1 718.2	1 851.5	1 719.7	1 388.9	1 567.9
	−10	1 821.9	1 571.8	2 004.9	1 788.7	1 922.1	1 620.6	1 968.6
	−15	1 958.8	2 074.9	1 785.1	2 152.3	1 888.9	1 618.4	2 228.7
	−20	2 049.9	1 811.9	1 944.5	1 855.1	1 877.6	2 368.9	2 056.3

注:①泊松比取 0.25;
②KLM、HXL、LHE、MMN、SJS、LAL、SLI 分别代表克拉玛依、欢喜岭、辽河、茂名、单家寺、兰炼、胜利沥青

试验结果表明以下几点。

①沥青混合料的劈裂破坏强度与温度的关系 σ-T 曲线呈山峰状,峰值温度称为沥青混合料的脆化点。用脆化点评价沥青混合料的低温性能有一定的规律,要比用破坏应变和劲度评价有效。表 5.6 是沥青混合料的脆化点温度克拉玛依(KLM)和欢喜岭(HXL)沥青的脆化点最低,抗裂性能应该最好,胜利沥青则最差。研究表明,脆化点温度是沥青混合料重要的特征温度,也是沥青混合料由塑性向脆性转化的标志。

表 5.6 沥青混合料的脆化点温度

混合料沥青品种	KLM	HXL	LHE	MMN	SJS	LAL	SLI
脆化点温度/℃	−13	−13	−8	−8	−7	−6	−4

②从破坏应变与温度的关系看,破坏应变随温度的降低逐渐减小。但表中试验结果并没有出现以前研究显示的 S 形,对应于破坏强度的转折点,ε_B-T 曲线也存在拐点。在拐点附近,破坏应变变化较大,在这个温度前后,其增加和减小的速率较平缓,而且几个温度下七种沥青混合料的破坏应变相差不大。

③沥青混合料的破坏劲度,随温度的提高而逐渐降低,成肩膀的形状。肩膀位于脆化点温度左右,高于脆化点温度后,劲度模量急剧下降;当低于脆化点温度时,劲度曲线变得平缓,且趋于一个定值。从表 5.4 的数据可以发现,低温时沥青混合料的劲度差距不大,有些甚至与沥青混合料的实际路面性能相反,例如 LAL 沥青−15 ℃的劲度小于 KLM 和 HXL 沥青,LAL 沥青 10 ℃以上温度的劲度均小于 KLM 沥青,但 KLM 和 HXL 沥青低温性能均好于 LAL 沥青。

0 ℃的劲度模量按从小到大顺序以排列为 LHE、HXL、SLI、LAL、SJS、KLM、MMN。由

于 0 ℃尚在脆化点温度以上,此次序与沥青的路用性能毫无相关关系。

在-10 ℃的劲度模量按从小到大顺序排列为 HXL、LAL、MMN、KLM、SJS、SLI、LHE。同样此次序与沥青的路用性能也不相关。

因此,从以上试验结果可以认为,劈裂试验虽然快速简单,但试验结果并不能令人满意。如沥青混合料的劲度模量与沥青的路用性能并无良好的相关关系,不同沥青间的劲度模量及拉伸应变相关性并不明显,特别是不同性能的沥青之间拉不开距离,同一种沥青的几个试件之间的差别有时甚至大于不同沥青之间的差别,所以难以提出控制温度裂缝的极限劲度和极限拉伸应变。"七五"国家科技攻关的劈裂试验也有相似的结果,在低温区,七种沥青混合料的劲度曲线几乎重合,破坏拉伸应变也有这个现象。因而,希望通过劈裂抗拉试验评价沥青混合料低温开裂破坏比较困难。

2. 低温弯曲破坏试验(弯曲试验)

低温弯曲破坏试验是目前国内外较常用的评价沥青混合料低温抗裂性能的一种方法。我国根据美国、日本常用的试验方法,规定将沥青混合料板切制棱柱体试件,即采用试件尺寸为 25 mm(宽)×30 mm(高)×250 mm 的小梁,跨径为 200 mm,中间单点加载,加载速率分 50 mm/min、5 mm/min 两种,相当于梁底弯拉应变速率分别为 $3.125×10^{-3}$ 及 $3.124×10^{-4}$,试验温度为 +20 ℃ ~ -20 ℃,温度间隔为 5~10 ℃,由跨中挠度求算其弯拉应力、应变及劲度模量,计算式如式为

$$\sigma_0 = (3LF_0)/(2bh^2) \times 10^{-6} \quad (5.2)$$

$$\varepsilon = (6hd)/L^2 \quad (5.3)$$

$$S = \sigma_0/\varepsilon \quad (5.4)$$

式中,L 为跨径,mm;b,h 为小梁的宽度和高度,mm;d 为破坏时的变形(跨中挠度),mm;F_0 为破坏荷载,N。

沥青混合料在低温下的极限变形能力反映了黏弹性材料的低温黏性和塑性性质,所以低温的极限弯拉应变也是评价低温性能的一种指标。显然极限应变越大,其抗裂性越好。沥青混合料在低温下具有足够的弯拉应变能力,则路面有可能避免低温收缩开裂的出现。沥青混合料在低温下的极限弯拉应变与其沥青结合料的性质有很大的关系,为了提高沥青路面的抗裂性,使用橡胶类或热塑性橡胶类改性沥青是有效的措施。我国《公路沥青路面施工技术规范》(JTG F40—2004)提出宜对密级配沥青混合料在温度为 -10 ℃、加载速率为 50 mm/min 的条件下进行弯曲试验,测定破坏强度、破坏应变、破坏劲度模量,并根据应力-应变曲线的形状,综合评价沥青混合料的低温抗裂性能,其中沥青混合料的破坏应变宜不小于表 5.7 的要求。

表 5.7 沥青混合料低温弯曲破坏试验破坏应变技术要求

气候条件与技术指标	相应于下列气候分区所要求的破坏应变/$×10^{-6}$								试验方法
年极端最低气温(℃)及气候分区	<-37.0		-21.4 ~ -37.0		-9.0 ~ -21.5		>-9.0		
	1. 严寒地区		2. 冬寒区		3. 冬冷区		4. 冬温区		
	1-1	4-1	1-2	4-2	3-2	1-3	4-3	1-4	4-4	
普通沥青混合料 ≥	2 600		2 300			2 000				T 0715
改性沥青混合料 ≥	3 000		2 800			2 500				

用弯拉试验的弯拉模量评价和控制沥青混合料的低温抗裂性,在本质上与弯拉应变是一样的,但作为低温控制指标有其局限性。例如,对于改性沥青,虽然极限应变增大,但由于其黏性的提高,往往低温下的弯拉强度也随之提高,故有时弯拉模量反而增大,结果得出改性沥青低温性能降低的错误结论,故用弯拉模量评价混合料的低温性能并不完全合理。

3. 压缩试验

我国《公路工程沥青及沥青混合料试验规程》(JTJ 054—2000)规定了棱柱体法压缩试验(抗压试验)评价沥青混合料低温性能的方法,与劈裂试验、弯曲试验一样,固定相同的加载速率,改变不同的试验温度,便可以得到不同温度下的破坏强度、破坏应变、破坏劲度模量与温度的关系,由此确定此试验条件下的脆化点温度。试件尺寸为 40 mm×40 mm×80 mm(高)的棱柱体,加载速率为 50 mm/min 及 5 mm/min,试验温度为 20 ~ -30 ℃,温度间隔地 5 ~ 10 ℃。按该方法确定的沥青混合料的脆化点温度见表 5.8。其中 HXL 沥青混合料的脆化点温度最低,S90 比 SHL 略低些,AH-70 的脆化点比 AH-90 的高,S70 与 ALB 并无差别。50 mm/min 及 2 mm/min 两种不同速率加载的脆化点温度相差 8 ~ 12 ℃,由此说明,劈裂试验的结果不仅受温度影响很大,加载速率也有很大影响。用 50 mm/min 及 5 mm/min 加载,相当于温度差了 10 ℃ 左右,结果也相差很大。在 20 ~ -20 ℃ 范围内试验时,以 50 mm/min 加载,试验开始至破坏的时间仅为 0.5 ~ 20 s,而 5 mm/min 加载至破坏时间约需 15 ~ 60 s。在这么长的时间内,如果不用环境箱,则试件的温度实际上已有变化了,因此通常试验采用加载速率为 50 mm/min 较为合适。

表 5.8 抗压试验沥青混合料脆化点温度的确定

加载速率/(mm·min^{-1})	50					5				
混合料沥青品种	S90	HXL	SHL	S70	ALB	S90	HXL	SHL	S70	ALB
从 σ-ε 曲线决定由曲线变成直线的温度范围/℃	约 20	10 ~ 20	>20	约 20	10 ~ 20	0 ~ 10	约 0	0 ~ 10	0 ~ 10	0 ~ 10
从 σ-T 图上得到 σ 峰值时的温度/℃	-5	-10	-6	-7	-10	-16	-16	-13	-12	-12
从 τ-T 图上得到的 τ 迅速下降时的温度(τ 约为 2×10^{-2})/℃	+13	+14	+13	+16	+17	+4	-1	+4	+13	+7
脆化点温度 T_B/℃	+13	+14	+13	+16	+17	+4	-1	+4	+13	+7

抗压劲度模量 S_B-T 曲线与弯曲、劈裂也有所不同,其脆化点温度比沥青进入脆性状态的脆化点温度低得多,所以随温度的上升劲度模量下降较慢,变坡段范围较大,约为 1 000 ~ 3 000 MPa,低温区向上限 2 500 ~ 3 500 MPa 收敛,较弯曲劲度模量低得多。

由此可见,压缩试验的沥青混合料脆化点主要根据应力-应变曲线由曲线变成直线,破坏应变随温度迅速减小这一特征决定,它与抗压强度峰值不一致。由于脆化点主要是说明沥青混合料在低温时的抗裂性能,因此压缩试验的脆化点意义不大。

另外,由于加载速率的不同,脆化点温度当然也有所不同,但不同沥青混合料的脆化点温度不同可能与沥青的感温性有关。

混合料脆化点温度表征混合料在一定荷载速率下从黏性转变成弹性,即从流动性破坏转变成脆性破坏的温度。将以上几种试验的脆化点温度与沥青的主要性能汇总于表5.9,可以清楚地看出脆化点温度与沥青性质的密切关系。

表5.9 沥青混合料的脆化点温度与沥青主要性能之间的关系

项 目		AH90					AH70	
		S90	HXL	K90	SHL	JPN	S70	ALB
弯曲试验软化点温度/℃	50 mm/min	+7	0	−1	+8	+5	+10	+8
	5 mm/min	−1	−8	−7.5	+1	−1.5	+3	0
劈裂试验软化点温度/℃	50 mm/min	−4	−6	—	0	—	—	—
	5 mm/min	−12	−16	—	−12	—	−10	−10
沥青针入度/0.1 mm		87	83	104	87	94	65	69
针入度指数 PI		−0.85	+0.07	+0.3	−0.40	+0.2	−0.85	−0.71
针入度黏度指数 PVN		−0.38	−0.40	+0.77	−0.58	−0.44	−0.53	−0.05
沥青费拉斯脆点 F_T/℃		−16.5	−20	−21	−12	−10	−14.5	−7.5
沥青皿式脆点 F_T/℃		−28	−31.5		−27		−28	−22
0 ℃时沥青的针入度时间指数 B		−0.33	0.29		0.35			0.37
沥青塑性温度范围($T_{R\&B}-F_T$)/℃		65.3	69.5	70.0	59.2	56.5	65.0	60.0

表5.9中,在AH-90的几种沥青中,K90及HXL沥青混合料的PI及PVN值较大,脆点低,感时性的指标:低温针入度时间指数小,而且塑性温度范围大,故沥青混合料脆化点温度也低,说明它与这些沥青性质是密切相关的。S90与SHL、JPN沥青混合料相比,除PI及PVN值互有高低外,其他几项指标都略比SHL、JPN沥青混合料好,其脆化点温度大体相当。AH-70的S70与ALB相比,脆点、针入度时间指数及沥青塑性温度范围等均较ALB好,但PI、PVN较ALB略小,其他几项指标互有高低,最终反映S70沥青混合料的脆化点比ALB的略高(弯曲)或相当(劈裂)。

对比劈裂试验、弯曲破坏试验和压缩试验三种方法的破坏应变可知,在相同荷载速率及相同试验温度条件下,压缩破坏应变要比弯曲、劈裂破坏应变大数倍,而劈裂抗拉与弯曲拉伸的破坏应变则相差不大。这说明,在拉伸试验时,沥青结合料的黏聚力起支配作用,而在压缩试验时,除了沥青的变形影响外,矿料本身的强度、矿料级配及嵌锁承载能力起到很大作用,并能产生一定的相对位移。

4. 直接拉伸试验

Hass曾在控温和恒定拉伸速率条件下对一矩形梁试件施加拉伸荷载,试件尺寸为38.1 mm×38.1 mm×101.6 mm,试件的两端分别由环氧树脂粘贴在拉板上。试验系统可以产生十分缓慢的拉伸速率,并且位于一个能降低到−40 ℃的环境箱中,拉伸速率一般采用(1.2~2.5)×10⁻³ mm/min,试验设备如图5.6所示。

长安大学张登良教授曾利用材料测试系统(MTS)进行了不同类型沥青混合料的直接拉伸试验,其试验系统与图5.6大体相同,试件尺寸不相同。试件形状为"八字"形,高度为 5 cm,中部断面尺寸为 3.5 cm×5 cm,试件总长为 20 cm,采用压力机法成型。试验模拟不同温度、不同加载速率测试其拉伸强度、应变和模量。

5. 蠕变试验

低温蠕变试验按其加载方式的不同可以分为直接拉伸蠕变、劈裂拉伸蠕变(劈裂蠕变)和弯曲蠕变试验,其中常用的是弯曲蠕变和劈裂蠕变试验。

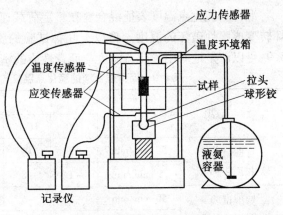

图 5.6　直接拉伸测试系统

低温蠕变试验是把试件放于低温水浴或环境保温室中,并要求荷载能瞬时作用到试件上。国外有一种直接拉伸蠕变试验是利用液压千斤顶加载,开始试验时,用千斤顶将压力机的上下压板顶住,压板之间放置试件,液压千斤顶施压至额定压力,当千斤顶突然松弛时,荷载就几乎被瞬时地加到试件上。试件尺寸为 38.1 mm×38.1 mm×101.6 mm。当温度低于 -18 ℃时,作用 2 225 N 的荷载保持加载时间超过 2 h。

由于直接拉伸蠕变试验的条件比较困难,国内外都转到弯曲蠕变试验或劈裂试验。在对弯曲蠕变试验和劈裂蠕变试验进行了系统的分析比较后,我国采用弯曲蠕变试验作为沥青混合料低温抗裂性能评价方法。现将几种方法分述如下:

(1) 弯曲蠕变试验

弯曲蠕变试验机一般包括加载系统、荷载变形量测系统及温度控制系统,其结构如图 5.7 所示。试验机加载通过两根杠杆实现,一根杠杆用以平衡加载框架自重,另一根杠杆用以放置砝码加载,应力和应变数据通过计算机采集。进行蠕变试验时也可用带有环境箱的万能试验机来完成。蠕变试验试件尺寸为 30 mm×35 mm×250 mm 的棱柱体,试验温度采用 0 ℃,荷载水平为破坏荷载的 10%,对于密实型沥青混凝土采用 1.0 MPa。蠕变试验一般可分为三个阶段,依次为蠕变迁移、蠕变稳定和蠕变破坏阶段,如图 5.8 所示。低温蠕变的迁移期和稳定期的时间比高温的要长得多,而高温蠕变的迁移期和稳定期很短,很快就进入破坏期了(加速期)。

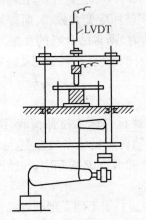

图 5.7　弯曲蠕变试验机结构

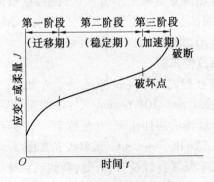

图 5.8　沥青混合料蠕变曲线

由于蠕变试验开始时的瞬时加载比较困难,因此在开始试验的一段时间内测定的数据不可能准确。因此试验考查的重点是蠕变稳定阶段,在该阶段,荷载作用时间从 t_1 到 t_2,变形从 L_1 增大到 L_2,应变由 ε_1 增大到 ε_2,蠕变速率可定义为

$$\varepsilon_{\text{speed}} = [(\varepsilon_2-\varepsilon_1)(t_2-t_1)]/\sigma_0 \tag{5.5}$$

式中,σ_0 代表沥青混合料小梁下缘的蠕变弯拉应力,其值大小对蠕变速率的影响较大。弯曲蠕变因其荷载小,变形测量简单而值得采用。

(2)劈裂蠕变试验

低温劈裂蠕变试验是国外使用较多的一种低温性能评价试验,在我国也进行过不少探索,但是目前在我国由于劈裂试验的水平变形测量有困难,所以除劈裂强度外不能得出满意的结果。

低温劈裂蠕变试验方法与常规的劈裂试验基本相同,所不同的地方就是所要求的温度和应力水平。经过试验,从整体上讲,低温劈裂蠕变试验的标准温度可采用 0 ℃,荷载应力水平可采用 0.5 MPa,可采用蠕变速率及蠕变柔量的任一指标评价沥青混合物的低温抗裂性。

6. 弯曲应力松弛试验

沥青路面在温度骤降时产生的温度收缩应力来不及松弛掉而被积累,乃至超过抗拉强度时,将发生开裂,因此,应力松弛是评价沥青混合料抵抗温度开裂的重要性能。在此应力条件下,材料的变形系数用应力松弛模量(或称应力松弛劲度模量)E_r 表述

$$E_r(t) = \sigma(t)/\varepsilon_0 \tag{5.6}$$

ε_0 是保持不变的初始应变,应力 σ 随时间 t 不断减小,故 E_r 是时间 t 的函数。采用的是直接应力松弛试验,对小梁快速施加一弯曲变形,产生初始应变 ε_0 及瞬时应力 σ,随即维持 ε_0 不变,测定 σ 的松弛过程,图 5.9 是典型的应力松弛过程曲线。

通常用 Maxwell 流变模型的等应变图示进行应力松弛过程的力学分析,流变方程为

$$\sigma(t) = \sigma_0 e^{(-t/\tau_m)} = \sigma_0 e^{(-Et/\eta)} \tag{5.7}$$

其中,$\tau_m = \eta/E$ 为 Maxwell 模型中黏性元件与弹性元件的比例。当持续时间 $t = \tau_m$ 时,$\sigma(\tau_m) = 0.368\sigma_0$,表示应力从 σ_0 松弛到 $36.8\%\sigma_0$ 所需的时间,称为松弛时间。τ_m 越小,松弛能力越强,故 τ_m 是评价材料应力松弛性能的一项重要指标。

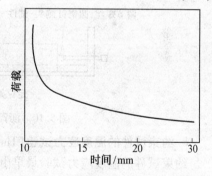

图 5.9 应力松弛过程曲线的实例

在应变水平相同的情况下,应力松弛性能好的材料,持续时间 t 时的残留应力 $\sigma(t)$ 越小,或者说应力松弛比 $K = \sigma(t)/\sigma_0$ 也越小,同样,松弛模量 $E_r = \sigma(t)/E_0$ 也越小。因此,应力松弛比 K 及应力松弛模量 E_r 也是应力松弛性能的重要评价指标。E_r 还是用作温度开裂验算的重要力学参数。

试验时为了更接近路面的受力方式,试件尺寸采用 25 mm(宽)×30 mm(高)×250 mm(长),跨径为 200 mm,中间单点加载,梁底应变由跨中挠度求算,加载速率采用 50 mm/min。试验时可以采用 0 ℃、-10 ℃、-20 ℃ 三个温度水平,控温精度为 ±0.1 ℃。另

外,沥青混合料的黏弹性与应变速率敏感性有关,应变水平较低时,松弛模量受应变水平影响比较小;但应变较高时,松弛模量受应变水平的影响变大。而且应变水平大时,材料内部还可能出现微裂缝,使松弛模量降低,所以试验比较困难。但采用小应变水平不符合混合料温度收缩开裂的实际情况,所以采用接近试件开裂的高应变水平。先由弯曲试验得出平均破坏强度与平均破坏应变,然后确定相同的初始应变。一般0℃时,初始应变为1.5×10^{-3};-10℃时,初始应变为1.2×10^{-3};-20℃时,初始应变为1.0×10^{-3}。

7. 收缩试验

沥青路面温度下降时的收缩受到基层及周围的约束,而产生拉应力及拉应变,由此导致路面开裂,故收缩性能是沥青混合料的最基本特性之一。沥青混合料的温度收缩系数是一个复杂的物理参数,它不仅随材料的组成比例及沥青性质不同而不同,还与降温速率及所处的温度条件、约束条件有关。国内外对沥青混合料收缩系数采用了不同的测定方法。

Jones 等人采用的测定沥青混合料温缩系数的试验设备框架安置在制冷设备的平板上,并放置在一小型环境箱中。环境箱有加热线圈产生温度循环,同时考虑有无摩阻两种不同的限制条件。将试件放到接近无摩阻(小钢珠放置在玻璃板上)的基底上,得到无摩阻的试验条件。将40D号砂纸粘贴到胶合板上可以得到摩阻表面。试验温度范围从+26.7降至-23.3℃,降温速率为11℃/h,试件尺寸为76.2 mm×76.2 mm×406.4 mm。

我国沥青混合料低温收缩系数测定系统如图5.10所示,测试方法见《公路工程沥青及沥青混合料试验规程》(JTJ 054—2000)。

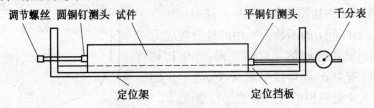

图5.10 沥青混合料低温收缩系数测定系数

8. 约束试件的温度应力试验(The Thermal Stress Restrained Specimen Test,TSRST)

约束试件的温度应力试验最早由美国俄勒冈州大学提出,我国又称约束冻断试验,用来模拟沥青路面在降温过程中产生的开裂过程。这种试验设备有多种形式,最典型的是由俄勒冈州立大学开发的。该试验装置如图5.11所示,试件尺寸为5 cm×5 cm×25 cm,试件端部与夹具用环氧树脂黏结,降温速率为10℃/h,试验时测定冷却过程中的温度应力变化曲线如图5.12。

由图5.12所示的温度应力曲线,可以得到破断温度、破坏强度、温度应力、转折点温度四个重要的指标。其中转折点温度将温度应力曲线分成两部分,一部分温度应力随温度降低增长较慢,或者呈微微的曲线,这部分直线反映了沥青混合料的应力松弛性能。随后有一个明显的转折,成了一条比较陡的直线,温度应力随温度下降而迅速增长,直至破坏,这部分已经基本上没有了应力松弛。

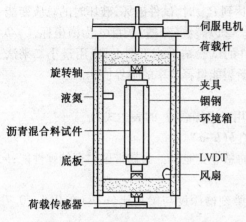
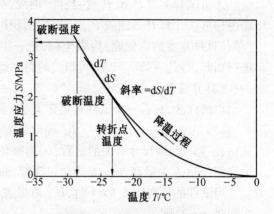

图 5.11　SHRP 的 TSRST 试验装置　　　　图 5.12　温度应力变化曲线

9. 切口小梁弯曲试验

断裂力学是从材料构件中存在微裂缝的基点出发,应用弹性力学和塑性力学理论,研究材料中裂纹产生和扩展的条件和规律的科学。近年来断裂力学在道路工程中的应用越来越广泛,美国 SHRP 计划在《沥青低温性能研究》报告中,首次将弹塑性断裂力学中的断裂判据 J 积分作为沥青混合料低温抗裂性能的评价指标之一。实际上,沥青混合料路面产生开裂,也是从内部潜在的微裂缝扩展开始的。这些微裂缝主要是由于材料本身、施工等原因而产生,甚至路表标线漆的收缩裂缝也能成为引发开裂的诱因。在裂缝尖端,可产生高达数倍的应力集中,从而使裂缝扩展。因此,国外利用切口对沥青混合料试件的开裂机理和发展过程作过众多的研究。

断裂力学可以从能量和应变场两个角度研究裂纹顶端的应力、应变特性。如图 5.13 所示,当一个宽度为 b 的切口试件加载后,裂纹长度由 a 扩展为 $a+\Delta a$ 后,试件的加载曲线包围的面积即为两个应变能之差 Δu,J

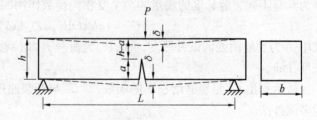

图 5.13　切口的小梁试验

积分就是裂缝扩展前后的单位扩展面积两个等弹塑性体间的总势能差值。

在 SHRP 沥青低温性能的研究报告中,提出了 J 积分的两种测试方法。

(1) 方法 1

采用平面应变 J 积分表达式

$$J_{1c}=l/b\times(dU_T)/(ha) \tag{5.8}$$

式中,J_{1c} 为平面应变 J 积分的临界值,Pa·m;b 为梁宽,mm;h 为梁高,mm;U_T 为破坏时总应变能;a 为切口深度,mm。

SHRP 研究按 ASTM 方法,采用搓揉成型小梁试件,梁的尺寸为 76 mm×76 mm×406 mm,梁的刻槽深度与梁高比(a/h)应大于 0.5,且至少有三个不同刻槽深度的试件。试验温度分别为 4.4 ℃,-3.9 ℃,-12.2 ℃,-20.6 ℃。

J_{1c} 按下述步骤确定:

①由试验测得 P-δ(荷载-挠度)曲线,荷载达到 P_{max} 时,试件破坏,破坏时的总应变能场由梯形法计算 P-δ 曲线 P_{max} 下部的面积得到。②以裂纹(刻槽)长度 a 为横坐标,U_T/b(单位试件宽度的应变能)为纵坐标,把一组试件的试验结果绘于图上,应用最小二乘法进行回归,得到一条回归线,回归线的斜率即为断裂能量释放率的临界值 J_{1c}。

(2)方法 2

单试件法,只需一个试件即可定义 J_{1c},仍采用三点加载,J_{1c} 的表达式为

$$J_{1c}=\eta(U_T-U_{enc})/[b(h-a)] \tag{5.9}$$

式中,η 为与裂缝尺寸有关的常数;U_T 为破坏时的总应变能;U_{enc} 为韧带区贮存的弹性能;b 为梁宽,mm;h 为梁高,mm;a 为切口深度,mm。

当试件的长高比 $L/h=4$ 时,U_{enc} 可以忽略,梁刻槽深度与梁高比(a/h)在 0.5～0.7 之间时,$\eta=2$,则

$$J_{1c}=\frac{2U_T}{b(h-a)} \tag{5.10}$$

以上两种方法对多数沥青具有良好的一致性。方法 2 测定的 J_{1c} 与温度的关系较之于方法 1 稳定,且操作简单,因此 SHRP 以方法 2 作为优选方法。

10. C^* 积分试验

Landes 等提出 C^* 参数的试验方法。试验是在等位移速率下进行的,时间和位移是两个自变量,荷载和裂缝长度是因变量。将几个不同位移速率下试验的数据绘制在同一裂缝长度下荷载与位移速率 Δ 的函数关系曲线上,每条曲线下的面积就是每单位裂缝面厚度所做的功 U^*,给出 U^* 与裂缝长度的关系图。直线的斜率就是 C^*,C^* 的能量率可解释为具有不同裂缝长度的增量的两个受相同荷载作用的受载体间的势能差:

$$C^*=1/b\times(dU^*)/(da\Delta) \tag{5.11}$$

式中,b 为裂缝面处的试件厚度,mm;U^* 为荷载 P 和位移速率 Δ 的能量率势能;a 为裂缝长度,mm。

最后得出 C^* 是裂缝增长率的函数,即 C^* 与开裂速度的关系。这种确定 C^* 的方法称为多试件法。

Abdulshafi 曾采用这种方法评价沥青混合料的临界释放率的线积分。试验系统如图 5.14 所示,圆试件直径为 101.6 mm,厚度为 63.5 mm,该尺寸与承压板曲面相匹配(最小厚度为 50.8 mm)。将一直角模块沿直径方向插入圆试件中,深度为 19.05 mm,注意使模块沿竖向对称,并与承压头正确接触。为使裂缝沿一定方向发展,在楔形槽尖锯开一个小裂缝,从尖端到试件底端涂成白色连一竖线,划分刻度。对试件缓慢加载直至裂缝产生,保持这一荷载直至达到希望的裂缝长度。至少要用 3 个不同的位移速率来评价 C^* 积分,建议采用两个试件。而在我国还未进行过此类研究。

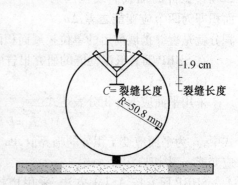

图 5.14 C^* 积分实验系统

5.2.4 沥青混合料低温抗裂性能试验方法评价

目前国内外用于评价沥青混合料低温抗裂性能的试验方法很多,也各有特点,选择一种试验方法作为沥青混合料低温抗裂性能的评价方法,应该在有技术先进性的同时,还要符合工程实际情况。国外一些先进的方法,尽管具有很好的效果,但在我国生产力及试验水平目前还较低的情况下,短时间还不能推广应用。因此,我国应该具有一种操作简便同时又能较好反映沥青混合料低温抗裂性的评价方法,表 5.10 是各试验方法及指标的比较汇总。

表 5.10 沥青混合料低温缩裂实验方法及指标汇总

试验方法	国外主要研究机构	测定性质	模拟现场条件	试验结果在力学模式中的应用	对老化和水化的适应性	对大粒径集料的适用性	操作性	设备成本及通用性	备注
间接拉伸试验	佛罗里达大阿尔贝诺大学	低温拉伸应力应变特性,拉伸强度	不	间接用于低温开裂模式	中	高	易	中等、通用	证明步骤完善,在专业应用之前很重要
等速拉伸的直接拉伸试验	滑铁卢大学沥青协会,布朗斯切克技术大学	拉伸应力应变特性,拉伸强度	不	间接用于低温开裂模式	中	高	易	中等、通用	证明步骤完善,在专业应用之前很重要
拉伸蠕变	滑铁卢大学大沥青协会	拉伸应力应变特性,拉伸强度	不	间接用于低温开裂模式	中	高	易	中等、通用	专业上未大量应用
简单支梁弯曲式验	威斯康星大学北海道大学	应力应变特性,拉伸强度、应力松弛性能	不	间接用于低温开裂模式	低	高	易	中等、通用	专业上未大量应用
约束试件温度应力试验	加州大学贝莱分校英国石油协会、北海道大学,犹他州运输部,布朗切维克技术大学	低温温度应力特性,拉伸温度破坏温度	是	直接用于低温开裂和疲劳	中	高	易	中等、不通用	证明步骤完善,在专业应用之前很重要

续表 5.10

试验方法	国外主要研究机构	测定性质	模拟现场条件	试验结果在力学模式中的应用	对老化和水化的适应性	对大粒径集料的适用性	操作性	设备成本及通用性	备注
受约束梁的三点弯曲试验	得克萨斯 A&M 大学	临界能释放速率	不	间接应用	低	低	难	中等、通用	证明步骤完善,在专业应用之前很重要
C^* 积分试验	CLT 实验室,俄亥俄州立大学	能量释放速率线积分	不	间接应用	中	中	中	中等、通用	证明步骤完善
温度胀缩系数	犹他州运输部、阿拉斯加运输部	温度胀缩系数	是	间接应用,连同应力应变特性使用	中	高	易	低成本、不通用	证明步骤完善

可以看出,不同的试验方法对沥青混合料低温抗裂性能的评价有不同的优缺点。

① 从模拟路面实际使用状况来看,约束试件温度应力试验和收缩系数试验能够模拟实际路面温度变化,能较全面反映各种因素对沥青混合料低温性能的影响。其余试验可提供沥青混合料试件的低温应力应变特性和加载过程中试件破坏时拉伸强度或提供能量释放率断裂力学指标,但这些指标只是降温过程中混合料响应的间接指标。

② 从间接荷载变形试验得到的结果可用于力学模型,其结果常用于确定温度应力与温度关系曲线,但不是直接的。收缩系数也是间接的,它乘以劲度模量才能得到温度应力。断裂力学试验结果也是一种间接应用力学模型,而断裂是由荷载产生的而不是由温度下降或温度循环造成的。唯一能直接利用力学模型进行试验结果分析的是约束试件温度应力试验——温度应力与温度关系,但现在的模型不允许输入这些关系。

③ J 积分和 C^* 积分两种试验困难在于试件刻槽的要求和试验过程中裂缝开裂率的控制。荷载变形的试验方法包括直接、间接拉伸,间接拉伸、弯曲蠕变均已很好地完成,但许多试验室还没有拉伸蠕变应力松弛和温度应力试验设备。

④ 用劈裂抗拉及弯曲、压缩试验来决定沥青混合料的低温破坏特性、脆化点;用应力松弛试验来分析沥青混合料的低温松弛特性,这些方法对科研教学单位来说很有价值。但对于大多数生产单位来说则难以接受,不仅试验技术难度大,而且短时间内不可能配置这样的专用设备,从推广应用来说困难很大。

⑤ 沥青混合料的弯曲蠕变试验是一种简单而又非常有意义的试验。在 SHRP 沥青结合料标准指标中,采用了梁的弯曲蠕变试验评价其沥青的低温性能。为研究沥青混合料的低温性能,采用沥青混合料梁的弯曲蠕变试验来评价低温抗裂性能,其意义是相同的。用弯曲蠕变试验的应变速率去评价混合料的低温抗裂性是可行的,所提出的试验方法、设备,施工单位易接受。劈裂蠕变试验的结果虽然与弯曲蠕变结果大致相同,但变形量测数据波动较大,作为评价沥青混合料的低温抗裂性能指标,不如弯曲蠕变试验好。

综上所述,经过分析,认为评价沥青混合料低温抗裂性能的试验方法,最有前途的有约束试件温度应力试验、蠕变试验、J 积分试验。鉴于我国目前技术水平,采用蠕变试验较适宜。

5.3 水稳定性

沥青路面在雨水、冰雪的作用下,尤其是在雨季过后,沥青路面往往会出现脱粒、松散,进而形成坑洞。出现这种现象的原因是沥青混合料在水的侵蚀作用下,沥青从集料表面发生剥落,使集料颗粒失去黏结作用,这就是沥青路面的水损害。在南方多雨地区和北方的冰雪地区,沥青路面的水损害是很普遍的,一些高等级公路在通车不久路面就出现破损,很多是水损害造成的。

水损害是沥青路面的主要病害之一,是沥青路面在水或冻融循环的作用下由于汽车车轮动载的作用,进入路面空隙中的水不断产生动水压力或真空负压抽吸的反复循环作用,水分逐渐渗入沥青与集料的界面上使沥青黏附性降低并逐渐丧失黏聚力,使沥青膜从石料表面脱落(剥离),沥青混合料掉粒、松散,继而形成沥青路面的坑槽、拥挤变形等破坏现象。

除了荷载及水分供给条件等外在因素外,沥青混合料的抗水损害能力是决定路面水稳定性的根本性因素。它主要取决于矿料的性质、沥青与矿料之间相互作用以及沥青混合料的空隙率、沥青膜的厚度等。

在沥青中添加抗剥落剂是增强抗水损害的有效措施,此外,在沥青混合料的组成设计上采取使用碱性集料,提高沥青与集料的黏附性;采用密实结构以减少空隙率;用消石灰粉取代部分矿粉,都是提高沥青混合料抗水损害能力的有效措施。

5.3.1 沥青混合料的黏附-剥落理论与试验分析

1. 沥青混合料的黏附-剥落理论

沥青混合料抗水损害作用机理的主要依据是黏附理论。黏附是指一种材料与另一材料黏结时的物理作用。影响沥青与集料之间黏聚力的因素包括沥青与集料表面的界面张力、沥青与集料的化学组成、沥青的黏性、集料的表面构造、集料的空隙率、集料的清洁度以及集料表面的干湿程度。

有四种理论可以来解释沥青与集料间的黏附性:

(1)力学理论

力学理论认为沥青与矿料之间的黏附性主要是由于其间分子力的作用。矿料的表面通常是粗糙和多孔的,从微观角度来看是粗糙和高低不平的,这种粗糙增加了矿料表面的表面积、使沥青与矿料的黏合面积增大,提高了二者之间总的黏聚力。此外,矿料的表面存在着各种形状、各种取向与各种大小的孔隙和微裂缝,由于吸附与毛细作用,沥青渗入上述孔隙与裂缝,增加了二者结合的总内表面积,从而提高了总的黏聚力。再者,沥青在高温时以液相渗入骨料孔隙与微裂缝中,当温度降低后,沥青则在孔隙中发生胶凝硬化,这种楔入与锚固作用,增强了沥青与骨料之间的机械结合力。这就是说,在沥青与矿料的黏附过程中,机械结合力是一种普遍存在的结合力。但是沥青与矿料的结合过程是一个十分复杂的过程,仅仅认为其间只有机械结合力,就把问题过于简单化。

(2) 化学反应理论

化学反应理论认为沥青与矿料之间的黏附性主要来源于沥青与矿料表面发生的化学反应。碱性矿料与沥青有较好的黏附性是因为沥青中的酸性成分与矿料表面的碱性活性中心发生了反应。酸性矿料则缺乏这种碱性活性中心,故较少有化学反应发生,所以与沥青的黏附性差。

(3) 表面能理论

表面能理论认为,沥青与矿料之间的黏附性是由于沥青润湿矿料表面形成的。沥青的润湿能力是指沥青与集料表面的紧密接触能力。沥青的润湿能力也同其他液体一样,与其自身的黏聚力有关。当沥青扩散并润湿矿料表面时,会产生能量交换。这种交换是一种表面现象,它依靠沥青与集料的紧密接触和相互吸引。由于水与集料的黏附力比沥青与集料的黏附力要大,因此水就可浸入沥青集料界面,形成水-沥青集料的表面接触。而沥青与集料之间的内部张力同集料的类型和沥青的品种有关。

(4) 分子定向理论

分子定向理论认为,沥青与矿料之间的黏附性是由于沥青中的表面活性物质对矿料表面的定向吸附而形成的。表面活性物质的分子是由极性基和非极性基组成的不对称结构,极性基带有偶极矩,表现出力场。由石油沥青内部元素组成可知,碳和氢的质量分数为90%~95%,其余部分为氧、硫、氮,沥青的活性部分可能主要由—OH、—COOH、—NH$_2$等引起。沥青可视为表面活性物质在非极性碳氢化合物中的溶液,根据所含表面活性物质的数量不同而具有不同的活性。沥青黏附于石料表面后,沥青在石料表面首先发生极性分子定向,而形成吸附层,同时,在极性力场中的非极性分子,由于得到极性的感应而获得额外的定向能力,从而构成致密的表面吸附层。因此认为,沥青的极性是黏附的本性,是导致矿料吸附沥青的根本原因。由于水是极性分子且有氢键,因此水对石料的吸附力很强。当低极性石油沥青与酸性石料黏附时,由于沥青与石料基本上仅有物理吸附,故易为水所剥落。当含极性物的石油沥青与碱性石料黏附时,由于沥青与石料不仅有物理吸附,同时还产生化学吸附,故不易被水剥落。

以上四种理论,从不同角度对沥青及矿料的黏附机理予以有限的解释,每种理论均有独特的作用。从力学理论看,矿料与沥青的黏附发生在两种材料的界面上,因而矿料表面越粗糙,沥青膜越厚,沥青与矿料间的黏附性越大。另外,沥青混合料的强度与稳定性也与矿料表面的粗糙度有关,当沥青进入孔隙或不规则矿料表面时,会发生强烈的力学嵌挤作用。矿料表面的孔隙会吸附沥青中的轻质油分,从而使界面上的沥青变稠,黏附性增大。从化学反应理论看,矿料的岩性对沥青与矿料之间的黏附性起着关键的作用。由于碱性矿料能与沥青发生强烈的化学吸附,故黏附性可大幅度提高。从表面能理论看,沥青对矿料的润湿能力与其自身的黏附性有关,沥青的表面张力越大,其与矿料的黏附性就越好。从分子定向理论看,沥青分子的偶极矩越大,其与矿料之间定向的吸附力越大,黏附性也就越好。因此每种理论都不能完全概括说明其作用机理,只有综合运用,才能相得益彰。

2. 沥青与矿料的黏附性试验分析

沥青与矿料黏附性的优劣不仅与沥青及矿料的性质有关,而且当二者相结合时,其界面层性质及接触面积对其也有很大影响。黏附性试验分析包括矿料性质试验、沥青性质试验及二者相互作用试验三个部分。

(1) 矿料性质试验分析

①石料碱值试验。

很显然,沥青与集料的黏附性首先取决于集料的化学成分。按工程地质规定,依化学成分岩浆岩(即火成岩)可分为以硅、铝为主的酸性和中性石料;以钙镁为主要成分的基性和超基性石料,俗称碱性石料。一般认为,二氧化硅质量分数66%以上的属于酸性石料,如花岗岩、花岗斑岩、流纹岩等;二氧化硅质量分数52%~66%的属于中性岩石,如正长岩、闪长岩、安山岩、粗面岩;二氧化硅质量分数52%以下的属于基性岩石,如辉长岩、玄武岩、辉绿岩;以及超基性岩石,如辉岩、橄榄岩等。一般情况下,火成岩中颜色深、石质重的为碱性石料,颜色浅、石质轻的为酸性石料。在沥青路面的应用上,通常以它与沥青的黏附性作为分类的基准,分为以硅铝为主要成分的亲水、憎油、与沥青黏结性不好的酸性石料,以及以钙、镁为主要成分、与沥青黏结性较好的碱性石料。由于石料的化学成分测定比较困难,长安大学在"八五"国家科技攻关专题研究中提出了一种测定石料碱值的比较简单的方法来测定石料的酸碱性。试验时,采用分析纯的碳酸钙含量作为标准,首先配制浓度约为 0.25 mol/L 的硫酸标准溶液,用精密酸度计测定硫酸标准溶液的氢离子浓度,将石料试样清洗烘干,破碎研磨成料径小于 0.075 mm 的石粉 2 g,置于圆底烧瓶中,加入硫酸标准溶液 100 mL,放入 130 ℃ 的油浴锅中回流 30 min,冷却后用精密酸度计插入上层清液中,测定清液的氢离子浓度。石料的碱值计算式为

$$C = (N_0 - N_1)/(N_0 - N_2) \tag{5.12}$$

式中,N_0 为硫酸标准溶液的氢离子浓度;N_1 为检测石料与硫酸反应后的清液的氢离子浓度;N_2 为纯碳酸钙与硫酸反应后的清液的氢离子浓度。

几种代表性石料碱值的测定结果见表 5.11。可以看出,石灰岩的碱值最高,安山岩和玄武岩次之,而砂岩、花岗岩则最小,这与通常的认识是一致的,说明石料的碱性逐渐减弱,酸性逐渐增强。这与通常按 SiO_2 含量来区分矿料的酸碱性是相吻合的,如石灰岩中 SiO_2 的含量为 1.01% 属碱性矿料,碱值大;花岗岩中 SiO_2 含量为 69.62% 属酸性矿料,碱值小。国家"八五"科技攻关专题建议以矿料碱值为标准,将矿料划分为良好、合格、不合格、极差四个等级,见表 5.12。

表 5.11 石料碱值测定结果

石料种类	石灰岩	安山岩	玄武岩	片麻岩	花岗岩(黑)	砂岩	花岗岩(红)
碱值	0.97	0.71	0.64	0.62	0.57	0.55	0.54

表 5.12 矿料黏附性评价标准

碱值	>0.8	0.3~0.8	0.6~0.7	<0.6
等级标准	良好	合格	不合格	极差

②矿料表面电荷试验。

矿料表面电荷性质对矿料与沥青之间的黏附性影响很大。由于石油沥青中一般含有带负电荷的表面活性物质,根据电性引力原理,若带负电荷的沥青与带有正电荷的矿料发生黏附时,则黏附力强,因此黏附可能形成化学吸附;反之,若带有负电荷的沥青与带有负电荷的矿料黏附时,则黏附力弱,尤其在有水存在的情况下更为明显。表面电荷可用电渗仪测定,根据电极的符号确定电荷的正负,电位计算式为

$$\xi = 3002 \times (4\pi\eta Lu)/(DI) \tag{5.13}$$

式中,L 为电导率,$1/(\Omega \cdot cm)$;u 为电压,V;I 为电流,A;η 为黏度;D 为介电常数。

用此方法测得的几种石料的 ξ 电位见表 5.13,结果表明,在有水的情况下,石灰岩表面呈正电荷,而片麻岩和花岗岩表面呈负电荷。

表 5.13 矿料黏附性评价标准

石料种类	石灰岩	片麻岩	花岗岩
ξ 电位/mV	+11.4	-7.6	-29.3

(2)沥青性质试验分析

①沥青酸值测定。

沥青与矿料之间黏附性的优劣不仅与矿料的性质有关,而且也与沥青的性质有关。由于石油沥青是石油产品中组成最复杂的最终重质产品,不同的石油沥青有着不同的炼制工艺和不同的原油基属,因此得到的沥青其组成成分也各不相同。石油、沥青中的表面活性组分,按其活性程度可排列为以下顺序:地沥青酸>地沥青酸酐>沥青质>树脂>油分。在这些组分中,地沥青酸和酸酐的表面活性最强,且它们都是阴离子型的,即酸性的。研究还表明,沥青的酸性越大,其与矿料的黏附性就越好。评价沥青酸性的强弱可以用酸值来表征,试验时,首先配制浓度约为 0.1 mol/L 的氢氧化钾乙醇标准溶液及 0.1 mol/L 盐酸标准溶液,取沥青 3~5 g,按 5 mL/g 的比例在沥青中加入 15~25 mL 苯,在温度为 65 ℃±5 ℃ 的恒温水浴锅内回流半小时,再加入 100 mL 无水乙醇,密封静置过夜。然后用玻璃电极作为指示电极,饱和甘汞电极作为参考电极,按照分析化学的方法采用电位滴定法用氢氧化钾乙醇标准溶液滴定至终点。沥青的酸值计算式为

$$\text{酸值} = (V - V_0)c/m \tag{5.14}$$

式中,V 为滴定试样所消耗的氢氧化钾乙醇标准溶液的体积,mL;V_0 为滴定空白试样消耗氢氧化钾乙醇标准溶液的体积,mL;c 为氢氧化钾乙醇标准溶液浓度,mol/L;m 为沥青用量,g。

按此方法测定的七种国产沥青的酸值见表 5.14。从试验结果来看,克拉玛依沥青的酸值最大,说明该沥青表面活性组分含量最高,其与矿料的黏附性最强,而茂名沥青的酸值最小。七种沥青酸值从大到小排序为:克拉玛依、单家寺、欢喜岭、辽河、胜利、兰炼、茂名。

表 5.14 沥青酸值测定结果

沥青品种	克拉玛依 AH-90	单家寺 A-100	欢喜岭 A-90	辽河 A-100	胜利 A-100	兰炼 A-100	茂名 A-70
酸值	2.510	1.789	1.651	1.256	0.564	0.526	0.273

②沥青表面张力测定。

表面张力可看作单位面积的自由能。长安大学曾采用滴定法测定了八种沥青的表面张力。其原理是:质量为 m 的液滴从外径为 $2r$ 的毛细管中将要落下的瞬间,可以认为液滴自身的重力与管子末端沿垂直方向上的作用力表面张力处于平衡。表面张力计算式为

$$\sigma = mg/(2\pi r)\Phi \tag{5.15}$$

式中,Φ 为修正因子,是 $r\text{-}V^{1/3}$ 的函数;V 为一个液滴的体积。

沥青表面张力测定结果见表 5.15。表面张力反映材料内部分子间牵引力大小。在与矿料黏附时,沥青的表面张力越大,吸附力就越大。但由于试验是在空气中做的,如何说明与矿料之间的关系及如何考虑水的作用,如何将沥青表面张力的测定结果用于评价沥青与矿料的黏附性,以及与实际的使用性能之间的关联,还需进一步研究。

表 5.15 沥青表面张力测定结果

项目	沥青品种						
	辽河	单家寺	兰炼	胜利	茂名	欢喜岭	克拉玛依
试验温度/℃	90.5	98.5	90.5	90.5	90.5	90.5	91.0
表面张力/(mN·m^{-1})	35.2	32.4	29.6	31.5	33.5	31.8	31.7

(3)沥青与矿料的接触角测定

沥青与矿料之间的黏附性,同沥青及矿料的性质都有关系,其中矿料的化学成分及结构的影响最大。从物理化学观点来看,沥青与矿料要发生黏附,形成牢固的黏结层,必要的先决条件是沥青能够很好地润湿矿料表面。润湿的过程通常用接触角的大小来衡量,接触角越小,则润湿越好,黏附力越大,黏附性能越好。长安大学采用毛细管柱法测定了沥青-甲苯溶液及水对矿料的接触角,测定结果见表 5.16。

表 5.16 矿料与沥青-甲苯溶液及水接触角测定结果

项目	石料品种				
	石灰岩	安山岩	玄武岩	片麻岩	花岗岩
矿料与沥青-甲苯溶液的接触角	14°	13.5°	15°	18°	19°
矿料与水的接触角	9.7°	8.6°	8.7°	5.5°	5.5°
矿料与沥青-甲苯溶液及水的接触角的差值	4.3°	4.9°	6.3°	12.5°	13.5°

水是一种极性液体,矿物中各种矿物成分虽多且很复杂,但总体上来看也都是极性的,极性吸附剂容易吸附极性吸附质,因而矿料与水的接触角比较小。由于矿物的成分不同,结构各异,因此水在矿物表面的铺展程度也是不相同的。水与矿料都属无机物范畴,因而可以用离子极化理论对水在矿料上的铺展程度作如下解释。水是一个极性分子,在电场作用下,将会发生变形。在矿物组成中,$CaCO_3$ 和 SiO_2 是构成碱性矿料和酸性矿料的主要组分,由于 SiO_2 对水的极化能力比较大,因此倾向于将更多的水覆盖在其表面以使其不饱和力场得到补偿,降低表面能,所以酸性越强的石料与水的接触角越小,而与沥青的接触角则越大。由于各种矿料所含 SiO_2 的量不同,故接触角随矿料中 SiO_2 含量的增

多而减小。

从测定结果还可看到,沥青-甲苯溶液对矿料润湿最好的是安山岩,其次为石灰岩、玄武岩、片麻岩,最差的是花岗岩。这一规律可作如下解释,矿料在干燥状态时,其表面为电中性,但具有活性中心,在受到机械力破坏等外界因素影响时,表面活性增强,而有可能成为带电表面。石灰岩表面有产生正电荷的趋势,即存在正的吸附中心,而花岗岩有产生负电荷的趋势,即形成负的吸附中心。在沥青的组分中,地沥青酸和地沥青酸酐的表面活性最强,它们都是阴离子型的,因此,在与矿料吸附时,必然是带正电荷的吸附剂与带负电荷吸附质的吸附强度要高于带负电荷的吸附剂与带负电荷吸附质的吸附强度。故碱性矿料与沥青的黏附性优于酸性矿料与沥青的黏附性,表现为具有较小的接触角。

矿料中由于晶体结构的存在,致使矿料表面具有很大极性。由于水分子极性比沥青的极性大得多,因而水与矿料表面的极性差就小于沥青与矿料表面的极性差。因此,水与矿料表面的吸附作用就比沥青与矿料表面的吸附作用要强,即水分子易于从矿料表面挤走已被吸附的沥青分子而与矿料表面的活性中心发生吸附。水稳定性就是指沥青与矿料形成黏附层后,遇水时水对沥青的置换作用而引起沥青剥落的抵抗程度。所以沥青混合料的水稳定性可用沥青与矿料的接触角和水与矿料的接触角之差值来确定。由表 5.15 的结果可见,石灰岩的接触角差值最小,其次为安山岩、玄武岩、片麻岩,花岗岩的接触角差值最大。差值越小,说明沥青和水对该矿料的极性差越小,因而水稳定性越好。表5.15 中接触角之差值的排序与实际的使用性能有相当好的一致性。

5.3.2　沥青混合料水稳定性评价方法

沥青混合料水稳性的评定方法,通常分评价沥青与矿料的黏附性及评价沥青混合料的水稳定性两个阶段进行,这两个阶段是不可分割的整体。

目前关于这两类的试验方法都有很多种,各个国家根据各自的习惯,选择其中的一种或几种作为本国的标准试验方法。

美国 SHRP 沥青研究专题对沥青混合料的水稳定性试验方法进行了一系列的对比研究,提出了评价水稳定性试验方法的选择标准,并对所进行的或常用的各种水稳定性试验方法进行了对比,见表 5.17。表 5.17 中综合评分最高的是 NCHRP 提出的改进的 Lottman 方法和 Tunicliff-Root 方法,达到 60 分。Lottman 方法即 AASHTO T283 的方法,经 Superpave 提出后已经成为美国常用的水稳定性评价试验方法。而 ASTM D3625 沥青混合料的水煮法则因为其试验方法简单,可作为初步筛选时使用。

表 5.17 SHRP 对沥青混合料水稳定性试验方法评价

方法	依据	试验结果应用	优点	限定条件	野外条件模拟	应用方便性	评分
Lottman	NCHRP 246	模量劈裂强度比	严密;混合料和岩芯范围较宽;对石灰和液体添加剂较好	费时(3昼夜);设备昂贵;且不可利用	与现场性能关系良好;模拟冻融条件	中等复杂	60
Tunicliff-Root	NCHRP 274	径向目测	混合料、岩芯范围较宽;对添加剂好;中等时间消费	要求混合料达到空隙率水平	初步应用表明与现场性能关系良好	中等复杂	60
水煮法	ASTM D3625	剥落情况目测	初步筛选;设备简单;室内与现场混合料;对外掺剂适用	主观分析松散混合料、纯净水有效	可表示剥落情况	简易	35
Teaxas 冻融台架	Kennedy (1983)	一次冻融循环后开裂情况	测定添加剂的效果简单	仅用于细集料;费时(1昼夜);仅测定黏结力	与现场性能关系良好	简单,但需专门设备	25
浸水压缩	ASTM DS1075 AASHTO T-165	目测最小抗压强度	使用实际混合料	费时;空隙起重要作用;再现性差	关系不清	简单设备应容易利用	40
静态浸水	ASTM DS1664 AASHTO T-182	剥落性能剥落率>5% 目测	简单,迅速,低价	主观评定;仅松散混合料不十分严格	仅短期剥落性能	简单易行	30
残留稳定度	非标准方法	浸水48 h与0.5 h马歇尔稳定度之比值	使用常规的试件和设备	非规范条件或标准	关系不清	简单易行	40

1. 沥青与矿料黏附性评价方法

(1)水煮法

我国试验规程《公路工程沥青及沥青混合料试验规程》(JTG E20—2011)T0616对水煮法做了规定。它适用于粒径大于13.2 mm的粗集料,将粗集料颗粒洗净,在105 ℃烘箱中加热干燥,然后浸入已经加热到130~150 ℃的热沥青中,浸润45 s,使沥青膜充分裹覆在集料表面。取出待其冷却至室温后,将其浸入正在微沸的水中,浸煮3 min后,取出集料,观察集料表面的沥青膜裹覆情况,估计沥青膜的剥落程度,判断评定其黏附性等级。

水煮法一般规定采用"微沸"状态,因此基本上属于静态的沥青膜剥离试验,沥青膜之间没有(或很少)集料之间的摩擦,沥青膜的撕裂破坏得不到反映,所以不能很好反映汽车荷载的作用。

德国 ScanRoad R&D 公司开发了一种新的动态冲刷的水煮法试验。它利用一个 250 mL 的玻璃瓶，一端有螺口，瓶中有一根直径 6~8 mm 的一端套橡皮头的玻璃棒（图 5.15）。将粒径为 9.5~13.2 mm 的洁净干燥石料 115 g 在 163 ℃烘箱中保温 30 min，再加入沥青结合料 4 g，在拌和温度下拌和。将表面已裹覆沥青膜的石料放在室温中冷却

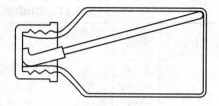

图 5.15　旋转玻璃瓶水煮法试验

15 h，将石料一颗一颗装入已装 100 mL 蒸馏水的玻璃瓶中，在保温状态下旋转玻璃瓶 24 h。水温对 150~200 号沥青为 20 ℃±1 ℃；对 100~150 号沥青为 25 ℃±1 ℃；对 70~100 号沥青为 30 ℃±1 ℃；对 40~70 号沥青为 35 ℃±1 ℃。然后记录石料表面剥落的面积百分数，一般要求至少保留 60%，最好 80%。此试验是德国乳化沥青混合料水稳定性的常用试验方法，也可用于检验抗剥落剂的效果，并要求抗剥落剂掺入沥青中后受热 30 min，实际上是让易挥发的胺类抗剥落剂蒸发。

美国得克萨斯的水煮法试验是采用单颗粒的粗集料水煮 10 min 来评价沥青膜的剥离情况。与此相比，ASTM D3625 规定的水煮法不是只对粗集料试验，而是利用实验室配制或拌和厂生产的实际级配的沥青混合料进行水煮法试验。与我国一样，水煮法的目的是评定水对沥青裹覆集料的影响，并不作为确定接收或否定混合料的标准使用。真正确定沥青混合料的水稳定性要通过混合料的水稳定性试验评定。但是 ASTM D3625 水煮法试验时采用拌和的混合料（250 g），而且在烧杯中水煮的时间是 10 min，比我国规定煮 3 min 要长得多。试验后将水面上飘浮的油膜捞出，冷却至室温后，倒掉水，将混合料倒在白色纸巾上分别目测评价粗集料、细集料表面的沥青膜的剥落率。由于 ASTM 方法比我国的方法水煮的时间长，剥离要严重些，并且可以评价细集料与沥青的黏附性，所以此方法可供我国借鉴，尤其是当需要了解细集料与沥青的黏附性时不失为一种较好的方法。

（2）水浸法

为了解决水煮法"微沸"状态的不确定性，我国试验规程规定对粗集料最大粒径小于 13.2 mm 的细粒式沥青混凝土，粗集料与沥青的黏附性采用水浸法试验。水浸法是日本标准方法，试验时选用 20 颗已用沥青拌和裹覆的石料，在 80 ℃恒温水槽中浸泡 30 min，然后评定沥青膜剥离面积百分率。

与水煮法比，水浸法的温度恒定，没有人为因素，但水没有沸腾，完全处于静止状态，更缺乏水力冲刷作用，所以用延长时间到 30 min 来弥补。与水煮法一样，为了使剥落率评定客观，日本的试验法列出了一系列不同剥落率的标准照片。关于剥落面积的估计方法，日本的试验方法提供了水浸法试验的剥落率标准样本。

长安大学在"八五"国家科技攻关课题研究时，也制作了一套不同剥落率的样本照片，使用时可以比照照片进行黏附性等级评定。一个简便易行的方法是，在观测剥落率时，如果将集料放在白色搪瓷盘中，比浸入清水中观测要清楚，容易分辨得多。

（3）光电比色法

由于水煮法和水浸法都是半定量的测定方法，不能得出确切的沥青膜剥落率数值，因此有人曾试图将光电比色法作为剥落率的定量测定方法。此法最早出现在前苏联的国家

标准 ΓOSTI 11509—65 中。试验通常采用 721 型光电分光光度计测定，染色液采用 0.01 g/L 的酚藏红花生物染料溶液。它的基本原理是基于物质在光的激发下，对不同波长的光的选择性吸收，而有各自的吸收光带，当以色散后的光谱通过某一溶液时，某些波长的光线会被溶液吸收，在通过溶液的光谱中出现相应的黑暗的谱带。根据比尔（Beer）定律，在一定的波长下，溶液中某一种物质的浓度与光的吸收效应存在一定关系，即有色溶液的吸光度与溶液的浓度、液层厚度成正比。光电分光光度计就是将透过溶液的光线通过光电转换器将光能转换为电能，从指示器上读出相应的吸光度，根据事先标定的标准曲线，即可推算出溶液的浓度。通过吸光度与浓度的关系曲线，可以得到原集料及裹覆沥青膜的集料在吸附试验后的染料残留的浓度，并计算出原集料的吸附量 q、混合料剥落试验后的吸附量 q'，以及沥青膜的剥落率（q/q'）。

有些地区，水损害也发生在冬季寒冷条件下，此时不仅有冰雪的危害，而且在低温条件下，沥青是脆性的，虽然此时的水分可能已经冻结，不会流动，沥青膜不可能因为水的影响在低温条件下发生剥离。但是，沥青膜与集料界面上的水分冰冻可能使沥青膜脱开，沥青很容易失去黏性，并在荷载作用下丧失与石料的黏结力，同样可能产生沥青膜脱落。水损害破坏将在冰雪融化时立即显露出来。按照这种破坏模式，埃索公司提出了一种沥青与石料的低温黏结性试验，此试验已经列入我国的《公路工程沥青与沥青混合料试验规程》（JTJ 054—2000）中的 T0626—2000 的规定。它是在规定尺寸的钢板上浇灌沥青，黏结一定数量的碎石，在规定温度下受一定高度处落下的钢球冲击，测定试验板受冲击后碎石被振落的百分数。通常采用的试验温度为 -8 ℃。钢板的尺寸为 200 mm×200 mm，厚 2 mm，四周边缘有高 8 mm、宽 5 mm 的密封边框。试验时，钢板置于温度为 105 ℃±5 ℃ 的烘箱中预热，在钢板中浇灌沥青 40 g，使沥青厚度为 1 mm，沥青冷却后在沥青膜上均匀地放上 10 排共 100 颗粒径为 4.75～9.5 mm 的碎石，碎石与碎石之间的间距应大体均匀，距离边缘不小于 10 mm。然后将钢板连同摆好的碎石一起，放入 60 ℃ 烘箱中加热 5 h，使碎石与沥青有良好的黏结，再放入 -18 ℃ 的冰箱中冷却 12 h 以上（如没有专用的冰箱，家用冰箱的冷冻室也可替代）。按要求将铁架支好，在支架的小平台下方放 2 块水泥混凝土垫块，从冰箱中取出钢板，立即将钢板两边的边框反扣于垫块边，将钢板的沥青面朝下，反面朝上，钢板的位置应使自小平台上落下的质量为 500 g 的钢球恰好跌落在钢板的正中央。然后将钢球置于平台边缘，用手指轻轻一碰，使钢球从边缘自由落下，恰好跌落在钢板的反面中心，观察钢板受钢球冲击振动后碎石被振落的情况。计量留在钢板上未振落的碎石数量，以振落石子的数量百分率表示。此试验尤其常用于评价改性沥青的低温性能时使用。

这里需要说明的是，对水煮法或水浸法评价沥青与矿料的黏附性试验，既不能将其看得太重，也不能轻率将其否定。对沥青混合料的水稳定性，即抗水损害能力，沥青与集料的黏附性评定仅仅是最初也是最基本的一个步骤，还需要对沥青混合料进行浸水马歇尔试验、冻融劈裂试验等一系列检验。所有这些试验全部是一个整体，不要把这两个步骤孤立起来。

2. 沥青混合料水稳定性评价方法

沥青混合料在浸水条件下，由于沥青与矿料的黏附力降低，导致损坏，最终表现为混合料的整体力学强度降低，因此沥青混合料的水稳定性最终由浸水条件下沥青混合料物理力学性能降低的程度表征。这里有几个关键点：首先是混合料试件条件，如成型方法、尺寸、试件的空隙率等；二是浸水和模拟浸水的试验条件，包括温度、时间、循环次数等；三是采用何种物理力学性质的试验、指标来评定。

目前国内外各种水稳定性试验的评价方法无非就是这几个条件的差异。例如，试件成型有采用击实方法或搓揉方法，或其他方法的；试件的空隙率有按照马歇尔试件或按施工压实度控制的；试验条件有采用高温浸水的，或者冻融循环的；试验指标有采用马歇尔稳定度、抗压强度、劈裂强度、回弹模量、动稳定度等各式各样的指标，各个国家长期以来根据习惯选择，随意肯定一种或否定一种都不是科学的态度。

现在得到广泛应用的有浸水马歇尔试验、冻融后劈裂强度试验、浸水劈裂强度试验、浸水抗压强度试验、浸水车辙试验等。"八五"科技攻关专题选取国内外使用较多且方法简便、数据稳定的浸水马歇尔试验及双面击实50次的冻融劈裂试验作为水稳定性的标准试验方法。此方法已经列入《公路工程沥青及沥青混合料试验规程》（JTG E20—2011）。而在《公路沥青路面设计规范》（JTG F40—2004）中提到冻融劈裂试验适用于最低温度21.5 ℃以下的地区，且作为附加试验，当时考虑在南方地区推广此种试验还有一些困难，从目前来看它完全适用于南方地区。

沥青混合料的冻融劈裂试验共包括混合料试件的饱水过程（包括真空饱水）、冻融和高温水浴三个过程。此试验条件是将实际路面上受到的水的影响集中、强化，使在较短的时间内模拟路面较长时间的影响，它可以客观地反映北方寒冷地区沥青路面的实际工作环境，但又不是北方地区路面环境的简单缩影。它名义上称为冻融劈裂试验，实质上更是针对南方多雨潮湿地区的。因此不能误解为冻融劈裂试验是为了模拟北方地区的冻融破坏的试验方法，否则，冻融循环次数要增加很多。

目前我国的冻融劈裂试验是参照美国 AASHTO T283 抗水损害试验方法提出的，是一种简化了的 Lottman 试验。所不同的是 Lottman 试验要求试件的空隙率在6%~8%范围内，所以它必须首先确定不同击实次数与空隙率的关系，确定空隙率为7%时的击实次数成型试件。所成型试件的空隙率超过此范围时不得使用，这在实际操作上有相当的困难，所以它更适用于采用搓揉压实机自动搓揉成型的试件，对采用马歇尔击实仪成型的试件适应性较差。Lottman 试验在第二步饱水过程中也必须试验不同真空度与饱水率的关系，使饱水率符合一定要求。这样在试验方法上，确实难以实现，废弃试件的数量较多。考虑到我国目前的试验水平和实际情况，对 Lottman 试验进行适当的简化是适宜的，即变固定空隙率为固定击实次数50次，同时固定真空饱水的真空度和饱水时间，这样在实际试验时容易实现。当然，简化以后实际的试件空隙率和饱水率是不同的，对试验的意义和价值有一定影响。

另外，AASHTO T283 的方法同样还在不断修订过程中，它要求空隙率为7%，这是根据设计空隙率为4%，考虑压实度以后，相当于铺筑在路面上的混合料空隙率设定的。在我国，规范和实际的沥青路面工程还不能做到要求所有的混合料设计空隙率为4%，对所有不同的设计空隙率的试件都采用7%的空隙率的试件进行水损害性能评价也不符合我国的实际情况。正因为如此，根据我国配合比设计时击实次数75次，水损害试验时采用击实50次是符合我国具体情况的。所以在现阶段,以AASHTO T283的方法代替我国简化冻融劈裂试验方法是不适宜的。另外,据一些单位试验研究,当设计空隙率接近4%时,采用T283的方法和我国简化的冻融劈裂试验方法具有较好的相关性。

3. 沥青混合料水稳定性指标的确定

我国和国外大部分国家规范都把马歇尔残留稳定度作为沥青混合料水稳定性指标,要求不低于75%~80%;美国建议Lottman试验残留劈裂强度比不低于70%。许多研究表明,石灰岩基本都能达到要求,但绝大多数沥青品种与片麻岩、花岗岩集料配制的沥青混合料都达不到以上要求,必须采取抗剥离措施。

我国幅员辽阔,各地气候差别很大,降雨量自西北向东南逐渐增大,不同地区对沥青混合料的水稳定性应提出不同的要求。参照美国SHRP对各种标准方法的研究成果(表5.18),根据我国的气候特征和国产沥青与集料的实际性能,并参照沥青与矿料黏附性的要求,我国《公路沥青路面施工技术规范》(JTG F40—2004)中对沥青混合料水稳定性提出标准,见表5.19。

表5.20列出我国国产的七种沥青与三种矿料配制的沥青混合料水稳定性指标(按残留稳定度)和黏附性指标能适应的气候区范围。表5.19中各种材料上行为黏附性结果,下行为水稳定性适应范围。各种沥青与三种矿料的黏附性适应气候区范围同其沥青混合料水稳定性的适用范围基本吻合。

表5.18 SHRP各种水稳定性试验方法标准

标准方法	地名	对标准方法的变更	水稳定性标准
NCHRP274 (Tunnicliff and Root)	肯塔基		
	田纳西		
	南达科他	未提及低空隙(<6.5%空隙,保水率≥70%)	
	卡罗来纳	无条件地搁置干试件(雨塑料袋中)浸湿3 h	
	得克萨斯	有条件地包含冻(融)循环	
	俄克拉荷马	有条件地包含冻(融)循环	
	密西西比	径向压缩荷载(无剥落)	最小75%
	伊利诺伊	试件的目测评估	最大5%
NCHRP246 (Lottman)	科罗拉多		
	华盛顿		
改进的 Lottman	爱澳瓦		
	宾夕法尼亚	AASHTO T-283	
	弗吉尼亚		

续表 5.18

标准方法	地名	对标准方法的变更	水稳定性标准
AASHTO T-165/T-167 浸水压缩	科罗拉多		
	佛罗里达		
	爱达荷		85%
	蒙大拿		
	密苏里		
	新布鲁斯维克		
	俄勒冈		
	犹他州		区域性 40%
	威斯康星		50% 或 60%
	亚利桑那	马歇尔击实 75 次,压缩 954-975	洲际+10%
修正的 AASHTO T-245(马歇尔稳定度)	阿肯色	干:试验 湿:真空 1 h,4 kPa(干) 　　浸水(开阀) 　　水浴 24 h,25 ℃ 试验	最小 75%
	安大略	干:水浴 1 h,60 ℃ 试验 湿:真空 1 h,浸水 　　浸水(开阀) 　　水浴 24 h,60 ℃ 试验 　　水浴 1 h,25 ℃ 试验	最小 70%
	波多黎各	干:水浴 30~40 min,60 ℃ 试验 　　水浴 24 h,60 ℃ 试验	最小 75%
	阿尔贝塔	干:试验 湿:水浴 24 h,60 ℃ 试验	最小 70%
水煮法	亚拉巴马	测定:添加剂剂量	95%
	阿肯色	添加剂验收	95%
	哥伦比亚特区	剥落	95%
	路易斯安那	添加剂验收	90%
	马里兰	剥落/添加剂验收	95%
	南卡罗来纳	添加剂验收	80%
	田纳西	剥落/添加剂验收	
	得克萨斯		

续表 5.18

标准方法	地名	对标准方法的变更	水稳定性标准
AASHTO T-182	阿拉斯加（ATMT-14）	水浴,24 h,120 ℉ 比率最接近 10%	70%
	佛罗里达		95%
	爱澳瓦		95%
	新布鲁斯威克		95%
	马塞诸塞	24 h,观察,1 周,再次观察	90%
	安大略	24 h	65%

表 5.19 沥青混合料水稳定性试验技术要求

气候条件与技术指标	相应于下列气候分区的技术要求/%				试验方法
年降雨量(mm)及气候分区	>1 000	500～1 000	250～500	<250	
	1.潮湿区	2.湿润区	3.半干区	4.干旱区	
浸水马歇尔试验残留稳定度不小于/%					
普通沥青混合料	80		75		T0709
改性沥青混合料	85		80		
SMA 混合料 普通沥青	75				
SMA 混合料 改性沥青	80				
冻融劈裂试验的残留强度比不小于/%					
普通沥青混合料	75		70		T0729
改性沥青混合料	80		75		
SMA 混合料 普通沥青	75				
SMA 混合料 改性沥青	80				

注：①调整沥青用量后，马歇尔试件成型可能达不到要求的空隙率条件；
②当需要添加消石灰、水泥、抗剥落剂时，需重新确定最佳沥青用量后试验

表 5.20 沥青与矿料黏附性和沥青混合料水稳定性适应范围

沥青品种		克拉玛依	辽河	单家寺	胜利	茂名	欢喜岭	兰炼
石灰岩	黏附性	1-4 区	1-4 区	1-4 区	1-4 区	1-4 区	1-4 区	1-4 区
	水稳性	1-4 区	1-4 区	1-4 区	1-4 区	1-4 区	1-4 区	1-4 区
片麻岩	黏附性	1-4 区	4-4 区	1-4 区	—	—	4-4 区	—
	水稳性	4-4 区	—	4-4 区	—	—	—	—
花岗岩	黏附性	—	—	—	—	—	—	—
	水稳性	4 区	—	4 区	—	—	—	—

5.3.3 沥青路面水损害的影响因素

沥青混合料的水损坏与两种作用过程有关：一是沥青与矿料之间黏附性不足；二是沥

青的黏聚力减弱。第一种作用过程是由于矿料是一种亲水性材料,对水的吸力比对沥青的吸力大,水分可进入沥青与集料之间,从而导致沥青膜剥落;第二种作用是由于沥青是一种憎水性材料,水分浸入到沥青混合料中,使得沥青变软,黏性降低,从而使沥青混合料的整体性与强度降低。

调查表明,造成沥青路面早期水损坏的原因非常复杂,可以归结为沥青混合料空隙率过大、路面渗水、排水设施不完善、压实度不足、沥青混合料抗水损害能力不足、沥青面层厚度偏薄、混合料粒径偏大、混合料离析等。从沥青混合料的抗水损害能力方面考虑,影响沥青混合料水稳定性的因素主要包括沥青混合料的配合比、材料质量、环境因素及施工条件。沥青混合料的性质又包括集料的品种及质量、沥青结合料性质及混合料类型;环境因素包括气候和交通荷载等;施工条件包括压实质量及施工时气候条件。所以水损害都是发生在各种最不利条件的组合情况下,例如材料质量差、不合理的混合料级配、空隙率过大、压实不足、离析严重、结构排水不良、重载作用及极端的气候条件等。

1. 集料

集料是由矿物质组成的,每种矿物均有其独特的化学性质和晶体结构。对于抗沥青剥落而言,关键是集料对水吸附能力的大小。通常亲水性好的集料有较高的硅质含量,显酸性,而亲水性差的集料硅质含量较低,呈碱性。另外,集料的表面化学性质、表面积、孔隙大小等均对沥青混合料的水稳定性有影响。集料表面含有铁、钙、镁、铝等高价阳离子时,与沥青产生化学吸附时形成稳定的吸附层;而含有钠、钾等低价阳离子时,与沥青产生化学吸附时形成的吸附层极不稳定,遇水后易被乳化。集料的比表面积大有助于形成牢固的沥青吸附层。

集料表面的洁净程度对集料与沥青的黏附性影响很大,泥土、粉尘将成为黏附沥青的隔离剂,如果遇水,水分湿润泥土,更加容易造成剥落。在我国,集料表面洁净程度差的问题特别严重,一方面是采石场的覆盖层没有认真清理,混进了土和杂物;另一方面,许多拌和厂的集料堆放场地没有进行硬化处理,堆放在土地上,装载机很容易将底下的土铲起来混在集料中,污染集料。雨后集料的污染问题也是影响黏附性的重要原因。

集料的致密程度及吸水率对混合料的强度形成有一定影响。过分坚硬致密的石料在破碎后如果不能形成粗糙的表面,沥青又不能吸入矿料内部,沥青膜很薄,沥青用量严重偏少,对沥青混合料的强度形成不利。有些吸水率稍大的集料,只要施工时彻底干燥,沥青将会被吸入集料内部一部分,反而有良好的水稳定性。但吸水率过大的集料将会造成施工困难、沥青用量过多,并影响其耐久性。因此,我国的《公路沥青路面施工技术规范》对集料的吸水率要求不大于2%,同时对多孔玄武岩允许将吸水率要求适当放宽到3%。

2. 沥青性质

黏性大的沥青对于抵抗水的剥离作用比黏性小的沥青好,这是由于在黏性大的沥青中存在较多的极性物质,并具有良好的润湿性。此外,沥青的组成对沥青混合料水稳定性的影响也很重要,如羧酸及亚砜等成分对水分的影响也是极为敏感的。采用聚合物改性沥青对提高沥青混合料的水稳定性有一定效果。掺加适宜的抗剥落剂会明显改善沥青混合料水稳定性不足的问题。

目前,国内外普遍采用消石灰改善沥青与石料的黏附性,美国、日本及我国的规范都规定把掺 1%～2% 的消石灰(也可用水泥,但效果不如消石灰好)作为第一项措施,但由于比使用抗剥落剂麻烦,我国只有少数工程得到了有效应用。

(1)消石灰

消石灰是一种最常用,也是最经济的抗剥落剂。在美国,用浓度为 20%～30% 的石灰水对集料进行预处理,或将石灰掺入石料中一起拌和。在日本,消石灰是以干粉的状态代替矿粉加入拌和的。据资料介绍,使用石灰水的效果较干石灰粉更好,但工艺上较为复杂。消石灰改善黏附性有多种说法,一种说法是消石灰可以提高沥青的黏性,使集料的表面性质改善。一般的石灰石矿粉的比表面为 2 500～3 500 cm²/g,而消石灰有 7 000 cm²/g 以上,这就使沥青与集料之间的分子力增大。另一种说法是由于消石灰使酸性石料表面上负电荷减少,使石料表面电位降低,从而对水的作用减弱。另外,还有资料认为,消石灰的活性成分能与沥青发生反应,生成具有表面活性剂作用的钙盐;同时,消石灰的钙离子还能置换集料表面的氢、钠、钾等离子,消石灰在集料颗粒之间形成结晶的石灰浆,加强了与沥青的黏结。一般情况下,消石灰的用量约为混合料总量的 2%。

(2)抗剥落剂

抗剥落剂是一种有机高分子表面活性剂,利用其极性端与集料结合,加强与沥青的黏附。由于集料本身的属性不同,必须使用不同的表面活性剂,对表面带负电荷的石料,应使用阳离子型表面活性剂;对表面带正电荷的石料,则应使用阴离子型表面活性剂。表面活性剂分子内的两极,亲油基团与沥青黏结,亲水基团与集料黏结。通常情况下,黏附性较差的石料大多表面带负电荷,抗剥离剂一般都是阳离子型的表面活性剂,而且大部分是胺类表面活性剂。但是,普通的胺类表面活性剂在高温时易分解,将会降低抗剥离能力,所以,选用高温时稳定、难分解,且具有阳离子、阴离子两种极性的表面活性剂是最理想的。表 5.21 的试验资料表明不同的抗剥离措施对沥青混合料水稳定性的改性效果,表中 AST-4 是长安大学生产的一种抗剥落剂。

表 5.21 不同抗剥离措施对沥青混合料水稳定性的影响

石料种类	抗剥离剂种类	残留稳定度/%	黏附性等级
花岗岩	无	54.6	2
	AST-4 抗剥落剂(3‰)	74.4	4
	石灰粉(1%)(掺入沥青中)	89.6	4
	石灰水浸泡	99.2	4
	石灰粉(1%)、AST-4(3‰)	96.5	5
	石灰水浸泡再加 AST-4(3‰)	109.3	4
片麻岩	无	71.8	4
	AST-4 抗剥落剂(3‰)	79.2	5
	石灰粉(1%)	90.5	5
	石灰水浸泡	90.1	5
	石灰粉(1%)、AST-4(3‰)	86.6	5
	石灰水浸泡再加 AST-4(3‰)	83.4	5

3. 混合料类型

沥青面层矿料级配非常重要,最主要的指标是混合料的设计空隙率和路上实际空隙率。据研究,沥青路面的空隙率在8%(相当于设计空隙率为4%压实度为96%)以下时,沥青层中的水在荷载作用下一般不会产生动水压力,不易造成水损坏。而排水性混合料的路面空隙率大于15%时,一般都采用改性沥青,且水能够在空隙中自由流动,也不易造成水损坏。而当路面实际空隙率在8%~15%的范围内时,水容易进入混合料内部,且在荷载作用下易产生较大的毛细压力成为动力水,易造成沥青混合料的水损坏。路面空隙率与水损害破坏的关系如图5.16所示。根据美国最近对Superpave和SMA的综合研究,对高速公路所用沥青混合料要求目标空隙率应为4%左右。

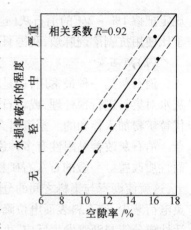

图5.16 路面空隙率与水损害破坏的关系

对慢速及静止交通,要考虑石料压碎问题,若环境条件许可,目标空隙率对搓揉压实机可提高为4.5%~5.0%,马歇尔试验可提高为5.0%~5.5%,留出足够的空隙以备夏季沥青膨胀而不致泛油并导致沥青混合料抗剪强度降低而出现车辙,同时粉胶比可控制在0.8~1.6范围内。

4. 集料最大粒径和适宜的沥青面层厚度

前些年我国沥青面层的集料粒径普遍偏粗,与其相匹配的压实层厚度稍偏薄,不利于压实。美国以前规定结构层厚度应不小于公称最大粒径的2倍,NCAT认为从施工角度出发,公称最大集料粒径不宜超过松铺厚度的一半,现Superpave提出宜为公称最大粒径的3倍,澳大利亚要求2.5倍。过去我国《沥青路面施工技术规范》(JTJ 034—94)规定表面层集料最大粒径不大于层厚的1/2,中下面层不大于2/3,以及《沥青路面设计规范》(JTJ 013—97)就适宜厚度的规定对高速公路显然是不合适的。目前,《公路沥青路面施工技术规范》(JTG F40-2004)中已明确规定,沥青面层集料的最大粒径宜从上至下逐渐增大,并应与压实层厚度相匹配。对热拌热铺密级配沥青混合料,沥青层-层的压实厚度不宜小于集料公称最大粒径的2.5~3.0倍;对SMA和OGFC等嵌挤型混合料不宜小于公称最大粒径的2.0~2.5倍,以减少离析,便于压实。

集料粒径大也是造成沥青混合料离析的主要原因。不仅表面层,中下面层更严重。目前国内沥青路面底面层混合料普遍采用空隙率较大的AC-30或AC-25型沥青混凝土,粗集料粒径偏大,离析无法避免,全幅摊铺离析更甚,层厚越薄越易形成局部区域空隙过大,成为透水、积水和积浆的场所,容易导致沥青与集料剥离。当然集料离析还有另一个更重要的原因是施工所使用材料的变异性太大,砂石料来源杂、质量不稳定,使级配变化太大,往往不能达到配合比设计的要求。在生产中,应该像重视沥青质量一样重视占混合料总量90%以上的砂石材料的质量。

5.4 表面特性

沥青混合料的表面性质是指沥青混合料铺筑成路面后,所应具有的抗滑性、吸收噪声和反光特性,而沥青路面的这些性质都与混合料的组成结构所构成的表面宏观构造有密切的关系。

5.4.1 抗滑性能

沥青混合料铺筑成路面后,具有抗滑性,而沥青路面的抗滑性能与混合料的组成结构所构成的表面宏观构造有密切的关系。

沥青路面在雨天的滑溜是道路交通事故的主要原因,在高等级公路行车速度高的情况下,保证路面有足够的粗糙度,增强抗滑性非常重要。沥青路面表面的粗糙度与混合料的表面宏观构造有关。沥青混合料中集料的级配和沥青的用量对表面宏观构造有很大的关系,近几年出现的多孔性路面、开级配抗滑路面以及沥青玛琋脂碎石(SMA)路面都有良好的表面宏观构造,因而这些沥青路面都有良好的抗滑性能。

沥青路面具有足够的抗滑性是道路交通安全的重要保证。光滑路面表面在雨后形成很厚的水膜,使轮胎与路面之间的摩阻力降低,极易造成行车滑溜引发交通事故。如对江苏某路段调查表明,交通事故由于路面光滑摩阻力太小造成的要占总量的50%,在这些路段中雨天事故要占48%。北京地区某路自1988年建成后至1990年7月,共发生交通事故71起,其中由于雨天路滑原因引起的为27起,占38%。

试验表明,沥青路面表面宏观构造和微观构造对其摩阻系数有直接影响。

1. 沥青混合料的表面纹理构造

沥青路面表面的纹理构造分为微观构造和宏观构造。微观构造是指路面集料表面水平方向为 0~0.5 mm、垂直方向为 0~0.2 mm 的微小构造(图5.17)。微观构造的尖峰值对于在潮湿条件下穿透表面的水膜是必要的,以便使轮胎与路面保持紧密的接触。

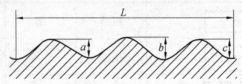

图5.17 微观构造的定义
平均粗糙密度=峰值个数/轮廓长度=3/L
平均粗糙高度=总高度/峰值个数=$(a+b+c)/3$
平均形状系数=平均高度/平均宽度=$((a+b+c)/3)/(L/3)$

从抗滑的要求出发,最佳的尖峰高度理论上为 0.01~0.1 mm。微观粗糙的密度或间距影响路面的摩阻力,粗糙密度越大,轮胎与路面的接触点数越多,轮胎对路面的附着力越大。形状系数是尖峰的高宽比,所以较大的形状系数表示尖峰较尖锐,且间距较小,这样保证轮胎与潮湿路面很好地附着。路面的微观构造不仅影响低速行车的抗滑性,同样影响高速行车的抗滑性。

测定微观构造必须使用扫描电子显微镜,但许多国家都是采用轻便的试验仪测定低速摩阻力的抗滑值,同时测试集料的磨光值,两者结合以评定微观构造。

路面的宏观构造表征路面集料颗粒之间的空隙和排水能力,其水平方向为 0.5 ~ 50 mm,垂直方向为 0.2 ~ 10 mm。宏观构造主要影响路面高速行车时的抗滑能力,同时对于保证路面标线在潮湿状态下的能见度、减少水漂、喷雾和溅水都有重要作用,因此路面排水能力是衡量表面宏观构造的重要指标。路面表面各种形态的特性见表 5.22。随着车速的提高,沥青路面的摩阻系数降低。由图 5.18 可以看出,光滑表面①的摩阻系数最低,磨光的路面②,④其摩阻系数也较低。

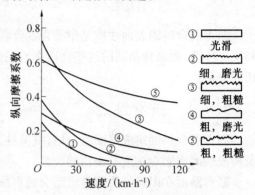

图 5.18 车速对摩阻系数的影响

在低速行驶时,细纹理的表面摩阻系数较高,但高速行车时则粗纹理的表面摩阻系数较高。这是由于低速行驶时,细纹理表面的构造深度来得及排除表面水,故仍能保持与轮胎有较好的接触;而高速行车时,路表面水来不及从高速滚动的车轮下排除,因而在轮胎与路面表面之间形成一层水膜,以至导致车轮产生飘滑现象。粗纹理构造提供了较大的通道,使轮胎下的水能迅速排除,从而使轮胎与路面表面保持良好的接触,因而有很好的抗滑性能。由此可见,高速行驶时,路面摩阻力降低常常是导致交通事故的主要原因。

表 5.22 不同路面表面状态的特性

表面状态		宏观构造	微观构造	轮胎附着性	排水性
光滑	光滑	磨光	细	差	差
弧形	弧形	磨光	中等	差	好
砂纸状	砂纸状	粗糙	细	极好	差
棱角状	棱角状	粗糙	中等	极好	好
刻槽	刻槽	磨光	粗	中等	极好
刻槽	刻槽	粗糙	粗	极好	极好
多孔	多孔	中等	粗	好	极好

上述的宏观构造是传统的一种纹理构造,它是在路面表面形成粗糙的纹理,水只能从路面表面排走,这种宏观构造称为"正宏观构造"。近十多年来,出现另一种宏观构造的路面,即不仅路面表面有非常粗糙的纹理构造,而且水能够渗入路面中,然后从孔隙中横向排走,这就是近代出现的开级配多孔排水性沥青路面,相对于"正宏观构造",称其为

"负宏观构造"。

宏观构造的效能不仅是它的高度或深度,排水通路的好坏也是重要的方面。换言之,不仅要求路面表面有足够的粗糙度,而且要求能够迅速地排水。嵌入式沥青路面虽然表面粗糙,但其排水通路是不连续的。有的路面虽然构造深度也较大,但排水通路堵塞,以至路表水在行车轮压下被挤出,反而使溅水加重。

许多国家在高速公路上铺筑高空隙排水式沥青路面。美国联邦公路管理局从20世纪60年代起就鼓励铺筑这种路面。同传统的沥青路面相比,许多州的交通事故明显降低。1982年调查统计,累计铺筑里程达到15 000 km,且大多铺筑在交通量很大的洲际公路上,大多数州对这种路面的使用性能表示满意。

1972年,荷兰开始排水性沥青路面的研究。荷兰降水量大,铺筑这种路面后有效地减少雨天行车溅水,从而减少了交通事故。

2. 宏观构造的测试方法

(1) 铺砂法

铺砂法是测定路面宏观构造最简便的方法,应用最为广泛。它是将已知体积的砂摊铺在路面上,然后用底面贴有橡胶片的推平板,仔细地将砂摊平成一圆形,量取其直径。砂的体积与砂摊铺的平均面积的比值即为路面宏观构造深度,也有称为路面纹理深度。铺砂法在潮湿天气不能测试,且重现性差,速度慢。近年国外有采用水玻璃代替砂,可提高测试的重现性。

(2) 排水测定法

由于宏观构造对行车的安全作用在于它能够使水在轮胎与路面的界面处快速地排水,因此通过测试路表的排水能力可间接表征路面的抗滑性能。如法国设计的一种排水仪,它能在行车速度为20~40 km/h的动态条件下,在一装置的孔中将常压水注射在路面上,连续测定通过路表构造空隙溢出的水流量。水流量越大,路面的排水性能就越好。水流量与铺砂法测得的构造深度之间的关系

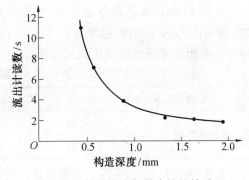

图5.19 构造深度与排水性的关系

如图5.19所示。在该图中排水仪的读数为s,时间越短,说明排水量越大,路面的构造深度也就越大,但构造深度趋向一极限值。

(3) 激光构造仪

英国道路与运输研究所研制成功以激光为基础的小型构造仪,已纳入运输部新版道路与桥梁工程规范,作为测定新建沥青路面宏观构造认可的方法。激光构造仪可以用于高速测定,与铺砂法所测的宏观构造深度有良好的相关性,而且重现性好,操作速度快,还能适用于潮湿条件下测试。

3. 宏观构造的影响因素

(1) 集料的抗冲击性和耐磨性

路面在车轮荷载的作用下,被沥青裹覆的粗集料表面会裸露出来。集料的耐冲击性

和耐磨性对路面的宏观构造有很大影响。耐冲击性和耐磨性能好的石料能较长时间地保持棱角不被磨损,从而达到长期保持路面抗滑性的目的。因此,有的国家将石料的耐冲击性和耐磨性作为路面材料的技术要求而纳入规范。

①集料的耐冲击性。

集料耐冲击试验是将 10～15 mm 碎石分三层在规定容器内捣实,用 13.4～14 kg 重的锤从 380±5 mm 的高度自由落下,冲击 15 次,然后筛出小于 2.5 mm 石屑,以小于 2.5 mm 的石屑质量与原试验的集料质量之比表示集料的耐冲击值 N。

根据调查和试验,石灰岩的冲击值为 13.7～29.7;片麻岩为 18～30;玄武岩为 13.8～16;砂岩为 13.3～17.9;石英岩为 15.7～26;安山岩为 13.2～17。

为保证高等级道路沥青路面的抗滑性,交通部"八五"科研攻关项目研究成果提出石料的抗冲击值应满足表 5.23 的要求。

表 5.23 集料抗冲击值的要求

交通量 (BZ-100)/(辆·d⁻¹)	耐冲击值	
	砂岩、花岗岩	其他岩石
<500	≤33(34)	≤28(25)
>500	≤28(25)	≤20(20)

②集料的耐磨性。

在第 17 届国际道路会议上,材料委员会推荐英国的石料磨耗试验方法作为标准方法。英国标准规定集料的磨耗值是要求在一定的年限内路面的构造衰减幅度不超过 30%。英国标准规定的磨耗值见表 5.24。

表 5.24 英国集料磨耗值要求

交通量/(辆(卡车)车道·d)		<250	1 020	1 250	2 500	3 250	4 000
集料磨耗值/%	石屑	<14	<12	<12	<10	<10	<10
	碎石	<16	<16	<14	<14	<12	<12

根据调查和试验,我国一些地区所产的石料的磨耗值见表 5.25。

表 5.25 各种石料的磨耗值

岩石	角山岩	玄武岩	石灰岩	石灰岩	片麻岩	砂岩	凝灰岩
产地	陕西华县	张家口	京南口	陕西富平	陕西华县	浙江金盖山	浙江二都
磨耗值/%	10	8	7.8	14	12	8.2	9.2
岩石	凝灰岩	砂岩	玄武岩	砂岩	砂岩	钢渣	片麻岩
产地	浙江江山	河南	高邮	江阴	江阴	杭州钢铁厂	连云港
磨耗值/%	6.6	8.9		11	5.7	8.2	5

我国现行沥青路面施工技术规范对石料的磨耗值已有规定,但从保证路面宏观构造的耐久性考虑,磨耗值的要求应予以提高。

③集料的磨光值。

路面的抗滑性能与石料的磨光值有关。磨光值试验是英国运输与道路研究所设计的。它是将粗集料黏附在 45 mm 宽的圆弧状模子上,制成试件磨块,14 个试件连同模子拼装于直径为 406 mm 钢轮外缘。其中有两个试件是用标准石料制成的标准试件。试验时钢轮以 320 r/min 的转速持续转动 3 h,并用另一充气橡皮轮以 390 N 的压力压在钢轮外缘的试件表面,磨光后用摆式仪测定磨光的标准试件和试验试件的抗滑值,以 52×试验试件摆值与标准试件摆值之比作为石料的磨光值。《公路沥青路面施工技术规范》根据道路等级的不同对石料磨光值提出了要求。

(2)混合料集料级配

沥青混合料的级配对宏观构造有极大的影响,是所有影响因素中最为重要的因素。传统的密级配沥青混凝土路面表面光滑,纹理构造深度浅。近年发展起来的多孔性排水路面、沥青玛琋脂碎石路面,在集料级配上与传统的密级配相比发生了很大的变化,粗集料比例大大增加,形成了骨架结构,因而有良好的宏观构造。

(3)混合料沥青用量

混合料沥青含量过高,多余的自由沥青在高温季节会在车轮反复作用下被挤到路面表面上来,形成光面,使纹理深度减小。混合料中所含的沥青黏度太低,容易自由流动,往往也是路面形成光面的原因。

(4)混合料的空隙率

空隙率小(如小于 3%)的沥青混合料,表面往往比较致密,纹理深度较浅;空隙率大的沥青混合料,则纹理深度较大。多孔性沥青混合料空隙率一般超过 15%,且内部有发达的贯通空隙,不仅在混合料表面具有良好的宏观构造,而且在混合料内部也形成很好的宏观构造。

4. 混合料宏观构造的标准

为保证沥青路面具有足够的抗滑能力,许多国家的沥青路面设计规范根据道路等级、行车速度等条件的不同,分别对路面的宏观构造深度提出了不同的要求。法国对路面宏观构造的要求见表 5.26。

表 5.26 法国对路面宏观构造的要求

路面等级	构造深度 TD(铺砂法)/mm	评价与使用场合
A	$TD \leqslant 0.2$	很细构造,限制使用
B	$0.2 < TD \leqslant 0.4$	细构造,汽车偶尔超过 80 km/h 使用
C	$0.4 < TD \leqslant 0.8$	中等构造,车速平均在 80~120 km/h 使用
D	$0.8 < TD \leqslant 1.2$	粗糙路面,正常车速超过 120 km/h 使用
E	$TD > 1.2$	很粗路面,特殊路面使用,如直线路段高速行车的危险区,湿度大而气温接近 0 ℃ 的易冰冻区

我国《沥青路面设计规范》(JTJ 013—97)对路面的纹理构造、摩阻系数等提出了要求。其中对于摩阻系数,要求高速公路在竣工后第一个夏季采用摩阻系数测定车以 50 km/h 的速度测定横向力系数;对于路面宏观构造,要求在竣工后第一个夏季用铺砂法或激光构造深度仪测定构造深度 TD。横向力系数与构造深度标准见表 5.27。

表 5.27　抗滑标准

公路等级	竣工验收标准	
	横向力系数	构造深度 TD/mm
高速公路、一级公路	≥54	≥0.55

5.4.2　路面噪声

随着交通运输事业的迅速发展，车流量增大，车速加快，交通噪声对居民的干扰日益严重，污染范围迅速扩大。长期噪声的干扰会造成人们注意力不集中、反应迟钝、容易疲劳，影响工作和学习，严重的还会引起人们头昏、血压升高、失眠等病症，危害健康。研究表明，车辆在中、低速行驶时交通噪声主要由发动机、齿轮箱、进出口排放系统和车身振动等产生。当行驶车速超过 50 km/h 进入高速行驶时，由轮胎与道路相互作用所产生的噪声将趋向增大。

近年来世界上许多国家为降低交通噪声采取了各种措施。其中，开级配的低噪声沥青路面引起了广泛的兴趣和重视，并且在应用中取得了显著成效。低噪声沥青路面的主要特点是开级配沥青混合料的高空隙率，不仅具有良好的渗水功能，而且具有良好的吸声特性。许多学者和工程技术人员从降低路面噪声的角度出发，对这种沥青混合料的组成结构、力学特性、抗滑性、降噪功能等进行了广泛的研究。

1. 滚动噪声的影响因素

(1) 车辆行驶的速度

车辆噪声的声级与行车速度之间有一定关系，车速越快，噪声越大。其中单个车辆所发射的噪声与车速的关系为

$$L_{A\max} = av^b \tag{5.16}$$

式中，$L_{A\max}$ 为车辆以速度 v(km/h) 行驶时辐射的平均最大 A 声级；a 为系数，对于一种车辆为常数，如上海牌小汽车为 28.9，东风牌载重车为 31.3；b 为指数，对于一种车辆为常数，如上海牌小汽车为 0.229，东风牌载重车为 0.233。

(2) 路面的表面构造

研究发现，路面的表面构造，即粗糙度、纹理深度等几何特征，对轮胎与路面的接触噪声有明显影响。同时路面的不平整度，也影响路表的噪声。如果路面的不平整度的波长为 80 mm 左右，其他条件不变时，波幅增加，则轮胎滚动噪声也增大。噪声强度与路面类型(干燥路面)见表 5.28。潮湿路面散发的噪声量大于干燥路面所散发的噪声量，增大的噪声量可能达到 10 dB。

表 5.28　路面类型与噪声强度

小方石铺砌	防滑表面处治	水泥、混凝土	细粒式沥青混合料	很细的沥青混合料
+5 dB	+1.5 dB	0	−1.5 dB	−4.5 dB

(3) 路面材料

水泥混凝土路面上的滚动噪声水平一般要高于沥青路面上的滚动噪声。对于相同的表面宏观构造，混凝土路面的噪声大约高 1 dB。其原因可能与混凝土路面的劲度模量

大,因而阻抗大有关。老化的沥青路面噪声大,一方面是平整度变差,另一方面也可能是混合料劲度增大的缘故。

(4) 轮胎的花纹

研究发现,小型轮胎在光滑路面上的滚动噪声比在粗糙路面上大。光滑轮胎或有纵向槽纹的轮胎比有各种花纹的轮胎在光滑路面上滚动噪声小。粗花纹的轮胎(包括大块孤立凸出的花纹)比子午线轮胎所产生的噪声大。轮胎的宽度大,其滚动噪声也大;而轮胎的直径大,则产生的噪声小。

2. 多孔性沥青路面降低轮胎/路面接触噪声的机理

当轮胎在路面上滚动时,轮胎上的花纹与路面接触,花纹里的空气被挤压排出,形成局部的不稳定空气体积流。同时,当轮胎通过将空气压入路面的封闭洞穴时,空气也会被挤压出洞穴。然后当轮胎离开接触面时,空气又会迅速回填轮胎的花纹和路面的空隙之中。这种空气体积流往返的运动形成了单极子噪声源。

按照《机动车辆噪声测量方法》(GB1496—79)的规定,测量汽车噪声时测量传声器位于平直道路中心两侧,各距中线 7.5 m,离地面 1.2 m。测试区周围 25 m 范围内无大的反射体。车辆以规定的速度行驶,记录汽车通过时的最大声压级。用于衡量噪声强度的声压级是一种对数标度,单位分贝(dB)。定义为

$$L_P = 10 \lg(P^2/P_0^2) \tag{5.17}$$

式中,P 为测点处的声压,Pa;P_0 为基准声压(参考声压),数值为 2×10^{-5} Pa;L_P 为声压级,dB。

声学中采用对数标度声压的原因是因为人耳对于声音强弱的感觉并不与声压成正比,而是更接近与声压的对数值成正比。因此,由两辆噪声强度相等的汽车所产生的总声压并不是等于一辆汽车的两倍,而仅仅是比单辆汽车的噪声增大 3 dB。

开级配的多孔性路面存在许多连通的小孔。当轮胎滚动时被压缩的空气能够通畅地钻入路面内,而不是向周围排射。同时,在声学上可以将这种路面看成是具有刚性骨架的多孔的吸声材料,具有相当好的吸声性能。

一般用吸声系数 α 来描述吸声材料的声学特性。所谓吸声系数是指被材料吸收的声能量与入射到材料表面的声能量之比。吸声系数越大,表明材料的吸声性能越好。吸声系数等于 1,表示入射到材料表面的声能全部被材料所吸收。当声波垂直入射到材料表面时,相应的吸声系数称为垂直入射系数。

通常采用驻波管来测定材料的垂直入射吸声系数,测试方法按驻波管法吸声系数与声阻抗率测量规范(GBJ 88—85)进行。驻波管为一根内壁光滑、坚硬、截面均匀的圆直管。管一端的刚性后盖可卸下,以便安装测试试样。试样的直径应与管的内径基本上一致。安装在管子另一端的扬声器发出的单频简谐声波在管内以平面波形式传播,并在试样表面反射形成驻波声场。从试样表面开始,沿管轴交替出现声压极大值和极小值。移动探管测定声压极大值和极小值的比值,即可确定试样的垂直入射吸声系数。实验与研究表明,吸声系数与沥青混合料的以下特性有关:

(1) 混合料空隙率对吸声系数的影响

对于不同空隙率的试样进行驻波管法测量,可以得到试样的垂直入射吸声系数频响。

图 5.20 给出空隙率分别为 5%(密级配)和 20%(开级配)两种 60 mm 厚沥青混合料的垂直入射吸声系数频响。由图 5.20 可见,多孔性沥青混合料的吸声系数在全频谱上都比普通沥青混合料大,而峰值相差更大。这说明多孔性沥青混合料确实具有较好的吸声功能。

测量分析表明,垂直入射吸声系数 α_p 的峰值与连通空隙率 V_c 之间存在线性关系(图 5.21)。连通空隙率越大,吸声系数也越大。这表明增大沥青混合料的连通空隙率有助于提高吸声功能。对于厚度为 60 mm 的沥青混合料试样,两者之间存在以下拟合关系:

$$\alpha_p = 0.042 V_c - 0.053 \tag{5.18}$$

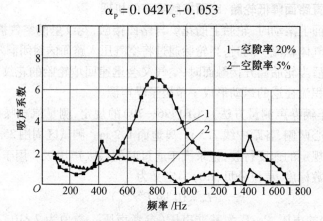

图 5.20 不同空隙率沥青混合料的垂直入射吸声系数

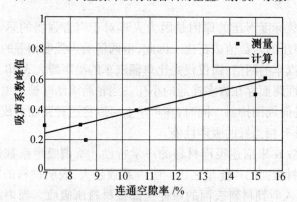

图 5.21 吸声系数峰值与连通空隙率的关系

(2)混合料集料粒径对吸声系数的影响

通常认为材料的孔隙的形状和构造,如孔径大小、孔壁的粗糙程度会对材料的吸声特性产生影响。一般来讲,孔径较细的材料吸声性能较好。沥青混合料的孔隙构造与碎石的粒径有关。粒径大,孔隙的孔径大;粒径小,孔隙的孔径小。但是,具体测量最大粒径 $D_{max} = 15$ mm(圆孔)和 $D_{max} = 10$ mm(圆孔)两种沥青混合料试样,在厚度与空隙率相近的条件下,它们的吸声系数频响特性基本相同,无明显区别(图 5.22)。

(3)路面厚度对吸声系数的影响

理论分析表明,刚性背衬吸声材料的垂直入射吸声系数随厚度的增加而趋于稳定。当路面厚度增加到 40 mm 左右时,材料的声学特性已趋于稳定,空隙率的作用成为主导。

测试不同厚度全空隙率在 20% ~24 的沥青混合料试样垂直入射吸声系数 α_p 发现,α_p 峰值均在 0.62 左右,正负偏差小于 6.5%。这说明理论分析结果是可信的。

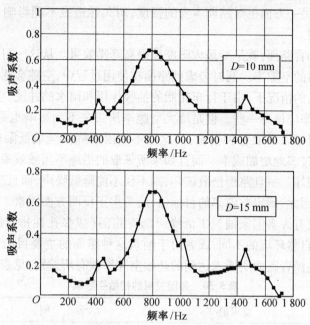

图 5.22　不同粒径沥青混合料垂直入射吸声系数频响

测试数据表明(表 5.29),随着沥青混合料试样厚度的增加,吸声系数峰值所对应的频率逐渐向低频移动(图 5.23)。这种规律与一般多孔性材料,如矿棉、玻璃纤维等的特性相仿。汽车行驶时轮胎与路面相互作用产生的噪声,其峰值频率,对于小汽车为 800 ~ 1 200 Hz,对于载重汽车为 600 ~ 800 Hz。所以从降低高速公路上交通噪声的角度考虑,多孔性沥青路面的厚度也是选在 40 mm 左右较为适宜。

表 5.29　不同厚度试样的峰值频率

沥青混合料厚度/mm	39	41	58	62.4	63.4
峰值频率/Hz	800	780	620	500	460

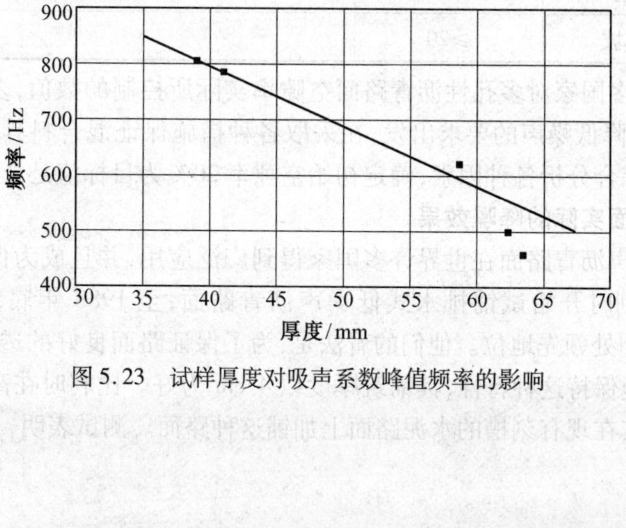

图 5.23　试样厚度对吸声系数峰值频率的影响

3. 低噪声沥青路面空隙率的目标值

开级配的多孔性沥青路面,其高空隙率赋予路面以降低交通噪声、加速排水、增加抗滑能力的功能,但另一方面也对路面本身的强度、耐久性造成不利影响,给沥青混合料设计和施工带来困难。

作为低噪声沥青路面,就是要最大限度地提高降噪效果。从这一目的出发,则要尽可能提高沥青混合料的空隙率。同时考虑到路面在使用过程中,空隙会逐渐被尘埃所堵塞,在初始空隙率较高的情况下,由于行车轮胎的抽吸作用和雨水的冲洗,空隙反而不会被堵塞,所以初始空隙率应该高一些。但是增大空隙率所带来不利影响也是显而易见的。虽然在混合料设计时可以采取各种措施,使这些不利因素降低至最低限度,以满足使用要求,但是因此可能过多地增加成本。而且如果所采取的措施不当或效果不佳,那么路面就可能过早地出现破坏。一旦路面松散破坏,则不仅不能降低噪声,而且反过来增加车辆的颠簸,增大噪声。因此,确定空隙率的目标值,应考虑正反两方面因素。

现在世界上已有许多国家铺筑了低噪声沥青路面(或多孔性排水路面)。由于各个国家的交通状况、自然环境的不同,或者由于铺筑这种路面的主要目的不同,所以一些国家对于这种多孔性沥青路面所要求达到的初始空隙率就有所差别,见表5.30。

表5.30 各国控制的初始空隙率

国家	要求值/%	说 明
美国	≥15	主要为增加抗滑能力
英国	20	
日本	20	综合分析了各种因素
比利时	22	实际在9~25范围内变动
奥地利	≥17	降噪要求:白天63 dB,夜晚55 dB
法国	20	降噪4~7 dB
德国	15~20	降噪、抗滑为目的
马来西亚	23	降噪
荷兰	20	降噪
新加坡	≥20	

综观世界许多国家对多孔性沥青路面空隙率实际所控制的数值,多数国家都是控制在20%左右。从降低噪声的要求出发,在采取各种措施保证混合料具有一定强度、抗松散性的前提下,综合分析各种因素,确定初始空隙率20%为目标值是合理的。

4. 多孔性路面实际的降噪效果

多孔性低噪声沥青路面在世界许多国家得到广泛应用,并且成为保护环境的措施之一。1979年,比利时开始试铺排水式低噪声沥青路面,至1988年底,铺筑总面积已达200万 m^2,在欧洲处领先地位。他们的看法是,为了保证路面良好的透水性,大幅度降低噪声,并且持久地保持这种特性,其铺筑厚度以4 cm为好。比利时在高速公路和横贯城市的道路上,尤其在现有刻槽的水泥路面上加铺这种路面。测试表明,与原水泥路面相比噪声降低了 6~8 dB。他们还发现,在隧道中铺设多孔性路面,对于降低隧道内车辆滚动噪声更具重要意义。

奥地利到 1989 年已铺成多孔性低噪声沥青路面达 322.6 万 m^2,1990 年又铺筑了 210 万 m^2,多数都铺筑在城镇的过境干道上。他们认为铺筑这种路面以降低噪声,其成本比设置隔声墙或声屏障的建筑费用低。

荷兰为了提高沥青材料对石料的裹覆能力,在混合料中加入了消石灰填料,沥青采用针入度 80/100,空隙率达 20%,铺筑厚度为 50 cm。路面在干燥状态下,交通噪声降低 3 dB,潮湿状态下降低 8 dB。

意大利铺筑的多孔性路面已有 100 多万 m^2。调查表明,这种路面确有改善路面粗糙度、加快排水、避免溅水喷雾的优点。同时可以降低 500~5 000 Hz 范围内的行车噪声,但也认为这种路面冬季比普通沥青路面容易冷却,积雪易附在路面上形成冰,并被汽车压入孔隙中,除冰所用的消冰剂量要增加。

日本初期是将多孔性路面铺筑在街道的人行道上,以便雨水渗入地下,改善和保护地下水资源,同时减轻排水设施的负担,后来逐渐推广应用到公路和城市道路。据不完全统计,到 1990 年,已铺筑这种路面 140 万 m^2,并且对这种路面的设计方法、铺筑工艺以及实用效果都作了比较深入的研究。观测表明,在多孔性沥青路面上,交通噪声明显降低,小汽车约降低 6~8 dB,载重汽车降低约 3 dB,而且即使载重车在停车空运转时,也有 2 dB 的降噪效果。

近几年,我国对高空隙率的沥青路面降低噪声的特性进行了研究,并实地铺筑了试验路段。1997 年,在杭州—金华 31~32 km 处铺筑了长度为 1 000 m,宽为 12 m 的多孔性沥青路面。为避免雨水下渗,在多孔性路面下设置了 1.5 cm 厚的细粒式密级配沥青混凝土。多孔性沥青混合料最大粒径为 13.2 mm,沥青采用改性沥青,设计油石比为 5%。路面铺筑厚度为 4 cm。竣工后钻取芯样,测得密度为 1.99~2.00 g/cm^3,空隙率为 21.5%~21.9%,渗水系数为 0.49~0.78 cm/s。用铺砂法测得构造深度为 0.81~1.60 mm。用桑塔纳轿车分别在晴天和雨天,以 60 km/h,80 km/h,100 km/h 的车速通过多孔性路面和邻近的普通沥青路面,用声级计同时进行测试,测试结果见表 5.31 和表 5.32。

表 5.31 桑塔纳车行驶噪声(干燥路面)

车速/(km·h^{-1})	普通路面噪声/dB	多孔性路面噪声/dB	降噪量/dB
60	76.1,81.1,73.8,77.1 平均 77.1	70.6,69.7,70.3,70.5 平均 70.3	6.8
80	82.1,82.2,82.1,83.9 平均 82.6	71.5,75.9,73.7,74.5 平均 73.9	8.7
100	84.7,85.4,85.4,85.1 平均 85.2	79.6,78.6,80.5,80.9 平均 79.9	5.3

表 5.32　桑塔纳车行驶噪声（潮湿路面）

车速/(km·h⁻¹)	普通路面噪声/dB	多孔性路面噪声/dB	降噪量/dB
60	79.1,78.3,79.1,79.8 平均 79.1	74.3,74.0,74.2,74.7 平均 74.3	4.8
80	83.1,85.9,85.7,87.0 平均 85.4	78.9,81.0,81.3,78.0 平均 78.5	6.9
100	90.0,93.5,93.6,93.3 平均 92.6	78.4,81.4,82.0,80.5 平均 80.6	12.0

将测试结果加以对照比较,不难看出：

①车辆行驶发出的噪声,随着车速的提高,噪声声级提高,且大体上与车速成线性关系。无论是在普通沥青路面上,还是在多孔性路面上都是如此。

②路面的干湿状态对行车噪声有很大影响。路面在潮湿状态下,行车所发出的噪声比路面在干燥状态下要大得多。

③多孔性路面比普通沥青路面有明显的降噪效果。在干燥路面上降噪量为 5~9 dB;在潮湿路面上,降噪效果更为显著,达到 5~12 dB。

此外,用其他车辆测试也得到同样的结果,只是在数值上有所差别而已,这是因为车辆的发动机、车厢、轮胎类型都有所不同。对车内噪声的测试也表明,在多孔性路面上的噪声也要低 1~2 dB。

5.4.3　路面反光特性

调查研究表明,夜间因素是构成交通事故的重要原因。这是因为夜间车祸伤亡事件比白天多;夜间的肇事一般比白天严重;夜间汽车驶离道路的情况比白天多。驾驶人所需要的信息主要属视觉性质,故必须检查有关道路及其环境对驾驶视觉影响的各项因素,尤其是路面的因素。也就是说,路面的能见度是影响行车安全的重要因素。

潮湿路面与干燥路面的反光特性有根本的区别。潮湿路面反光的特点是比干燥路面有大得多的反光和反射作用。反光的增加,使分布在路面上的亮度更不均匀,因此会使黑暗区的视觉状况更为不利,而且光源直接反射的眩光也大为增加,降低了行车交通的安全性。由于路面表面状况的不同,其反光有以下几种情况（图 5.24）：

在干燥的粗糙路面上,光线多为散光反射,也称为漫反射;水膜很厚的潮湿路面的反射常形成镜面反射;有水珠的干燥道路标线多为定向反射。

(a)镜面反射　　(b)散光反射　　(c)定向反射

图 5.24　光线反射的形式

散光反射能使街道的街灯照明光有均匀的亮度,从而使驾驶员能清晰地看清路面上的障碍物。镜面反射会使某一方向来的光线,如对面车辆的灯光和路旁发光的广告的光线,集中射来而引起眩光。即使在白天当面迎阳光行驶时也会造成眩光。眩光将严重影响交通安全,以至有可能引发交通事故。

研究表明,细密的光滑路面是造成路面镜面反射的主要原因。同时在光滑的路面上,雨水的覆盖还会使道路标线的能见度大为降低,从而给驾驶人员识别标线增加了困难。

具有良好宏观构造的沥青路面,由于集料不规则的棱角凸出,使光线产生散光反射,而不会形成镜面反射。即使是雨天也因排水迅速,路面上无水膜,同样不会出现镜面反射。因而雨天夜间在这种路面上行驶,不会产生眩光,道路标线也清晰可见,有效地保证了行车的安全性。因此从路面反光特性考虑,设计和选择具有良好宏观构造的沥青混合料铺筑路面面层,确实非常必要。正因为如此,多孔性排水式沥青路面、沥青玛琋脂碎石路面能够得到广泛的应用。

5.5 抗渗性能

目前沥青混合料的早期破坏仍然相当严重,其中由于路面渗水导致基层承载能力下降发生的破坏占有相当大的比例。尽管沥青混合料的结构设计强调沥青面层必须有一层以上是基本上不透水的,但由于在配合比设计阶段对渗水系数没有要求,路面的渗水情况心中无数,只有到混合料铺在路面上且各层都铺筑完成以后才能对沥青路面做渗水试验。此时,即使路面渗水严重,也没有补救办法。所以说沥青混合料配合比设计阶段进行沥青混合料的渗水试验非常重要。尤其是对沥青玛琋脂碎石混合料(SMA),基本上不透水是一个重要的性质,应该在配合比设计阶段对渗水系数进行检验。

渗水系数:在规定的初始水头压力下,单位时间内渗入路面规定面积的水的体积,以 mL/min 计。

沥青混合料渗水试验:适用于用路面渗水仪测定碾压成型的沥青混合料试件的渗水系数,以检验沥青混合料的配合比设计。

1. 目的与适用范围

用于用路面渗水仪测定碾压成型的沥青混合料试件的渗水系数,以检验沥青混合料的配合比设计。

2. 仪具与材料

(1)路面渗水仪:形状及尺寸如图 5.25 所示,上部盛水量筒由透明有机玻璃制成,容积为 600 mL,上面有刻度,在 100 mL 及 500 mL 处有粗标线,下方通过 10 mm 的细管与底座相接,中间有一开关。量筒通过支架连接,底座下方开口内径为 150 mm,外径为 165 mm,仪器附铁圈压重两个,每个质量约 5 kg,内径为 160 mm。

(2)水筒及大漏斗。

(3)秒表。

(4)密封材料:黄油、玻璃泥子、油灰或橡皮泥等,也可采用其他任何能起到密封作用的材料。

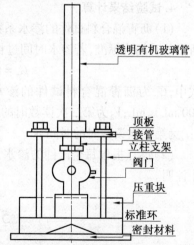

图 5.25 路面渗水仪结构示意图

(5)接水容器。

(6)其他:水、红墨水、粉笔、扫帚等。

3. 方法与步骤

(1)准备工作

①在洁净的水桶内滴入几点红墨水,使水成淡红色。组合装妥路面渗水仪。

②轮碾法制作沥青混合料试件,试件尺寸为 300 mm×300 mm×50 mm,脱模,揭去成型试件时垫在表面的纸。

(2)试验步骤

①将试件放置于坚实的平面上,在试件表面上沿渗水仪底座圆圈位置抹一薄层密封材料,边涂边用手压紧,使密封材料嵌满试件表面混合料的缝隙,且牢固地黏结在试件上,密封料圈的内径与底座内径相同,约为 150 mm。将渗水试验仪底座用力压在试件密封材料圈上,再加上铁圈压重压住仪器底座,以防压力水从底座与试件表面间流出。

②用适当的垫块如混凝土试件或木块在左右两侧架起试件,试件下方放置一个接水容器。关闭渗水仪细管下方的开关,向仪器的上方量筒中注入淡红色的水至满,总量为 600 mL。

③迅速将开关全部打开,水开始从细管下部流出,待水面下降 100 mL 时,立即开动秒表,每间隔 60 s,读记仪器管的刻度至水面下降 500 mL 时为止。测试过程中,应观察渗水的情况,正常情况下水应该通过混合料内部空隙从试件的反面及四周渗出,如水是从底座与密封材料间渗出,说明底座与试件密封不好,应另采用干燥试件重新操作。如水面下降速度很慢,从水面下降至 100 mL 开始,测得 3 min 的渗水量即可停止。若试验时水面下降至一定程度后基本保持不动,说明试件基本不透水或根本不透水。则在报告中注明。

④按以上步骤对同一种材料制作 3 块试件测定渗水系数,取其平均值,作为检测结果。

4. 试验结果计算

(1)沥青混合料试件的渗水系数按下式计算,计算时以水面从 100 mL 下降至 500 mL 所需的时间为标准,若渗水时间过长,亦可采用 3 min 通过的水量计算。

$$C_w = (V_2 - V_1)/(t_2 - t_1) \times 100\% \tag{5.19}$$

式中,C_w 为沥青混合料试件的渗水系数,mL/min;V_1 为第一次读数时的水量(通常为 100 mL),mL;V_2 为第二次读数时的水量(通常为 500 mL),mL;t_1 为第一次读数时的时间,s;t_2 为第二次读数时的时间,s。

(2)逐点报告每个试件的渗水系数及 3 个试件的平均值。若路面不透水,应在报告中注明。

5.6 动态性能

5.6.1 动态模量的概念

沥青路面材料设计参数是路面设计研究工作的主要内容。在以层状体系理论为基础的沥青路面设计方法中,所用材料设计参数的确定有静载法和动载法,采用前者的有苏联、原东欧诸国及我国,采用后者的则为英、美发达国家。

沥青混合料作为一种典型的黏弹性材料,在不同荷载作用方式和作用时间下表现出来的力学性质完全不同,表征其力学性质的重要力学参数——模量在动态荷载和静态荷载有着明显的不同。采用静态试验方法测定材料的弹性模量往往会掺杂黏塑性的变形因素,动态荷载作用时,由于加载速度较快,试件在整个受荷过程中,黏塑性表现较弱,其变形以瞬时恢复为主,测定的可恢复变形能够比较准确反映路面材料在汽车荷载作用下的弹性变形情况,这与动态试验方法测定的力学参数在概念上保持一致,测定动态模量概念更符合实际路面结构的受力情况。

定义材料的动态模量往往从复数模量入手,复数弹性模量的实部表示交变应力作用下材料贮存并可以释放的能量,称为动弹性模量或贮存弹性模量,其虚部表示损失的能量,称为损失模量或动摩擦。应力与应变的相位角的正切称为损伤正切。动态模量是指对于具有一定周期和波形的动态荷载,其应力的模(振幅)与材料响应的应变的模(振幅)的比值,称为该应力(荷载)条件下的动态模量。

以开尔文模型为例来表示沥青混合料黏弹性性能,开尔文模型在一个正弦荷载已经施加了无限时间的状态下,一切初始的干扰已经消失,开始做正弦振动,正弦荷载可以用复数表示为

$$\sigma = \sigma_0 \cos\omega t + i\sigma_0 \sin\omega t = \sigma_0 e^{\overline{i\omega t}} \tag{5.20}$$

式中,σ_0 为应力幅值,MPa;ω 为角速度,$\omega = 2\pi f$,rad/s;f 为加载频率,Hz。

假设不计惯性作用,基本微分方程可写成如下形式

$$\lambda_1 \frac{\partial \varepsilon}{\partial t} + E_1 \varepsilon = \sigma_0 e^{i\omega t} \tag{5.21}$$

式(5.21)的解为

$$\varepsilon = \varepsilon_0 e^{i(\omega t - \phi)} \tag{5.22}$$

式中,ε 为应变幅值;ϕ 为应变滞后于应力的相位角。

将式(5.22)代入式(5.21)中,得到

$$i\eta\varepsilon_0 \omega e^{i(\omega t-\phi)} + E\varepsilon_0 e^{i(\omega t-\phi)} = \sigma_0 e^{i\omega t} \tag{5.23}$$

进一步可以得到

$$\eta\omega\varepsilon_0 \sin\phi + E\varepsilon_0 \cos\phi = \sigma_0$$
$$\eta\omega\varepsilon_0 \cos\phi - E\varepsilon_0 \sin\phi = 0 \tag{5.24}$$

式(5.24)的解为

$$\varepsilon_0 = \frac{\sigma_0}{\sqrt{E^2 + (\eta\omega)^2}}$$

$$\tan\phi = \frac{\eta\omega}{E} \tag{5.25}$$

从式(5.25)可以看出,对于弹性材料 $\eta = 0$,则 $\phi = 0$;而对于黏性材料 $E = 0$,则 $\phi = \pi/2$。因此,对于黏弹性材料,相位角为 $0 \sim \pi/2$。复数模量 E^* 定义为

$$E^* = \frac{\sigma}{\varepsilon} = \frac{\sigma_0 e^{i\omega t}}{\varepsilon_0 e^{i(\omega t - \phi)}} \tag{5.26}$$

或

$$E^* = \frac{\sigma_0}{\varepsilon_0}\cos\phi + i\frac{\sigma_0}{\varepsilon_0}\sin\phi \tag{5.27}$$

动态模量为复合模量的绝对值,反映了材料抵抗变形的能力

$$|E^*| = \sqrt{\left(\frac{\sigma_0}{\varepsilon_0}\cos\phi\right)^2 + \left(\frac{\sigma_0}{\varepsilon_0}\sin\phi\right)^2} = \frac{\sigma_0}{\varepsilon_0} \tag{5.28}$$

式(5.27)中的实数部分实际上等于弹性劲度 E,而虚数部分等于内部阻尼 $\eta\omega$。

同时,复数模量作为一个复数,用来确定黏弹性材料的应力、应变特性,由实部和虚部两部分组成,还可以写成如下形式

$$E^* = E' + iE'' \tag{5.29}$$

式中,E' 为存储模量;E'' 为损失模量。

动态模量作为复数模量的绝对值,可以定义为

$$|E^*| = \sqrt{(E')^2 + (E'')^2}$$

由此,存储模量、损失模量、动态模量及相位角的关系为

$$E' = |E^*|\cos\phi$$
$$E'' = |E^*|\sin\phi \tag{5.30}$$

5.6.2 沥青混合料动态模量主曲线

沥青混合料作为黏弹性材料,其黏弹性力学行为对于环境和荷载条件具有明显的依赖性,对于外部条件而言,温度和荷载频率是沥青混合料动态模量的主要影响因素。根据黏弹性材料的研究可以认为黏弹性材料的复杂力学行为具有相当明确的规律性,这种规律不仅表现在材料应力-应变响应关系分别依赖于温度效应与时间性,也表现在材料力学行为中时间效应与温度响应的等效性及相互转换关系上。根据黏弹性材料的时间-温度转换原理可知,沥青混合料这种黏弹性材料在不同温度和荷载作用频率下得到的力学性质可以按照时间-温度换算法则移动后合成某一温度下的黏弹性特征函数曲线,通常被称为该特征函数的主曲线,进一步将这一温度条件下的主曲线按各不同温度对应的移位因子移动,就可以得到多种温度下该特征函数各自的主曲线。利用主曲线,我们可以将一定时间、温度范围内的试验结果拓延到更加广泛的时温空间中去,即不必进行长时间试验就可以预估材料的长期力学性质;同样不必受仪器设备的限制而得到材料在高频率荷载作用下的力学特性。

5.6.3 时间-温度转换

研究沥青及沥青混合料等工程材料的力学特性时,不仅要考虑材料应力水平与应变水平之间的相互响应关系,同时也必须考虑材料自身承受的温度环境和加载时间。根据对于黏弹性材料的研究,认为沥青及沥青混合料的复杂力学行为具有相当明确的规律性,具体表现为材料应力-应变响应关系分别依赖于温度效应与时间效应,同时,材料力学行

为中的时间效应与温度效应具有等效性且能相互转换,这就是我们通常所说的时温等效应。这个等效性可借助于转换因子来实现,即借助于转换因子可以将在某一温度下测定的力学数据,变成另一温度下的力学数据,这就被称为时温等效原理。

可以建立一定的数学模型对时温等效效应进行定量描述,把这一数量关系称为时间-温度换算法则。通常采用时间 t 的对数坐标讨论黏弹性力学行为的时间-温度换算法则。不同温度下动态模量曲线具有相同的几何形状,选择其中一个温度作为基准温度,将其他温度下的曲线沿水平方向平行左右移动一定的距离 $\lg a(T)$,与基准温度下的模量曲线重合,这样可以得到该参考温度下动态模量主曲线,这一移动量 $\lg a(T)$ 称为该温度相对于基准温度的移位因子,移位因子仅与温度有关。这样,得到的主曲线时间(频率)范围将远远超过实测时间(频率)范围,这时所得到的主曲线特征函数的时间(频率)历程并非试验测定经历的真实历程,通常我们将其称为换算时间(频率)。

1. 动态模量主曲线西格摩德(Sigmoidal)模型

沥青混合料动态模量主曲线可以用西格摩德(Sigmoidal)数学模型来表示,并被众多的研究者所采用,其模型公式为

$$\lg(|E^*|) = \delta + \frac{\alpha}{1+e^{\beta+\gamma\lg t_r}} \tag{5.31}$$

式中,$|E^*|$ 为沥青混合料动态模量;t_r 为在参考温度下的加载时间,当用频率表示时为 f_r;δ 为动态模量极小值的对数;$\delta+\alpha$ 为动态模量极大值的对数;β,γ 为描述 Sigmoidal 模型形状的参数。

Sigmoidal 模型描述了混合料动态模量在参考温度下对加载时间(频率)的依赖关系,其中,拟合参数 δ、α 取决于混合料级配、沥青饱和度和空隙率,而描述模型的形状参数 β、γ 取决于沥青胶结料特性和拟合参数 δ、α 的大小。

2. 沥青混合料动态力学性能分析

沥青混合料动态性能表征参数主要有:回弹模量、复合模量、劲度以及抗压强度等,在路面设计中更关心的是回弹模量和劲度。

回弹模量即用于弹性理论的弹性模量。实际上,沥青混合料并不是完全弹性材料,在荷载作用下,会出现永久变形。但当荷载远小于材料的强度,且荷载重复作用很多次后(常用的最低荷载重复作用次数为 50~200 次,依加载频率和温度而变),每次荷载作用下材料的变形几乎可以完全恢复,这时可认为材料是弹性的。

当用弹性理论分析路面性能时,确定重复荷载作用下回弹模量的加载波形建议采用历时 0.1 s 和间歇时间为 0.9 s 的半正弦荷载。沥青混合料回弹模量可用无侧限抗压试验或间接拉伸试验确定。重复荷载作用下应力与可恢复应变之比即为回弹模量 M_R。

$$M_R = \frac{\sigma}{\varepsilon_r} \tag{5.32}$$

式中,σ 为应力,MPa;ε_r 为可恢复弹性应变。

路面结构在行车荷载作用下主要表现为动态加载效应,但是目前路面设计模型仅考虑静力模型,材料设计也是在非完全弹性状态下测得的。路面实际受力状态与路面设计方法之间,存在着模型与参数方面的动态与静态、弹性与黏弹性之间的不同。国外在近几

年有采用动态模量反映沥青混合料设计参数的趋势,并研制了相应的测定动态模量的仪器设备,而我国目前仍以静态回弹模量作为设计参数。因此,从路面结构的受力状态出发,深入研究沥青混合料的动态模量及动态特性具有十分重要的意义。

3. 试验方案设计

目前,测量沥青混合料动态模量应用较为普遍的测试方法有无侧限抗压模量测试方法及间接抗拉模量测试方法。前者测定沥青混合料的抗压动态模量,后者为劈裂动态模量。沥青混合料的劈裂参数是表征材料动态性能的指标之一,也是路面设计中不可缺少的重要参数。我国《公路沥青路面设计规范》(JTJ 014—97),对高速公路、一、二级公路的沥青混凝土路面层和半刚性材料的基层、底基层确定层底拉应力指标时,所用材料抗拉强度采用劈裂强度。劈裂法测定的回弹模量虽不在规范中使用,但它也是材料性能主要指标之一。本书采用间接拉伸试验测定劈裂动态模量对沥青混合料的力学性能进行评价。

对动态试验的一个关键性问题是试验的准确性。进行动态试验,对试验仪器的要求,对传感器精度的要求都远远高于静态试验。资料显示,对沥青这种弹黏性材料来讲,当温度变化1 ℃时,沥青混合料的劲度模量就会有10%左右的变化。因此,动态试验的可靠性要求也比静态试验更迫切、重要。

4. 具体试验步骤

(1)试验设备

COOPER试验机从英国进口,荷载采用气压调节器提供压强为9~12 MPa的压缩空气,通过滚动隔膜型的气压传动装置产生径向的脉冲荷载,对试件劈裂,两个LVDT测定试件径向变形。试验数据自动采集并进行计算完成。环境箱控温精度为±0.1 ℃。

(2)试件制备

劈裂试验采用圆柱体试件,试件直径为 $\phi 101.6$ mm±0.25 mm,高度为63.5 mm±1.3 mm。采用马歇尔标准击实法成型。试验前沿圆周4等分点用游标卡尺量测四点高度,准确至0.1 mm,以其平均值计。

(3)试验温度

本试验目的是研究沥青混合料在不同温度下的力学性能,考虑到试验精度和材料本身特性,确定试验温度为5 ℃、10 ℃、15 ℃、20 ℃,相应地取沥青混合料的泊松比为0.20、0.25、0.30、0.35。

(4)试验条件

采用英国COOPER试验机推荐值。对试件施加半正弦波,加载频率为5 Hz,载荷脉冲上升时间为124 ms,测定目标水平变形量为5 μm。试验过程中根据目标水平变形量调整施加荷载值,并采集荷载调整后5个波形的数据计算动态间接拉伸劲度模量。

5.7 疲劳性能

沥青混合料的耐久性是值得关注的问题,耐久性有两层意思:

①沥青路面在反复荷载的作用下,有良好的耐疲劳性能,能够经受车辆千万次的作用而不过早地出现疲劳裂缝;

②沥青路面在阳光和大气自然因素的作用下,有良好的抗老化能力。

本节先介绍抗疲劳性,下节介绍抗老化性。疲劳性能是指沥青混合料在反复荷载作用下抵抗破坏的能力。疲劳是由于荷载的重复作用,在远低于材料的极限强度下导致路面开裂的一种破坏现象。在相同荷载数量重复作用下,疲劳强度下降幅度小的沥青混合料,或疲劳强度变化率小的沥青混合料,其耐疲劳性好。重复荷载作用下的疲劳损坏过程一般包括三个阶段,即裂缝的形成、裂缝的扩展及断裂损坏。

沥青混合料由于材料表面和内部存在异质和瑕疵等缺陷,如尘粒、水泡、气泡、孔隙以及表面形状不规则等将使应力传递不均匀而引起应力集中,局部的应力集中在一定的荷载重复作用数次后就开始形成疲劳裂缝。裂缝的形成,使材料进一步丧失承载能力。在重复荷载作用下,裂缝的尖端将呈现反复钝化和锐化的交替过程,其结果使缝端断面不断改变并逐渐扩展。材料在经受拉伸荷载周期中,缝端首先趋向裂开,然后由于在缝端前面塑性区的形成和扩展而产生钝化,在卸载过程中,裂缝周围材料的弹性收缩在塑性变形的材料缝端产生一个残余压应力,使裂缝尖端两侧表面逐渐靠拢并向前延伸一段距离而重新出现锐化。重复这个过程将使裂缝不断扩展。

当疲劳裂缝扩展到临界裂缝尺寸时产生材料疲劳断裂损坏。裂缝就产生由稳定扩展到不稳定扩展的转化,沥青混合料在使用期间经受车轮荷载的反复作用,长期处于应力应变交迭变化状态,致使混合料的结构强度逐渐下降。当荷载重复作用超过一定次数以后,在荷载作用下沥青混合料路面内产生的应力就会超过强度下降后的结构强度(即疲劳强度),沥青混合料路面出现裂缝,即产生疲劳断裂破坏。

5.7.1 沥青混合料的疲劳过程

沥青混合料的疲劳特性是针对混合料在路面中的实际受力状态提出的。研究分析表明,在移动车轮荷载作用下,沥青混合料路面结构内各点在不同时间处于不同的应力应变状态,如图 5.26 所示。车轮作用其上时点 B 受到全拉应力作用,车轮驶过后应力方向旋转,量值变小,并产生剪应力。当车轮驶过一定距离后,点 B 则承受主压应力作用。点 B 应力随时间的变化曲线如图 5.27 所示。

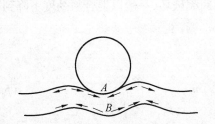

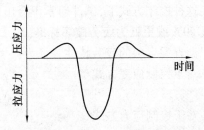

图 5.26 路面面层在车轮荷载下的受力状态　　图 5.27 点 B 应力状态随时间的变化曲线

沥青混合料路面表面上点 A 则相反,车轮驶近时受拉,车轮直接作用时受压,车轮驶过后又受拉。车轮驶过一次就使点 A、B 出现一次应力循环。路面在整个使用过程中,长期处于应力(应变)重复循环交替变化的状态。由于路面材料的抗压强度远较抗拉强度大,而面层底部点 B 在车轮作用下所受的拉应力较表面点 A 在车轮驶近或驶过后产生的拉应力大得多,因此在荷载重复作用下路面裂缝通常从面层底部开始发生。

对于沥青混合料路面受重复荷载作用产生的开裂,多数为疲劳性抗拉强度下降而引起的,故在分析疲劳特性时,主要分析沥青混合料的抗拉疲劳性能。

5.7.2 沥青混合料的疲劳力学模型

沥青混合料疲劳特性的研究方法可以分为两类:一类为现象学法,即传统的疲劳理论方法,它采用疲劳曲线表征材料的疲劳性质;另一类为力学近似法,即应用断裂力学原理分析疲劳裂缝扩展规律以确定材料疲劳寿命。现象学法与力学近似法都是研究材料的裂缝以及裂缝的扩展,其主要区别就在于前者的材料疲劳寿命包括裂缝的形成和扩展阶段,研究裂缝形成的机理以及应力、应变与疲劳寿命之间的关系和各种因素对疲劳寿命及疲劳强度的影响;后者只考虑裂缝扩展阶段的寿命,认为材料一开始就有初始裂缝存在,因此不考虑裂缝的形成阶段,而主要研究材料的断裂机理及裂缝扩展规律。

1. 现象学法

沥青混合料的疲劳是材料在荷载重复作用下产生不可恢复的强度衰减积累所引起的破坏现象。显然荷载的重复作用次数越多,材料强度的损伤也就越剧烈,它所能承受的应力或应变值就越小,反之亦然。

在现象学法中,通常把材料出现疲劳破坏的重复应力值称为疲劳强度,相应的应力重复作用次数称为疲劳寿命。由于在试验室中试验方式不同,疲劳破坏状态明显不同,因此疲劳寿命可以采用两种量度来表示,即服务寿命和断裂寿命。服务寿命为试件能力降低到某种预定状态所必需的加载累积次数;断裂寿命为试件完全断裂所必需的加载累积次数。如果试件破坏都定义为在连续重复加载下完全裂开时,则服务寿命与断裂寿命二者相等。

应用现象学法进行疲劳试验时,可采用控制应力和控制应变两种不同的加载模式。应力控制方式是指在反复加载过程中所施加荷载(或应力)的峰谷值始终保持不变,随着加载次数的增加最终导致试件断裂破坏。这种控制方式可用完全断裂作为疲劳损坏的标准。

应变控制方式是指在反复加载过程中始终保持挠度或试件底部应变峰谷值不变。由于在这种控制方式下,试件通常不会出现明显的断裂破坏,一般以混合料劲度下降到初始劲度50%或更低为疲劳破坏标准。

沥青混合料的疲劳特性表征为:

对于控制应变方式

$$N_f = C(1/\varepsilon_0)m \tag{5.33}$$

对于控制应力方式

$$N_f = K(1/\sigma_0)n \tag{5.34}$$

式中,N_f 为疲劳寿命,即达到破坏时的重复荷载的作用次数;ε_0,σ_0 为初始的弯拉应变和弯拉应力;C,m,K,n 为由试验所确定的系数。

Monismith 等根据进一步的研究工作,建立了更具普遍性的沥青混合料的疲劳方程为

$$N_f = a(1/\varepsilon_0)b(1/S_0)c \tag{5.35}$$

式中,S_0 为沥青混合料的初始劲度;a,b,c 为由试验所确定的系数。

大量的试验研究表明，不同应变水平下沥青混合料的疲劳寿命 N_f 和到达疲劳破坏时的总的累积能耗 W_f 的关系为

$$W_f = A N_f^z \tag{5.36}$$

式中，W_f 为总累积能耗，即到达疲劳破坏时，每次荷载下能耗的总和；A,z 为由试验所确定的系数。

累积能耗 W_f 与第 i 次重复荷载的能耗 W_i 的关系为

$$W_f = \sum N_i W_i \tag{5.37}$$

式(5.37)是正弦荷载作用下，能耗 W_f 的计算公式。试验结果表明，对于控制应变疲劳试验，每次荷载的能耗 W_i 会随荷载重复作用次数的增加而减少；对于控制应力的疲劳试验，每次荷载的能耗会随荷载重复作用次数的增加而增加（图 5.28）。假设进行控制能耗的试验，则整个试验过程中，每次荷载下的能耗 W_i 保持不变。总的累积能耗 W_f 可通过初始能耗 W_0 和达到疲劳破坏时的作用次数（即疲劳寿命 N_f）得到。

$$W_f = W_0 N_f \tag{5.38}$$

由式(5.38)可以得到

$$N_f = [A/(\pi\varepsilon_0 S_0 \sin\varphi_0)]/(1-x) \tag{5.39}$$

由于常规疲劳试验只能是控制应力或控制应变的。为了建立相应的疲劳方程，范德杰克（W·Van·Dijk）引入了一个能量比系数 ψ：

$$\psi = N_f W_0 / W_f \tag{5.40}$$

ψ 近似反映了疲劳试验过程中的能耗，W_i 是与重复荷载作用次数 N 相关的某种特性。W·Van·Dijk 的研究表明，能量比与荷载模式（控制应变或控制应力）以及混合料的最大劲度有关。对于控制应力的情况，ψ 值小于 1；对于控制应变的情况，ψ 值大于 1。图 5.29 是部分试验结果。

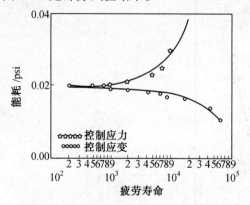

图 5.28 两种实验控制方式下的能耗

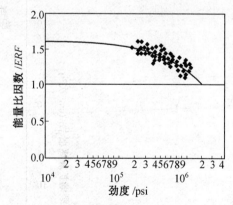

图 5.29 能量比和劲度的关系

1 psi = 6 894.76 Pa

由此，可建立控制应力或控制应变疲劳试验含有能量比系数的疲劳方程：

$$N_f = [A\psi/(\pi\varepsilon_0^2 S_0 \sin\varphi_0)]/(1-x) \tag{5.41}$$

分析已有的疲劳方程和相关研究工作可以发现，式(5.33)和式(5.34)中的疲劳寿命只与初始的试验条件有关，即只与初始的应变或应力有关；式(5.36)只与这到疲劳破坏

时的累积能耗有关,即仅与试验最后的情况有关;式(5.40)中引入了能量比系数 ψ,可以认为该关系式与试验的初始条件(初始能耗)和试验的最终情况(累积能耗)有关。

选用何种荷载模式的疲劳试验能够较好地反映路面的疲劳特性,或者说选用应力控制还是应变控制进行路面疲劳强度设计,主要应考虑以下两个因素:

① 何种荷载模式能够更好地反映沥青混合料在路面中受行车荷载作用的疲劳特性;
② 路面结构中,沥青混合料的应力应变状态更接近于哪类荷载模式疲劳试验的工作状态。

2. 力学近似法

力学近似法是用断裂力学原理来分析路面材料的开裂,并用以预测材料疲劳寿命的一种方法。由于这种方法是将应力状态的改变作为开裂、几何尺寸、边界条件、材料特性及其统计变异性的结果来考虑,并对裂缝的扩展和材料中疲劳的重分布所起的作用进行分析,因此它有助于人们认识破坏的形成和发展机理。

试验常采用切口试件,将梁式试件做成单边的 V 形或 U 形槽口,进行弯曲或拉伸试验。应用这一方法的疲劳寿命被定义为:在一定的应力状态下,材料的损坏按照裂缝扩展定律,从初始状态增长到危险和临界状态的时间。根据目前已有的疲劳裂缝扩展规律公式进行比较,普遍认为帕勒斯(P·C·Paris)的裂缝扩展公式最适合于沥青混合料的情况。

按帕勒斯理论,裂缝扩展规律公式为

$$dc/dN = AK^n \tag{5.42}$$

式中,c 为裂缝长度;N 为荷载作用次数;A,n 为材料常数;K 为应力强度因子,与荷载、试件几何尺寸和边界条件有关的常数。

图 5.30 给出了弹性基础上沥青砂小梁试件的 dc/dN 与 K 之间的试验曲线。

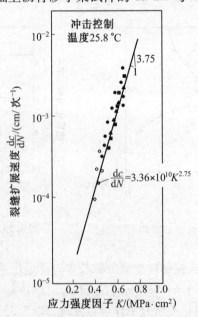

图 5.30 弹性基础上沥青砂小梁试件的 dc/dN 与 K 之间的试验曲线

5.7.3 影响沥青混合料疲劳寿命的因素

沥青混合料的疲劳寿命除了受荷载条件的影响外,还受到材料性质和环境变化的影响。

1. 材料参数的影响

(1) 沥青的性质

沥青性质对沥青混合料疲劳寿命的影响基本上可以用它对混合料劲度的作用来衡量。通常,在控制应力加载模式中疲劳寿命随沥青黏度的增大而增长,如图 5.31 所示;在控制应变加载模式中则出现相反情况,即沥青越软,疲劳寿命越长,如图 5.32 所示。图 5.31 中包括各种针入度沥青制备的混合料及人工老化试件的试验结果。

同济大学道路研究所杨家琪等人 1983 年对细粒式开级配沥青混合料进行疲劳试验,所用结合料为茂名 60 号沥青、氧化渣油,在茂名沥青中分别添加 15% 磨细轮胎粉和 12% 再生胶的两种改性沥青,混合料的级配组成见表 5.33。

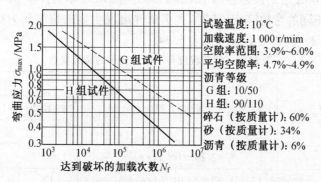

图 5.31 在控制应力试验中沥青硬度对混合料疲劳的影响

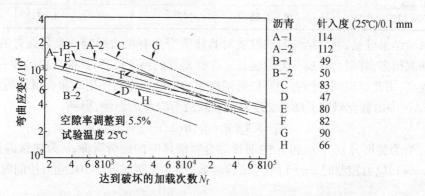

图 5.32 在控制应变试验中沥青种类与针入度混合料疲劳的影响

表 5.33 疲劳试验用沥青混合料级配组成

筛孔/mm	通过筛孔的质量百分率/%	沥青结合料				
		基本指标	茂名60	氧化渣油	茂名60+15%轮胎粉	茂名60+12%再生胶
10	100					
5	40	针入度/0.1 mm	69		44	40
2.5	28	黏度 $C_{5,60}$/s		382		
1.2	20	软化点/℃	50	42	60	63
0.6	14	延度(25 ℃)/cm	46	13	7	9
0.3	10	沥青混合料				
0.15	7	油石比/%	6.0	5.5	7.2	6.3
0.075	5					

试验前将沥青混合料成型为 5 cm×5 cm×24 cm 小梁试件。试验时采取三分点加荷,通过固定挠度的方法达到按常应变控制的目的。加荷频率为 100 次/min,试验温度为 15 ℃。通过施加不同的弯拉应变(挠度)直至试件出现明显的裂纹作为疲劳破坏的标准。根据试验结果回归整理得疲劳方程见表 5.34。

表 5.34 疲劳程度与不同应变下的疲劳次数

结合料类型	疲劳方程	弯拉应变		
		2×10^{-3}	1×10^{-3}	0.5×10^{-3}
		疲劳次数		
茂名沥青	$N_f = 2.70\times10^{-12}(1/\varepsilon)^{4.77}$	20	551	15 041
氧化渣油	$N_f = 1.65\times10^{-9}(1/\varepsilon)^{3.65}$	12	147	1 846
茂名60+15%轮胎粉	$N_f = 6.27\times10^{-10}(1/\varepsilon)^{4.27}$	210	4 048	78 102
茂名60+12%再生胶	$N_f = 2.56\times10^{-12}(1/\varepsilon)^{4.92}$	49	1 473	44 597

由试验结果可见,沥青结合料的性质对其疲劳寿命有很大影响。茂名沥青的黏度比氧化渣油大得多,其混合料疲劳寿命也长。改性沥青的稠度提高,其混合料的疲劳寿命也有明显提高,由此也说明在沥青中添加磨细橡胶粉对延长路面使用寿命有很好的效果。

D·A·卡山舒克研究了沥青黏度对混合料疲劳寿命的影响,得到

$$N_1 = KN_0(\eta_0/\eta_1)^a (1/\varepsilon)^n \tag{5.43}$$

式中,N_0,N_1 为黏度分别为 η_0 和 η_1 的沥青混合料破坏时的疲劳寿命;a 为加载因素,应变控制时 $a=+1$,应力控制时 $a=-1$;n 为试验常数,应变控制时 $n=4.0$,应力控制时 $n=5\sim6$。

美国 SHRP 的研究成果认为,沥青混合料的疲劳性能与沥青的黏性分量有关,在一定温度下黏性过大,则导致沥青路面的开裂,应予以限制。

(2)混合料的沥青用量

图 5.33 所示为沥青用量对间断级配沥青混合料疲劳寿命的影响。试验是采用控制

应力的加载模式在旋转式悬臂梁试验机上进行的。根据试验可知,相应于混合料最佳疲劳寿命有一个最佳的沥青含量。这个沥青含量不仅与集料级配有关,而且与集料种类有关,通常与最大混合料劲度所需的最佳沥青含量相符,而要比马歇尔稳定度所确定的最佳沥青含量稍大。

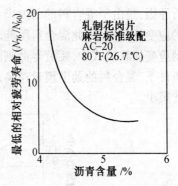

图 5.33 沥青用量对间断级配沥青混合料疲劳寿命的影响

科勒(Kohler)根据试验提出,对于应变 $\varepsilon = 10^{-4}$ 的疲劳寿命为

$$\lg N_f = 4.13 \lg V_B + 6.95 \lg T_{R\&B} - 11.13 \quad (5.44)$$

式中,V_B 为沥青的体积分数,%;$T_{R\&B}$ 为沥青软化点,℃;N_f 为疲劳寿命,即达到破坏时的荷载作用次数。

英国诺丁汉大学对沥青路面提出了如下简化疲劳方程式,同样说明混合料的疲劳寿命与沥青用量和软化点的关系

$$\lg \varepsilon_r = (14.39 \lg V_B + 24.2 \lg T_{R\&B} - 40.70 - \lg N_f)(5.13 \lg V_B + 8.36 \lg T_{R\&B} - 15.8) \quad (5.45)$$

式中,ε_r 为沥青层底部的拉应变。

佩尔(P.S.Pell)总结了沥青砾石混合料的沥青用量 V_B(体积分数)与疲劳寿命 N 的关系

$$N = K(V_B/\varepsilon)^6 \quad (5.46)$$

式中,ε 为拉应变;K 为回归常数。

(3)集料的表面特征

由于集料的表面纹理、形状和级配可以影响沥青混合料中的空隙结构,即空隙的大小、形状与连贯状况以及沥青的适宜用量和沥青同集料的相互作用情况,可以对疲劳寿命表现出不同的影响。

棱角尖锐、表面粗糙的开式级配集料通常由于难以压实而造成高的空隙率,这是裂缝形成的主因并进而导致沥青混合料疲劳寿命的缩短。另一方面,粗糙有棱角但级配良好的集料可以产生劲度值相对高的混合料,而纹理光滑的圆集料形成劲度较低的混合料,因而对疲劳可以产生不同的影响,如图 5.34 所示。

(4)混合料劲度模量

从疲劳观点来看,沥青混合料的劲度模量是一个重要的材料特性。任何影响混合料劲度的变量,如集料与沥青的性质、沥青用量、混合料压实度与空隙率,

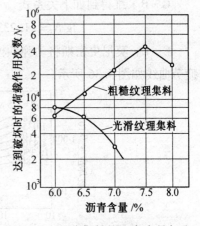

图 5.34 两种集料的沥青含量与达到破坏时的荷载作用次数之间的关系

以及反映车辆行驶速度的加载时间和所处的环境温度条件等都将会影响到沥青混合料的疲劳寿命。

根据试验,混合料劲度对疲劳性能的影响,随着不同的加载模式而表现出不同的情况。在控制应力加载模式中,疲劳寿命随混合料劲度的增加而增加,如图 5.35 所示。分

析原因,是由于混合料的劲度模量越高,则在相同的常量应力条件下,每次重复荷载产生的应变就越小,因此混合料所能承受的疲劳破坏的荷载重复作用次数就越多。但是,在控制应变加载模式中,疲劳寿命则随混合料劲度的增加而降低,这是因为在相同的常量应变条件下,混合料的劲度模量越高,每次重复载荷作用于试件的应力就越大,因而疲劳寿命就减少。

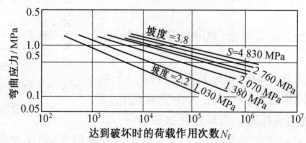

图 5.35 密级配沥青混合料在不同劲度时的疲劳曲线

许多学者研究了沥青混合料劲度模量对疲劳特性的影响,并用线图或方程式表示出其间的关系,例如:

L·L·史密斯得出了如下关系式

$$\lg N_f = 5.33 - 3.181 \lg \varepsilon - 1.984 \lg E \tag{5.47}$$

F·N·芬英提出了如下关系式

$$\lg N_f = 15.943 - 3.291 \lg(\varepsilon/10^{-6}) - 0.87 \lg[E^*/10^3] \tag{5.48}$$

G·B·维得到如下关系式

$$\lg N_f = -1.233 - 3.291 \lg(\varepsilon/10^{-6}) - 0.5841 \lg E \tag{5.49}$$

C·L·莫尼史密斯将动弹性模量分为7级,空隙率 V_V 为5%,沥青用量 V_B 为6%,其疲劳曲线如图 5.36 所示。

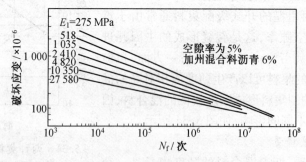

图 5.36 C·L·莫尼史密斯的疲劳曲线

壳牌公司于1978年提出了疲劳寿命与混合料弯曲劲度模量 S_m,沥青含量 V_B 以及拉应变 ε_t 的关系式为

$$N_f = [\varepsilon_t/(0.856 V_B + 1.08) S_m - 0.36] - 5 \tag{5.50}$$

(5)混合料的空隙率

混合料的空隙率对疲劳寿命的影响如图 5.37 所示。研究结果表明,混合料的疲劳寿

命随空隙率的降低而显著增长。这个规律既适用于控制应力加载模式的试验,也适用于控制应变加载模式的试验。

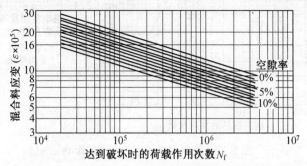

图 5.37 混合料的空隙率对疲劳寿命的影响

可以看出,沥青混合料中空隙率的存在,对其疲劳寿命有着明显的影响。L·E·山杜希提出沥青混合料空隙率 V_V 和沥青用量 V_B 与应变控制疲劳寿命之间的关系式为

$$N_c = N_f^{10} M \tag{5.51}$$

其中
$$M = 4.84[V_B/(V_B+V_V) - 0.69]$$

式中,N_c 为修正的疲劳破坏次数;N_f 为给定拉应变 ε_t 和劲度模量 E_l 的疲劳破坏次数,由图 5.38 查得。

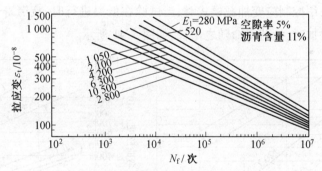

图 5.38 沥青混合料和乳化沥青混合料 ε_t-N_f 曲线

前苏联 Б·Г·别捷斯尔提出了关系式

$$N_f = 6.03 \lg[10V_B/(V_B+V_V)] + 5.99 \lg T_{R\&B} - 16.34 \tag{5.52}$$

因此,密级配混合料比开级配混合料有较长的疲劳寿命。图 5.39 所示为混合料中不同填料用量对疲劳寿命的影响。一般情况下,混合料的空隙率随填料用量的增多而减小。增多填料会使整个集料级配发生变化。由图 5.39 可知,疲劳寿命的高峰值出现在填料约为集料总质量的 9% 处,此时空隙率约为 0.5%,再次证明了高的疲劳寿命是同低的空隙率密切联系的。填料用量在 9% 以下,在混合料内加入少量填料就能使疲劳寿命大大地延长;但当填料用量继续增加时,将会影响混合料密实度以及由于沥青用量不足而使沥青从较大面积矿料上剥落引起试件破坏,从而影响疲劳寿命。

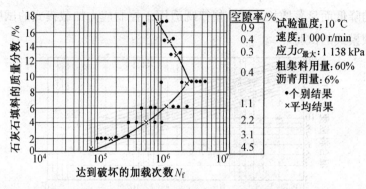

图 5.39　填料用量对疲劳寿命的影响

由于行车压实可使路面混合料的密实度增加,从而使疲劳寿命得以延长。沥青混合料由马歇尔设计方法击实 50 次变为击实 75 次对疲劳寿命影响的研究表明,提高混合料压实度对疲劳寿命的有利影响与沥青含量有关,当沥青含量由 4% 增加到 5% 时,相对疲劳寿命以急剧的速率下降;对于 5% ~ 5.5% 之间的沥青含量,疲劳寿命的比率几乎接近于一个常数,即击实 75 次混合料的室内疲劳寿命约为击实 50 次混合料的 4 倍。

(6)温度

温度在控制应力加载模式试验中,表现为疲劳寿命随温度的降低而增长,如图 5.40 所示。但是,在采用控制应变加载模式时,当试验在低温进行时,疲劳寿命较少地依赖于温度;而当温度增加时,疲劳寿命随之增长,如图 5.41 所示。

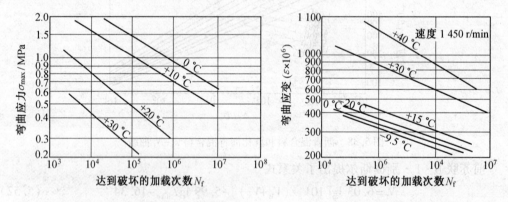

图 5.40　间断级配沥青混合料在常值弯曲应力下各种温度时的疲劳试验结果　　图 5.41　沥青混合料试件在常值弯曲应变下各种温度时的疲劳试验结果

温度对疲劳性能的影响可用混合料劲度解释。温度在一定限度内下降时,沥青混合料的劲度增大,试件在承受一定应力的条件下所产生的应变就小,因而在控制应力加载模式的试验中导致有较长的疲劳寿命;而在控制应变加载模式的试验中,温度增加引起混合料劲度降低,使裂缝扩展速度变慢而导致疲劳寿命结果变大。

各种材料因素对沥青混合料疲劳寿命的影响见表 5.35。

表 5.35　影响沥青混合料疲劳寿命的因素

因素	因素变化	因素变化的影响		
		对劲度	对应力控制疲劳寿命	对应变控制疲劳寿命
沥青针入度	降低	增加	增加	减少
沥青含量	增高	有峰值	有峰值	增加
集料表面特征	增加棱角和粗糙度	增加	增加	减少
集料级配	开级配到密级配	增加	增加	变化很小
空隙率	降低	增加	增加	增加
温度	降低	增加	增加	减少

2. 试验方式的影响

(1) 试件成型方式

目前沥青混合料试件成型主要有静压法、锤击法、搓揉压实法、旋转压实法以及轮碾压实法。在实验室成型试件时希望能合理地模拟实际沥青路面铺筑中的主要性质,如级配组成、密度和工程特性,以便使疲劳试验的结果能反映沥青路面的实际情况。

静压法具有操作方便的优点,但所成型试件集料的排列与现场并不一致。锤击法的优点在于试件成型设备简单,携带方便,便于在现场或实验室成型试件。但锤击法击实释放的高能量容易使沥青膜破裂,骨料颗粒相互挤压使得沥青混合料结构性能(如抗永久变形能力)不同于现场压实的沥青混合料。同时,锤击法易使集料破碎,成型的试件也无法模拟通车多年后橡胶轮胎对沥青路面的压实效果。此外,锤击法很难成型非圆柱体试件。

搓揉压实法成型的沥青混合料试件在物理和力学性能方面均与现场钻取的沥青混合料芯样大体相当,故这种试件成型方法已被美国试验与材料协会列为疲劳试验的试件成型方法(ASTM D3202)。

旋转压实法的主要缺点是无法成型非圆柱体试件,但所成型的试件性能与现场压实材料比较接近。

轮碾压实法能很好地模拟现场压实情况,其主要优点在于骨料颗粒排列方向及混合料密度与现场压实大体吻合。该法的主要缺点是需要专门设备,因而成本较高。

(2) 试验控制方式

材料的疲劳寿命可按不同的荷载条件来测定。如果在试验的全过程中荷载条件保持不变,则称为试件承受简单荷载;如果试件按某种预定形式重复施加应力的过程中荷载条件改变,即称为承受复合荷载。复合荷载不仅包括应力的改变,而且也包括环境(例如温度)的改变。温度的改变会引起沥青混合料劲度的变化,因而在相同荷载下的应力将会发生改变。显然,对于相同的沥青混合料,试件承受简单荷载或是复合荷载所表现的疲劳反应不同。

试件在承受简单荷载时,在初始应力和应变相同的条件下,采用两种不同加载模式所得出的疲劳寿命试验结果也是不同的。美国 SHRP 对应力控制和应变控制方式列表进行了详细比较,见表 5.36。这是因为在控制应力加载模式中材料劲度随加载次数的增加而逐渐减小,因而为了保持各次加载时的常量应力不变,每次加载实际作用于试件的变形就要增加;而在控制应变加载模式中,为了保持每次加载的常量应变,每次加载作用于试件的实际应力则减小。因此采用不同的加载模式作用于试件的实际受荷状况是不同的。显然,对于相同的材料,在初始应力、应变条件相同的情况下,采用控制应变加载模式,试件达到破坏时的荷载作用次数要大于控制应力加载模式的作用次数。二者之间疲劳寿命的差值,随试件所处的温度条件而有所不同,低温时差值甚小,高温时差值较大。

表 5.36 应力控制和应变控制方式比较

变量	应力(载荷)控制	应变(变形)控制
沥青混合料厚度	较厚沥青结合料层	薄沥青结合料层小于 7.62 mm
破坏定义、周期次数	试件破坏交易测定	当荷载水平减少到初始值的某个百分比时,不太容易确定
疲劳数据点分散程度	较小	较大
所需试件数量	较少	较多
模拟长期性能影响程度	长期老化使劲度增加,从而可能增加疲劳寿命	长期老化使劲度增加,但使疲劳寿命减少
疲劳寿命	一般较短	一般较长
混合料变量影响	较敏感	不敏感
能量消散速率	较快	较慢
裂缝扩展速率	比实际情况快	更符合实际情况
间歇期的影响	有益影响较大	有益影响较小

有研究成果表明,控制应变加载模式适合于沥青混合料厚度较薄(<5 cm)和模量较低的路面情况;而控制应力加载模式则适合于层厚较大(>15 cm)和模量较高的情况。对于介于上述两种情况之间的路面,C·L·莫尼史密斯建议采用如下模式因素参数来判断在保持常量应变和常量应力之间的中间状态时的重复荷载作用性质。

$$MF = (|A| - |B|)/(|A| + |B|) \tag{5.53}$$

对于控制应变加载模式,$B=0$,模式因素参数 $MF=+1$;对于控制应力加载模式,$A=0$,模式因素参数 $MF=-1$;对于应力和应变都不保持常值的中间模式,其模式因素参数 $MF=-1 \sim +1$,疲劳曲线则介于控制应力与控制应变加载模式的疲劳曲线之间。

图 5.42 所示为密级配沥青混合料分别采用控制应力与控制应变加载模式进行试验得出的疲劳曲线。

根据分析,控制应力的加载模式在实践中比较难实现。但是,控制应变试验的破坏概念不如控制应力试验清楚、明确。在控制应变试验中需要考虑裂缝的扩展时间,因此对破坏的规定通常是任意的,一般认为破坏是出于产生给定应变的力达到其初始值的 50%。这样,就难以对不同混合料的试验结果进行比较。在控制应力试验中,由于裂缝使实际应力增大,裂缝有集中应力的作用,使得试件裂缝迅速扩展而产生突然破裂,其试验的终点是很明确的。因此,如果试验的目的基本上是为了研究试验变量的话,则采用控制应力加载模式的试验方法为好。

(3)加荷时间与频率的影响

作为实验室的加速性能试验,希望能用较短的试验时间,较快的频率来尽快完成试验。试验表明,荷载的波形(如正弦波、矩形波)对混合料疲劳寿命的影响不大,但加荷时间与频率对疲劳寿命有较大的影响。

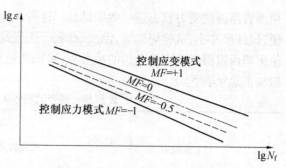

图 5.42 密级配沥青混合料在不同加载模式下的疲劳曲线

C·L·莫尼史密斯研究认为,对于密级配沥青混合料,在 24 ℃的温度下,按常应力控制进行疲劳试验时,加荷频率在 3 ~ 30 r/min 范围内,对疲劳寿命影响不大。但 J·A·德桑研究指出,当加荷频率从 30 r/min 增加到 100 r/min 时,混合料疲劳寿命将减少 20%。这是因为当荷载频率较大时,沥青混合料缺少必要的"强度愈合"时间,因而导致疲劳性能降低。I·F·泰勒通过旋转悬臂疲劳试验研究指出,当加荷频率高于 100 r/min 时,其疲劳寿命又有所增加。这是因为加荷时间非常短促时,沥青混合料表现出较高的劲度模量,故当按常应力控制进行试验时,疲劳寿命又有所增大,见表 5.37。

表 5.37 旋转悬臂疲劳试验

加荷频率/(r·min^{-1})	200	500	1 000	2 000	2 500
疲劳寿命/次	2.14×10^4	4.88×10^4	6.39×10^4	12.5×10^4	13.9×10^4

K·D·拉西和 A·B·斯泰林研究加荷间歇时间对疲劳寿命的影响表明,间歇时间长,则疲劳寿命也长。在 10 ℃下试验,有间歇时间的疲劳寿命要比无间歇时间的长 4 倍,而在 40 ℃下试验则要长 24 倍。有间歇时间有助于疲劳损坏的恢复,这是由于沥青混合料的黏弹性效应,在卸荷后沥青混合料应力松弛,并且细微裂缝有某种程度的愈合。

5.7.4 疲劳试验方法

沥青混合料疲劳试验的方法很多,归纳起来可分为四类:第一类是实际路面在真实汽车荷载作用下的疲劳破坏试验,以美国著名的 AASHO 试验路为代表;第二类是足尺路面结构在模拟汽车荷载作用下的疲劳试验研究,包括环道试验和加速加载试验,主要有澳大利亚和新西兰的加速加载设备(ALF),南非国立道路研究所的重型车辆模拟车(HVS),美国华盛顿国立大学的室外大型环道和重庆公路科学研究所的室内大型环道疲劳试验;第三类是试板试验法;第四类是试验室小型试件疲劳试验研究(简称试件试验法)。由于前三类试验研究方法耗资大、周期长,开展得并不是十分普遍,因此大量采用的还是周期短、费用少的室内外小型疲劳试验,包括脉冲压头式、轮胎加压式、动轮轮迹式和动板轮迹式等。其中动轮轮迹式是采用车辙试验机来了解沥青混合料块体的疲劳特性。试验采用轮胎在沥青混凝土块体上滚动,沥青试块用橡胶垫支承,设备能够测量块体底部应变并检验裂缝的产生和发展。

试件试验法(第四类)是先将沥青混合料制作成一定形状的试件,然后按某种方式模拟沥青路面的受力状态进行疲劳试验。这种试验方法的特点在于沥青混合料制备比较方便,试件尺寸小,试验周期短,温度、荷载等因素易于控制,便于进行大量试验,可以排除其他影响因素得出沥青混合料的疲劳规律,因而这种疲劳试验方法实际应用较多。试件试验法汇总见表5.38。

表5.38 疲劳试验的试件试验法汇总

试验	加载方式	应力分布	加载波形	加载频率间隙时间/(次·s^{-1})	是否允许性能变形	应力状态	破坏是否产生在均匀应力
三分点弯曲		压/拉	带间隙的正弦波	1~1.67	否	单轴向	是
中点弯曲		压/拉	带间隙的正弦、三角或方波	最大 1/100	否	单轴向	否
不规则四边形悬臂梁粗端55 mm×20mm,细端20mm×20 mm,长度250 mm		拉	带间隙的正弦、三角波形	25或1/100	否	单轴向	否
旋转悬臂10°		拉/压		16.67	否	单轴向	是
单轴			拉/压	8.33~25.0	否	单轴向	是
间接拉伸		水平拉压/竖直拉压	水平拉/压 竖向	1.0	是	双轴向	否
支撑梁弯曲		压/拉	半正弦	0.75	是	单轴向	否

试件疲劳试验常采用简单弯曲试验,其中又有中点加载或三分点加载、旋转悬臂和梯形悬臂梁三种试验方式。此外还有劈裂试验、弹性基础梁弯曲试验、三轴压力试验等。迄今为止,各国均没有将疲劳试验作为标准试验方法纳入规范。北美大多数采用梁式试件

进行反复弯曲疲劳试验;欧洲大多采用梯形悬臂梁试件,在其端部施加正弦形的反复荷载;也有采用圆柱体试件,进行间接拉伸疲劳试验的。

中点加载或三分点加载弯曲疲劳试验和劈裂疲劳试验在我国应用较多,其试件尺寸和制作方法可参见《公路工程、沥青及沥青混合料试验规程》(JTJ 054—2000)。试验温度由环境箱控制,加载频率一般为 1~10 Hz,加载波形多为正弦波、半正弦波或者矩形波。荷载最大值一般取试件极限强度的 0.1%~0.5%倍。

美国加州理工大学伯克莱分校的小梁试件尺寸为 38.1 mm×38.1 mm×381 mm,美国沥青协会所用小梁试件的尺寸为 76.2 mm×76.2 mm×381 mm。加载时荷载的作用时间为 0.1 s,频率为 100 次/min。

阿姆斯特丹的壳牌石油公司实验室采用中点加载方式,试件尺寸为 30 mm×40 mm×230 mm,试验采取常应变控制的方式。

旋转悬臂是英国诺丁汉大学采用的疲劳实验设备。试验时试件竖向安装在旋转悬臂轴上,荷载作用于试件顶部,使整个试件都受到恒定的弯曲应力作用。一般试验温度为 10 ℃,旋转速率为 1 000 r/min。诺丁汉大学还开发了三轴疲劳试验,其试件为圆柱体,直径为 100 mm,高 200 mm,试验时施加轴向正弦波荷载作用。

壳牌石油公司和比利时以及法国 LCPC 采用梯形悬臂梁疲劳试验。梁粗的一端固定,另一端受到正弦变化的应力或应变作用。正常情况下疲劳破坏出现在试件的中部,而不应出现在悬臂梁的端部。范·迪克(Van Dijk)采用的试件其粗的一端尺寸为 55 mm×20 mm,顶端尺寸为 20 mm×20 mm,高度为 250 mm。

英国道路与运输研究实验室(TRRL)采用无反向应力的单轴拉伸试验,加载频率为 25 Hz,荷载持续时间为 40 ms,间歇时间从 0~1 s 不等。

国外间接拉伸疲劳试验试件也采用马歇尔试件,直径为 101 mm,高 63.5 mm,施加荷载的压条宽为 12.5 mm。

各种疲劳试验方式都有其优点,但也有其缺点,表 5.39 对各种方法进行了比较。

表 5.39 各种疲劳试验方法比较

试验方法	优点	缺点	模拟现场排序	简便性排序	总排序
重复弯曲试验	应用广泛;实验结果可直接用于设计;基本技术可用于其他方面;可选择加载方法	耗时;成本高;需专用设备	4	4	一
直接拉伸试验	免去了疲劳试验;与已有疲劳实验结果存在相关关系	法国 LCPC 法修正关系建立在 100 万次重复加载基础上;实验温度只有 10 ℃	9	1	一
间接拉伸疲劳试验	简单;设备可用于其他试验;可预测开裂	两维应力状态;低估疲劳寿命	6	2	二

续表 5.39

试验方法	优点	缺点	模拟现场排序	简便性排序	总排序
消散能方法	建立在物理现象基础上；消散能与加载次数间存在唯一关系	精确预测疲劳寿命需大量疲劳试验数据；简化方法仅仅提供了疲劳寿命的粗略值	5	5	三
断裂力学方法	理论为低温条件下适用；理论上无需疲劳试验	高温时应力强度因子 K_I 不是材料常数；需较多试验数据；需要 K_{II}（剪切模式），数据 K_I 和 K_{II} 一起预测疲劳寿命；仅仅适合于裂缝稳定扩散阶段	7	8	四
重复拉伸或拉压疲劳试验	不需弯曲疲劳试验	费时，成本高，需专门设备	8	3	
重复三轴拉压试验	能较好地模拟现场情况	需要大量疲劳试验数据，需处理剪应变	2	6	
弹性基础上的重复弯曲试验	能较好地模拟现场；实验能在较高温度下进行	需要大量疲劳试验数据	3	7	
室内轮载试验	非常好地模拟现场情况	低劲度沥青混合料疲劳受车辙影响；需专门设备	1	9	
现场轮载试验	直接确定实际轮载作用下的疲劳响应	高费用、耗时；需专门设备；一次只能评价少数几种材料	1	10	

LMS 移动式路面加速加载系统，是综合检测路面性能的大型设备。最初由南非和澳大利亚制造，山东交通学院自 2005 年先后去美国、澳大利亚、南非进行考察，最后于 2007 年底确定自主开发该设备，经联合攻关，于 2009 年开发成功国内第一台 LMS 路面加速加载设备，综合指标达到了国际先进水平。

5.7.5 沥青混合料疲劳寿命预估

研究沥青混合料的疲劳特性是一项耗资巨大的课题，广泛而系统地进行大量试验研究实际上是很困难的。为此，许多学者对已有的疲劳研究成果进行了深入的研究分析，以期得到能够用于预估沥青混合料疲劳寿命的数学模型，以节省疲劳试验大量消耗的时间和资金。现有的预估沥青混合料疲劳寿命的方法，都是应用测试统计方法和近似法而得到的，归纳起来有以下几种。

1. 库泊-佩尔(Cooper-Pell)法

库泊-佩尔法是根据 47 条常应力弯曲疲劳曲线建立的。库泊与佩尔假定，在 $\lg N_f$-$\lg \varepsilon$ 曲线图中，所有的疲劳关系线都聚集于一点，该点的坐标为 $N_f = 40, \varepsilon = 6.3 \times 10^{-4}$。焦点与所有疲劳关系线方程 $N_f = c\varepsilon^{-m}$（其中，$m = \mathrm{atan}(c+\beta)$）的系数 m 与 c 之间的相关性有关。疲劳关系线的第二点由式(4.51)确定：

$$\lg N_f(\varepsilon=10^{-4}) = 4.13 \lg V_B + 6.95 \lg T_{R\&B} - 11.13 \tag{5.54}$$

式中，V_B 为沥青混合料中沥青体积分数，%；$T_{R\&B}$ 为沥青软化点，℃。

所建立的诺模图如图 5.43 所示。这个方法是建立在温度为 -10 ℃ 所做的常应力疲劳试验基础之上的，未考虑温度影响。同时该方法假定所有的疲劳关系线都聚集于一点也是有疑义的，因为尽管 m 与 c 之间有很好的相关关系，但并非所有的疲劳关系线都会聚集于一点。

2. 弗朗肯(CRR)法

比利时弗朗肯(L. Franc-ken)使用二点弯曲仪，在 15 ℃ 温度下以

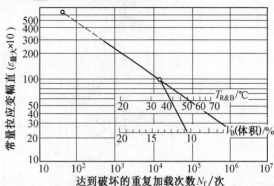

图 5.43 库泊-佩尔预估疲劳寿命诺模图

54 Hz 的频率对 40 种沥青混合料进行常应力疲劳试验，根据试验结果导出。

$$\varepsilon = \Lambda G [V_B/(V_V V_B)](N_f/10^6)^{-0.21} \tag{5.55}$$

式中，V_V 为沥青混合料中空隙率，%；V_B 为沥青混合料中沥青体积分数，%；Λ 为沥青中沥青质含量 a (%)的函数(图 5.44)；G 为与集料级配有关的参数，$1<G<3$，一般为 1.0；N_f 为达到破坏的重复加载次数。

所试验的 40 种沥青混合料中空隙率的变化范围不大，其中 36 种空隙率在 3.5% ~ 7.0% 之间。由于试验是在同一个温度下进行，故该方法未考虑温度对疲劳的影响。应当指出，沥青质的含量对沥

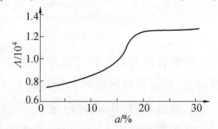

图 5.44 弗朗肯(CRR)法公式中 Λ 与 a 的关系

青针入度指数有影响，另外混合料的体积构成也对其疲劳性能产生影响。

3. 能量法

能量法是荷兰壳牌研究所(KSLA)提出的一种方法。该法是在沥青混合料疲劳强度与试验时所消耗的能量之间找到一种关系，其基本概念是无论何种试验温度与频率，都可以通过 $\lg W$-$\lg N_f$ 图中的一根直线来表示其疲劳特性，并由此得到

$$\lg W = m \lg N_f + \lg C \quad \text{或} \quad W = C N_f^m \tag{5.56}$$

对于常应变试验，最终可以用诺模图(图 5.45)表示，诺模图解析方程式为

$$\varepsilon = 3.6 [C/(m S_m \sin \Phi)]^{0.57} \times N_f^{0.57(m-1)} \tag{5.57}$$

式中，S_m 为沥青混合料劲度模量，N/m^2；Φ 为应力与应变之间的初始相位角；C，m 为基本曲线 $W = C N_f^m$ 的系数。

例如，某种沥青混合料的劲度模量 $S_m = 6 \times 10^9 \ N/m^2$，相位角 $\Phi = 30°$，系数 $C = 6 \times 10^4 \ J/m^3$，$m = 0.6$。连接 S_m 线与 Φ 线上的两点，与 F 线相交，将该交点与 m-C 格栅中的一点 (m, C) 相连接，与 $\varepsilon_{fat} = 5 \times 10^4$ 线相交。从下方第二个 m 标尺上的一点 (0.6) 画一条虚线，通过参考点 A，然后通过 ε_{fat} 线上预先确定的点画一平行线，即可得到不同应变和条件下的疲劳寿命。

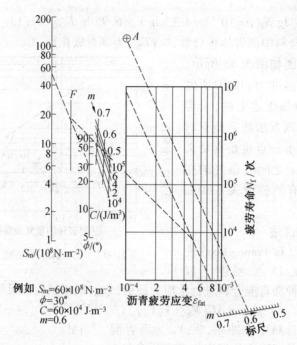

图 5.45 壳牌研究所预估沥青混合料疲劳寿命诺模图

将沥青混合料的疲劳强度与试验时所消耗的能量联系起来的观点是颇能引起人们兴趣的,但对混合料所做的大量测试工作的结果,却又使人们对这种方法的假设难以接受。

4. 波纳耳(F. Bonnaure)法

法国波纳耳等人为提出一个新的预估沥青混合料疲劳寿命的方法,研究分析了146条疲劳特性曲线(75条为常应力试验,71条为常应变试验),并将每种混合料和每一组试验条件的有关数据输入计算机中。通过对疲劳试验资料的研究和分析,得到以下基本的规律性的认识:

①常应力试验的疲劳寿命比常应变试验要短。

②对于一定的初始应变,结合料越软,在 $\lg \varepsilon - \lg S_m$ 图中的疲劳强度越高。

③对疲劳曲线 $\varepsilon = KN_f - a$ 来说,其斜率通常在0.2左右,但对敏感性低的沥青(针入度指数 PI 值高)来说,其斜率可达到0.14;相反,对于敏感性高的沥青(针入度指数 PI 值低)来说,则其斜率又可达到0.3。

④对于一定劲度模量和初始应变的沥青,当沥青含量(V_B)较高而空隙率(V_V)较低时,其疲劳性能较好。

这些基本的规律导致了两个近似:

①关于曲线 $\varepsilon = KN_f - a$ 斜率 a 的近似。对146条疲劳曲线的研究分析表明,所有情况下的斜率都等于0.2。

②关于曲线 $\varepsilon_N = PS_m - q$ 斜率 q 的近似。由试验结果可知,对于常应变试验,其斜率 $q_1 = 0.36$;对于常应力试验,其斜率 $q_2 = 0.28$。

根据这两个近似关系式,疲劳试验至破坏时的应变可表示为

对于常应变

$$\varepsilon = \alpha S_m^{-0.36} N_f^{-0.2} \quad 或 \quad \varepsilon = f_1(S_m/S_{m0})^{-0.36}(N_f/10^6)^{-0.2} \tag{5.58}$$

对于常应力

$$\varepsilon = \beta S_m^{-0.28} N_f^{-0.2} \quad 或 \quad \varepsilon = f_2(S_m/S_{m0})^{-0.28}(N_f/10^6)^{-0.2} \tag{5.59}$$

式中,S_{m0} 为最大极限应力;S_m 为施加的应力;S_m/S_{m0} 为反映施加荷载的应力水平。

分析所有的疲劳曲线的系数 α 和 β,求得其数值为

$$\alpha = 4.102 \, PI - 0.205 \, PI \times V_B + 1.094 \, V_B - 2.707$$

$$\beta = 0.300 \, PI - 0.015 \, PI \times V_B + 0.080 \, V_B - 0.198$$

根据上述方程式,绘出诺模图(图 5.46)。在图 5.46 中劲度模量标有两种比例尺,分别对应于常应力试验和常应变试验。

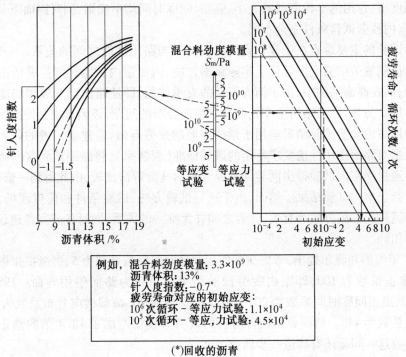

图 5.46 波纳耳法预估沥青混合料疲劳寿命诺模图

查诺模图的误差对于常应力试验为±40%,对于常应变试验为±50%。这个精度似乎很低,但由于疲劳试验本身的精度就不高,而且所涉及的沥青混合料种类以及试验条件范围又很广,同时预估的目的是为了路面设计,顾及到路面设计中的其他误差,那么这种疲劳预估方法的精度是可以接受的。

5. 美国沥青协会法

美国沥青协会于 1981 年提出的疲劳方程式为

$$N_f = S_f \times 10^{4.84(VFA-0.69)} \times 0.004\,325(\varepsilon_t)^{-3.291}(S_m)^{-0.845} \tag{5.60}$$

式中,S_f 为将室内试验结果变换为现场预估值的变换系数,对于路面开裂面积为 10%,建

议变换系数 $S_f=18.4$；ε_t 为拉应变；S_m 为在现有耐用性指数条件下混合料的劲度模量；VFA 为沥青饱和度，%。

6. SHRP 法

美国 SHRP A-003 项目于 1994 年提出了方程式（5.61），用于预估沥青混凝土的疲劳寿命。

$$N_f = 2.738 \times 10^5 S_f \times e^{0.077 VFA} \varepsilon_0^{-3.624} (S_0)^{-2.720} \tag{5.61}$$

式中，S_f 为变换系数，对于路面开裂面积 10%，建议 $S_f=10$，对于路面开裂面积 45%，建议 $S_f=14.0$；VFA 为沥青饱和度，%；ε_0 为应变水平；S_0 为弯曲试验所测损失劲度。

7. 实验室疲劳试验结果与路用使用性能的关系

室内疲劳试验条件与实际路面工作条件差别很大。例如，室内试验时试件是在恒定的温度下承受一定频率连续荷载的作用，且试件在有限的支撑下进行。而路面是处于复杂环境温度下，作用的车轮荷载的大小、频率、间歇时间均不规则，同时路面下是有基层支承的，与室内疲劳试验条件完全不同。

疲劳试验的主要难点在于建立室内试验结果与路用性能之间的关系。一般情况下，室内应力控制疲劳试验大多低估了实际路面性能，因而室内试验裂缝扩展所需荷载作用次数较少，而在路面结构中，由于沥青下层的支承作用，即使路面已开裂却仍能承受车轮荷载的作用。另外，路面结构中车轮荷载有横向分布的问题，该因素也会使路面疲劳寿命增加。为使室内疲劳试验结果运用于预估路面的疲劳寿命，需建立二者的联系。通常的方法是根据对路面使用性能要求所定的破坏标准（裂缝率），将路面达到这一破坏标准时的累计交通量同室内试验得出同类沥青混合料的疲劳寿命比较，由此得到一修正系数，利用此系数修正室内试验结果。然而，由于这与试验方法、试验条件和模拟现场，以及沥青性质、试验温度、加载方式等有关，二者之间并无唯一的关系，同时各研究者建议的修正系数也不尽相同。

1975 年库泊和佩尔提出，考虑荷载作用间歇时间影响系数为 5，裂缝扩张影响系数为 20，总的修正系数为 100，即室内疲劳试验结果乘 100 为路面使用寿命。1982 年布朗（Brown）则提出间歇时间系数为 20，裂缝扩展系数为 20，荷载横向分布系数为 1.1，这样总的修正系数为 440。然而美国沥青协会的疲劳方程仅考虑了 18.4 倍的修正系数。可见修正系数这一问题还有待进一步研究。

5.8 老化性能

沥青路面在各种自然因素的作用下，会逐渐失去柔性而变硬，直至发脆开裂。沥青混合料的耐老化性能，是指沥青路面在使用期间承受交通、气候等环境因素的综合作用，沥青混合料使用性能保持稳定或较小发生质量变化的能力，通常也称为抗老化性能。这里所指的气候主要是指空气（氧）、阳光（紫外线）、温度的影响。

沥青材料在沥青混合料的拌和、摊铺、碾压过程中及以后沥青路面使用过程中都存在老化问题。老化过程一般分为两个阶段，即施工过程中热老化和路面使用过程中的长期老化（氧化）。对于沥青材料来说，评价其抗热老化能力，一般用蒸发损失、薄膜烘箱及旋转薄膜烘箱试验来进行;而评价长期老化性能则用压力老化试验等。沥青混合料在拌和过程中的老化程度主要与温度有关,同时与沥青升温、贮存的时间,脱水搅拌的程度及光、氧等因素也有密切的关系。当沥青混合料路面碾压成型后,沥青混合料的抗老化能力就不只与沥青材料有关,除了与光、氧等自然气候条件有关外,也与沥青在混合料中所处的形态有关,如混合料空隙率、沥青用量等。当沥青混合料产生老化后,会导致沥青路面路用性能的降低。

选择耐老化性能好的沥青、增加沥青用量、在沥青中添加改性剂、采用密实结构、减小空隙率都有利于提高沥青路面的抗老化性能。

5.8.1 沥青混合料生产过程中的老化

沥青混合料在拌和过程中将发生明显的老化,其中包括沥青热态运输、贮存、配油釜中调配、加热升温以及在拌缸内与热集料混合过程中引起的老化。

1. 沥青在运输和贮存中的老化

沥青从炼油厂的贮存罐抽出装入专用油罐车运输至用户所在地,用户通过加热再卸到储油罐内贮存。通常装油罐车时的温度为 150～170 ℃,运至用户时温度为 80～130 ℃。用户接到油罐车后将沥青加热到能够输送的温度为 90～120 ℃,卸到贮存罐降温贮存。使用时提前打开储油罐内蒸汽加热管,使沥青温度保持 90～110 ℃,一般要维持几天时间。在储运过程中,由于沥青基本上处于密闭状态,与空气接触较少,并且加热温度也较低,沥青成厚层状态,故老化较轻,针入度一般损失 3～5 单位(每单位为 0.1 mm)。

2. 使用前加热升温过程中的老化

拌制沥青混合料前需将沥青加热至流动状态,沥青的加热温度根据沥青的标号而有所区别(表 5.40)。由于沥青加热温度较高,在泵送过程中反复循环,与空气接触较多,沥青老化速度加快。有沥青厂家曾对此进行过考查性试验,其结果见表 5.41。表中数据表明,加热时间越长,沥青老化越严重。

表 5.40 道路石油沥青加热温度

沥青标号	A-200	AH-110, AH-130	A-100, A-140, A-180	AH-50, AH-70, AH-90, A-60
加热温度/℃	130～150	140～160		150～170

表 5.41 不同保温时间沥青性质的变化

沥青试样	试样说明	温度/℃	技术性质		
			针入度/0.1 mm	软化点/℃	延度(25 ℃)/cm
初始样品	从储油罐输送到配油釜升温前样品	110	97	46.7	>100
加热后样品	在配油釜内升温到 150 ℃ 保温 5 h 样品	150	94	46.7	>100
加热后样品	在配油釜内升温到 150 ℃ 保温 15 h 样品	150	90	47.0	>100

3. 沥青混合料拌和与贮存过程中的老化

在沥青混合料拌制过程中,沥青成薄膜状态与过热的矿质集料接触混合,这是沥青老化最剧烈的阶段,老化程度随拌和温度的升高而加剧。如在160 ℃温度下拌和25~35 s,沥青的针入度几乎减少50%,软化点提高3~4 ℃,延度下降约40%,而且如果延长拌和时间(一般为40 s左右),这种老化还将加剧。波兰学者研究表明,对于沥青混合料在拌和过程中的老化,沥青因老化针入度平均降低10个单位,与薄膜烘箱试验后针入度降低值相同。因此沥青混合料拌和时间虽然很短,其老化程度几乎相当于沥青混合料在道路使用状态下10年左右的老化。彼得森(Peterson)就集料表面对沥青老化的影响进行过考查,确认当有集料(石英岩、石灰岩、花岗岩)存在时,酮和二羧基酐含量增加。同时吸附在集料表面的物质不溶解于苯而溶解于吡啶,这部分物质质量不到1%,但却含有更多的含氧化合物和杂原子。显然,防止沥青老化的关键在于严格控制拌和温度和拌和时间。

沥青混合料在生产后保存在贮存罐中,到运输至现场摊铺的这一过程中,沥青的性质继续发生变化,即老化在继续进行。德国对10台间歇式拌和设备采用不同针入度沥青拌制用于路面面层(AC)和用于基层(AB)的沥青混合料施工期间沥青性质的变化作了调查,发现沥青的针入度大大减小,软化点明显上升(表5.42)。日本的研究资料表明,沥青混合料拌和后,沥青的针入度从原来的68降低到57;将温度为160 ℃的沥青混合料在料仓中贮存12 h后(最大容许贮存时间),针入度降低到48~53;贮存在有水蒸气的惰性气体(CO_2)的筒仓中,则在3 d内沥青针入度没有变化。

表5.42 施工期间沥青性质的变化

沥青性质变化	施工阶段	针入度80		针入度65		针入度45
		AC	AB	AC	AB	AC
针入度减小值/0.1 mm	生产后	14~25	20~30	8~14	4~21	11~14
	生产、贮存、运输后	24~23	26~38	13~20	14~21	9~14
软化点升高值/℃	生产后	1.4~3.0	2.0~4.5	2.0~5.5	2.0~7.0	3.0~5.0
	生产、贮存、运输后	2.4~5.0	4.4~6.0	3.4~6.0	3.4~8.5	3.0~5.5

5.8.2 沥青路面在使用过程中的老化

沥青路面在长期使用过程中,受到各种自然因素,如空气中的氧、水、紫外线以及车辆荷载等的作用,使沥青混合料产生许多复杂的物理、化学变化,沥青逐渐老化而硬化,最终路面出现开裂而损坏。沥青路面的老化,主要是所含沥青的老化,这表现为回收沥青针入度增大、软化点提高、延度大幅度降低。研究表明,沥青路面中不同部位的沥青老化程度有明显差别。日本在神川县曾在使用3年和使用5年的沥青路面的车道和路边不同深度采集试样,分别进行沥青抽提试验,然后与沥青原样对比分析,试验结果见表5.43。

表 5.43 回收沥青的物理性质

使用年限	沥青性质	承受重交通载荷的路中			不承受交通载荷的路边			
		原样	距路面表面深度/cm					
			0~0.5	0.4~2.5	2.4~4.5	0~0.5	0.4~1.5	1.4~3.0	3.0~4.5
3 年	针入度/0.1 mm	95	33.0	52.0	52.0	21.2	30.7	39.6	37.2
	软化点/℃	45	60.2	52.0	53.0	66.6	58.8	57.0	56.2
	针入度指数	−0.095	+0.12	−0.62	−0.42	+0.36	−0.31	−0.12	−0.37
5 年	针入度/0.1 mm	—	24.8	47.5	43.5	20.8		36.4	32.2
	软化点/℃	—	63.7	55.0	55.3	66.2		57.4	55.8
	针入度指数	—	+0.05	−0.14	+0.28	+0.26		−0.26	−0.81

由表 5.42 可见，就同一深度而言，使用 5 年后沥青的针入度比使用 3 年的小，软化点高，说明沥青随时间的推移老化不断加深。但是，在同一使用年限和同一深度的路中和路边，其老化情况又有所不同。在承受重交通荷载作用的行车道上，沥青老化速度反而比不承受交通荷载作用的路边慢，这是因为路面中间在交通荷载作用下路面密实度有所提高，空隙率降低，路面受空气、水、光作用减少的缘故。此外，由表 5.42 中数据还可看出，随沥青路面深度的不同，沥青老化程度有明显差别。在路面中间，由于行车的压密作用，仅在 0.5 cm 深度内产生严重的老化现象，沥青针入度大幅度减小；而在 0.5 cm 以下，老化则要缓慢得多，这说明沥青混合料铺筑在道路上后，经过行车压密，下面部分老化十分缓慢；而路边未经行车压密，则老化速度明显要快。可见即使在同一条路上，其路面的老化程度也是不均匀的。沥青路面的老化速率与外界的环境条件和沥青混合料的组成结构有关。在日照时间长而气温又高的地区，沥青路面老化速度快，而在气温较低、日照又短的地区，沥青路面的老化速度则较慢。沥青混合料的空隙率对其老化速率有很大影响，空隙率越大，老化越快。据对日本东名高速公路的调查，从路面行车道回收的沥青其针入度与空隙率有如下关系

$$P = -12.6V_v + 77.3 \tag{5.62}$$

式中，P 为回收沥青针入度，0.1 mm；V_v 为空隙率，%。

壳牌公司对用 100 号沥青所拌制的沥青混合料进行了调查研究，在经历拌和后沥青针入度降为 70，铺筑在路面上经过 5 年，对空隙率为 3%~12% 的不同路段调查发现，回收沥青的针入度与空隙率有很好的关系（图 5.47）。其中空隙率在 5% 以下的在使用中硬化甚微，而空隙率大于 9% 的，则其针入度由 70 降至 25 以下。在其他路段的调查同样发现，空隙率小于 5% 的路段其老化并不严重。

沥青混合料集料表面沥青膜的厚度对混合料的老化也有影响。伯劳克（P. C. Blokker）等人的实验室研

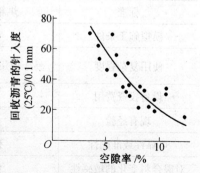

图 5.47 空隙率对沥青路面老化的影响

究结果表明，在 40~60 ℃ 的环境温度下，沥青膜的氧化大约限于 4 μm 的深度。因此沥青混合料的沥青膜越薄，其老化也就越快。增加混合料的沥青用量，提高沥青膜的厚度将有效地增强混合料的耐久性。普通沥青防滑磨耗层混合料的沥青用量为 4%~5%，其沥青膜厚度约为 7~9 μm；多孔排水性路面其沥青膜厚度约为 11~12 μm；沥青玛琋脂碎石（SMA）的沥青膜厚度为 12~14 μm；冷铺沥青混合料的沥青膜仅为 5~6 μm。由此可见，多孔排水性沥青路面虽然空隙大，但由于沥青膜厚，故仍有良好的耐久性；SMA 混合料不仅沥青膜厚，而且空隙率小，因而耐久性最佳；冷铺沥青混合料沥青膜最薄，故耐久性不良。

5.8.3 沥青混合料老化试验方法及评价

单纯的沥青老化不能对沥青混合料的老化给予恰当评价，这是因为沥青混合料的老化状态不同。只有充分研究沥青混合料的老化，才能正确评价和预测沥青路面的耐久性。目前我国尚没有评价混合料老化的标准试验方法，但国内外许多学者根据沥青混合料生产和沥青路面使用过程中的老化现象认为，在室内研究和评价沥青混合料的老化可分为短期老化和长期老化两种方式。

短期老化表征沥青路面建设期沥青混合料因受热引起的老化，开始于拌和厂，终止于沥青路面压实后温度降至自然温度；长期老化表征沥青路面使用期内沥青混合料因光照、温度、降水和交通荷载的综合作用导致的老化，开始于路面建成之后，终止于路面服务性能下降直至不能满足行车的要求。

1. 沥青混合料短期老化试验方法

沥青混合料短期老化试验方法（Short Time Oven Aging，STOA）应体现松散混合料在拌和、贮存、运输、摊铺、压实直至冷却过程中受热而挥发和氧化的效应，反映沥青混合料施工阶段的老化效果。SHRP 根据以往沥青混合料短期老化方法的研究提出了三种方法，即烘箱加热法、延时拌和法和微波加热法。

按模拟施工条件、使用复杂程度、设备投资费用等标准对三种试验方法有效性的评估结果见表 5.44。

表 5.44 沥青混合料短期老化试验方法有效性的评估

标准	烘箱加热法	延时拌和法	微波加热法
模拟施工条件	好	模拟拌和	不相同
使用复杂程度	易于使用，无特殊设备	易于使用，实验室搅拌器或改变的 RTFOT	易于使用
设备投资费用	中等	中等	中等
现有经验	甚少	无	非常少
可靠性或准确性	不确定	不确定	不确定
对混合料变化的敏感性	不确定	不确定	不确定
其他	与 TFOT 类似	与 RTFOT 类似	—

从模拟施工条件好坏、是否易于使用、设备投资费用等方面考虑，烘箱加热法被认为

是室内模拟沥青混合料短期老化最有效的方法。温度和时间效应是烘箱加热法控制沥青混合料老化程度的重要条件。SHRP 将烘箱加热法拟定为沥青混合料短期老化的试验方法。该试验条件是将混合料置于 135 ℃±1 ℃ 的强制通风烘箱中老化 4 h±5 min 后测定其力学性质。

2. 沥青混合料长期老化试验方法

沥青混合料长期老化试验方法（Long Time Oven Aging，LTOA）应着重体现沥青混合料压实成型试件持续氧化效应，以模拟使用期内沥青路面的老化效果。SHRP 总结了以往研究成果提出了三种方法：加压氧化处理（三轴仪压力室内）、延时烘箱加热、红外（紫外）线处理。

上述三种试验方法的有效性评估见表 5.45。从体现野外条件、易于实施、设备投入，以及可敏感地反映沥青混合料性能变化方面考虑，延时烘箱加热和加压氧化处理是混合料试验长期老化方法中最有效的方法。

表 5.45 沥青混合料长期老化试验方法有效性的评估

标准	加压氧化处理	延时烘箱加热	红外（紫外）线处理
模拟野外的条件	达到了类似的老化程度	能达到类似的老化程度，温度要高于自然温度	难于评估
使用复杂程度	复杂，处理氧气时注意安全	容易，无需特殊设备	复杂
设备投资费用	中等至高（三轴仪）	中等	中等至高
现有经验	非常少	非常少	甚少
可靠性或准确性	有问题	有问题	不确定
对混合料变化的敏感性	有效进行	有效进行	不确定
其他	—	类似于延时的 TFOT 或 RTFOT	

延时烘箱加热和加压氧化处理都是为达到沥青路面在野外的老化程度，室内夸大氧化作用的方法，SHRP 通过不同沥青混合料的长期老化试验得出了两种老化方法的试验条件，见表 5.46。

表 5.46 沥青混合料长期老化试验条件

条件	延时烘箱加热法（LTPOA）	低压氧化处理后（LPOA）
温度/℃	85 或 100	40 或 60
时间/d	5 或 2	5 或 2
适用范围	密级配沥青混合料 空隙率 $V_V<10\%$	开级配和密级配沥青混合料 空隙率 $V_V\geq10\%$（开） 空隙率 $V_V<10\%$（密）

研究表明，选择 100 ℃、2 d 老化条件下会使沥青混合料试件坍塌，而 LTOA 85 ℃、5 d 与 LTOA 100 ℃、2 d 老化效果相当。SHRP 最后推荐 LTOA 老化条件采用 85 ℃、5 d。这

种老化方式模拟6~9年野外沥青混合料的老化程度,不过对此还需进一步验证。

5.8.4 沥青混合料老化效果评价指标

SHRP 将评价沥青混合料老化效果的方法分为两类:
① 老化后沥青混合料的力学性能试验;
② 老化后沥青混合料回收沥青的性能试验。

由于老化影响了沥青混合料永久变形、低温开裂、疲劳开裂等性能,因此老化后沥青混合料的力学性能试验方法有回弹模量试验、间接抗拉(拉伸)试验、蠕变试验和动态模量试验。四种试验方法的有效性评价结果见表5.47。

表 5.47 沥青混合料老化试验方法的评价

标准	回弹模量试验	间接抗拉试验	动态模量试验	蠕变试验
与野外资料的比较	不确定	不确定	不确定	不确定
使用复杂程度	标准化试验中等难度(ASTM D4123)	已确定的试验容易实现	无太大的困难	容易实现试验,时间长
设备投资费用	高	中等	高	中等
可靠性或准确性	随设备不同而不同	未知	随设备不同而不同	未知
对混合料变化的敏感性	极好	好	不确定	好
试件尺寸	随试验方式不同而不同	有标准尺寸	有标准尺寸	随试验方式不同而不同
破坏性或非破坏性	非破坏性	破坏性	非破坏性	非破坏性

虽然很难衡量以上评价方法与野外实际的关系,并且很难确定哪种方法更好,但回弹模量和动态模量试验作为非破坏性试验,能够在整个老化过程的不同阶段获得模量数据而被 SHRP 采用。间接抗拉试验老化前后试验值增量也明显受到重视。

通过从试验室和野外老化沥青混合料中回收沥青,SHRP 提出采用针入度、黏度、延度、组分等指标作为评价沥青混合料性能的方法,其有效性的评价结果见表5.48。SHRP 建议采用微黏度仪和微延度仪。

表 5.48 回收沥青性能试验的有效性评价

标准	黏度	针入度	延度	组分	测微黏度
与野外资料关系	好	好	好	不好	好
使用的复杂性	易做,标准试验	易做,标准试验	标准试验	需要有经验的操作人员	需要有经验的操作人员
设备投资费用	中等	低	中等	中等	高
可靠性或准确性	高	高	高	不确定	不确定
对混合料变化的敏感性	中等到高	中等到高	中等到高	中等	中等到高
试件尺寸	大,难获得	大,不难获得	小,难使用微延度仪	小	小
破坏性或非破坏性	破坏性	破坏性	破坏性	破坏性	破坏性

我国在沥青混合料老化性能方面研究较晚,到目前为止还未有老化的标准试验方法。国家"八五"科技攻关期间,利用延时烘箱加热法来评价我国沥青混合料抗老化性能。其中STOA的加热温度控制在135 ℃±1 ℃,时间控制在4 h±5 min;LTOA的加热温度控制在85 ℃±℃,时间控制在为120 h±0.5 h;沥青混合料试件尺寸为$\phi 101.6$ mm×63.5 mm。

沥青混合料力学性能评价采用间接拉伸试验结果,以老化前后的劈裂强度、破坏拉伸应变、破坏劲度模量及老化前后的模量比作对比分析。但具体采用何种指标评价混合料的老化性能,还需深入研究。

5.8.5 沥青混合料老化预防措施

显而易见,引起沥青混合料老化的原因主要是温度,即沥青混合料施工温度,其次是高温保持时间和与空气接触的条件等因素。那么,减轻沥青混合料老化的措施就应该从这几个方面入手。同时,应优先使用耐老化性能好的沥青材料。为减轻沥青混合料的老化,可考虑采取以下几项措施。

1. 选择优质重交通道路沥青材料

当有条件选择所用沥青的品种时,根据薄膜烘箱试验的指标可以对沥青的耐久性作出初步的判断。实际经验和理论研究表明,延性好的沥青,不仅在低温下具有较好的抗裂性,而且也有较好的耐久性,因此,沥青延度是判别沥青耐久性最方便的方法。通过测定沥青的黏度和复合流动度,不用进行老化试验,就可以了解沥青的耐久性能。通过热老化试验,根据沥青的老化指数可选择耐老化的沥青。

2. 合理进行混合料设计

工程中尽可能采用密实式沥青混合料,降低空隙率,减少阳光、雨水通过空隙侵入混合料内,减轻沥青的氧化和剥落,将有效地提高沥青路面的耐久性。在保证沥青混合料具有足够热稳定性的条件下,适当增加沥青用量,增大集料颗粒表面沥青膜的厚度,能显著提高混合料的耐久性。如目前有些工程应用的开级配抗滑磨耗层,虽然其空隙率高达20%,但由于集料颗粒表面裹覆着较厚的沥青膜,因而仍能保持较长的使用寿命。另外在混合料中掺加纤维材料,由于能吸收较多的沥青,也有益于耐久性的改善。

3. 使用适当的外掺剂

在沥青中添加适当的外掺剂,也可以提高沥青的耐久性。例如,在沥青中掺加橡胶,其耐老化性能将明显提高;沥青中掺加炭黑能抵御紫外线的作用,因而有增强耐久性的效果。在混合料中添加消石灰粉,不仅能增强水稳定性,而且也能提高其耐久性。有人研究在沥青中添加抗氧剂,如二乙基二硫代氨甲酸锌(或铅),对增进沥青抗老化有很好的效果,但目前尚无应用。

4. 提高施工质量,加强路面养护

施工质量对沥青路面耐久性有重要影响。从沥青混合料生产开始,直至沥青混合料摊铺、压实都应严格管理,以保证施工质量。在拌制沥青混合料时要注意防止沥青的加热温度过高,时间过长,以免沥青老化。控制集料加热温度,避免混合料拌和温度过高,而对于温度超高出现焦化的混合料应予以废弃。沥青混合料在贮存仓中不能存放过长时间。沥青混合料摊铺后应及时组织压实,保证达到要求的密度。

沥青路面在使用过程中应经常进行养护,防止损坏扩大。适时地进行稀浆封层、雾封层等是恢复路面使用性能、延长路面使用寿命、增强路面耐久性的养护方法。

5.9 沥青混合料的技术标准

我国《公路沥青路面施工技术规范》(JTG F40—2004)针对密级配沥青混凝土和沥青稳定碎石混合料提出了马歇尔试验配合比设计技术标准,分别见表 5.49 和表 5.50;针对 SMA 和 OGFC 混合料,提出了相应的技术要求,分别见表 5.51 和表 5.52。

表 5.49 沥青稳定碎石混合料马歇尔试验技术标准

试验指标	密级配基层 (ATM)		半开级配面层(AM)	开级配抗滑磨耗层(OGFC)	排水式开级配基层(ATPB)
公称最大粒径/mm	26.5	≥31.5	≤26.5	≤26.5	所有尺寸
马歇尔试件尺寸/mm	φ101.6×63.5	φ152.4×95.3	φ101.6×63.5	φ101.6×63.5	φ152.4×95.3
击实次数(双面)/次	75	112	50	50	75
空隙率/%	3~6		6~10	≥18	≥18
稳定度/kN ≥	7.5	15	3.5	3.5	
流值/mm	1.4~4	实测值	—	—	—
饱和度 VFA/%	54~70		40~70		
密级配基层 ATB 的矿料间隙率 VMA 要求 ≥	设计空隙率/%	相应于以下公称最大粒径(mm)的 VMA 技术要求/%			
		26.5	31.5	37.5	50
	4	12	11.5	11	10.5
	5	13	12.5	12	11.5
	6	14	13.5	13	12.5

注:在干旱地区,可将密级配沥青稳定碎石基层的空隙率适当放宽到 8%

表 5.50 密级配沥青混凝土混合料马歇尔试验技术标准

试验项目		高速公路、一级公路、城市快速路、主干路				其他等级公路	行人道路
		中轻交通	重交通	中轻交通	重交通		
		夏炎热区(1-1、1-2、1-3、1-4 区)		夏热区及夏凉区(2-1、2-2、2-3、2-4、3-2 区)			
击实次数(双面)/次		75	75	75	75	50	50
空隙率/%	深 90 mm 以内	3~5	4~6	2~4	3~5	3~6	2~4
	深 90 mm 以下	3~6		2~4	3~6	3~6	
稳定度/kN ≥		8				5	3
流值/mm		2~4	1.4~4	4~4.5	2~4	2~4.5	2~5
相应于以下公称最大粒径(mm)的最小 VMA 及 VFA 的技术要求/%							

续表 5.50

试验项目		高速公路、一级公路、城市快速路、主干路				其他等级公路	行人道路
		中轻交通	重交通	中轻交通	重交通		
		夏炎热区(1-1、1-2、1-3、1-4区)		夏热区及夏凉区(2-1、2-2、2-3、2-4、3-2区)			
集料公称最大粒径/mm		26.5	19	16	13.2	9.5	4.75
沥青饱和度 VFA/%		70~85		64~75			54~70
在右侧设计空隙率下的矿料间隙率 VMA/% ≥	空隙率 V_V /%	2					
		15	13	12	11.5	11	10
		3	16	14	13	12.5	12	11
		4	17	15	14	13.5	13	12
		5	18	16	15	14.5	14	13
		6	19	17	16	15.5	15	14

注:①本表仅适用于公称最大粒径小于或等于 26.5 mm 的密级配沥青混凝土混合料;
②对空隙率大于5%的夏炎热区重载交通路段,施工时应提高压实度1%;
③当设计空隙率不是整数时,由内插法确定 VMA 的最小值要求;
④对改性沥青混合料,马歇尔试验的流值可适当放宽

表 5.51 SMA 混合料马歇尔试验配合比设计技术要求

试验项目		技术要求		试验方法
		不使用改性沥青	使用改性沥青	
马歇尔试件尺寸/mm		ϕ101.6 mm×63.5 mm		T 0702
马歇尔试件击实次数①		两面击实 50 次		T 0702
空隙率 V_V②/%		3~4		T 0705
矿料间隙率 VMA②	≥	17.0		T 0705
粗集料骨架间隙率 VCA_{mix}③	≤	VCA_{DRC}		T 0705
沥青饱和度 VFA/%		74~85		T 0705
稳定度④/kN	≥	5.5	6.0	T 0709
流值/mm		2~5	—	T 0709
谢伦堡沥青析漏试验的结合料损失/%		不大于0.2	不大于0.1	T 0732
肯塔堡飞散试验的混合料损失或浸水飞散试验/%		不大于20	不大于15	T 0733

注:①对集料坚硬不易击碎,通行重载交通的路段,也可将击实次数增加为双面75次;
②对高温稳定性要求较高的重交通路段或炎热地区,设计空隙率允许放宽到4.5%,VMA 允许放宽到 16.5%(SMA-16)或 16%(SMA-19),VFA 允许放宽到 70%;
③试验粗集料骨架间隙率 VCA 的关键性筛孔,对 SMA-19、SMA-16 是指 4.75 mm,对 SMA-13、SMA-10 是指 2.36 mm;
④稳定度难以达到要求时,容许放宽到 5.0 kN(非改性)或 5.5 kN(改性),但动稳定度检验必须合格

表 5.52　OGFC 配混合料技术要求

试验项目		技术要求	试验方法
马歇尔试件尺寸/mm		ϕ101.6 mm×63.5 mm	T 0702
马歇尔试件击实次数		两面击实 50 次	T 0702
空隙率 V_V/%		18～25	T 0705
马歇尔稳定度/kN	≥	3.5	T 0709
析漏损失/%		<0.3	T 0732
肯塔堡飞散损失/%		<20	T 0733

第6章 矿质混合料级配组成设计

目前国内广泛使用的沥青混合料设计方法仍然是马歇尔设计法，又称为三段设计法，即目标配合比设计、生产配合比设计、生产配合比验证。三个阶段的设计都很重要，但最复杂和最基础的也是理论性较强的是目标配合比设计。目标配合比设计步骤很多，其中非常关键的三部分内容是：矿质混合料级配组成设计、马歇尔试验、最佳油石比的确定，其他步骤基本都围绕这三部分进行，总的目的就是实现根据工程要求和具体施工情况设定的目标配合比。为了突出重点，本章专门介绍矿质混合料级配组成设计；第7章专门介绍马歇尔试验；最佳油石比的确定不仅在马歇尔设计法中是重要环节，在其他设计法中也是重要环节，并且这一环节与沥青混合料设计的整个过程联系密切，故将其结合入各种设计方法中介绍。

6.1 矿质混合料的级配类型

6.1.1 矿质混合料级配组成设计概述

矿质混合料（简称矿料）是沥青混合料中的主要组成部分，其质量百分比占整个沥青混合料的90%以上。因此，沥青混合料配合比设计中一个重要内容就是合理地确定组成材料的级配组成。矿料级配组成，就是矿料中不同粒径（规格）的粒料相互之间的比例关系，通常称为矿料级配，通常以不同粒径（规格）粒料的质量百分率来表示。

沥青混合料的矿料级配组成设计，是指满足该沥青混合料类型的矿质混合料级配范围，选配一个具有足够密实度、并且具有较高内摩阻力的矿料配合比设计，并确定粗、细集料及填料质量比例的过程。矿料合成级配即是将各种材料按一定比例配合而得到的整体颗粒级配，也就是说其组配要求为多种集料按照一定的比例搭配起来，以达到较高的密实度和较大的摩擦力。

一个良好的矿料级配组成，应该使其空隙率在热稳定性容许的条件下最小，同时应具有足够的矿料比表面积，以形成足够的结构沥青裹覆矿料颗粒，从而保证矿料颗粒之间最紧密的状态，并为矿料与沥青之间的相互作用创造良好条件，使沥青混合料最大限度地发挥其结构强度效应，获得最佳的使用品质。

6.1.2 矿质混合料的级配类型

沥青混合料的矿料级配类型有连续级配（连续密级配、连续开级配）和间断级配，如图6.1所示。

1. 连续级配

连续级配是指矿料中各级粒径的粒料，由大到小逐级按一定的质量比例组成的一种矿质混合料，其级配曲线平顺圆滑，具有连续不间断的性质，逐级粒径均有，相邻粒径的粒料之间有一定的比例关系。

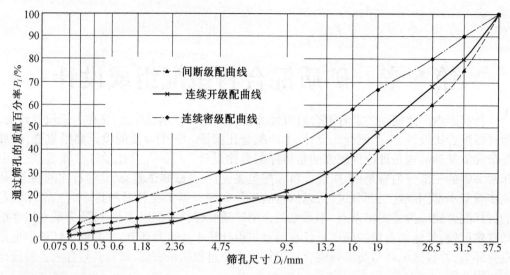

图 6.1　三种典型矿质混合料级配类型

(1) 连续密级配

连续密级配矿料由于其中粗集料含量较少,且各级粒料都有一定的数量,造成各级较大的颗粒均被较小一级的颗粒推挤开,大颗料犹如以悬浮状态处于较小颗料之中,因此矿料无法形成骨架结构,这种矿料级配属于典型的悬浮密实结构。

矿料级配按密实级配原则(悬浮密实结构)进行设计的沥青混合料,其密实度与强度较高,水稳定性、低温抗裂性能、耐久性都比较好,是最普遍使用的沥青混合料。但内摩阻角较小,因此防水性好但抗高温稳定性较差。悬浮密实结构适合于多雨量且交通量较小地区。

(2) 连续开级配

当采用连续型开级配矿质混合料(图6.1)与沥青组成沥青混合料时,由于骨架空隙结构的粗集料数量较多,且相互接触形成骨架,但细集料数量较少甚至没有,不足以填充粗集料之间形成的空隙,或者说,矿质混合料递减系数较大,形成开级配骨架空隙结构。这种结构空隙率较大而密实度较低,内摩阻力较大但黏聚力较低,高温稳定性较好。骨架空隙结构造合于透水性路面。

沥青混合料的粗颗粒集料彼此紧密相接,石料与石料能够形成互相嵌挤的骨架。当较细粒料数量较少,不足以充分填充骨架空隙时,混合料中形成的空隙较大,这种结构是按嵌挤原则构成的。在这种结构中,粗集料之间内摩阻力与嵌挤力起着决定性作用。其结构强度受沥青的性质和物理状态影响较小,因而高温稳定性较好。但由于空隙率较大,其透水性、耐老化性能、低温抗裂性能、耐久性较差。我国规范中的半开式沥青碎石混合料及国外使用的开式大空隙排水式沥青混合料(OGFC)是典型的骨架空隙结构。

2. 间断级配

间断级配是指矿料组成中各级粒径的粒料不是连续存在,而是在某一个或某几个粒径范围内没有或有很少矿料颗粒所组成的一种矿质混合料。由于这种矿料缺少中间尺寸的集料,故而有相当数量的细集料填实骨架的空隙,形成了间断型骨架密实结构。这种结构密实度较大,黏聚力较高,内摩阻角较大,高温、低温路用性能较好。骨架密实结构适合于重交通和高温的地区。

当采用间断型密级配(间断级配)矿质混合料(图 6.1)与沥青组成沥青混合料时,混合料兼备骨架空隙和悬浮密实两种结构的特点,一方面混合料中有足够数量的粗集料形成骨架,又根据粗集料骨架的空隙的多少加入足够的较细的沥青填料,形成较大的密实度和较小的残余空隙率,因此这种矿料级配是一种非连续的间断级配。骨架密实结构兼备上述两种结构的优点,是一种较为理想的结构类型。沥青玛琦脂碎石混合料(SMA)是典型的骨架密实结构。

6.2 矿质混合料级配理论

目前沥青混合料的矿料组成设计常用的级配理论主要有最大密度曲线理论(富勒理论)、最大密度曲线 n 幂公式(泰波理论)和粒子干涉理论。最大密度曲线理论(富勒理论)和最大密度曲线 n 幂公式(泰波理论)主要描述连续级配的粒径分布,可用于计算连续级配。粒子干涉理论既可以计算连续级配,也可以计算间断级配。

6.2.1 最大密度曲线理论

最大密度曲线是通过试验提出的一种理想曲线。W·B·富勒(Fuller)等学者经过研究和改进,提出了抛物线最大密度理想曲线该理论又称为富勒理论。该理论认为,矿质混合料的颗粒级配曲线越接近抛物线,则其密度越大;当矿质混合料的级配曲线成为抛物线时,具有最大密度。理想最大密度级配曲线如图 6.2 所示。

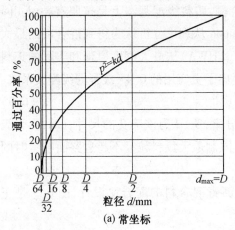
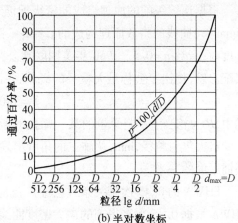

图 6.2 理想最大密度级配曲线

最大密度理想曲线可用矿料颗粒粒径(d_i)与通过率(p_i)表示

$$p_i^2 = kd_i \tag{6.1}$$

式中,p_i 为各级颗粒粒径集料的通过百分率,%;d_i 为矿质混合料各级颗粒粒径,mm;k 为常数。

若采用图6.2(a)所示的常坐标,当粒径d_i按1/2递减时,随粒径的减小,d_i的位置越来越紧密,甚至无法绘出。在坐标图上表现为离坐标原点越近,粒径越密,离原点越远,粒径越疏。为方便起见,通常采用半对数坐标绘制级配曲线,如图6.2(b)所示。

当颗粒粒径d_i等于最大粒径D时,通过率$p_i=100\%$,将其代入式(6.1)可得

$$k=\frac{100^2}{D} \tag{6.2}$$

为计算任意粒径(d_i)的通过率(p_i),可将常数k代入式(6.1),得最大密度理想级配曲线公式为

$$p_i=100\left(\frac{d_i}{D}\right)^{0.5} \text{ 或 } p_i=100\sqrt{\frac{d_i}{D}} \tag{6.3}$$

利用式(6.3),可以计算出矿质混合料为最大密度时相应于各种颗粒粒径(d_i)的通过率(p_i)。

6.2.2 最大密度曲线n幂公式

最大密度曲线n幂公式,也称为泰波理论,是由A·N·泰波(Talbol)提出的。泰波认为,最大密度曲线是一种理论的级配曲线,实际上,级配曲线应该有一定的波动范围。因此,将式(6.3)中的指数0.5改为n,形成最大密度曲线n幂公式

$$p_i=100\left(\frac{d_i}{D}\right)^n \tag{6.4}$$

式中,p_i,d_i和D意义同前;n为实验指数。

根据连续级配的原理组成的密级配沥青混合料,矿料级配基本上是按照富勒(Fuller Equation)曲线的指数原理构成的。Fuller和Thompon从理论分析认为得到混合料的最大密度时,指数$n=0.5$。1960年美国联邦公路总署(FHWA)从最大密度原理和实际的集料级配出发,提出了公称最大粒径的概念,并调整提出了更实用的0.45次幂的级配关系式

$$P=100(d/D)^{0.45} \tag{6.5}$$

式中,P为相当于矿料总量的某一筛孔的通过百分率,%;d为该筛孔的尺寸,mm;D为级配的最大集料粒径,mm,从施工的角度出发,通常限制最大集料粒径不超过路面施工时的松铺厚度的一半。

FHWA的0.45次幂关系式已经广泛应用于沥青混合料的配合比设计,图6.3是正FHWA根据0.45次幂得到的最大密度曲线。

实际研究认为:在沥青混合料中应用,当$n=0.45$时密度最大,通常使用的矿质混合料的级配范围(包括密级配和开级配),n幂常在0.3~0.7之间。因此,在实际应用时,矿质混合料的级配曲线应该允许在一定范围内波动,即$n=0.3$~0.7(其中$n=0.5$为最佳级配曲线),如图6.4所示。

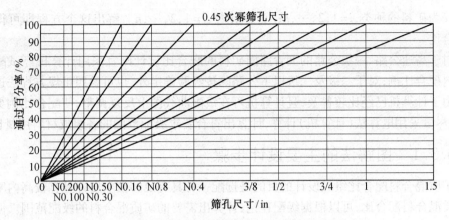

图 6.3　FHWA 根据 0.45 次幂得到的最大密度级配曲线

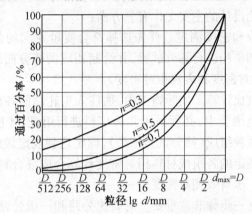

图 6.4　最大密度曲线和级配范围

6.3　矿质混合料的配合比组成设计

确定沥青混合料矿质混合料配合比的方法有图解法、试算法、正规方程法和电算法。

试算法适用于 3~4 种矿料组配,正规方程法可用于多种矿料组成,所得结果准确,但计算较为繁杂,不如图解法简便。图解法最简单,但结果比较粗糙,必须进行复核,或与其他方法联合使用效果比较好。试算法是先假定混合料中某一粒径的颗粒是由对这一粒径占优势的矿料组成,其他各种矿料不含这种颗粒,这样根据各种主要粒径去试探各种矿料在混合料中的大致比例,如果比例不合适,则稍加调整,逐步逼近,最终达到符合混合料级配要求的各种矿料配合比例,但这种方法仅适用于矿料比较少的情况(一般 2~3 种矿料比较适宜)。正规方程法则可适用于多种矿料的组成设计,所得结果准确,但手算比较麻烦,一般借助计算机或相应的计算软件。其基本思路是,设有 k 种矿料,各种矿料在 n 级筛析的通过率为 $P_i(j)$,欲配置某级配中值的矿质混合料,则其任何一级筛孔的通过量 $P(j)$ 是由各种组成矿料在该级的通过率 $P_i(j)$ 乘以各种矿料在混合料中的用量 X_i 之和,即

$$\sum P_i(j) X_i = P(j)$$

式中,i 为矿料的种类,$i=1,2,\cdots,k$;j 为筛孔数,$j=1,2,\cdots,n$。解出这个方程即可得到矿料配合比。

对于高速公路、一级公路的沥青路面矿料的配合比设计则宜采用计算机经试配法得出矿料配合比例;对于二级及二级以下公路除按经验确定外,也可参照正规方程法进行。

由于计算机已经比较普及,且计算机可在级配曲线图上反复调整,使配合比例更为合理,故尽量采用电算法(计算机)计算,计算出符合要求级配范围的各组成材料用量比例。

6.3.1 图解法的主要设计步骤

矿质混合料配合比组成设计的目的是选配一种具有足够密实度并且有较高内摩阻力的矿质混合料配合比,可以根据级配理论,计算出需要的矿质混合料的级配范围。但是为了应用已有的研究成果和实践经验,通常是采用规范推荐的矿质混合料级配范围来确定。

矿质混合料配合比设计的主要工作有三方面:

①组成材料的筛分和密度测定。首先选择符合质量要求的各种矿料。根据现场取样,对粗集料、细集料和矿粉进行筛分试验,并绘制相应的筛分曲线。测定各种矿料的相对密度(包括毛体积相对密度和表观相对密度)。

②组成材料的配合比计算。实际施工中,往往人工轧制的各种矿料的级配很难完全符合规范中某一级配范围要求,必须采用几种矿料进行组配,才能达到给定级配范围要求。根据各种矿料的颗粒组成(筛分试验结果),确定达到规定级配要求时的各种矿料的配比情况。根据①中测定的各组成材料相对密度计算合成混合料相对密度,进而预估沥青用量,然后进行试拌,求有效相对密度。

③调整配合比。这一步骤非常重要。对高速公路和一级公路,宜结合当地已建成公路沥青路面沥青混合料的设计经验,在工程设计级配范围内计算 1~3 组粗细不同的配比,绘制设计级配曲线,分别位于工程设计级配范围的上方、中值及下方。设计合成级配不得有太多的锯齿形交错,并使 0.075 mm、2.36 mm、4.75 mm 及公称最大粒径筛孔的通过率接近工程设计级配范围的中值,在 0.3~0.6 mm 范围内不出现"驼峰"。当反复调整不能满意时,宜更换材料设计。

下面主要根据设计理论,详细讨论组成材料的配合比计算。

1. 确定沥青混合料矿质混合料的级配范围

沥青混合料的矿料级配应符合工程规定的设计级配范围。现行规范沥青路面工程的混合料设计级配范围由工程设计文件或招标文件规定,密级配沥青混合料宜根据公路等级、气候及交通条件按表 6.1 选择采用粗型(C 型)或细型(F 型)混合料,并在表 6.2 范围内确定工程设计级配范围,通常情况下工程设计级配范围不宜超出表 6.2 的要求;通过对条件大体相当的工程使用情况进行调查研究后调整确定,必要时允许超出规范级配范围。其他类型的混合料宜直接以表 6.3~表 6.7 作为工程设计级配范围。经确定的工程设计级配范围是配合比设计的依据,不得随意变更。

表6.1 粗型和细型密级配沥青混凝土的关键性筛孔通过率

混合料类型	公称最大粒径/mm	用以分类的关键性筛孔/mm	粗型密级配 名称	粗型密级配 关键性筛孔通过率/%	细型密级配 名称	细型密级配 关键性筛孔通过率/%
AC-25	26.5	4.75	AC-25C	<40	AC-25F	>40
AC-20	19	4.75	AC-20C	<45	AC-20F	>45
AC-16	16	2.36	AC-16C	<38	AC-16F	>38
AC-13	13.2	2.36	AC-13C	<40	AC-13F	>40
AC-10	9.5	2.36	AC-10C	<45	AC-10F	>45

表6.2 密级配沥青混凝土混合料矿料级配范围

级配类型		通过下列筛孔(mm)的质量百分率/%											
		31.5	26.5	19	16	13.2	9.5	4.75	2.36	1.18	0.6	0.3	0.15	0.075
粗粒式	AC-25	100	90~100	75~90	65~83	57~76	45~65	24~52	16~42	12~33	8~24	5~17	4~13	6~7
中粒式	AC-20		100	90~100	78~92	62~80	50~72	26~56	16~44	12~33	8~24	5~17	4~13	6~7
	AC-16			100	90~100	76~92	60~80	34~62	20~48	16~36	9~26	7~18	5~14	4~8
细粒式	AC-13				100	90~100	68~85	38~68	24~50	15~38	10~28	7~20	5~15	4~8
	AC-10					100	90~100	45~75	30~58	20~44	16~32	9~23	6~16	4~8
砂粒式	AC-5						100	90~100	55~75	35~55	20~40	12~28	7~18	5~10

表6.3 沥青玛琋脂碎石混合料矿料级配范围

级配类型		通过下列筛孔(mm)的质量百分率/%										
		26.5	19	16	13.2	9.5	4.75	2.36	1.18	0.6	0.3	0.15	0.075
中粒式	SMA-20	100	90~100	72~92	62~82	40~55	18~30	16~22	12~20	10~16	9~14	8~13	8~12
	SMA-16		100	90~100	65~85	45~65	20~32	15~24	14~22	12~18	10~15	9~14	8~12
细粒式	SMA-13			100	90~100	50~75	20~34	15~26	14~24	12~20	10~16	9~15	8~12
	SMA-10				100	90~100	28~60	20~32	14~22	12~18	10~15	9~16	8~13

表6.4 开级配排水式磨耗层混合料矿料级配范围

级配类型		通过下列筛孔(mm)的质量百分率/%										
		19	16	13.2	9.5	4.75	2.36	1.18	0.6	0.3	0.15	0.075
中粒式	OGFC-16	100	90~100	70~90	45~70	12~30	10~22	6~18	4~15	6~12	6~8	2~6
	OGFC-13		100	90~100	60~80	12~30	10~22	6~18	4~15	6~12	6~8	2~6
细粒式	OGFC-10			100	90~100	50~70	10~22	6~18	4~15	6~12	6~8	2~6

表 6.5 密级配沥青碎石混合料矿料级配范围

级配类型		通过下列筛孔(mm)的质量百分率/%												
		53	37.5	31.5	26.5	19	16	13.2	9.5	4.75	2.36	1.18	0.6	0.3	0.15	0.075
特粗式	ATB-40	100	90~100	75~92	65~85	49~71	46~63	37~57	30~50	20~40	15~32	10~25	8~18	5~14	6~10	2~6
	ATB-30		100	90~100	70~90	56~72	44~66	39~59	31~51	20~40	15~32	10~25	8~18	5~14	6~10	2~6
粗粒式	ATB-25			100	90~100	60~80	48~68	42~62	32~52	20~40	15~32	10~25	8~18	5~14	6~10	2~6

表 6.6 半开级配沥青碎石混合料矿料级配范围

级配类型		通过下列筛孔(mm)的质量百分率/%										
		26.5	19	16	13.2	9.5	4.75	2.36	1.18	0.6	0.3	0.15	0.075
中粒式	AM-20	100	90~100	60~85	50~75	40~65	15~40	5~22	2~16	1~12	0~10	0~8	0~5
	AM-16		100	90~100	60~85	45~68	18~40	6~25	6~18	1~14	0~10	0~8	0~5
细粒式	AM-13			100	90~100	50~80	20~45	8~28	4~20	2~16	0~10	0~8	0~6
	AM-10				100	90~100	35~65	10~35	5~22	2~16	0~12	0~9	0~6

表 6.7 开级配沥青碎石混合料矿料级配范围

级配类型		通过下列筛孔(mm)的质量百分率/%												
		53	37.5	31.5	26.5	19	16	13.2	9.5	4.75	2.36	1.18	0.6	0.3	0.15	0.075
特粗式	ATPB-40	100	70~100	65~90	55~85	46~75	32~70	20~65	12~50	0~3	0~3	0~3	0~3	0~3	0~3	0~3
	ATPB-30		100	80~100	70~95	56~85	36~80	26~75	14~60	0~3	0~3	0~3	0~3	0~3	0~3	0~3
粗粒式	ATPB-25			100	80~100	60~100	45~90	30~82	16~70	0~3	0~3	0~3	0~3	0~3	0~3	0~3

2. 调整工程设计级配范围宜遵循的原则

①首先按本规范表 6.1 确定采用粗型(C 型)或细型(F 型)的混合料。对夏季温度高、高温持续时间长,重载交通多的路段,宜选用粗型密级配沥青混合料(AC-C 型),并取较高的设计空隙率。对冬季温度低、且低温持续时间长的地区,或者重载交通较少的路段,宜选用细型密级配沥青混合料(AC-F 型),并取较低的设计空隙率。

②为确保高温抗车辙能力,同时兼顾低温抗裂性能的需要。配合比设计时宜适当减少公称最大粒径附近的粗集料用量,减少 0.6 mm 以下部分细粉的用量,使中等粒径集料较多,形成 S 型级配曲线,并取中等或偏高水平设计空隙率。

③确定各层的工程设计级配范围时应考虑不同层位的功能需要,经组合设计的沥青路面应能满足耐久、稳定、密水、抗滑等要求。

④根据公路等级和施工设备的控制水平,确定的工程设计级配范围应比规范级配范围窄,其中 4.75 mm 和 2.36 mm 通过率的上下限差值宜小于 12%。

⑤配合比设计应充分考虑施工性能,使沥青混合料容易摊铺和压实,避免造成严重的离析。

3. 矿质混合料配合比计算

根据各组成材料的筛析试验资料,采用图解法或电算法,计算符合要求级配范围的各组成材料用量比例。下面主要介绍图解法的设计步骤:

(1)绘制级配曲线坐标图

依据上述原理,按规定尺寸绘一方形图框。通常纵坐标(通过率)取100,横坐标(筛孔尺寸或粒径)取13.2 mm。连对角线 OO'(图6.5)作为要求级配曲线中值。纵坐标按算术标尺,标出通过百分率(0~100%)。将要求级配中值的各筛孔通过百分率标于纵坐标上,从纵坐标标出的级配中值引水平线与对角线相交,再从交点作垂线与横坐标相交,其交点即为各相应筛孔尺寸的位置。

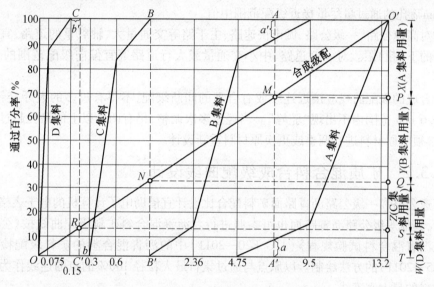

图6.5 矿质混合料的图解法设计计算图

(2)确定各种集料用量

将各种集料(如A、B、C、D四种集料)的通过率绘于级配曲线坐标图上。实际两相邻集料级配曲线的位置关系可能有下列三种情况,根据各集料级配曲线之间的位置关系,按下述方法确定各种集料的用量比例。

①两相邻级配曲线重叠。

如集料A与集料B中均含有某些相同的粒径,则集料A级配曲线的下部与集料B级配曲线的上部位置上下重叠,如图6.5所示。此时,应在A、B两级配曲线之间的重叠部分处引一条垂直于横坐标的直线 AA'(即 $a=a'$ 的垂线),与对角线 OO' 相交于点M,通过点M作一条水平线与纵坐标交于点P。$O'P$ 即为集料A的用量。

②两相邻级配曲线相接。如果集料B的最小粒径与集料C的最大粒径恰好相等,则集料B级配曲线的末端与集料C级配曲线的首端正好处在一条垂直线上,如图6.5所示。此时,应将两点直接相连,作出垂线 BB',与对角线 OO' 相交于点N。通过点N作一

水平线与纵坐标交于点 Q。PQ 即为集料 B 的用量。

③两相邻级配曲线相离。如果混合料中某些粒径,集料 C 和集料 D 中均不含有,则集料 C 的级配曲线与集料 D 的级配曲线在水平方向彼此离开一段距离,如图 6.5 所示。此时,应作一条垂直平分相离距离的垂线 CC'(即平分距离 $b=b'$ 的垂线),与对角线 OO' 相交于点 R,通过点 R 作一水平线与纵坐标交于 S 点,QS 即为 C 集料的用量。剩余 ST 即为集料 D 的用量。

(3)校核

按图解法所得各种集料的用量比例,计算校核所得合成级配是否符合设计要求的级配范围。如果不能符合要求,即超出级配范围或不满足某一特殊设计要求时,应按下列要求调整各集料的用量比例,直至符合要求为止:

①通常情况下,合成级配曲线宜尽量接近级配中值,尤其应使 0.075 mm、2.36 mm 和 4.75 mm 筛孔的通过量尽量接近级配范围中值。

②对高速公路、一级公路、城市快速路、主干路等交通量大、轴载重的道路,宜偏向级配范围的下(粗)限。对一般道路、中小交通量或人行道路等宜偏向级配范围的上(细)限。

③合成的级配曲线应接近连续或有合理的间断级配,不得有过多的犬牙交错,且在 0.3~0.6 mm 范围内不出现"驼峰"。当经过多次调整,仍有两个以上的筛孔超过级配范围时,必须对原材料进行调整或更换原材料重新设计。

6.3.2 矿质混合料合成级配曲线设计

高速公路和一级公路沥青路面矿料配合比设计宜借助电子计算机的电子表格用试配法进行,其他等级公路沥青路面也可参照进行。沥青混合料矿料级配曲线按《公路工程沥青及沥青混合料试验规程》(JTG E20—2011)中的沥青混合料的矿料级配检验方法(T 0725—2011)的方法绘制。以原点与通过集料最大粒径 100% 的点的连线作为沥青混合料矿料的最大密度线。

绘制泰勒曲线(合成级配曲线),一般步骤如下:

①根据泰勒曲线 $P=(d/D)^n$ 的指数 $n=0.45$,以筛孔尺寸按 $x=d_i^{0.45}$ 计算值为横坐标(表 6.8),以通过筛孔的质量百分率为纵坐标,绘制出级配曲线图,以图中的原点与通过集料最大粒径 100% 的点的连线作为沥青混合料的最大密度线。

表 6.8 泰勒曲线的横坐标

d_i	0.075	0.15	0.3	0.6	1.18	2.36	4.75	9.5
$x=d_i^{0.45}$	0.312	0.426	0.582	0.795	1.077	1.472	2.016	2.754
d_i	13.2	16	19	26.5	31.5	37.5	53	63
$x=d_i^{0.45}$	3.193	3.482	3.762	4.370	4.723	5.109	5.969	6.452

②在级配曲线图中绘制出设计级配范围及级配中值,并将各种矿料的筛分曲线绘入级配曲线图中。

③按照图 6.5 所示的方法和前面的介绍大致确定出各种矿料的配合比。根据这种方

法大致得出矿料配比后,计算出矿料的合成级配,描绘到泰勒曲线图上(图6.6),合成级配必须满足下面要求:

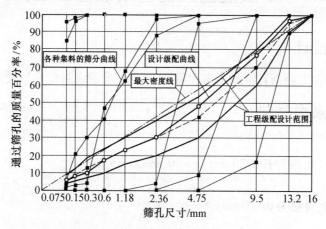

图6.6 矿料合成级配曲线示例

a. 合成级配应光滑,不得有太多的锯齿形交错。当反复调整,仍有两个以上的筛孔超出级配范围时,应更换原材料重新进行设计。

b. 合成级配在级配范围内的位置关系,应充分考虑当地的实践经验、工程具体的气候和交通条件,如高温地区、重载交通路段,为保证路面高温稳定性,合成级配尽可能偏向级配范围的下限。

c. 对于高速公路、一级公路宜在确定的设计级配范围内计算1~3组粗细不同的配比,使包括0.075 mm、2.36 mm、4.75 mm筛孔在内的较多筛孔,分别位于设计级配曲线的上方、中值及下方,但应避免0.3~0.6 mm范围内出现"驼峰"(这种级配的混合料对温度比较敏感,路用性能不好),2.36 mm与4.75 mm的通过率最好不超过12%,以防止混合料施工离析,最后通过择优确定出一种最佳级配。矿料级配设计计算表示例见表6.9。

表6.9 矿料级配设计计算表示例

筛孔/mm	石灰岩碎石10~20 mm/%	石灰岩碎石5~10 mm/%	石灰岩碎石5~6 mm/%	石屑/%	黄砂/%	矿粉/%	消石灰/%	合成级配	工程设计级配范围		
									中值	下限	上限
16	100	100	100	100	100	100	100	100.0	100	100	100
13.2	88.6	100	100	100	100	100	100	96.7	95	90	100
9.5	16.6	99.7	100	100	100	100	100	76.6	70	60	80
4.75	0.4	8.7	94.9	100	100	100	100	47.7	41.5	30	53
2.36	0.3	0.7	3.7	97.2	87.9	100	100	30.6	30	20	40
1.18	0.3	0.7	0.5	67.8	62.2	100	100	22.8	22.5	15	30
0.6	0.3	0.7	0.5	40.5	46.4	100	100	17.2	16.5	10	23
0.3	0.3	0.7	0.5	30.2	3.7	99.8	99.2	9.5	12.5	7	18
0.15	0.3	0.7	0.5	20.6	3.1	96.2	97.6	8.1	8.5	5	12
0.075	0.2	0.6	0.3	4.2	1.9	84.7	95.6	5.5	6	4	8
配比	28	26	14	12	15	3.3	1.7	100.0	—		

6.4 矿质混合料的合成级配工程实例

6.4.1 设计内容

山东省某高速公路沥青混凝土中面层 AC-20 矿质混合料配合比设计。

6.4.2 采用材料

(1)粗集料

石灰岩碎石,规格为 10~20 mm、5~10 mm、6~5 mm。

(2)细集料

石灰岩石屑,规格为 0~3 mm。

(3)填料

石灰岩矿粉。

6.4.3 采用 Excel 方法

应用 Excel 电子表格进行图解法计算。

6.4.4 矿质混合料配合比设计过程

(1)依据《公路工程集料试验规程》(JTG E42—2005),采用水筛法,分别对粗集料、细集料、填料进行筛分,集(矿)料筛分结果见表 6.10。

表 6.10 集(矿)料筛分结果

筛孔 /mm	石灰岩碎石 10~20 mm	石灰岩碎石 5~10 mm	石灰岩碎石 6~5 mm	石灰岩石屑 0~3 mm	石灰岩矿粉
26.5	100	100	100	100	100
19.0	90.3	100	100	100	100
16.0	65.9	100	100	100	100
13.2	35.7	100	100	100	100
9.5	6.8	85.3	100	100	100
4.75	0.2	27.8	95.9	100	100
2.36	0.1	1.6	31.6	93.7	100
1.18	0.1	0.9	13.2	68.2	100
0.6	0.1	0.3	0.5	48.7	100
0.3	0.1	0.1	0.2	28.1	98.9
0.15	0.1	0.1	0.2	13.5	95.7
0.075	0.1	0.1	0.2	2.3	86.3

(2)依据《公路沥青路面施工技术规范》(JTG F40—2004),根据密级配沥青混凝土混合料矿料级配范围表(表6.2),选择出 AC-20 矿料级配范围,见表6.11。

表6.11 矿料组配计算表

矿料配合比 筛孔/mm	40% 碎石 10~20 mm	24% 碎石 5~10 mm	9% 碎石 6~5 mm	22% 石屑 0~3 mm	5% 矿粉	合成级配	级配范围 下限	级配范围 上限
26.5	100	100	100	100	100	100.0	100	100
19.0	90.3	100	100	100	100	96.1	90	100
16.0	65.9	100	100	100	100	86.4	78	92
13.2	35.7	100	100	100	100	74.3	62	80
9.5	6.8	85.3	100	100	100	59.2	50	72
4.75	0.2	27.8	95.9	100	100	42.4	26	56
2.36	0.1	1.6	31.6	93.6	100	28.9	16	44
1.18	0.1	0.9	13.7	68.2	100	21.5	12	33
0.6	0.1	0.3	0.5	48.7	100	15.9	8	24
0.3	0.1	0.1	0.2	28.1	98.9	11.2	5	17
0.15	0.1	0.1	0.2	13.5	95.7	7.8	4	13
0.075	0.1	0.1	0.2	2.3	86.3	4.9	3	7

(3)用 Excel 电子表格计算其合成级配、矿料组成比例,见表6.11,并绘出其合成级配曲线如图6.7所示,其详细过程如下:

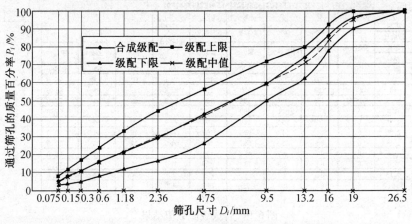

图6.7 合成级配曲线

①打开 Microsoft Office Excel 2003,新建 Excel 并命名"山东省某高速公路 AC-20 矿料合成级配"。

②把表6.11的数据复制并粘贴在 Excel 表格中,根据合成级配范围和经验,先预设各种材料的百分比,使其百分比之和为1,即100%;然后计算26.5 mm 筛孔尺寸的合成级

配数值,其计算公式为 fx = B5 * ＄B＄1+C5 * ＄C＄1+D5 * ＄D＄1+E5 * ＄E＄1+F5 * ＄F＄1,公式中 B5 * ＄B＄1 中两个 ＄ 为固定某一框格,如图 6.8 所示。

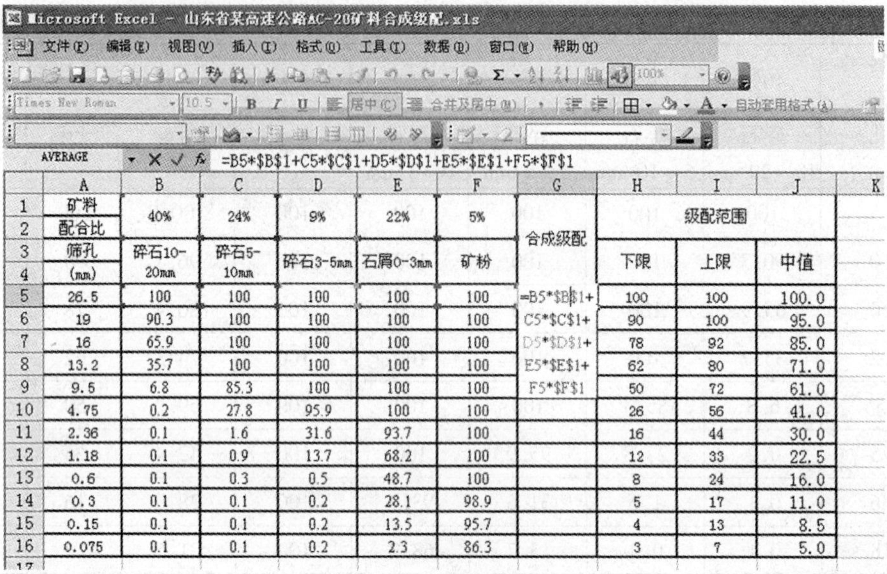

图 6.8 计算合式级配数值

③按下确定键(Enter),出现某一具体数值,并把鼠标放在数值为 100 单元格右下角,当出现十字线符号时,按住鼠标往下拖,合成级配数值全部出现,如图 6.9 所示。

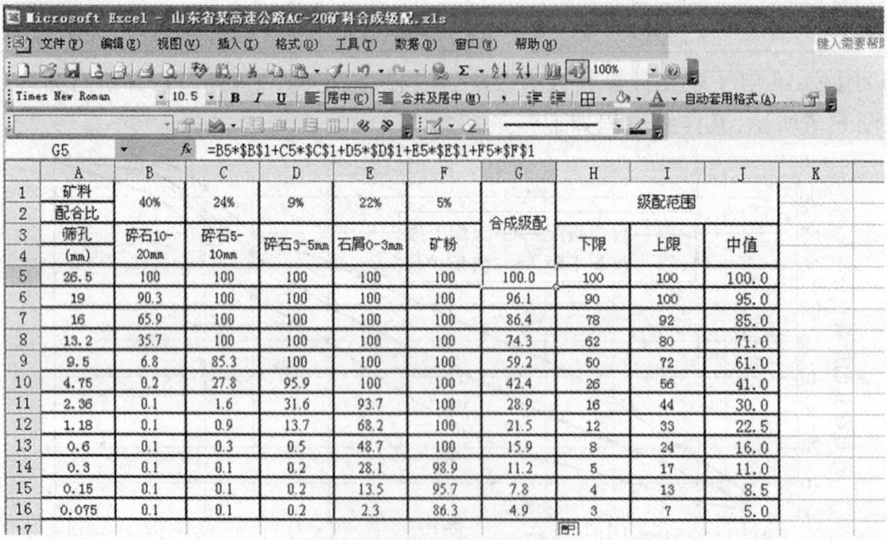

图 6.9 合成级配数值结果

④根据级配范围,尤其是级配中值,也可以用依据合成级配数值减去级配中值之差,来调整矿料配合比各矿料的数值。矿料配合比数值变化,合成级配数值也随之变化。最终确定满足需要的合成级配,如图 6.10 所示。

⑤依据表 6.8 选择横坐标,也可以按 $X_i = D_i^{0.45}$ 在 Excel 表格中计算,如图 6.11 所示。

⑥合成级配曲线图的生成。

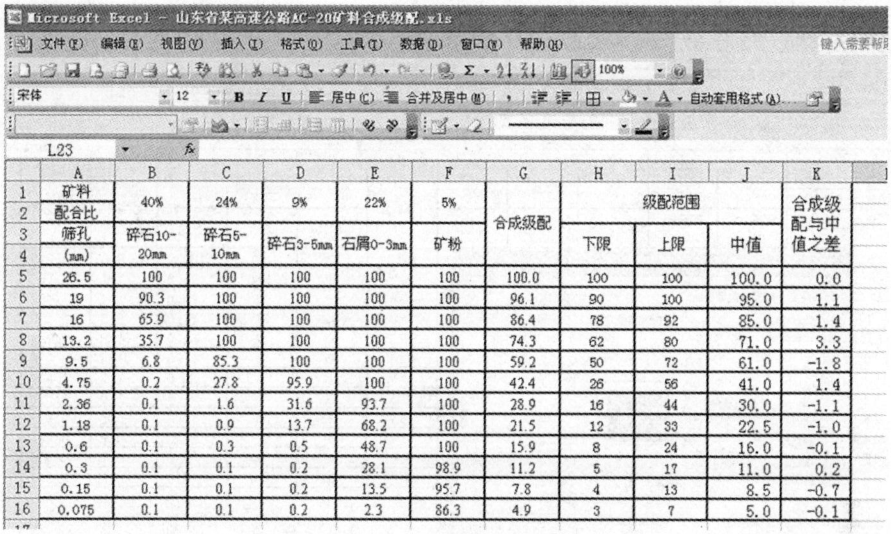

6.4 矿质混合料的合成级配工程实例

筛孔(mm)	碎石10-20mm 40%	碎石5-10mm 24%	碎石3-5mm 9%	石屑0-3mm 22%	矿粉 5%	合成级配	级配范围下限	级配范围上限	中值	合成级配与中值之差
26.5	100	100	100	100	100	100.0	100	100	100.0	0.0
19	90.3	100	100	100	100	96.1	90	100	95.0	1.1
16	65.9	100	100	100	100	86.4	78	92	85.0	1.4
13.2	35.7	100	100	100	100	74.3	62	80	71.0	3.3
9.5	6.8	85.3	100	100	100	59.2	50	72	61.0	-1.8
4.75	0.2	27.8	95.9	100	100	42.4	26	56	41.0	1.4
2.36	0.1	1.6	31.6	93.7	100	28.9	16	44	30.0	-1.1
1.18	0.1	0.9	13.7	68.2	100	21.5	15	33	22.5	-1.0
0.6	0.1	0.3	0.5	48.7	100	15.9	8	24	16.0	-0.1
0.3	0.1	0.1	0.2	28.1	98.9	11.2	5	17	11.0	0.2
0.15	0.1	0.1	0.2	13.5	95.7	7.8	4	13	8.5	-0.7
0.075	0.1	0.1	0.2	2.3	86.3	4.9	3	7	5.0	-0.1

图 6.10 确定满足需要的合成级配

筛孔(mm)	碎石10-20mm 40%	碎石5-10mm 24%	碎石3-5mm 9%	石屑0-3mm 22%	矿粉 5%	合成级配	下限	上限	中值	合成级配与中值之差	横坐标Xi
26.5	100	100	100	100	100	100.0	100	100	100.0	0.0	4.370
19	90.3	100	100	100	100	96.1	90	100	95.0	1.1	3.762
16	65.9	100	100	100	100	86.4	78	92	85.0	1.4	3.482
13.2	35.7	100	100	100	100	74.3	62	80	71.0	3.3	3.193
9.5	6.8	85.3	100	100	100	59.2	50	72	61.0	-1.8	2.754
4.75	0.2	27.8	95.9	100	100	42.4	26	56	41.0	1.4	2.016
2.36	0.1	1.6	31.6	93.7	100	28.9	16	44	30.0	-1.1	1.472
1.18	0.1	0.9	13.7	68.2	100	21.5	15	33	22.5	-1.0	1.077
0.6	0.1	0.3	0.5	48.7	100	15.9	8	24	16.0	-0.1	0.795
0.3	0.1	0.1	0.2	28.1	98.9	11.2	5	17	11.0	0.2	0.582
0.15	0.1	0.1	0.2	13.5	95.7	7.8	4	13	8.5	-0.7	0.426
0.075	0.1	0.1	0.2	2.3	86.3	4.9	3	7	5.0	-0.1	0.312

图 6.11 按 $X_i = D_i^{0.45}$ 在 Excel 表格中计算

a. 在 Excel 表格中插入图表,进入标准类型的图表类型散点图,再进入子图表类型的平滑线散点图,如图 6.12 所示。

b. 按下一步进入图表数据源,添加系列 1,系列 1 名称为合成级配,X 值为横坐标数据,Y 值为合成级配数据,如图 6.13 所示。以相同方法,添加系列 2 为级配上限,系列 3 为级配下限,系列 4 为级配中值,如图 6.14 所示。

c. 按"下一步"进入图表选项,在标题空格内填上矿料合成级配曲线、筛孔尺寸 D_i (mm)、通过百分率 $P_i(\%)$;把坐标轴 X 值、Y 值画上勾;网格线把 X 值网格线、Y 值网格线画上钩,如图 6.15 所示。

d. 按"完成"键,生成图 6.16。

e. 合成级配曲线图的修饰,如图 6.17 所示。

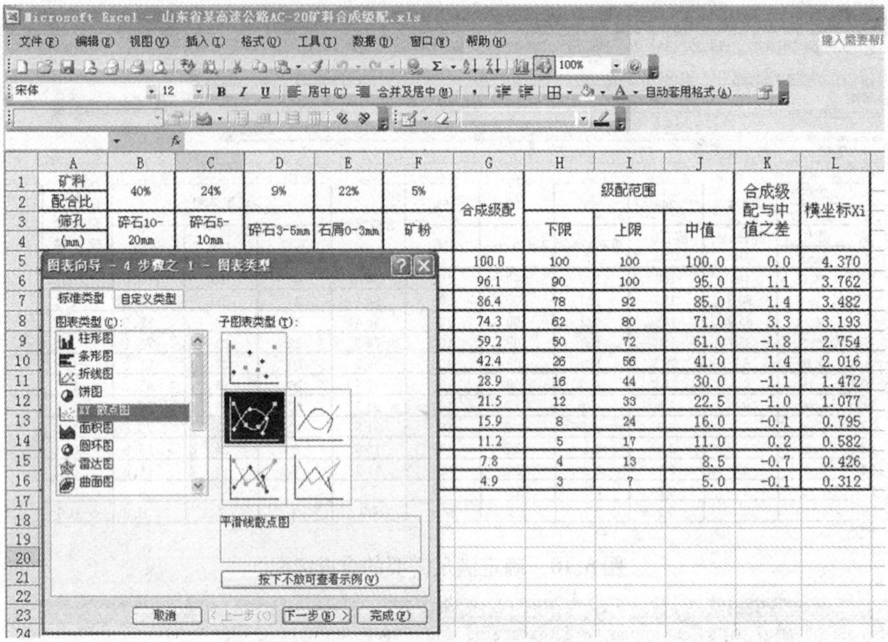

图 6.12 在 Excel 表格中插入图表

f. 根据图 6.17，在 Excel 表格内随意调整矿料单元格内百分比数据，直至调整到合成级配曲线符合期望的矿料配合比设计曲线。

g. 最终确定矿料配合比和合成级配曲线图，如图 6.18 所示（屏幕截图中的矿料合成级配曲线与图 6.17 相同，但图 6.18 所示截图中包含了最终所有的实验设计结果）。

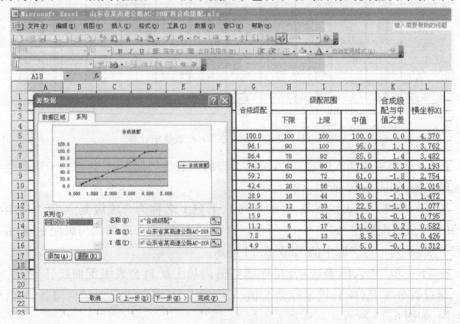

图 6.13 进入图表数据源添加系列

6.4 矿质混合料的合成级配工程实例

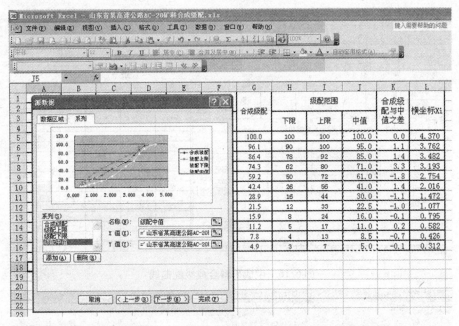

图 6.14 添加系列 2

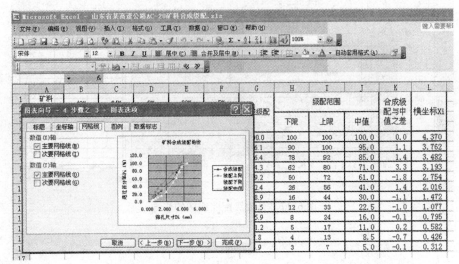

图 6.15 进入图表选项

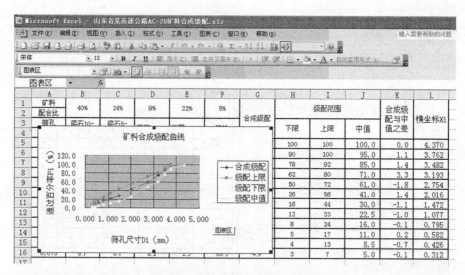

图 6.16　生成矿料合成级配曲线

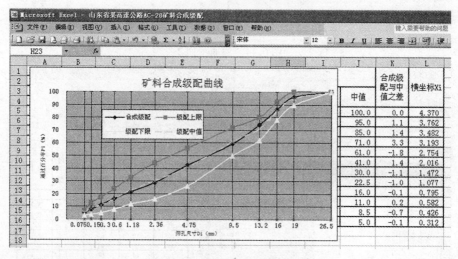

图 6.17　合成级配曲线图的修饰

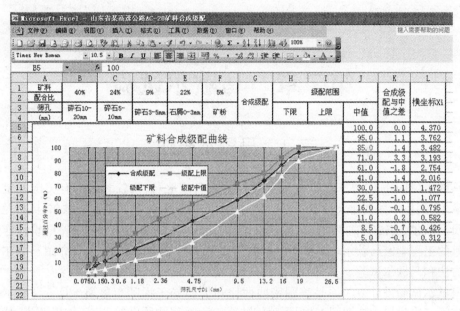

图 6.18　最终矿料合成级配曲线图

第7章 马歇尔试验

7.1 马歇尔概述

马歇尔(Marshall)本来是欧美国家常用的人名或地名,比较著名的有美国五星级上将马歇尔、剑桥学派创建人马歇尔、英国考古学家马歇尔、钢琴制造商马歇尔、英格兰足球运动员马歇尔、美国得克萨斯州城镇马歇尔、大法官马歇尔,以及对公路路面设计作出重要贡献的工程学家马歇尔。本章所涉及的主要是工程学家马歇尔,主要介绍马歇尔试验设计方法和马歇尔试验。

马歇尔试验设计方法原是美国密西西比州公路局工程师布鲁斯·G·马歇尔提出的。在第二次世界大战期间,又根据美国陆军工程兵部队所做的调查,加以改进,从而使马歇尔法得到确认。当时主要是将其作为机场沥青道面混合料配合比设计和进行施工管理的一种试验方法。1958年,它被列入 ASTM D1559。以后公路和城市道路也采用这一方法设计沥青混合料,并一直应用到现在。现在世界上绝大多数国家采用马歇尔设计方法,我国自1970年以来开始应用至今,并纳入了有关的规范。

马歇尔试验设计法是通过室内试验,根据稳定度、流值与密度、空隙率的分析,提出合适的沥青混合料配合比。该法的优点是它注意到沥青混合料的密实度与空隙的特性,通过分析确保获得沥青混合料有适当的空隙率。同时由于马歇尔试验方法所用设备价格低廉,便于携带,使用方便,不仅适于研究单位室内使用,而且适于野外预工时使用,可以作为施工单位的随行常备仪器,便于施工单位的施工质量控制。

马歇尔试验设计方法在使用过程中,各个国家根据自己的具体情况对其技术指标进行过多次修改和完善。然而,随着交通的发展,道路路面出现了许多病害,尤其是车辙日趋严重,因而这一设计方法也受到越来越多的批评。许多人认为,马歇尔法的试件成型采用落锤冲击的方法没有模拟实际路面的压实;马歇尔稳定度不能恰当地评估沥青混合料的抗剪强度,虽然60 ℃稳定度都满足有关规范的要求,但是路面使用性能不良,车辙严重。这说明马歇尔试验设计方法不能保证沥青混合料的抗车辙能力,因此许多沥青技术专家认为马歇尔试验设计方法已过时了。但由于其比较方便,包括我国在内的一些国家仍然广泛使用这一方法。

广义的马歇尔试验是指沥青混合料马歇尔试验设计方法的过程中所涉及的所有工作,特指的马歇尔试验是指测定沥青混合料两个特定性能的试验即稳定度及浸水试验,全称为沥青混合料马歇尔稳定度及浸水马歇尔试验。

实际上马歇尔试验不仅仅指使用马歇尔仪测定稳定度和流值的过程,还包括定期的各项工作。指标的测试过程很简单,但试件的制备等准备工作却严格而复杂,也是马歇尔试验的基础关键和重点。一般将沥青混合料试件相关性能数据的测定也归入马歇尔试验的工作中。

7.2 马歇尔试验项目和方法

马歇尔试验是确定沥青混合料油石比的试验。其试验过程是对标准击实的试件在规定的温度和湿度等条件下受压,测定沥青混合料的稳定度和流值等指标,经一系列计算后,分别绘制出油石比与稳定度、流值、密度、空隙率、饱和度的关系曲线,最后确定出沥青混合料的最佳油石比。

完整的马歇尔试验包括三部分:试验准备即马歇尔试件制作等工作、标准马歇尔试验、浸水马歇尔试验。

7.2.1 马歇尔试件制备时的粒径要求和温度条件

1. 试件尺寸与集料公称最大粒径的关系

由于试件尺寸直接影响击实后试件的空隙率,所以,对于圆柱体试件或钻芯试件的直径要求不小于集料公称最大粒径的 4 倍,厚度不小于集料公称最大粒径的 1~1.5 倍。因此,对于公称最大粒径不大于 26.5 mm 的试件采用 ϕ101.6 mm×63.5 mm 圆柱体试件成型;对于公称最大粒径大于 26.5 mm 的试件采用 ϕ152.4 mm×95.3 mm 圆柱体试件成型。

2. 沥青的黏度与温度关系

沥青的黏度是温度的函数,试验结果表明,沥青黏度的对数与温度之间呈线性关系(图 7.1)。而沥青混合料的拌和、运输、摊铺与碾压的温度必须结合沥青的黏度进行。沥青混合料拌和碾压与温度的关系如图 7.2 所示。如果拌和温度太低,则沥青不易裹覆到集料表面;如果拌和温度太高,则容易导致沥青老化与析溜。如果沥青碾压温度太高,则沥青混合料容易出现推移;如果温度太低,则不易碾压成型。一般认为,对于普通沥青混合料,适宜于拌和的沥青表观黏度为 0.17 Pa·s±0.02 Pa·s,适宜于压实的沥青表观黏度为 0.28 Pa·s±0.03 Pa·s;对于聚合物改性沥青混合料,其施工温度宜较普通沥青混合料的施工温度高 10~20 ℃。

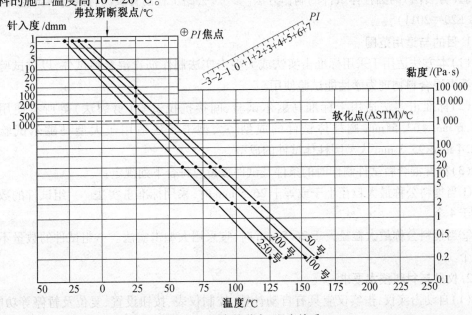

图 7.1 沥青的黏度-温度关系

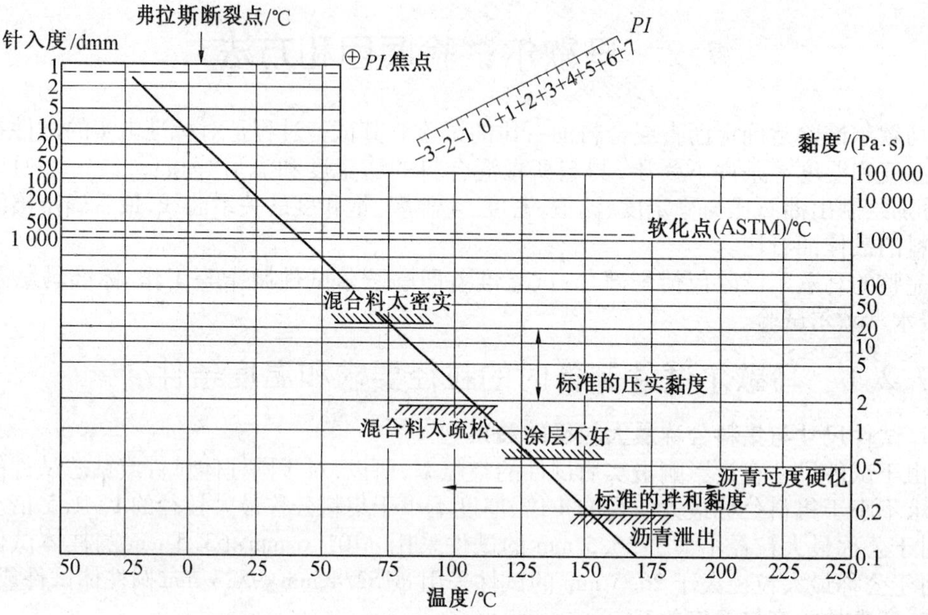

图 7.2 沥青混合料拌和、碾压与温度的关系

7.2.2 标准击实法成型马歇尔试件

沥青混合料试验试件有用于马歇尔试验和间接抗拉试验(劈裂法)的圆柱体试件、用于动稳定度试验的板式试件、用于弯曲和温度收缩试验的梁式试件。试件的制作方法也有击实法、轮碾法、静压法、搓揉法和振动成型法等。在此介绍用于马歇尔试验和间接抗拉试验(劈裂法)的圆柱体试件的制作方法[参考《公路工程沥青及沥青混合料试验规程》(JTG E20—2011)]。

1. 目的与适用范围

(1)本方法适用于采用标准击实法或大型击实法制作沥青混合料试件,以供试验室进行沥青混合料物理力学性能试验使用。

(2)标准击实法适用于标准马歇尔试验、间接抗拉试验(劈裂法)等所有使用的 $\phi 101.6 \text{ mm} \times 63.5 \text{ mm}$ 圆柱体试件的成型。大型击实法适用于大型马歇尔试验和 $\phi 152.4 \text{ mm} \times 95.3 \text{ mm}$ 大型圆柱体试件的成型。

(3)沥青混合料试件制作时的条件及试件数量应符合下列规定:

①当集料公称最大粒径小于或等于 26.5 mm 时,采用标准击实法。一组试件的数量不少于 4 个。

②当集料公称最大粒径大于 26.5 mm 时,宜采用大型击实法。一组试件的数量不少于 6 个。

2. 仪具与材料技术要求

(1)自动击实仪,击实仪应具有自动计数、控制仪表、按钮设置、复位及暂停等功能。按其用途分为以下两种:

①标准击实仪,由击实锤、φ98.5 mm±0.5 mm 平圆形压实头及带手柄的导向棒组成。用机械将压实锤提升,至 457.2 mm±1.5 mm 高度沿导向棒自由落下击实,标准击实锤质量为 4 536 g±9 g。

②大型击实仪,由击实锤、φ149.4 mm±0.1 mm 平圆形压实头及带手柄的导向棒组成。用机械将压实锤提升,至 457.2 mm±2.5 mm 高度沿导向棒自由落下击实,标准击实锤质量为 10 210 g±10 g。

(2)试验室用沥青混合料拌和机,能保证拌和温度并充分拌和均匀,可控制拌和时间,容量不小于 10 L,如图 7.3 所示。搅拌叶自转速度为 70～80 r/min,公转速度为 40～50 r/min。

(3)试模:由高碳钢或工具钢制成,几何尺寸如下:

①标准击实仪试模的内径为 101.6 mm±0.2 mm,圆柱形金属筒高 87 mm,底座直径约为 120.6 mm,套筒内经为 104.8 mm、高 70 mm。

②大型击实仪的试模与套筒尺寸如图 7.4 所示。套筒外径为 165.1 mm,内径为 155.6 mm±0.3 mm,总高 83 mm。试模内径为 152.4 mm±0.2 mm,总高 115 mm;底座板厚 12.7 mm,直径为 172 mm。

图 7.3　试验室用沥青混合料搅拌机

(4)脱模器:电动或手动,应能无破损地推出圆柱体试件,备有标准试件及大型试件尺寸的推出环。

(5)烘箱:大、中型各一台,应有温度调节器。

(6)天平或电子秤:用于称量沥青的,感量不大于 0.1 g;用于称量矿料的,感量不大于 0.5 g。

(7)布洛克菲尔德黏度计。

(8)插刀或大螺丝刀。

(9)温度计:分度值为 1 ℃,宜采用有金属插杆的插入式数显温度计,金属插杆的长度不小于 150 mm。量程为 0～300 ℃。

(10)其他:电炉或煤气炉、沥青熔化锅、拌和铲、标准筛、滤纸(或普通纸)、胶布、卡尺、秒表、粉笔、棉纱等。

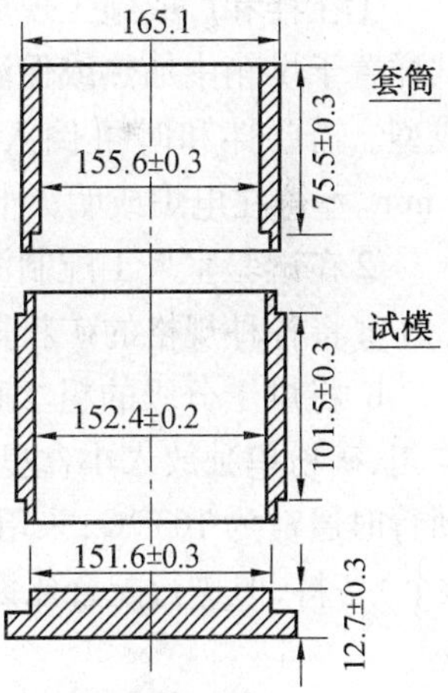

图 7.4　大型圆柱体试件的试模与套筒

3.准备工作

(1)确定制作混凝土试件的拌和温度与压实温度

①按本规程测定沥青的黏度,绘制黏温曲线。按表 7.1 的要求确定适宜于沥青混合料拌和与压实的等黏温度。

表 7.1　沥青混合料拌和与压实的沥青等黏温度

沥青结合料种类	黏度与测定方法	适宜于拌和的沥青结合料黏度	适宜于压实的沥青结合料黏度
石油沥青	表观黏度，T0625	0.17Pa·s±0.02 Pa·s	0.28 Pa·s±0.03 Pa·s

注：液体沥青混合料的压实成型温度按石油沥青要求执行

②当缺乏沥青黏度测定条件时，试件的拌和与压实温度可按表 7.2 选用，并根据沥青品种和标号作适当调整。针入度小、稠度大的沥青取高限；针入度大、稠度小的沥青取低限；一般取中值。

表 7.2　沥青混合料拌和与压实温度参考表

沥青结合料种类	拌和温度/℃	压实温度/℃
石油沥青	140 ~ 160	120 ~ 150
改性沥青	160 ~ 175	140 ~ 170

③对改性沥青，应根据实践经验、改性剂的品种和用量，适当提高混和料的拌合与压实温度。对大部分聚合物改性沥青，通常在普通沥青的基础上提高 10 ~ 20 ℃；掺加纤维时，还需再提高 10 ℃左右。

④常温沥青混合料的拌和及压实在常温下进行。

(2)沥青混合料试件的制作条件

①在拌和厂或施工现场采取沥青混合料制作试样时，按本规程 T0701 的方法取样，将试样置于烘箱中加热或保温，在混合料中插入温度计测量温度，待混合料温度符合要求后成型。需要拌和时可倒入已加热的室内沥青混合料拌和机中适当拌和，时间不超过 1 min。不得在电炉或明火上加热炒拌。

②在试验室人工配制沥青混合料时，试件的制作按下列步骤进行：

a. 将各种规格的矿料置于(105±5)℃的烘箱中烘干至恒重(一般不少于 4 ~ 6 h)。

b. 将烘干分级的粗、细集料，按每个试件设计级配要求称其质量，在一金属盘中混合均匀，矿粉单独放入小盆里，然后置烘箱中加热至沥青拌和温度以上约 15 ℃(采用石油沥青时通常为 163 ℃；采用改性沥青时通常需 180 ℃)备用。一般按一组试件(每组 4 ~ 6 个)备料，但进行配合比设计时宜对每个试件分别备料。常温沥青混合料的矿料不应加热。

c. 将按本规程 T0601 采取的沥青试样，用烘箱加热至规定的沥青混合料拌和温度，但不得超过 175 ℃。当不得以采用燃气炉或电炉直接加热进行脱水时，必须使用石棉垫隔开。

(3)计算矿质混合料的合成相对密度

具体计算方法见 7.3.1 小节沥青混合料试件的体积特征参数。

(4)预估沥青混合料的油石比和沥青用量

预估沥青混合料适宜的油石比 P_a 或沥青用量 P_b 共计算式为

$$P_a = (P_{a1} \cdot \gamma_{sb1})/\gamma_{sb} \tag{7.1}$$

$$P_b = [P_a/(100+P_a)] \times 100 \tag{7.2}$$

式中，P_a 为预估的最佳油石比（与矿料总量的百分比），%；P_b 为预估的最佳沥青用量（占混合料总量的百分数），%；P_{a1} 为已建类似工程沥青混合料的标准油石比，%；γ_{sb} 为矿料的合成毛体积相对密度；γ_{sb1} 为已建类似工程矿料的合成毛体积相对密度；$(100+P_a)$ 为矿料总量为 100 时的混合料的总量。

注：作为预估最佳油石比的矿料密度，原工程和新工程均可采用有效相对密度。

(5)通过试拌确定矿料的有效相对密度。

具体计算方法见 7.3.1 小节沥青混合料试件的体积特征参数。

4. 拌制沥青混合料

(1)黏稠石油沥青混合料

①用沾有少许黄油的棉纱擦净试模、套筒及击实座等，置 100 ℃左右烘箱中加热 1 h 备用。常温沥青混合料用试模不加热。

②将沥青混合料拌和机提前预热至(高于)拌和温度 10 ℃左右。

③将加热的粗集料置于拌和机中，用小铲子适当混合；然后加入需要数量的沥青(如沥青已称量在一专用容器内时，可在倒掉沥青后用一部分热矿粉将黏在容器壁上的沥青擦拭掉并一起倒入拌和锅中)，开动拌和机一边搅拌一边使拌和叶片插入混合料中拌和 1~1.5 min；暂停拌和，加入加热的矿粉，继续拌和至均匀为止，并使沥青混合料保持在要求的拌和温度范围内。标准的总拌和时间为 3 min。

(2)液体石油沥青混合料

将每组(或每个)试件的矿料置于已加热至 55~100 ℃的沥青混合料拌和机中，注入要求数量的液体沥青，并将混合料边加热边拌和，使液体沥青中的溶剂挥发至 50% 以下。拌和时间应事先试拌决定。

(3)乳化沥青混合料

将每个试件的粗、细集料置于沥青混合料拌和机(不加热，也可用人工炒拌)中；注入计算的用水量(阴离子乳化沥青不加水)后，拌和均匀并使矿料表面完全润湿；再注入设计的沥青乳液用量，在 1 min 内使混合料拌匀；然后加入矿粉后迅速拌和，使混合料拌成褐色为止。

5. 成型方法

(1)击实法的成型步骤如下：

①将拌好的沥青混合料，用小铲适当拌和均匀，称取一个试件所需的用量(标准马歇尔试件约 1 200 g，大型马歇尔试件约 4 050 g)。当已知混合料的密度时，可根据试件的标准尺寸计算并乘以 1.03 得到要求的混合料数量。当一次拌和几个试件时，宜将其倒入经预热的金属盘中，用小铲适当拌和均匀分成几份，分别取用。在试件制作过程中，为防止混合料温度下降，应连盘放在烘箱中保温。

注：也可取大致质量的混合料成型预制件，测量后计算其密度，然后按标准试件的尺寸计算所需混合料质量。

②从烘箱中取出预热的试模及套筒，用沾有少许黄油的棉纱擦拭套筒、底座及击实锤底面。将试模装在底座上，放一张圆形的吸油性小的纸，用小铲将混合料掺入试模中，用插刀或大螺丝刀沿周边插捣 15 次，中间捣 10 次。插捣后将沥青混合料表面整平。对大

型击实法的试件,混合料分两次加入,每次插捣次数同上。

③插入温度计至混合料中心附近,检查混合料温度。

④待混合料温度符合要求的压实温度后,将试模连同底座一起放在击实台上固定。在装好的混合料上面垫一张吸油性小的圆纸,再将装有击实锤及导向棒的压实头放入试模中。开启电机,使击实锤从 547 mm 的高度自由落下,达到击实规定的次数(75 次或 50 次)。对大型试件,击实次数为 75 次(相应于标准击实的 50 次)或 112 次(相应于标准击实 75 次)。

⑤试件击实一面后,取下套筒,将试模翻面,装上套筒,然后以同样的方法和次数击实另一面。乳化沥青混合料在两面击实后,将一组试件在室温下横向放置 24 h;另一组试件置于温度为 105±5 ℃ 的烘箱中养生 24 h。将养生试件取出后再立即两面击实各 25 次。

⑥试件击实结束后,立即用镊子取掉上下面的纸,用卡尺量取试件离试模上口的高度并由此计算试件高度。高度不符合要求时,试件应作废,并按式(7.1)调整试件的混合料质量,以保证高度符合(63.5±1.3)mm(标准试件)或(95.3±253)mm(大型试件)的要求。

$$调整后混合料质量 = 要求试件高度 \times 原用混合料质量 / 所得试件的高度 \quad (7.3)$$

(2)卸去套筒和底座,将装有试件的试模横向放置冷却至室温后(不少于 12 h),置脱模机上脱出试件。用于本规程 T0709 现场马歇尔指标检验的试件,在施工质量检验过程中如果急需试验,允许采用电风扇吹冷 1 h 或浸水冷却 3 min 以下的方法脱模,但浸水脱模法不能用于测量密度、空隙率等各项物理指标。

(3)将试件置于干燥洁净的平面上,供试验用。

6. 有关特征参数计算

特征参数计算包括:压实沥青混合料试件的毛体积相对密度和吸水率、沥青混合料的最大理论相对密度、沥青混合料的空隙率、矿料间隙率和有效沥青饱和度、马歇尔稳定度和流值(通常称为马歇尔试验)。

具体计算方法见 7.3.1 小节沥青混合料试件的体积特征参数。

7. 绘制沥青混合料马歇尔试验指标曲线

具体方法参见第 8 章沥青混凝土配合比设计。

7.2.3 标准马歇尔试验方法

标准马歇尔试验方法参考《公路工程沥青及沥青混合料试验规程》(JTG E20—2011)一般分马歇尔稳定度试验和浸水马歇尔稳定度试验。马歇尔稳定度试验采用马歇尔试验仪进行。试验前先将马歇尔试件放入 60 ℃±1 ℃ 的恒温水槽中恒温 30~40 min(大型马歇尔试件需 45~60 min),取出放入试验夹具施加荷载。加载速度为(50±5) mm/min,并用 X-Y 记录仪自动记录传感器压力和试件变形曲线,或采用计算机自动采集数据。根据传感器压力和试件变形曲线,按图 7.5 的方法获得试件破坏

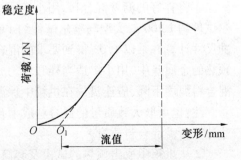

图 7.5 马歇尔试验结果修正方法

时的最大荷载即为马歇尔稳定度(kN)和达到最大荷载的瞬间试件所产生的垂直流动变形即流值。

1. 目的与适用范围

(1)本方法适用于马歇尔稳定度试验和浸水马歇尔稳定度试验,以进行沥青混合料的配合比设计或沥青路面施工质量检验。浸水马歇尔稳定度试验(根据需要,也可进行真空饱水马歇尔试验)供检验沥青混合料受水损害时抵抗剥落的能力时使用,通过测试其水稳定性检验配合比设计的可行性。

(2)本方法适用于按规程 T 0702 成型的标准马歇尔试件圆柱体和大型马歇尔试件圆柱体。

2. 仪具与材料

(1)沥青混合料马歇尔试验仪

沥青混合料马歇尔试验仪(图 7.6)符合国家标准《沥青混合料马歇尔试验仪》(GB/T 11823)技术要求。对用于高速公路和一级公路的沥青混合料宜采用自动马歇尔试验仪,用计算机或 X-Y 记录仪记录荷载-位移曲线,并具有自动测定荷载与试件垂直变形的传感器、位移计,能自动显示或打印试验结果。对 ϕ63.5 mm 的标准马歇尔试件,试验仪最大荷载不小于 25 kN,读数准确度为 100 N,加载速率应

图 7.6 马歇尔试验仪

能保持50 mm/min±5 mm/min。钢球直径为 16 mm,上下压头曲率半径为 50.8 mm。当采用 ϕ152.4 mm 大型马歇尔试件时,试验仪最大荷载不得小于 50 kN,读数准确度为 100 N。上下压头的曲率内径为 152.4mm ±0.2 mm,上下压头间距为 19.05 mm±0.1 mm。

(2)恒温水槽

恒温水槽控温准确度为 1 ℃,深度不小于 150 mm。

(3)真空饱水容器

真空饱水容器包括真空泵及真空干燥器。

(4)烘箱

(5)天平

感量不大于 0.1 g。

(6)温度计

温度计分度为 1 ℃。

(7)卡尺

(8)其他

棉纱,黄油。

3. 试验准备工作——试件制作及测量方法

①按《公路工程沥青及沥青混合料试验规程》(JTG E20—2011)标准击实法成型马歇尔试件,标准马歇尔尺寸应符合直径 101.6 mm±0.2 mm、高 63.5 mm±1.3 mm 的要求。

对大型马歇尔试件,尺寸应符合直径 152.4 mm±0.2 mm,高 95.3 mm±2.5 mm 的要求。一组试件的数量不得少于 4 个,并符合 T 0702 的规定。(具体步骤详见上述"标准"击实法成型马歇尔试件)

②测量试件的直径及高度:用卡尺测量试件中部的直径。用马歇尔试件高度测定器或用卡尺在十字对称的 4 个方向量测离试件边缘 10 mm 处的高度,准确至 0.1 mm,并以其平均值作为试件的高度。如果试件高度不符合 63.5 mm±1.3 mm 或 95.3 mm±2.5 mm 要求或两侧高度差大于 2 mm 时,此试件应作废。

③按 JTG E20—2011 规程规定的方法测定试件的密度、空隙率、沥青体积百分率、沥青饱和度、矿料间隙率等物理指标。

④将恒温水槽调节至要求的试验温度,对黏稠石油沥青或烘箱养生过的乳化沥青混合料为 60 ℃±1 ℃,对煤沥青混合料为 33.3 ℃±1 ℃,对空气养生的乳化沥青或液体沥青混合料为 25 ℃±1 ℃。

4. 试验步骤(以小试件为准)

(1)校准马歇尔试验方法

①测量试件厚度,满足 63.5 mm±1.3 mm 要求,即 62.2~64.8 mm。

②将试件置于已达规定温度的恒温水槽中保温,保温时间对标准马歇尔试件需 30~40 min,对大型马歇尔试件需 45~60 min。试件之间应有间隔,底下应垫起,离容器底部不小于 5 cm。

③将马歇尔试验仪的上下压头放入水槽或烘箱中达到同样温度。将上下压头从水槽或烘箱中取出,装上。

④当采用自动马歇尔试验仪时,连接好接线。

⑤将试件放入压头中进行试验,启动加载设备、使试件承受载荷,加载速度为 $(50±5)$ mm/min。

⑥记录或打印试件的稳定度或流值,得结果。

⑦对所得稳定度要进行修正。

(2)浸水马歇尔试验方法

与标准马歇尔试验方法的不同之处在于,试件在已达规定温度恒温水槽中的保温时间为 48 h,其余均与标准马歇尔试验方法相同。

(3)注意事项

①如果标准马歇尔试件高度不符合 63.5 mm±1.3 mm 的要求或两侧高度差大于 2 mm 时,此试件应作废。

②从恒温水槽中取出试件至测出最大荷载值的时间,不得超过 30 s。

③当一组测定值中某个测定值与平均值之差大于标准差的 k 倍时,该测定值应予舍弃,并以其余测定值的平均值作为试验结果。当试件数目 n 为 3、4、5、6 个时,k 值分别为 1.15、1.46、1.67、1.82。

7.2.4 马歇尔试验技术指标

一般来说,马歇尔稳定度高的沥青混合料高温稳定性也好。但是也有人认为,马歇尔稳定度波动较大,只要能满足要求就可以了。流值在一定程度上表示混合料的可塑性,流值小的混合料可塑性小,流值大的可塑性大。对沥青路面来说,要求流值控制在一定范围内。欧美国家有关马歇尔稳定度、流值的要求不尽相同,表7.3是我国公路沥青路面设计规范(JTG D50—2006)规定的沥青混合料马歇尔试验技术指标。表7.4为沥青混凝土混合料的矿料间隙率(VMA)。

表7.3 沥青混合料马歇尔技术指标

试验项目	混合料类型	高速公路、一级公路	其他公路
击实次数/次	沥青混凝土	两面各75	两面各50
	沥青碎石、抗滑表层	两面各50	两面各50
稳定度/kN	Ⅰ沥青混凝土	>7.5	>5.0
	Ⅱ沥青混凝土、抗滑表层	>5.0	>4.0
流值/0.1 mm	Ⅰ沥青混凝土	20~40	20~45
	Ⅱ沥青混凝土、抗滑表层	20~40	20~45
空隙率/%	Ⅰ沥青混凝土	3~6	3~6
	Ⅱ沥青混凝土、抗滑表层	4~10	4~10
	沥青碎石	>10	>10
沥青饱和度/%	Ⅰ沥青混凝土	75~85	75~80
	Ⅱ沥青混凝土、抗滑表层	60~75	60~75
	沥青碎石	40~60	40~60

注:①粗粒式沥青混凝土稳定度可降低1 kN;
②Ⅰ型细粒式沥青混凝土的空隙率为2%~6%;
③当沥青碎石混合料在60 ℃水浴中浸泡即发生松散时可不进行马歇尔实验,但应测定密度、空隙率、沥青饱和度等;
④沥青混凝土混合料的矿料间隙率(VMA)宜符合表7.4的要求

表7.4 沥青混凝土混合料的矿料间隙率

集料最大粒径/mm	方孔筛	37.5	31.5	26.5	19.0	16.0	13.2	9.5	4.75
	圆孔筛	50	35 或 40	30	25	20	15	10	5
VMA/%	≥	12	12.5	13	14	14.5	15	16	18

注:新规范中已不再使用圆孔筛

7.2.5 马歇尔试验的作用

1. 对国际作用

当今国际上最广泛应用的设计方法是马歇尔设计方法和Superpave设计方法。应该说这两种方法的设计理论和设计指标从本质上来说是相同的,它们共同强调的是沥青混合料体积性质指标。它们的根本区别在于沥青混合料设计中试件的成型方法。通常认为Superpave试件搓揉成型方法比马歇尔击实成型方法更接近沥青路面现场施工的实际情况。

2. 对我国作用

我国现行《公路沥青路面施工技术规范》(JTG F40—2004)中规定的设计方法是马歇

尔设计方法。在"十五"初期,针对江苏省高速公路沥青路面使用的所有石料进行了马歇尔设计方法和Superpave设计方法比较,探讨了Superpave设计方法和马歇尔设计方法的内在联系和区别。根据江苏省现有试验条件,尝试了目标配合比采用Superpave设计方法,现场施工控制采用马歇尔技术指标的方法,为Superpave在我国大面积推广积累了成功的经验。

7.3 马歇尔试验的试件体积特征参数和配合比设计技术标准

7.3.1 沥青混合料试件的体积特征参数

沥青混合料是由沥青和矿质混合料组成的复合材料,其体积特征参数由密度、空隙率、矿料间隙率和饱和度等指标来表征,它们反映了压实后沥青混合料各组成材料之间的质量与体积关系。这些参数取决于沥青与集料性质、组成材料用量比例、沥青混合料成型条件等因素,并对沥青混合料的路用性能有着显著的影响,也是沥青混合料配合比设计的重要参数。

1. 沥青混合料的密度

沥青混合料的密度是指压实的沥青混合料试件单位体积的干质量。在实践中,沥青混合料各组成材料之间的相互关系和空间位置较为复杂,其密度(或相对密度)的测试方法是一个非常重要而又有一定难度的问题,根据《公路沥青路面施工技术规范》(JTG F40—2004),工程中常用的密度有以下几种。

(1)表观密度和表观相对密度

表观密度是压实沥青混合料在常温干燥条件下的单位体积质量(含沥青混合料实体体积与不吸收水分的内部闭口孔隙之和)。表观对密度(γ_s)是表观密度与同温度水的密度之比值,也称视密度。当试件的吸水率小于2%时,用水中重法测定其视密度;当试件的吸水率大于2%时,应用蜡封法测定其视密度。视密度计算式为

$$\gamma_s = m_a/(m_a - m_w) \tag{7.4}$$

式中,m_a为干燥试件在空气中的质量,g;m_w为试件在水中的质量,g。

(2)毛体积密度和毛体积相对密度(γ_f)

毛体积密度是压实沥青混合料在常温干燥条件下的单位体积质量(含沥青混合料实体体积、不吸收水分的内部闭口孔隙、能吸收水分开口孔隙等颗粒表面轮廓线所包含的全部毛体积)。毛体积相对密度(γ_f)是毛体积密度与同温度水的密度的比值。通常采用表干法测定毛体积相对密度;对吸水率大于2%的试件,宜改用蜡封法测定。

沥青混合料的毛体积是指试件在饱和面干状态下表面轮廓所包裹的全部体积,此时,试件内部与外界流通的所有开口孔隙已被水充满。在工程中,常根据试件空隙率的大小,选择用表干法、蜡封法或体积法测定沥青混合料的毛体积。

表干法测定的毛体积密度又称饱和面干毛体积密度,适用于较密实且吸水很少的试件,根据测试结果,按式(7.5)计算,而毛体积相对密度则按式(7.6)计算。

$$\rho_f = m_a/(m_f - m_w) \times \rho_w \tag{7.5}$$

$$\gamma_f = m_a/(m_f - m_w) \tag{7.6}$$

式中,ρ_f 为由表干法确定的沥青混合料试件的毛体积密度,g/cm³;γ_f 为由表干法确定的沥青混合料试件的毛体积相对密度;m_a 为沥青混合料干燥试件在空气中的质量,g;m_w 为沥青混合料试件在水中的质量,g;m_f 为沥青混合料饱和面干状态试件在空气中的质量,g;ρ_w 为常温条件水的密度,g/cm³,约等于 1 g/cm³。

蜡封法采用蜡封条件测试沥青混合料的毛体积,包括了沥青混合料试件在蜡封状态下实体体积与闭口孔隙、开口孔隙之和,但不计入蜡被吸入混合料的部分,适用于吸水率大于 2% 的沥青混合料试件。这种方法测定的毛体积相对密度计算式为

$$\gamma_f = m_a/[m_p - m_c - (m_p - m_a)/\gamma_p] \tag{7.7}$$

式中,γ_f 为由蜡封法确定的沥青混合料试件的毛体积相对密度;m_a 为沥青混合料干燥试件在空气中的质量,g;m_p 为沥青混合料蜡封试件在空气中的质量,g;m_c 为沥青混合料蜡封试件在水中的质量,g;γ_p 为常温条件下蜡对水的相对密度。

体积法采用游标卡尺测量并计算沥青混合料试件的体积,它适用于空隙率较大、吸水严重,甚至完全透水或不能用表干法或蜡封法测定的沥青混合料试件。

在工程中,当吸水率小于 0.5% 时,可允许采用水中重法进行施工质量检验,对于钻孔试件也可以用水中重法进行测量,此时混合料的表观相对密度按下式计算,但注意在配合比设计中严禁采用水中重法测试试件的表观相对密度。

$$\gamma_a = m_a/(m_a - m_w) \tag{7.8}$$

式中,γ_a 为沥青混合料试件的表观相对密度;m_a 为沥青混合料干燥试件在空气中的质量,g;m_w 为沥青混合料试件在水中的质量,g。

(3)矿质混合料的合成毛体积相对密度(γ_{sb})

γ_{sb} 可由各种矿料的配合比组成和矿料的毛体积相对密度按式(7.10)计算。

$$\gamma_{sb} = 100/[(P_1/\gamma_1) + (P_2/\gamma_2) + \cdots + (P_n/\gamma_n)] \tag{7.9}$$

式中,P_i 为各种矿料成分的配比,且 $\sum_{i=1}^{n} P_i = 100$;γ_i 为各种矿料的毛体积相对密度,其中矿粉含水泥、消石灰可用表现相对密度代替其毛体积相对密度进行计算。

(4)矿质混合料的合成表观相对密度(γ_{sa})

γ_{sa} 可由各种矿料的配合比组成和矿料的表观相对密度按式(7.10)计算。

$$\gamma_{sa} = 100/[(P_1/\gamma'_1) + (P_2/\gamma'_2) + \cdots + (P_a/\gamma'_a) + \cdots + (P_n/\gamma'_n)] \tag{7.10}$$

式中,P_i 为各种矿料成分的配比,且 $\sum_{i=1}^{n} P_i = 100$;γ'_i 为各种矿料相应的表观相对密度。

(5)矿料有效相对密度的确定

矿料有效相对密度是矿质混合料的质量与矿质混合料的有效体积的比值,其中有效体积(图 7.7)包含固体集料的颗粒体积和表面空隙没有被沥青填充的体积,具体按以下情况进行求算。

①对于非改性沥青混合料(普通沥青混合料),宜以预估的最佳沥青混合料油石比拌和两组沥青混合料,击实法制作试件,先由真空法实测最大相对密度,然后由下式计算合成矿料的有效相对密度 γ_{se}

$$\gamma_{se} = (100 - P_b)/[(100/\gamma_t) + (P_b/\gamma_b)] \tag{7.11}$$

式中,γ_{se} 为合成矿料的有效相对密度;P_b 为试验采用的沥青用量(沥青质量占沥青混合料总质量的百分比),%;γ_t 为试验沥青用量下真空法实测得到的最大相对密度;γ_b 为沥青的相对密度(25 ℃/25 ℃)。

②对于改性沥青混合料和纤维沥青混合料等,因分散困难,有效相对密度则直接由矿料的合成毛体积相对密度与合成表观相对密度按式(7.12)进行计算,其中沥青的吸收系数 C 值可由矿料的合成吸水率(w_x)按式(7.13)计算得到,矿料的合成吸水率由式(7.14)计算得到。

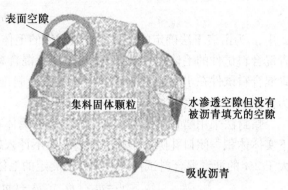

图 7.7　沥青混合料中集料的存在状态

$$\gamma_{se} = C\gamma_{sa} + (1-C)\gamma_{sa} \tag{7.12}$$
$$C = 0.033w_x^2 - 0.029w_x + 0.9339 \tag{7.13}$$
$$w_x = [(1/\gamma_{sb}) - (1/\gamma_{sa})] \times 100 \tag{7.14}$$

(6)沥青混合料的最大相对密度

最大相对密度是假设沥青混合料试件被压实至完全密实,空隙率为零时的理想状态下,即压实沥青混合料试件全部为矿料(包括矿料内部空隙)和沥青所占有时的最大相对密度。沥青混合料的最大相对密度可以通过实测法或计算法确定,实测法有真空法和溶剂法,计算法则是根据沥青混合料的配合比及组成材料密度按照下面方法进行计算。

①对于非改性的普通沥青混合料,在成型马歇尔试件的同时,以给定的沥青用量拌和 2 组混合料,采用真空法实测最大相对密度,取其平均值作为该沥青用量下混合料的最大相对密度。

②对于改性沥青混合料和 SMA 混合料,因分散困难,宜采用式(7.15)或式(7.16)进行计算。当工程中采用油石比(即沥青与矿料的质量比)表示沥青混合料配合比时,最大相对密度按式(7.15)计算;当采用沥青含量(沥青质量占沥青混合料总质量的百分比)表示沥青混合料的配合比时,理论最大相对密度按照式(7.16)计算。

$$\gamma_{ti} = (100 - P_{ai}) / [(100/\gamma_{se}) + (P_{ai}/\gamma_b)] \tag{7.15}$$
$$\gamma_{ti} = 100 / [(P_{si}/\gamma_{se}) + (P_{bi}/\gamma_b)] \tag{7.16}$$

式中,γ_{ti} 为相对于计算沥青用量时沥青混合料的最大理论相对密度;P_{ai} 为所计算的沥青混合料油石比,%;P_{bi} 为所计算的沥青混合料沥青用量,$P_{bi} = P_{ai}/(100 + P_{ai}) \times 100$,%;$P_{si}$ 为所计算的沥青混合料的矿料含量,$P_{si} = 100 - P_{bi}$,%;γ_{se} 为矿料的有效相对密度,按式(7.11)或式(7.12)计算;γ_b 为沥青的相对密度(25 ℃/25 ℃)。

2. 沥青混合料试件的吸水率 S_a

沥青混合料试件的吸水率是指试件吸水体积占沥青混合料毛体积的百分比,计算式为

$$S_a = [(m_f - m_a)/(m_f - m_w)] \times 100 \tag{7.17}$$

式中,S_a 为沥青混合料试件的吸水率,%;m_a 为沥青混合料干燥试件的在空气中的质量,g;

m_w为沥青混合料试件在水中的质量,g;m_f为沥青混合料试件的表干质量,g。

3. 沥青混合料试件的空隙率

沥青混合料试件的空隙率是指压实状态下沥青混合料内矿料与沥青实体之外的空隙(不包含矿料本身或表面已被沥青封闭的孔隙)的体积占试件总体积的百分比,计算式为

$$V_V = (1 - \gamma_f/\gamma_t) \times 100 \tag{7.18}$$

式中,V_V为沥青混合料试件空隙率,%;γ_f为沥青混合料试件的毛体积相对密度,根据试件的吸水率,用表干法、蜡封法或体积法测试;γ_t为沥青混合料的最大相对密度。

(1)测试方法对沥青混合料试件空隙率的影响

由于空隙率是根据沥青混合料实测密度计算得到的参数,当式(7.18)中取不同的相对密度值γ_f时,空隙率的计算结果将大不相同。表7.5中列出了采用不同方法测试所得沥青混合料试件的毛体积密度,相应的计算空隙率大小排序为:水中重法<表干法<体积法。因此,在评价沥青混合料空隙率时,为了得到较为真实的空隙率数据,并能与他人的测试结果进行比较,应根据试件空隙率水平,按照规定的标准方法进行试验和计算。

表7.5 不同测试条件下沥青混合料试件的毛体积密度与空隙率计算结果

试件编号	密度/(g·cm⁻³)			空隙率/%		
	水中重法	表干法	体积法	水中重法	表干法	体积法
B-1	2.467	2.393	2.361	4.04	6.92	8.15
B-2	2.472	2.434	2.392	3.20	5.09	6.34
B-3	2.502	2.471	2.436	1.28	2.48	3.86
B-4	2.494	2.469	2.445	0.87	1.86	2.79

(2)组成材料与压实条件对空隙率的影响

在不同的压实条件下,连续级配沥青混合料的空隙率随着沥青用量的增加而减小,而且通过4.75 mm筛孔质量百分率越小,粗集料含量越高,试件的空隙率越大。相同配合比的沥青混合料的空隙率随着压实温度增加一般会显著降低,当然,压实温度过高可能会引起沥青混合料的过度老化,对耐久性不利。

空隙率是沥青混合料最重要的体积特征参数,其大小影响着沥青混合料的稳定性和耐久性,是沥青混合料配合比设计主要指标之一。资料表明,路面空隙率过低时,可能由于沥青混合料的塑性流动引发路面车辙;但空隙率过大,可能增加沥青的氧化速率和老化程度,并增加水分进入沥青混合料内部穿透沥青膜,导致沥青从集料颗粒表面剥落,降低沥青混合料的耐久性。因此应综合沥青路面的各项性能,平衡考虑沥青混合料设计空隙率的取值大小。

4. 沥青混合料矿料间隙率

沥青混合料矿料间隙率是指压实沥青混合料试件中矿料实体以外的空间体积占试件总体积的百分比,计算式为

$$VMA = (1 - \frac{\gamma_f}{\gamma_{sb}} \times P_s) \times 100 \tag{7.19}$$

式中,VMA为沥青混合料试件的矿料间隙率,%;γ_f为沥青混合料试件的毛体积相对密度,根据试件吸水率选择表干法、蜡封法或体积法实测得到;γ_{sb}为矿质混合料的合成毛体积

相对密度;P_s 为各种矿料占沥青混合料总质量的百分比之和,即 $P_s=100-P_b$,%。

过去曾采用公式 $VMA=V_V+V_A$ 计算沥青混合料试件的矿料间隙率,但由于沥青体积分数 V_A 计算时未考虑被吸附在矿料中的那部分沥青所占的体积,使得计算出的 VMA 比实际的大。现在规范借鉴了美国 Superpave 的设计理念,考虑了矿料吸收沥青对混合料体积特性的影响,在计算 VMA 时应用式(7.9)进行计算。

5. 沥青混合料试件的沥青饱和度

沥青饱和度是指压实沥青混合料试件中有效沥青体积占矿料骨架实体以外的空间体积的百分比,又称为沥青填隙率,定义为

$$VFA=[(VMA-V_V)/VMA]\times100 \tag{7.20}$$

式中,VFA 为沥青混合料试件的沥青饱和度,%;V_V 为沥青混合料试件的空隙率,%;VMA 为沥青混合料试件的矿料间隙率,%。

6. 油石比(P_a)、沥青含量(P_b)和有效沥青含量(P_{be})

油石比是沥青混合料中沥青质量与矿料质量的比例,以百分数计。沥青含量是沥青混合料中沥青质量与沥青混合料总质量的比例,以百分数计。有效沥青含量是沥青混合料中减去被集料吸收沥青后的沥青含量,以百分数计。

$$P_{be}=P_b-P_{ba}/100\cdot P_s \tag{7.21}$$

$$P_{ba}=(\gamma_{se}-\gamma_b)/(\gamma_{se}\cdot\gamma_{sb})\cdot\gamma_b\cdot100 \tag{7.22}$$

式中,P_{ba} 为沥青混合料中被集料吸收的沥青结合料比例,%;P_{be} 为沥青混合料中的有效沥青用量,%;γ_{se} 为矿料的有效相对密度;γ_{sb} 为矿料的合成毛体积相对密度;γ_b 为沥青的相对密度(25 ℃/25 ℃);P_b 为沥青含量,%。

7.3.2 马歇尔试验技术标准

普通热拌沥青混合料采用马歇尔试验方法进行配合比设计,在进行配合比设计时,沥青混合料马歇尔试件的体积特征参数、稳定度与流值试验结果应符合表7.6 和表7.7 的技术要求。

表7.6 沥青稳定碎石混合料马歇尔试验技术标准

试验指标		密级配基层(ATM)		半开级配面层(AM)	开级配抗滑磨耗层(OGFC)	排水式开级配基层(ATPB)
公称最大粒径/mm		26.5	≥31.5	≤26.5	≤26.5	所有尺寸
马歇尔试件尺寸/mm		φ101.6×63.5	φ152.4×95.3	φ101.6×63.5	φ101.6×63.5	φ152.4×95.3
击实次数(双面)/次		75	112	50	50	75
空隙率/%		3～6		6～10	≥18	≥18
稳定度/kN ≥		7.5	15	3.5	3.5	—
流值/mm		1.5～4	实测值	—	—	—
饱和度 VFA/%		55～70		40～70	—	—
密级配基层 ATB 的矿料间隙率 VMA 要求 ≥	设计空隙率/%	相应于以下公称最大粒径(mm)的 VMA 技术要求/%				
		26.5	31.5	37.5	50	
	4	12	11.5	11	10.5	
	5	13	12.5	12	11.5	
	6	14	13.5	13	12.5	

注:在干旱地区,可将密级配沥青稳定碎石基层的空隙率适当放宽到8%。

表 7.7　密级配沥青混凝土混合料马歇尔试验技术标准

试验项目		高速公路、一级公路、城市快速路、主干路				其他等级公路	行人道路
		中轻交通	重交通	中轻交通	重交通		
		夏炎热区 (1-1、1-2、1-3、1-4 区)		夏热区及夏凉区 (2-1、2-2、2-3、2-4、3-2 区)			
击实次数(双面)/次		75	75	75	75	50	50
空隙率/%	深 90 mm 以内	3~5	4~6	2~4	3~5	3~6	2~4
	深 90 mm 以下	3~6		2~4	3~6	3~6	—
稳定度/kN ≥		8				5	3
流值/mm		2~4	1.5~4	2~4.5	2~4	2~4.5	2~5

相应于以下公称最大粒径(mm)的最小 VMA 及 VFA 的技术要求/%

集料公称最大粒径/mm								
沥青饱和度 VFA/%			70~85		65~75		55~70	
在右侧设计空隙率下的矿料间隙率 VMA/% ≥	空隙率 V_V /%	2	15	13	12	11.5	11	10
		3	16	14	13	12.5	12	11
		4	17	15	14	13.5	13	12
		5	18	16	15	14.5	14	13
		6	19	17	16	15.5	15	14

注:①本表仅适用于公称最大粒径小于或等于 26.5 mm 的密级配沥青混凝土混合料;
②对空隙率大于 5% 的夏炎热区重载交通路段,施工时应提高压实度 1%;
③当设计空隙率不是整数时,由内插法确定 VMA 的最小值要求;
④对改性沥青混合料,马歇尔试验的流值可适当放宽

第8章 沥青混凝土(AC)配合比设计及工程实例

8.1 沥青混合料配合比设计方法概述

8.1.1 概 述

1. 配合比设计的目的和任务

沥青混合料组成设计(又称组成设计)的目的和总体目标是,通过在室内一系列试验选择合适的材料,确定所用材料的品种和确定粗集料、细集料、矿粉和沥青结合料相互配合的最佳组成比例,使之既能满足沥青混合料各项技术要求和路用性能需要,又能符合经济性原则。

由于沥青混合料各种路用性能相互矛盾,当高温稳定性满足要求时,可能出现低温抗裂性不好;而当采取一些措施改善了低温性能后,可能又引起其他路用性能不满足用户期望值。目前,尚无一套合理的指标体系来全面解决各种矛盾交叉问题。因此在设计中,应结合当地具体情况,抓住主要矛盾,以得到比较合理的"设计配方"。目前我国高等级公路沥青混凝土混合料设计中仍主要采用马歇尔设计方法,并进行路用性能的检验,如通过车辙试验以验证混合料的高温稳定性;以低温弯曲试验或低温弯曲蠕变试验来验证混合料的低温性能;以浸水马歇尔试验和冻融劈裂试验验证混合料的水稳定性。除此以外有时还需进行渗水系数、表面抗滑性的检验。最后根据马歇尔试验结果和路用性能验证试验,最终确定符合要求的矿料级配和沥青用量。

因为沥青混合料是各种材料按不同比例组成的综合体系,任何一种组分发生改变,都会引起路面性能的变化,如粗集料增加,则混合料的骨架结构性提高,混合料的高温性能增强,最佳沥青用量将降低;矿粉用量太少,则难以保证混合料的耐久性能,但矿粉用量太多,混合料将变脆,低温性能降低。沥青用量是否恰当将对混合料的综合路用性能产生根本性改变,因此找出合理的组成配比关系对沥青混合料设计十分重要。众所周知,沥青面层为汽车提供安全、经济、舒适的行车服务,直接受到汽车荷载和自然因素的交互作用,因此,沥青混合料设计就是要确定出合理的材料组成用量比例,使之具有良好的高温稳定性、低温抗裂性、耐久性、抗渗性、抗滑性和施工和易性,但这些路用性能之间相互矛盾、互相制约,如何平衡各种性能之间的相互关系,是进行沥青混合料配合比设计的核心。因此,确定矿质混合料的级配和最佳沥青用量是沥青混合料组成设计的根本任务。

2. 配合比设计内容

沥青混合料的种类很多,前面已有论述。虽然近几年随着道路交通的迅速发展,出现了路用性能更好的新型沥青混合料,然而在我国的公路和城市道路中,目前大多仍采用的是连续级配的热拌沥青混合料(HMA)。

(1) 沥青混合料组成设计主要内容

沥青混合料组成设计主要是按公路工程要求确定的目标进行试验室设计,因此又称目标配合比设计,它是整个沥青混合料配合比设计的基础,其主要内容为

①确定沥青混合料的类型;

②选择材料;

③确定混合料集料级配;

④进行马歇尔试验;

⑤确定沥青混合料最佳沥青用量;

⑥性能检验,确定混合料配合比设计是否符合要求。

其中③、④、⑤是重点和难点,需熟练掌握。

(2) 我国沥青混合料三阶段设计法

在我国,为了确保沥青混合料设计的级配合理、性能优越、配比经济、工作性好,其设计内容包含室内目标配合比设计、生产配合比设计和试拌试铺配合比调整三个阶段。

①目标配合比设计阶段。

目标配合比设计主要内容包括混合料类型的确定、公称最大粒径的选择、矿料级配设计原则和矿料级配范围的选用、原材料的选择与搭配、各种组成材料配合比的计算、最佳沥青用量的确定以及配合比设计效果的性能试验检验等内容。根据选用的设计方法不同,在矿料级配的设计或最佳沥青用量的确定方面,又有所区别,常用的设计方法主要有马歇尔法、维姆法、Superpave 设计法和美国 GTM 法等。目前我国应用较多的是马歇尔法和 Superpave 设计法。

②生产配合比设计阶段。

经过室内配合比设计,确定出目标配合比后,要利用实际施工的拌和设备进行施工配合比设计。如果按照目标配合比确定的用量比例直接上冷料进行混合料的生产,一般难以严格控制混合料的矿料级配,因为:

a. 冷料上料过程中可能因料的离散性或上料的准确性使得各种料的实际比例控制不准;

b. 通过干燥器烘干除尘后,冷料中的水分和粉尘损失,引起料的实际比例发生变化;

c. 冷料经过振动筛二次筛分后,大于最大粒径的颗粒会通过溢料口溢出,造成冷料与实际使用的矿料发生出入。而通过拌和机二次筛分后,冷料经过设定的振动筛筛选,进入各热料仓,而热料仓的用量采用电子计量器进行严格控制,如果合理确定各热料仓的用量比例,就可以比较准确地控制混合料的矿料级配。

在生产配合比设计阶段,冷料经过干燥、除尘、二次筛分后进入热料仓,可从热料仓中取样进行筛分试验,确定出各热料仓的矿料级配情况,通过矿料配比设计确定各热料仓的材料比例,以供拌和机控制室使用。同时要反复调整冷料仓的进料比例,以达到供料的平衡,并取目标配比确定的最佳沥青用量 OAC、$OAC\pm0.3$ 等三种沥青用量进行马歇尔试验,对其马歇尔技术参数进行检测,从中找出符合规范要求的生产配合比的最佳沥青用量。

③生产配合比验证阶段。

主要任务是在施工单位进行试拌试铺时,将相关内容报告监理部门、业主、工程管理

部门,并会同业主、监理、施工人员一起对混合料生产、铺筑质量进行鉴别把关。具体操作时采用生产配比进行试拌、铺筑试验段,请有经验的技术人员对混合料的级配、用油量等发表意见,并用拌和的沥青混合料和路上钻取的芯样进行试验检测,看生产过程中采用的沥青混合料配合比是否符合要求,矿料级配是否符合规范,最终确定出用于大面积施工的混合料配合比。否则应进行相应的调整,使矿料级配、体积特性和路用性能均满足要求。当调整不佳时,还应重新进行目标配合比设计。

3. 主要的配合比设计方法

目前国内外有代表性的沥青混合料配合比设计方法有马歇尔设计法、GTM 法、Superpave设计法和贝雷法、维姆法体积法等。本书重点介绍马歇尔设计法,其他设计法仅作简略介绍,欲了解其他设计法的更多情况,可参考其他相关书籍。

(1) 马歇尔设计法

采用锤击方法成型试件,测定空隙率、矿料间隙率和沥青饱和度等混合料体积指标后,按照一定的方法确定最佳沥青用量。虽然马歇尔设计方法中的稳定度和流值等指标与实际路面使用性能之间缺乏相关性,但由于设备价格低廉、操作简便,因而得到了世界大多数国家的采用。我国沥青混合料设计也采用了马歇尔设计方法。

我国《公路沥青路面施工技术规范》(JTG F40—2004)针对不同的沥青混合料提出了三种配合比设计方法:热拌沥青混合料配合比设计方法、SMA 混合料配合比设计方法和OGFC 混合料配合比设计方法。其中热拌沥青混合料配合比设计方法是基本的配合比设计方法,SMA 和 OGFC 混合料设计方法均以此为基础进行设计。

热拌沥青混合料配合比设计方法适用于密级配沥青混凝土及沥青稳定碎石混合料,设计过程主要包括以下三个阶段:目标配合比设计(图 8.1)、生产配合比设计和生产配合比验证。热拌沥青混合料设计的主要目的是,采用马歇尔试验方法,确定沥青混合料的材料品种及配合比、材料级配和最佳沥青用量,使之既能满足沥青混合料的技术要求又符合经济的原则。

(2) GTM 法

采用旋转压实剪切试验机(Gyratory Testing Machine)成型试件,其设计思想与无机稳定土类设计方法类似,注重沥青含量与压实条件及行车荷载的关系。

(3) Superpave 设计法

Superpave 设计法是 SHRP 研究成果的一部分,采用旋转压实仪成型试件,按体积设计的思想进行沥青混合料的设计。该方法存在的主要问题是:存在按体积设计和按重量检验的矛盾,集料与混合料的各种密度测定精度对设计结果有重要影响,同时对于矿料级配的确定完全依赖经验。

(4) 贝雷法

设计的核心思想是体积填充,在确定各种集料的含量时遵从以下原则:各级细集料体积小于或等于相应各级粗集料空隙。该方法存在的主要问题是:采用平面三圆模型无法反映混合料的体积状态和填充状态,不同混合料的级配控制参数没有统一的可比性,同时无法考虑矿粉和沥青的体积填充影响。

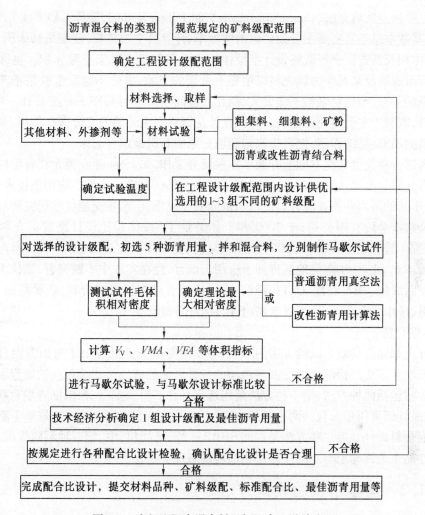

图 8.1 密级配沥青混合料目标配合比设计流程

(5) 维姆法

维姆混合料设计方法是由加利福尼亚州运输局的费朗西斯·维姆提出来的,以后其他人又作了改进,并被列入 ASTM D1560 和 ASTM D1561 中。维姆设计方法也需要进行沥青混合料的密度、空隙率、稳定度以及因水的存在而引起的膨胀力等试验。

维姆法有两个主要优点:一是室内压实的搓揉方法较好地模拟了实际路面的密实过程;二是维姆稳定度是对抗剪强度中的内摩阻部分直接度量,它能测试在垂直荷载作用下试件抵抗侧向位移的能力。

维姆法的缺点在于试验设备较为昂贵,而且不便于携带,同时混合料与耐久性相关的重要体积特性没有作为该方法的主要常规内容加以确定。有些工程技术人员认为维姆法确定沥青用量的方法过于主观,并且沥青用量偏少而可能影响混合料的耐久性。

(6) 体积设计方法

按材料体积来设计沥青混合料,可避免集料密度变化对混合料的影响。哈尔滨建筑大学于 1993 年提出了与 Superpave 沥青混合料设计体系类似的按体积设计沥青混合料的方法即主骨料空隙填充法（Course Aggregate Void Filling Method，简称 CAVF 法）。体积设计方法，其基本思路是实测主骨架矿料的空隙率，计算其空隙体积，使细集料体积、沥青体积、矿粉体积及沥青混合料最终设计空隙体积之总和等于主骨架空隙体积。也即细集料和沥青所组成的胶浆是作为填充料以填充主骨架的空隙，因此不会发生胶浆干涉。为了避免颗粒的干涉，细集料颗粒不能太大，据此一般间断 2.36～4.75 mm 或 1.18～4.75 mm 挡细集料，以利于主骨料充分嵌挤。体积设计法既强调主骨架的充分嵌挤作用，又充分利用细集料的填充、黏结作用，把嵌挤原则和填充原则有机地结合起来。

国内部分单位也在此基础上开展了一些研究工作，如 1994 年在黑龙江省境内组织修建的林齐公路与哈黑公路试验段，并取得了较好效果。为进一步推广应用该技术，结合截至 2000 年前的国内外沥青混合料设计与试验研究成果，广东省交通科学研究所与西部沿海高速公路新会段有限公司，于 2000 年开始开展了"按体积比设计沥青混合料应用技术"的研究。经课题组调研，自 20 世纪 90 年代初提出体积比法的框架以来，该方法已先后在我国东北、北京、华南等地区得到了应用。而且，经在实践中不断完善，该技术已被陆续用于密断级配、SMA 级配、OGFC 级配、半柔性铺装母体沥青混合料、防噪路面、再生沥青混合料、排水式混合料、富沥青含量（FAC）级配等设计。

(7) 综合法

为补充和完善马歇尔试验方法的不足，不少道路研究人员提出了对沥青混合料的综合设计方法。该法是指综合考虑沥青路面的各种可能的破坏形式及相应的沥青混合料路用性能。它包括两种方法：第一种方法是当选定一种矿料级配后，根据沥青混合料路用性能，确定最佳沥青用量。包括两方面的内容：一是混合料的体积设计，二是基于路用性能的沥青混合料设计。第二种方法是如同 SHRP 一样，选择粗、中、细三种不同级配，然后根据路用性能来最终确定与不同气候区相适应的级配类型。

8.1.2 马歇尔试验设计方法

马歇尔试验设计方法的要点为：①配料（进行矿质混合料配合比设计）；②击实（制备马歇尔制件）；③测性能（稳定度、流值以及饱和度、矿料间隙率等，我国针对国情补充车辙试验）；④确定最佳油石比。

马歇尔试验设计方法之所以应用如此广泛，延续时间如此之长，至今达半个多世纪，关键在于该法十分简单，便于掌握。同时由于长期以来，人们已经积累了丰富的实践经验和资料，人们可以凭借这一方法获得基本的数据和判断。虽然近年美国 SHRP 提出的新的混合料设计方法有许多优点，但缺点也是明显的。因此在今后一段时间里马歇尔试验设计方法将仍然会作为基本的方法得到应用，但也可能会在该法的基础上再作进一步的改进。由于马歇尔试验设计方法已被人们所熟悉，下面章节只对马歇尔试验设计方法予以简要论述。

1. 马歇尔试验设计方法的优缺点

(1) 优点

①试验方法简单，费用较低。

②考虑到了高温流变特性，强调了混合料必须保持一定的空隙率并重视密度，这一思

想被多数研究者所接受。

③对于中、轻交通量条件下的低等级道路的沥青路面,不失为一种沥青混合料配合比的设计方法。

(2)缺点

①主要依据经验发展起来的马歇尔试验设计方法,存在的不足早已为工程实践所证实。最根本的缺陷在于,整个指标体系既不能反映沥青混合料的力学性能,也不能反映沥青路面的技术性能。原因之一是马歇尔试件成型方法与路面受轮胎搓揉碾压的实际情况相差较大,野外路面与室内马歇尔试件的沥青混合料其内部矿料、胶浆油膜和空隙排布也有差别。如马歇尔试件的稳定度和流值这两个经验性指标,它们与实际路用性能相关性不好即为例证。马氏试验法的最大缺点是对路面的长期抗车辙没有把握。鉴于这种情况,我国现行沥青路面设计规范规定在马歇尔试验设计方法的基础上,补充了车辙试验,采用动稳定度指标控制车辙。

②基于马歇尔设计方法的我国现行沥青路面设计规范,规定了对高速公路、一级公路的表面层和中面层的沥青混合料进行车辙试验。对寒冷地区,还应增加冻融劈裂残留强度试验以检验其水稳性,但仍未能考虑沥青路面的低温抗裂性。

③对粒径大于 26.5 mm 的粗粒式沥青混合料,其大于 26.5 mm 的集料用等量的 13.2~26.5 mm 集料代替,即采用了替代法的马歇尔试验方法,这使得马歇尔试验不能准确反映沥青混合料的力学性能和技术性能。

④马氏试验设计方法不适用于开级配抗滑混合料组成设计。

2. 沥青混合料马歇尔试验设计方法综述

马歇尔设计方法也称热拌沥青混合料设计法,分为目标配合比设计、生产配合比设计、生产配合比验证三个阶段。详细内容将在第 8 章论述,此处对主要步骤做概要介绍。

(1)单质材料试验

包括沥青试验、粗集料试验、细集料试验、填料试验,单质材料指标合格后,才能进行混合料试验。

(2)矿料配合比设计

根据矿料(包括粗集料、细集料、填料)的筛分结果,结合所要设计的混合料级配类型,通过框图法、试算法或人机对话法进行矿料配合比设计,并结合材料和工程实际确定合理的矿料配合比,即各种材料的比例。

注意:筛分结果不能以这一次筛分结果为准,应该是多次筛分结果的加权平均值。

(3)确定最佳油石比

①配料。

按设计好的矿料配合比曲线逐级筛分进行配料,不应该按比例进行配料,否则由于级配曲线的变化导致混合料指标不准确。

②加热。

按规程和规范规定的温度和时间加热集料和沥青,以及拌和锅。

③拌和。

根据集料合成毛体积相对密度和工程实践确定所要测试的 5 个油石比,按照集料、沥青、填料的顺序把材料加到拌和锅当中,搅拌总时间不超过 3 min。

④成型。

根据混合料的级配类型、使用环境和试件大小确定使用次数,并按规程的要求进行马歇尔试件的击实,并保证高度,标准马歇尔试件试件厚度为 63.5 mm±1.3 mm。

⑤测试体积指标。

经 12 h 以上时间脱模,并利用静水力学天平测定试件的相对密度,并测定最大毛体积相对密度

⑥养生。

标准马歇尔试件放入恒温水浴 30~40 min,水温 60 ℃。

⑦压件。

将试件放到马歇尔试验仪中进行试验,测得稳定度和流值。

矿料配合比设计、马歇尔试件制作、体积特征参数测定计算、马歇尔试验及技术指标确定,可参见第 7 章。

⑧根据混合料的相对密度、稳定度、流值、空隙率、矿料间隙率、饱和度等体积指标和力学指标,确定矿料比例和最佳油石比。

(4)油石比的校核

根据沥青路面施工技术规范附录 B 的规定计算混合料的其他指标,包括有效沥青含量、粉胶比、沥青膜厚度等。

(5)配合比设计检验

通过车辙试验、弯曲试验、浸水马歇尔试验、冻融劈裂试验来进行设计的混合料的高温稳定性、低温抗裂性和抗水害性能等指标,验证设计的沥青混合料性能。

以上是比较完整的沥青混合料(目标)配合比设计,接下来还要进行生产配合比设计和生产配合比设计验证,最终确定出一个标准配合比,其结果是一条级配曲线和最佳油石比,也是施工控制的标准,因此为标准试验。

8.1.3 Superpave 设计方法

1. 概述

20 世纪 90 年代道路工程界的突出成就是美国战略公路研究计划即 SHRP 计划。它历时 5 年耗资 1.5 亿美元,提出了一套全新的沥青混合料设计方法,即 Superpave 沥青混合料设计体系。它由沥青结合料规范、混合料设计与分析系统和计算机软件系统三部分组成。所谓 Superpave 沥青混合料体积设计是根据沥青混合料的空隙率、矿质集料间隙率、沥青填隙率等体积特性进行热拌沥青混合料设计的。Superpave 是 SHRP 的主要研究成果,其以体积参数为控制指标的混合料设计方法为特色,与马歇尔设计方法中的稳定度、流值等控制指标不同,在体积设计方法中,重点考虑的是集料与集料之间以及集料与胶结料之间的体积比例。在 Superpave 体积设计法中,是以经旋转压实后混合料的空隙率为 4% 时的沥青用量为最佳沥青用量。

该设计体系根据项目所在地的气候和设计交通量,把材料选择与混合料设计都集中在设计方法中。它要求在设计沥青路面时,要充分考虑在服务期内温度对路面的影响,要

求沥青路面在最高设计温度时能满足高温性能的要求,不产生过量车辙。其特点是提出了一套新观点:

①以使用性能为基础的沥青分级方法,并采用新指标、新试验设备和试验方法来检验沥青。

②以体积配合比法进行混合料组成设计。

2.《Superpave 混合料设计体系规范和实践手册》

美国 SHRP 研究成果即《Superpave 混合料设计体系规范和实践手册》,为工程技术人员提供了一套从乡村道路到高速公路混合料的设计方法。它适用于新拌沥青混合料、再生沥青混合料、密级配、改性或不改性以及特殊混合料。它根据道路交通量的不同,按表 8.1 分为三个设计水平,即设计水平 Ⅰ、设计水平 Ⅱ 和设计水平 Ⅲ。设计水平越高,设计越复杂,预估性能的可靠性也越高。

表 8.1 设计水平 Ⅰ、Ⅱ、Ⅲ 与相应的设计交通量

设计水平	Ⅰ	Ⅱ	Ⅲ
设计交通量 (80kN EASL's[①])	轻交通量 $\leq 10^6$	中等交通量 $\leq 10^7$	重交通量 $>10^7$
试验要求[②]	选择材料和 体积配合比	水平Ⅰ+性能 预测试验	水平Ⅰ+扩大的 性能预测试验

注:①不实行 Superpave 交通规范,作为机构选择可以进行调整;
②在所有情况下,水敏感性都用 AASHTO T283 评价

(1)设计水平 Ⅰ 混合料设计——体积设计

Ⅰ 级设计——混合料体积设计建立在以往工程的经验并考虑到集料和混合料性质的基础上,包括集料破碎面与级配、空隙率和矿质集料骨架空隙率等。该法适用于低交通道路,也是以后各级设计的基础。

1)设计标准

Ⅰ 级沥青混合料体积设计所用沥青混合料空隙率标准,所有交通量等级设计空隙率均为 4%。

矿料骨架空隙率标准、沥青填隙率标准见表 8.2 和表 8.3。

表 8.2 矿料骨架空隙率标准

公称最大粒径/mm	15	14	13	12	11	10.5
最小 VMA/%	9.5	12.5	19.0	25.0	37.5	50.0

表 8.3 沥青填隙率标准

交通量 ESAL's	70~80	65~78	65~75	65~75
设计 VFA/%	$<3\times10^5$	$<3\times10^{76}$	$<1\times10^8$	$\geq 1\times10^8$

Superpave 体积性质设计准则见表 8.4。

表 8.4 体积性质设计准则

沥青混合料体积性质	规范标准	沥青混合料体积性质	规范标准
空隙率 V_a/%	4.0%	粉尘比例/%	0.5~1.2
矿料间隙率 VMA/%	最低 12%	初次旋压次数 N_i 之压实度,%G_{mm}	≤89%
矿料间沥青含量 VFA/%	65%~80%	最大旋压次数 N_m 之压实度,%G_{mm}	≤98%

2) 体积设计方法

①材料选择。

选择满足环境与交通要求的沥青和集料,测定所有候选集料的毛体积密度和沥青相对密度。选择沥青、集料和改性剂的基础是依据环境、交通量以及路面要求的性能,选择时必须权衡性能要求和材料的经济性。

a. 集料。

粗集料(2.36 mm 筛筛余)和细集料(通过 2.36 mm 筛)的要求见表 8.5。矿粉为通过 0.075 mm 筛的集料。

在表 8.5 中,SHRP 中黏土含量是指通过 4.75 mm 筛集料中黏土的数量;细长与扁平颗粒是指最大与最小尺寸比大于 5 mm 的集料所占粗集料的质量百分率。

表 8.5 Superpave 混合料集料设计要求

交通量 (EASL's)	粗集料棱角 在路面下深度/mm		细集料棱角 在路面下深度/mm		坚固性	安定性	杂质	黏土含量砂当量	扁平、细长颗粒/%	矿粉与有效沥青用量比
	<100	>100	<100	>100						
<3×10⁵	55/-	-/-	-	-				40	-	0.5~1.2
<3×10⁶	65/-	-/-	40	-				40	-	0.5~1.2
<3×10⁶	75/-	50/-	40	40				40	10	0.5~1.2
<3×10⁷	85/80	60/-	-	-				40	10	0.5~1.2
<3×10⁷	95/90	80/75	45	40				40	10	0.5~1.2
<3×10⁸	100/100	95/90	45	45				50	10	0.5~1.2
<3×10⁸	100/100	100/100	45	45				50	10	0.5~1.2
备注	85/80 为 85% 有一个破碎面,80% 有两个破碎面		百分比为压缩细集料的空隙率					Superpave 无统一标准,单位自定		

b. 结合料。

沥青结合料的性能等级根据工程所在地的气候和交通条件进行选择,即根据路面的最高和最低设计温度和交通条件加以选择(表 8.6)。

表 8.6 根据气候、交通速度和交通量选择结合料性能等级

荷载	最高路面设计温度/℃						
停车	28~34	34~40	40~46	46~52	52~58	58~64	64~70
(50 km/h)慢速	34~40	40~46	46~52	52~58	58~64	64~70	70~76
(100 km/h)快速	34~46	46~52	52~58	58~64	64~70	70~76	76~82
最低路面设计温度/℃							
>-10	PG46-10	PG52-10	PG58-10	PG64-10	PG70-10	PG76-10	PG82-10
-10~-16	PG46-16	PG52-16	PG58-16	PG64-16	PG70-16	PG76-16	PG82-16
-16~-22	PG46-22	PG52-22	PG58-22	PG64-22	PG70-22	PG76-22	PG82-22
-22~-28	PG46-28	PG52-28	PG58-28	PG64-28	PG70-28	PG76-28	PG82-28
-28~-34	PG46-34	PG52-34	PG58-34	PG64-34	PG70-34	PG76-34	PG82-34
-34~-40	PG46-40	PG52-40	PG58-40	PG64-40	PG70-40		
-40~-46	PG46-46	PG52-46	PG58-46	PG64-46			
地区	阿拉斯加、加拿大、美国北部		加拿大、美国北部	美国南部	美国西部、沙漠、美国大陆慢速/重交通		

具体方法如下:
1. 选择荷载类型。
2. 水平移动到最高路面设计温度。
3. 向下移动到最低路面设计温度。
4. 确定结合料等级。
5. ESAL's>10^7 考虑增加一个高温等级;
ESAL's>$3×10^7$,再增加一个高温等级。

示例:
1. 停车荷载。
2. 根据最高路面设计温度为 57 ℃,从表 8.6 选取满足 57 ℃ 为温度范围。
3. 根据最低路面设计温度为 -25 ℃,从表 8.6 向下选取满足温度范围。
4. 据此确定沥青等级为 PG70-28。

路面的最高设计温度按下式计算

$$T_{20mm} = (T_{air} - 0.006\ 18 Lat + 0.228\ 9 Lat^2 + 42.2) \times 0.954\ 5 - 17.78 \quad (8.1)$$

式中,T_{20mm} 为位于 20 mm 深处的最高路面设计温度,℃;T_{air} 为 7 d 平均最高气温,℃;Lat 为工程的地理纬度,度。

最低的路面设计温度按下式计算

$$T_{min} = 0.859 T_{air} + 1.7 \quad (8.2)$$

式中,T_{min} 为最低路面设计温度,℃;T_{air} 为平均年最低气温,℃。

②集料级配的确定。

集料骨架设计选择过程需要下列步骤:

a. 选择满足 Superpave 标准的集料。

b. 集料级配试验。这一步的目的是评价所选择级配是否满足 Superpave 集料级配范围要求。一般需 3~4 个试验级配,点在 0.45 次幂级配图上看是否满足级配控制点要求。

Superpave 混合料设计的级配选择必须注意控制点以内并不得超过限制区。为规范级配,用 0.45 次幂级配图确定为容许级配。该级配在图上为最大集料尺寸到原点是一条直线,纵坐标为通过百分率,横坐标为筛孔尺寸,其坐标位置等于筛孔尺寸乘以 0.45 得到。最大公称尺寸为 25 mm、19 mm、12.5 mm 的级配控制点范围见表 8.7。集料级配限

制区见表8.8。通常选择三个试验级配。

表8.7　最大公称尺寸为25 mm、19 mm、12.5 mm的级配控制点范围

		最大公称尺寸为25 mm					最大公称尺寸为19 mm					最大公称尺寸为12.5 mm				
筛孔尺寸/mm 最大公称尺寸 最大集料尺寸		0.075	2.36	19.0	(25 mm)	(37.5 mm)	0.075	2.36	19.0	(19 mm)	(25 mm)	0.075	2.36	19.0	(12.5 mm)	(19 mm)
控制点(通过百分率)/%	最小	1	19	-	90	100	2	23	-	90	100	2	28	-	90	100
	最大	7	45	90	100		8	49	90	100		10	58	90	100	

表8.8　集料限制区边界

限制区内筛孔尺寸/mm	最大公称尺寸、最大最小边界(最小/最大通过百分率)				
	37.5 mm	25.0 mm	19.0 mm	12.5 mm	9.5 mm
4.75	34.7/34.7	39.5/39.5	-	-	-
2.36	23.3/27.3	30.8/36.8	34.6/34.6	39.1	47.2/47.2
1.18	15.5/21.5	18.1/24.1	22.3/28.3	25.6/31.6	31.6/37.6
0.6	11.5/15.7	13.6/17.6	16.7/20.7	19.1/23.1	23.5/27.5
0.3	10.0/10.0	11.4/11.4	13.7/13.7	15.5/15.5	18.7/18.7

当交通量增大时,建议级配向最小控制点移动。对于路面磨耗层、联结层和基层,其最大公称尺寸的选择无标准,可根据已有经验和在路面结构中的位置决定,建议尺寸见表8.9。

表8.9　建议集料公称尺寸

路面层位	磨耗层(表面层)	连接层(中间层)	基层(底面层)
集料公称尺寸/mm	9.5~12.5	25.0~37.5	25.0~37.5

③计算试验级配初始沥青用量。

a. 分别测定细集料、粗集料、矿粉毛体积密度和视密度。

计算试验级配混合料总的毛体积密度和视密度 G

$$G=(P_1+P_2+\cdots+P_n)/[(P_1/G_1)+(P_2/G_2)+\cdots+(P_n/G_n)] \tag{8.3}$$

式中,$P_1,P_2,\cdots,P_n$为各挡集料占总集料的质量百分率;$G_1,G_2,\cdots,G_n$为各挡集料的毛体积密度或视密度。

b. 估计全部集料的有效密度 G_{se}

$$G_{se}=G_{sb}+0.8(G_{sa}-G_{sb}) \tag{8.4}$$

式中,G_{se}为全部集料(合成集料)的有效密度;G_{sa}为全部集料的视密度;G_{sb}为全部集料的毛体积密度。

c. 估计吸入沥青体积 V_{ba}

$$V_{ba}=W_s\times[(1/G_{sb})-(1/G_{se})] \tag{8.5}$$

式中,W_s 为混合料质量百分率,$W_s = P_s \times (1-V_a)/[(P_b/G_b)+(P_a/G_{se})]$;$P_b$ 为沥青质量百分率,假定为 0.05;P_s 为集料质量百分率,假定为 0.95;G_b 为沥青密度,实测值或假定为 1.02;V_a 为空隙率,固定为 4%。

d. 根据下列经验回归方程估计有效沥青用量

$$V_{ba} = 0.175 - 0.0675 \lg S_n \tag{8.6}$$

式中,S_n 为集料中最大公称尺寸。

e. 用吸收沥青体积 V_{ba} 和有效沥青体积 V_{be} 计算初始试验沥青用量 P_{bi}(以混合料总质量计)

$$P_{bi} = G_b(V_{be}+V_{ba})/[G_b(V_{be}+V_{ba})+W_s] \tag{8.7}$$

④ 成型各试验级配混合料试件。

有了 3~4 种试验级配和计算出相应的初始试验沥青用量后,即可成型试件。根据交通量等级和平均设计气温选择压实力,即设计旋转压实次数 N_d,其步骤如下:

a. 根据表 8.10 确定设计旋转压实次数 N_d。不同交通量水平和最高温度环境下初始旋转压实次数 N_i,设计旋转压实次数 N_d 和最大旋转压实次数 N_m。

表 8.10 设计旋转压实次数

交通量 ESAL's	7 d 最高平均气温/℃											
	<39			39~41			41~43			43~45		
	N_i	N_d	N_m	N_i	N_d	N_m	N_i	N_d	N_m	N_i	N_d	N_m
$<3\times10^5$	7	68	104	7	74	114	7	78	121	7	82	127
$<3\times10^6$	7	76	117	7	83	129	7	88	138	8	93	146
$<3\times10^6$	7	86	134	8	95	150	8	100	158	8	105	167
$<3\times10^7$	8	96	152	8	106	169	8	113	181	9	119	192
$<3\times10^7$	8	109	174	9	121	195	9	128	208	9	135	220
$<3\times10^8$	9	126	204	9	139	228	9	146	240	10	153	253
$\geq 3\times10^8$	9	143	235	10	158	262	10	165	275	10	172	288

N_d 是设计沥青用量在空隙率为 4% 或最大理论密度为 96% 条件下产生的,根据交通量和平均设计气温确定。

N_m 是混合料密度小于最大理论密度为 98% 或空隙率大于 2% 的最大旋转压实次数,可根据下列公式确定:

$$\lg N_m = 1.10 \lg N_d \tag{8.8}$$

N_i 是混合料密度小于最大理论密度为 89% 的最大旋转压实次数,可按以下公式确定:

$$\lg N_i = 0.0451 \lg N_d \tag{8.9}$$

Superpave 混合料设计压实要求见表 8.11。

表 8.11 Superpave 混合料设计压实要求

压实程度	N_i	N_d	N_m
压实要求(最大理论密度百分率)	$C_i<89$	$C_d=96$	$C_m<98$

b. 用 SHRP M-007 松散沥青混合料短期老化后,按照 AASHTO TP4(SHRP M-002) SHRP 旋转压实仪压实试件。该仪器能自动采集试件压实次数与试件密度。

c. 测定混合料最大理论密度。

⑤ 评价试验级配压实特性。

评价各试验级配压实特性,特别是要估计空隙率为 4% 条件下的 N_d 和 VMA,同时也要评价 N_i 和 N_m 时密度是否满足 Superpave 标准。

由于初始试验沥青混合料的空隙率不可能正好为 4%,故必须对沥青用量进行调整,调整后又引起 VMA 和 VFA 的变化,但这一调整是必要的。调整方法如下:

a. 根据集料最大公称尺寸按下表确定 VMA。

b. 根据压实次数与密度的关系曲线,评价 3 个关键压实点 N_i、N_d 和 N_m 相应的 C_i、C_d 和 C_m。

c. 计算在 N_d 时的 V_a 和 VMA,先根据最大理论密度 G_{max} 和压实度 C_d 计算 N_d 时的毛体积密度 G_{mb}:

$$G_{mb} = C_d \times G_{mm} \tag{8.10}$$

$$V_a = 100(G_{mm}-G_{mb})/G_{mm} \tag{8.11}$$

$$VMA = 100 - G_{mb} \times P_s/G_{sb} \tag{8.12}$$

⑥估计设计空隙率为 4% 的 VMA,并与 N_d 时的 VMA 要求相比较。

确定试验混合料空隙率与设计空隙率的差值

$$\Delta V_a = 4 - V_a \tag{8.13}$$

式中,V_a 为试验混合料在 N_d 旋转压实次数下的空隙率。

将空隙率变成 4% 需要沥青用量的变化 ΔP_b

$$\Delta P_b = 0.4 \times \Delta V_a \tag{8.14}$$

估计沥青用量变化 ΔP_b 引起 VMA 变化 ΔVMA

$$\Delta VMA = 0.2 \times \Delta V_a (V_a>4\%) \tag{8.15}$$

$$\Delta VMA = -0.1 \times \Delta V_a (V_a<4\%) \tag{8.16}$$

计算设计空隙率为 4% 的 $VMA_{设计}$:

$$VMA_{设计} = VMA_{试验} + \Delta VMA \tag{8.17}$$

$VMA_{设计}$ 为在设计空隙率为 4% 下估计的 VMA;$VMA_{试验}$ 为在初始试验沥青用量下确定的 VMA。

确定空隙率为 4% 时的 N_d,估计 N_i 和 N_m 时的密度:

$$C_{i(设计)} = C_{i(试验)} - \Delta V_a \tag{8.18}$$

$$C_{m(设计)} = C_{m(试验)} - \Delta V_a \tag{8.19}$$

比较调整到设计沥青用量下估计的体积参数是否满足设计空隙率为 4%、表 8.12 以及表 8.13 的要求。

表 8.12　集料骨架空隙率标准

公称尺寸/mm	9.5	12.5	19.0	25.0	37.5	50.0
最小 VMA/%	15	14	13	12	11	10.5

表 8.13　沥青填隙率标准

交通量(ESAL's)	$<3\times10^5$	$<3\times10^6$	$<3\times10^8$	$>3\times10^8$
设计 VFA/%	70~80	65~78	65~75	65~75

试验级配不满足 Superpave 标准的补救措施：

一般来说，当 VMA 满足标准时，C_i 和 C_m 也将会满足标准。许多试验级配不满足 VMA 的标准，当 VMA 不足时，可以有两种方法增大试验级配的 VMA：其一，在控制点范围内，调整各集料比例会增大 VMA，通常在 0.45 幂级配方图上离开最大密度线会增大 VMA；其二，改变集料破碎面或纹理特性可增大 VMA。如果级配已覆盖整个级配控制区域，则只有另选料源。

⑦设计沥青用量的选择。

设计沥青用量是指在设计旋转压实次数条件下产生 4% 空隙率的沥青用量。因此，需要在几个不同沥青用量下压实沥青混合料试件，然后进行选择，其步骤如下：

a. 选择四个沥青用量。

在初始设计沥青用量 P_b 的基础上，以 P_b-0.5%，P_b+0.5%，P_b+1.0% 四种沥青用量作为评价基础。

b. 成型四种沥青用量的混合料试件。

根据表 8.10 选择 N_i，N_d 及 N_m。按 SHRP M-007 和 AASHTO TP4(SHRP M-002) 方法成型试件，并测定试件的最大理论密度。

c. 选择相应于空隙率为 4% 的沥青用量。

(a)评价四种沥青用量的密度曲线，测量三个关键点 N_i，N_d 及 N_m 时的相应混合料密实度 C_i，C_d 及 C_m；

(b)确定相应于 N_d 条件下的 V_a，VMA 及 VFA；

(c)画出不同沥青用量的 V_a，VMA，VFA 及 C_d 的关系曲线图，由该图确定空隙率为 4% 的设计沥青用量。

(d)在上述关系曲线图中，找出设计沥青用量对应的 VMA、VFA，并与表 8.12、表 8.13 相比较，验证混合料在设计沥青用量时是否满足 Superpave 要求。

⑧对所设计的沥青混合料进行水敏感性评价。

水敏感性试验按 AASHTO T283 法进行，步骤如下：

a. 按设计级配和设计沥青用量，用 AASHTO TP4(SHRP M-002) 旋转压实仪成型 6 个试件，空隙率为 7%。

b. 将试件分成两组。第一组为非条件试件，试件放在塑料袋内封好，放入 25 ℃ 水浴至少 2 h 后进行试验。第二组为条件试验，条件为：加蒸馏水淹没试件，水深 25.4 mm 加真空 254~660 Hg 柱，时间为 5~10 min。恢复常压，浸水 5~10 min，测试饱水率，饱水率大于 80% 的试件剔除，小于 55% 的试件则再饱水。将合格的试件放入塑料袋内，加水

10 mL 后将塑料袋扎紧。将试件在(-18±3)℃的环境中冰冻至少 16 h。再将试件在(60±1)℃的水浴中浸泡 24 h。去掉塑料袋,放入(25±0.5)℃水浴中,2 h 后试验(可加冰块防止水温升高,15 min 内水浴温度应达到 25 ℃)。

c. 用 50 mm/min 的加载速率进行劈裂强度试验,测定条件前后的劈裂强度比(TSR)。如果劈裂强度比小于 80%,则应加抗剥落剂再重新试验,直到 TSR 大于 80% 为止。

(2) 设计水平Ⅱ混合料设计

设计水平Ⅱ混合料设计是在设计水平Ⅰ的设计基础上进行的设计,是在Ⅰ级设计基础上进行混合料的力学性能试验,并预测路面性能。根据Ⅱ级水平设计,可以预估路面随时间而产生的永久变形、疲劳开裂和低温开裂程度。水平设计Ⅱ试验包括在有效温度(T_{eff})完成的试验,虽然这些结果对性能预测精度还不够,但试验非常简化。由于永久变形和疲劳开裂是在不同温度形成的,因此采用两个有效温度,即 T_{eff}(PD) 和 T_{eff}(FC)。T_{eff}(PD) 是单一温度,在该温度预测永久变形与多个温度分析所预测的将相同。T_{eff}(FC) 也是单一温度,在该温度预测的疲劳破坏次数将与按一年各个季节分别测量的相同。设计水平Ⅱ的性能试验见表 8.14。

表 8.14 设计水平Ⅱ的性能试验

永久变形试验	疲劳开裂试验	低温开裂试验
恒应力比重复剪切(三重蠕变) 有效温度时的恒高度简单剪切 有效温度时频率扫描	有效温度时频率扫描 有效温度时恒高度简单剪切 有效温度间接抗拉强度	0 ℃,-10 ℃ 及-20 ℃ 间接拉伸蠕变 -10 ℃ 间接抗拉强度 胶结料弯曲梁试验的蠕变劲度和斜率

(3) 设计水平Ⅲ混合料设计

Ⅲ级即高级路面性能的混合料设计,是在Ⅰ级设计基础上进行多种混合料的力学性能试验,用一组路面温度进行性能预测,因此它比中等路面性能设计更加完善、更加复杂,但也更加严谨。

设计水平Ⅲ混合料设计类似于设计水平Ⅱ,使用一套更完整的试验代替有效温度,使预测更为精确。设计水平Ⅲ以体积设计为基础,选择三个沥青用量,进行混合料性能试验。通过对试验结果的评价,预测路面性能。混合料设计水平Ⅲ性能试验内容见表 8.15。

表 8.15 混合料设计水平Ⅲ性能试验

永久变形	疲劳开裂	低温开裂
恒应力比重复剪切 T_{eff}(PD) 体积(4 ℃,20 ℃,40 ℃) 单轴应变(4 ℃,20 ℃,40 ℃) 恒高度频率扫描(4 ℃,20 ℃,40 ℃) 恒高度简单剪切(4 ℃,20 ℃,40 ℃)	恒高度频率扫描 (4 ℃,20 ℃,40 ℃) 间接抗拉强度(50 mm/min) (4 ℃,20 ℃,40 ℃)	间接拉伸蠕变 (4 ℃,20 ℃,40 ℃) 间接抗拉强度(12.5 mm/min) (-20 ℃,-10 ℃,0 ℃)

8.2 沥青混凝土(AC)目标配合比设计

关于连续密级配沥青混凝土的情况,可参见第 2 章中的有关内容。

目前执行的标准是《公路沥青路面设计规范》(JTG F40—2004),该规范的分类情况如下:

(1)按沥青混合料集料的粒径分类

①细粒式沥青混凝土:AC-9.5 mm 或 AC-13.2 mm;②中粒式沥青混凝土:AC-16 mm或 AC-19 mm;③粗粒式沥青混凝土:AC-26.5 mm 或 AC-31.5 mm。其组合原则是:沥青面层集料的最大粒径宜从上层至下层逐渐增大;上层宜使用中粒式及细粒式,且上面层沥青混合料集料的最大粒径不宜超过层厚1/2,中、下面层集料的最大粒径不宜超过层厚的2/3。

(2)按沥青混合料压实后的孔隙率大小分类

①Ⅰ型密级配沥青混凝土:孔隙率为3%~6%;②Ⅱ型密级配沥青混凝土:孔隙率为4%~10%;③AM型开级配热拌沥青碎石:孔隙率大于10%。其组合原则是:沥青面层至少有一层是Ⅰ型密级配沥青混凝土,以防水下渗。若上面层采用Ⅱ型沥青混凝土,中面层须采用Ⅰ型沥青混凝土,AM型开级配沥青碎石不宜做面层,仅可做联结层。

高等级公路的沥青面层一般采用双层式或三层式结构,各层所用沥青混合料类型应根据道路等级与所处位置的功能要求进行选择。我国沥青混凝土设计大多还是采用马歇尔试验设计法。

密级配沥青混合料的目标配合比设计可分为:确定工程设计级配范围、材料选择与准备、矿料配合比设计、马歇尔试验、确定最佳沥青用量(或油石比)和配合比设计检验共6个步骤组成。其中矿料配合比设计和确定最佳沥青用量是设计的关键步骤,而马歇尔试验是很重要的试验技术。

8.2.1 确定工程设计级配范围

1. 确定沥青混合料类型

(1)热拌沥青混合料

热拌沥青混合料(HMA)适用于各种等级公路的沥青路面。其种类按集料公称最大粒径、矿料级配、空隙率划分,分类可参见表1.1。表1.1中符号意义如下:

AC(Asphalt Concrete),即沥青混凝土,是连续式密级配沥青混合料,从大到小各级粒径按比例搭配组成,其混合料属于悬浮密实型骨架。实验室级配设计时采用马歇尔击实成型。因为经验丰富,技术成熟,在我国使用的很多,大多数一、二级公路和市政道路的面层采用此种混合料。

AC-25,最大公称粒径为26.5 mm,一般用在下面层的沥青混合料。

AC-20,最大公称粒径为19 mm,一般用在中、下面层的沥青混合料。

AC-16,最大公称粒径为16 mm,一般用在中面层的沥青混合料。

AC-13,最大公称粒径为13.2 mm,一般用在上面层的沥青混合料。

AC-10,最大公称粒径为9.5 mm,一般用在上面层或应力吸收层的沥青混合料。

AC-5,最大公称粒径为4.75 mm,一般用在应力吸收层的沥青混合料。

对于我国常用的 AC-20 与常用的厚度 5 cm 相比,明显不相称,沥青混合料容易离析,压实困难,空隙率偏大,造成沥青混合料松散、剥落等早期损坏。道路石油沥青的适用范围见表 8.16。

表 8.16 道路石油沥青的适用范围

沥青等级	适用范围
A 级沥青	各个等级的公路,适用于任何场合和层次
B 级沥青	高速公路、一级公路沥青下面层及以下的层次,二级及二级以下公路的各个层次;用作改性沥青、乳化沥青、改性乳化沥青、稀释沥青的基质沥青
C 级沥青	三级及三级以下公路的各个层次

(2)选择沥青混合料类型

表 8.17 为各种等级道路沥青路面的各层结构所用沥青混合料的建议类型和最小压实厚度,根据道路等级、路面类型,所处的结构层位等条件,合理确定沥青混合料类型。

对于具体道路沥青结构层的设计,并不拘泥于表 8.17 所建议的沥青混合料类型,而必须根据道路实际情况经过分析论证后确定。如对于上面层,在某些特别炎热的地区,采用粗级配沥青混合料,如 AC-30、SMA-20、SMA-25,也认为是一种合理的选择。

表 8.17 沥青混合料类型

结构层次	高速公路、一级公路、城市快速路、主干路		其他等级公路	城市道路与其他道路工程
	三层式路面	两层式路面		
上面层	AC-13 AK-13 SMA-13 AC-16 AK-16 SMA-16 AC-20	AC-13 AK-13 SMA-13 AC-16 AK-16 SMA-16	AC-13 SMA-13 AC-16 SMA-16	AC-13 AK-13 SMA-13 AC-16 AK-16 SMA-16 AC-20
中面层	AC-20 AC-25	—	—	AC-20 AC-25
下面层	AC-25 AC-30	AC-20 AC-25 AC-30	AC-20 AM-25 AC-25 AM-30 AC-30	AC-25 AM-25 AC-30 AM-30

对于高速公路和一级公路,上面层一般采用 AC-13 或 SMA-13,中面层可采用 AC-20,下面层可采用 AC-25,路面基层可采用 ATB-25、ATB-30 或 ATPB-25。

高速公路、一级公路以及城市主干道,为防止雨水渗入路面下层,除面层可以采用开级配防滑磨耗层外,其余沥青层均应采用密实式沥青混合料,而不得采用沥青碎石。对于其他等级的道路,也至少有一层是密实式沥青混合料,以防止路面过早地出现水损害。

密级配沥青混凝土混合料(AC)可适用于各级公路沥青面层的任何结构层次。沥青玛琋脂碎石混合料(SMA)一般适用于铺筑新建公路的表面层、中面层或旧路面加铺磨耗层。设计空隙率为 6%~12% 的半开级配的沥青稳定碎石混合料(AM)仅适用于在沥青混合料拌和设备缺乏添加矿粉装置或采用人工砂料的情况下的三级及三级以下公路。设计空隙率为 3%~6% 的粗粒式或特粗式的密级配沥青稳定碎石混合料(ATB)则仅适用于路面的基层。设计空隙率大于 18% 的粗粒式或特粗式的排水式沥青稳定碎石混合料

(开级配沥青稳定碎石混合料,ATPB)则适用于排水基层使用。设计空隙率大于18%的细粒式排水式沥青磨耗层混合料(开级配排水性抗滑磨耗层混合料,OGFC)适用于高速行车、多雨潮湿、不易被尘土污染、非冰冻地区铺筑排水式沥青路面磨耗层。

2. 确定矿料的公称最大粒径

沥青面层集料的最大粒径宜从上至下逐渐增大,并应与压实层厚度相匹配,不易产生离析。为减少离析、便于摊铺压实和提高路面的耐久性,对热拌热铺密级配沥青混合料,沥青层-层的压实厚度不宜小于集料公称最大粒径的 2.5 ~ 3 倍。例如公称最大粒径 26.5 mm 的粗粒式沥青混凝土,其结构层厚度应大于 8 cm;公称最大粒径 19 mm 的中粒式沥青混凝土,其结构层厚度应大于 6 cm;公称最大粒径 16 mm 的中粒式沥青混凝土,其结构层厚度应大于 5 cm;公称最大粒径 13.2 mm 的细粒式沥青混凝土,其结构层厚度应大于 4 cm。

对于沥青混合料的最大粒径 D 同路面结构厚度 h 的关系,各国都有不同的规定,除前苏联规定矿料最大粒径分别为面层厚度的 60% 与基层厚度的 70% 倍外,一般国家均规定为面层厚度的 50% 倍以下。我国有关研究表明,随着 h/D 的增大,路面的疲劳耐久性提高,但车辙量增大;相反,h/D 减小,车辙量也减小,但耐久性却降低,特别是 $h/D<2$ 时,疲劳耐久性则急剧下降。因此一般建议结构层厚度与最大粒径的比值应控制在 $h/D \geq 2$。《公路沥青路面施工技术规范》(JTG F40—2004)中规定:对热拌热铺密级配沥青混合料,沥青层-层压实厚度不宜小于集料公称最大粒径的 2.5 倍;对高速公路、一级公路,则不宜小于公称最大粒径的 3 倍;对 SMA 和 OGFC 等混合料则不宜小于公称最大粒径的 2 ~ 2.5 倍。沥青混合料的最小压实厚度可参照表 8.18 进行选择。

表 8.18 沥青面层混合料的建议类型和最小压实厚度推荐值   mm

沥青路面结构层类型	道路等级	高速公路、一级公路、城市快速路、主干路			二级以下等级公路、一般城市道路			行人道路
	沥青混合料类型	AC	SMA	OGFC	AC	SMA		AC
磨耗层、表面层	集料公称最大粒径/mm							
	4.75	×	×	×	×	×		10
	9.5	30	25	20	25	25		20
	13.2	40	35	25	35	35		25
	16	50	40	×	45	40		×
	沥青混合料类型	AC	ATB		AC	AM	ATB	AC	AM
中面层、下面层、基层	集料公称最大粒径/mm								
	13.2	×	×		35	35	×	35	35
	16	50	×		45	40	×	45	40
	19	60	×		60	50	×	55	×
	26.5	80	80		×	60	80	×	×
	31.5	×	100		×	×	90	×	×
	37.5	×	120		×	×	100	×	×

注:×表示不宜选用。

3. 确定矿质混合料的级配范围

确定矿料级配是沥青混合料设计的一项非常重要的任务。所谓矿料级配组成设计,就是确定矿质混合料中不同粒径的颗粒之间的用量比例关系,通常采用不同粒径颗粒的质量比来表示。

在确定混合料类型后,可根据《公路沥青路面施工技术规范》(JTG F40—2004)所推荐的级配表确定集料的级配范围(表8.19(a)、8.19(b)、8.19(c))。通常以规定级配范围的中值作为设计级配,但也可以根据需要将设计级配线向上移动,以获得相对较细的混合料,或者设计级配线向下移动,来获得相对较粗的混合料。这是因为就规范的某一级配范围来说,在范围的上限还是下限,所配合的沥青混合料其性能往往有很大的差别,所以不能简单地以规范级配范围作为设计级配范围。

表8.19(a) 沥青混凝土矿料级配与沥青用量范围

级配类型	通过下列筛孔(mm)的质量百分率/%													沥青用量/%
	37.5	31.5	26.5	19	16	13.2	9.5	4.75	2.36	1.18	0.6	0.3	0.15	0.075	
AC-30 I	100	90~100	79~92	66~82	59~77	52~72	43~63	32~52	25~42	18~32	13~25	8~18	5~13	3~7	4.0~6.0
AC-30 II	100	90~100	65~85	52~70	45~65	38~58	30~50	18~38	12~28	8~20	4~14	3~11	2~7	1~5	3.0~5.0
AC-25 I		100	95~100	75~90	62~80	53~73	43~68	32~52	25~42	18~32	13~25	8~18	5~13	3~7	4.0~6.0
AC-25 II		100	90~100	65~85	52~70	42~62	32~52	20~40	13~30	9~23	6~16	4~12	3~8	2~5	3.0~5.0
AC-20 I			100	95~100	75~90	62~80	52~72	38~58	28~46	20~34	15~27	10~20	6~14	4~8	4.0~6.0
AC-20 II			100	90~100	65~85	52~70	40~60	26~45	16~23	11~25	7~18	4~13	3~8	2~5	3.5~5.5
AC-16 I				100	95~100	75~90	58~78	42~63	32~50	22~37	16~28	11~21	7~15	4~8	4.0~6.0
AC-16 II				100	90~100	65~85	50~70	30~50	18~35	12~26	7~19	4~11	3~9	2~5	3.5~5.5
AC-13 I					100	95~100	70~88	48~68	36~53	24~41	18~30	12~22	8~16	4~8	4.5~6.5
AC-13 II					100	90~100	60~80	34~52	22~38	14~28	8~20	5~14	3~10	2~6	4.0~6.0
AC-10 I						100	95~100	55~75	38~58	26~43	17~33	10~24	6~16	4~9	5.0~7.0
AC-10 II						100	90~100	40~60	24~42	15~30	9~22	6~15	4~10	2~6	4.5~6.5
AC-5 I							100	95~100	55~75	35~55	20~40	12~28	7~18	5~10	6.0~8.0

表8.19(b) 沥青碎石集料级配

级配类型	通过下列筛孔(mm)的质量百分率/%													沥青用量/%
	53.0	37.5	31.5	26.5	19	16	13.2	9.5	4.75	2.36	1.18	0.6	0.3	0.15	0.075	
AM-40	100	90~100	50~80	40~65	30~54	25~50	20~45	13~38	5~25	2~15	0~10	0~8	0~6	0~5	0~4	2.5~4.0
AM-30		100	90~100	50~80	38~65	32~57	25~50	17~42	8~30	2~20	0~15	0~10	0~8	0~5	0~4	2.5~4.0
AM-25			100	90~100	50~80	43~73	38~65	25~55	10~32	2~20	0~14	0~10	0~8	0~6	0~5	3.0~4.5
AM-20				100	90~100	60~85	50~75	40~65	15~40	5~22	2~16	1~12	0~10	0~8	0~5	3.0~4.5
AM-16					100	90~100	60~85	45~68	18~42	6~25	3~18	1~14	0~10	0~8	0~5	3.0~4.5
AM-13						100	90~100	50~80	20~45	8~28	4~20	2~16	0~10	0~8	0~6	3.0~4.5
AM-10							100	85~100	35~65	10~35	5~22	2~16	0~12	0~9	0~6	3.0~4.5

表 8.19(c) 抗滑表层混合料集料级配

级配类型	通过下列筛孔(mm)的质量百分率/%										沥青用量/%
	19	16	13.2	9.5	4.75	2.36	1.18	0.6	0.3	0.15	0.075	
AK-16	100	90~100	60~82	45~70	25~45	15~35	10~25	8~18	6~13	4~10	3~7	3.5~5.5
AK13A		100	90~100	60~80	30~53	20~40	15~30	10~23	7~18	5~12	4~8	3.5~5.5
AK13B		100	85~100	50~70	18~40	10~30	8~22	5~15	3~12	3~9	2~6	3.5~5.5

几种集料合成的级配线应接近要求的设计级配线,这几种原材料的配合比例可作为生产配合比参考。如反复调整各挡原材料的配合比例仍不能达到理想的程度,应将材料重新过筛,或更换材料再重新设计。

良好的矿料级配组成,应该使其空隙率在热稳定性容许的条件下最小,保证矿料之间及矿料与沥青之间的相互作用良好,使结构沥青充分裹覆矿料的表面,从而最大限度地发挥混合料的结构强度效应,以获得最佳路用品质。

沥青混合料常用的矿料级配范围可参照表 6.2~表 6.7、表 8.20 和表 8.21,在选用时,应根据级配理论和当地实际使用情况调查,最后确定出满足工程实际需要的矿料级配曲线范围。

表 8.20 三种级配类型沥青混合料的级配(ATB-沥青稳定碎石)

级配	通过下列筛孔(mm)的质量百分率/%												
	37.5	31.5	26.5	19	16	13.2	9.5	4.75	2.36	1.18	0.6	0.3	0.15	0.075
ATB-30	100	95	80.3	57.5	48	42.6	35.2	25	17.2	13	9.1	6.9	5.7	5
ATB-25	100	100	95	70	58	52	42	30	23	17	13	9	6	5
AC-30 I	100	95	86	74	68	62	53	42	34	25	19	13	9	5

表 8.21 三种级配类型沥青混合料的车辙实验数据

级配	动稳定度/(次·mm^{-1})	总变形量/mm
ATB-30	5115	1.64
ATB-25	3000	2.74
AC-30 I	682	8.86

密级配沥青混凝土设计时,其设计级配宜在表 8.20 的范围内选取,根据公路等级、工程性质、气候、交通条件、材料品种等因素,通过对大体相当的工程使用情况进行调查研究调整确定。密级配沥青稳定碎石可直接采用表 6.5 的范围作为工程设计级配范围。

设计级配线确定后,即可确定级配线范围。如上所述,级配线应根据工程需要确定容许的波动范围,而不能简单地直接采用规范的级配范围,高速公路、一级公路或城市干道等重要工程尤其要严格控制级配范围。生产的级配线虽然容许在一定的范围内波动,但也不得有过多的"犬牙"交错,如果经过反复调整,仍有两个或两个以上筛孔落在级配线范围以外,则应对原材料进行调整或更换材料。

调整工程设计级配范围时,应按表 6.1 确定采用粗型(C 型)或细型(F 型)混合料。

对夏季温度高、高温持续时间长,重载交通多的路段,宜选用粗型密级配沥青混合料(AC-C型),并取较高的设计空隙率。对冬季温度低、且低温持续时间长的地区,或者重载交通较少的路段,宜选用细型密级配沥青混合料(AC-F型),并取较低的设计空隙率。

为确保高温抗车辙能力,同时兼顾低温抗裂性能的需要,配合比设计时宜适当减少公称最大粒径附近的粗集料用量,减少0.6 mm以下部分细集粉的用量,使中等粒径集料较多,形成S型级配曲线,并取中等或偏高水平的设计空隙率。

通常选择矿料级配,有理论法和经验法两种。经验法就是根据当地的实际经验,采用规范推荐的矿料级配范围,来进行矿料配合的设计。理论法有泰勒的 n 法、同济大学提出的 i 法、前苏联的 k 法以及粒子干涉理论等设计方法。不管怎样设计矿料级配,一定要注意下面三个问题。

①矿质混合料的空隙率。为满足路面防水、耐老化、抗疲劳等性能,一般要求沥青混合料压实后剩余空隙率在2%~5%,但为满足高温稳定性和混合料的热稳性,剩余空隙率又不得小于2%。如果矿质混合料自身空隙率过大,则需要增加较多的沥青以减小沥青混合料的空隙率;如果矿质混合料的空隙率过小,则影响沥青的添加数量,使沥青膜过薄,不利于沥青混合料的低温抗裂性和耐久性能。因此一般还要对矿质混合料的矿料间隙率进行限制,以保证沥青混合料的空隙率和合适的沥青用量。

②一定的矿粉用量和合适的粉胶比。矿粉用量不足,不利于形成结构沥青膜,沥青混合料的剩余空隙率会增大,混合料耐久性不好或引起混合料的马歇尔稳定度不足;而矿粉用量太多,沥青用量会相应增加很多,甚至使混合料剩余空隙率太低,从而降低了混合料的热稳定性,增加了低温脆性,对混合料的低温抗裂性不利,因此一般混合料的矿粉用量不得超过10%。过去常规的马歇尔设计法中并没有提出粉胶比的概念,直到1989年,美国联邦公路局在"沥青混合料设计和现场控制"这一内部文件中明确提出了矿粉和有效沥青用量之比即粉胶比这一概念,并提出应控制在0.6~1.2之间。粉胶比实际上是指小于0.075 mm的颗粒含量与有效沥青用量之比。有效沥青用量是指总的沥青用量减去被集料表面空隙吸收进去的沥青用量。为防止路面产生车辙和泛油,以及提高混合料的黏结力与耐久性,必须严格控制粉胶比的大小。一般对细级配沥青混合料通常控制在0.6~1.2,对粗级配沥青混合料则控制在0.8~1.6;比较常用的混合料都在0.8~1.2之间。

③矿质混合料要有好的压实特性。对于马歇尔设计方法,一般较难判定一种混合料压实特性的好坏,但采用旋转压实方法成型试件,可以通过混合料的压实曲线判断出混合料的压实特性,如采用初始碾压次数(压实次数)和最大碾实次数时的混合料密实度大小来进行判断,这在后面 Superpave 混合料设计中将作介绍。总之,矿料级配应具有较好的压实特性,既不能对压实作用十分敏感,也不能在最大压实作用后(模拟路面使用末期的情况)剩余空隙率过低。

4. 混合料结构组合

除了考虑各种混合料路用性能特点外,各种混合料结构组合还应注意以下问题。

①沥青面层宜采用双层或三层式结构,各层之间应联结成为整体,因此在沥青层下必须浇洒透层沥青,沥青层与沥青层之间必须喷洒黏层沥青。

②沥青路面应满足耐久性、抗车辙、抗裂、密水、抗滑等多方面性能要求,且便于施工,

还应根据施工机械、工程造价等实际情况来选择沥青混合料的种类。

③对高速公路、一级公路,为提高沥青混合料的使用性能和延长沥青路面的使用寿命,或采用普通的道路沥青不能满足使用要求时,宜对上面层和(或)中面层沥青结合料采取改性措施,或采用 SMA 等特殊的矿料级配,如果有需要,二级公路也可采用改性沥青或 SMA 结构。

④对沥青层较厚的高速公路、一级公路,在选择级配类型、确定矿料级配和最佳沥青用量时,应首先保证各层的组合不致发生早期破坏,并在此基础上优先或侧重考虑各层的服务功能作出选择。

a. 表面层应具有良好的表面功能、密水、耐久、抗车辙、抗裂。潮湿区和湿润区的路面上面层应符合潮湿条件下的抗滑要求,抗滑性能不符合要求时,宜铺筑抗滑磨耗层。在寒冷地区,表面层应考虑低温抗裂性能的要求。

b. 三层式路面的中面层或双层式路面的下面层应重点满足混合料的高温抗车辙性能。

c. 下面层应在满足高温抗车辙性能的基础上,重点考虑抗疲劳性能及抗裂性能的要求。

d. 除排水式沥青混合料外,每一层都应该考虑密水性,当上层属渗水性结构层时,层间或下层应采取防渗水或排水措施。

⑤高速公路的紧急停车带(硬路肩)沥青面层宜采用与行车道相同的结构,且表面层宜采用密级配沥青混合料铺筑。

8.2.2 沥青混合料组成材料的选择与准备

沥青混合料材料的选择,包括沥青、碎石、石屑、砂、矿粉以及添加剂等。除沥青、添加剂外,砂石材料应尽可能就近采购。为此,在具体设计之前应先对材料的料源进行调查,调查的内容包括材料的质量、产量、价格、运输条件等。对初步选定的材料要取样进行原材料试验,在确认符合要求后,可进行沥青混合料配合试探性试验,当试验证明材料适用并经过技术经济比较后,确定所选材料,否则应另外选择材料。

从工程实际使用材料中选择的代表性样品,应符合气候和交通条件的需要,其质量应符合现行规范规定的技术要求。

相关材料的选择与准备可参见第 2 章有关内容。

8.2.3 矿质混合料合成级配调整与确定

矿料级配设计主要有三方面的工作:
①组成材料的筛分和矿料相对密度计算;
②组成材料的配合比计算和合成矿料的性能指标计算;
③调整配合比。

矿料级配计算方法,现在大都采用计算机 Excel 的功能,开发了各种各样的矿料级配设计和级配曲线绘制方法,速度快,图表清晰,均可使用。这种人机对话方式不断调整得到的级配较好。

沥青混合料的矿料级配应符合工程规定的设计级配范围。密级配沥青混合料宜根据公路等级、气候及交通条件按表6.1选择采用粗型(C型)或细型(F型)混合料,并在表范围内确定工程设计级配范围,通常情况下工程设计级配范围不宜超出表6.2~表6.7的要求。

对高速公路和一级公路,宜在工程设计级配范围内计算1~3组粗细不同的配比,绘制设计级配曲线,分别位于工程设计级配范围的上方、中值及下方。设计合成级配不得有太多的锯齿形交错,且在0.3~0.6 mm范围内不出现"驼峰"。当反复调整不能满意时,宜更换材料设计。

矿质混合料配合比设计是沥青混合料设计的重要环节,有关设计的详细步骤可参见第6章。

8.2.4 马歇尔试验

1. 马歇尔试验试件的制作

预估沥青混合料的适宜的油石比P_a,以预估的油石比为中值,按一定间隔(对密级配沥青混合料通常为0.5%,对沥青碎石混合料可适当缩小间隔为0.3%~0.4%),取5个或5个以上不同的油石比分别成型马歇尔试件。每组试件的试样数按现行试验规程的要求确定,对粒径较大的沥青混合料,宜增加试件数量。5个不同油石比不一定选整数,例如预估油石比为4.8%,可选3.8%、4.3%、4.8%、5.3%、5.8%等。

沥青混合料试件的制作温度与施工实际温度相一致,普通沥青混合料可参照表8.22,改性沥青混合料的成型温度在此基础上再提高10~20 ℃。马歇尔试验技术标准见表8.23。

表8.22 热拌普通沥青混合料试件的制作温度   ℃

工 序	石油沥青的标号				
	50号	70号	90号	110号	130号
沥青加热温度	160~170	155~165	150~160	145~155	140~150
矿料加热温度	集料加热温度比沥青温度高10~30(填料不加热)				
沥青混合料拌和温度	150~170	145~165	140~160	135~155	130~150
试件击实成型温度	140~160	135~155	130~150	125~145	120~140

注:表中混合料温度,并非拌和机的油浴温度,应根据沥青的针入度、黏度选择,不宜都取中值

表 8.23　密级配沥青混凝土混合料马歇尔试验技术标准

（本表适用于公称最大粒径≤26.5 mm 的密级配沥青混凝土混合料）

试验指标		高速公路、一级公路				其他等级公路	行人道路
		夏炎热区(1-1、1-2、1-3、1-4 区)		夏热区及夏凉区(2-1、2-2、2-3、2-4、3-2 区)			
		中轻交通	重载交通	中轻交通	重载交通		
击实次数(双面)/次		75				50	50
试件尺寸/mm		ϕ101.6 mm×63.5 mm					
空隙率 V_v	深约 90 mm 以内/%	3~5	4~6	2~4	3~5	3~6	2~4
	深约 90 mm 以下/%	3~6	2~4	3~6	3~6	—	
稳定度/kN ≥		8				5	3
流值/mm		2~4	1.5~4	2~4.5	2~4	2~4.5	2~5

矿料间隙率 VMA /% ≥	设计空隙率 /%	相应于以下公称最大粒径(mm)的最小 VMA 及 VFA 技术要求/%					
		26.5	19	16	13.2	9.5	4.75
	2	10	11	11.5	12	13	15
	3	11	12	12.5	13	14	16
	4	12	13	13.5	14	15	17
	5	13	14	14.5	15	16	18
	6	14	15	15.5	16	17	19
沥青饱和度 VFA/%		55~70		65~75		70~85	

注：①对空隙率大于5%的夏炎热区重载交通路段，施工时应至少提高压实度1%；
②当设计的空隙率不是整数时，由内插确定要求的 VMA 最小值；
③对改性沥青混合料，马歇尔试验的流值可适当放宽

2. 马歇尔试件物理、力学指标测定

(1)测定压实沥青混合料试件的毛体积相对密度 γ_f 和吸水率

测试方法应遵照以下规定执行：

①通常采用表干法测定毛体积相对密度；
②对吸水率大于2%的试件，宜改用蜡封法测定毛体积相对密度；
③对吸水率小于0.5%的特别致密的沥青混合料，在施工质量检验时，允许采用水中重法测定的表观相对密度作为标准密度，钻孔试件也采用相同方法。但配合比设计时不得采用水中重法。

(2)确定沥青混合料的最大理论相对密度

在成型马歇尔试件的同时，真空法实测各组沥青混合料的最大理论相对密度 γ_{ti}。

(3)计算沥青混合料试件的空隙率、矿料间隙率 VMA、有效沥青的饱和度 VFA。

(4)测定马歇尔稳定度及流值

8.2.5 最佳沥青用量确定

五个油石比分别为 3.5%、4.0%、4.5%、5.0%、5.5%。以油石比为横坐标,以马歇尔试验的各项指标为纵坐标,将试验结果点入图中,连成圆滑的曲线,如图 8.2 所示。确定均符合规范规定的沥青混合料技术标准的沥青用量范围 $OAC_{\min} \sim OAC_{\max}$。选择的沥青用量范围必须涵盖设计空隙率的全部范围,并尽可能涵盖沥青饱和度的要求范围,并使密度及稳定度曲线出现峰值。如果没有函盖设计空隙率的全部范围,试验必须扩大沥青用量范围重新进行。

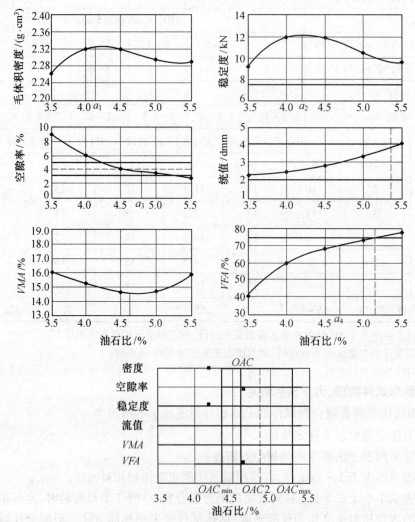

图 8.2 沥青用量与各项指标的关系曲线

根据试验曲线的走势,按下列方法确定沥青混合料的最佳沥青用量 OAC。

在曲线图 8.2 上求取相应于密度最大值、稳定度最大值、目标空隙率(或中值)、沥青饱和度范围的中值的沥青用量 a_1、a_2、a_3、a_4。取 a_1,a_2,a_3,a_4 的平均值作为 OAC_1。

$$OAC_1 = (a_1+a_2+a_3+a_4)/4 \tag{8.20}$$

对寒区公路、旅游公路、交通量很少的公路,最佳沥青用量可以在 OAC 的基础上增加 0.1% ~0.3%,以适当减小设计空隙率,但不得降低压实度要求。

如果在所选择的沥青用量范围未能涵盖沥青饱和度的要求范围,取 a_1,a_2,a_3 的平均值作为 OAC_1。

$$OAC_1 = (a_1+a_2+a_3)/3 \tag{8.21}$$

注:绘制曲线时含 VMA 指标,且应为下凹形曲线,但确定 OAC_{min} ~ OAC_{max} 时不包括 VMA。

对所选择试验的沥青用量范围,密度或稳定度没有出现峰值(最大值经常在曲线的两端)时,可直接以目标空隙率所对应的沥青用量 a_3 作为 OAC_1,但 OAC_1 必须介于 OAC_{min} ~ OAC_{max} 的范围内。否则应重新进行配合比设计。

以各项指标均符合技术标准(不含 VMA)的沥青用量范围 OAC_{min} ~ OAC_{max} 的中值作为 OAC_2。

$$OAC_2 = (OAC_{min}+OAC_{max})/2 \tag{8.22}$$

通常情况下取 OAC_1 及 OAC_2 的中值作为计算的最佳沥青用量 OAC。

$$OAC = (OAC_1+OAC_2)/2 \tag{8.23}$$

按最佳油石比 OAC,从图 8.2 中得出所对应的空隙率和 VMA 值,检验是否能满足规范关于最小 VMA 值的要求。OAC 宜位于 VMA 凹形曲线最小值的贫油一侧。当空隙率不是整数时,最小 VMA 按内插法确定,并将其画入图 8.2(e)中。

检查图 8.1 中相应于此 OAC 的各项指标是否均符合马歇尔试验技术标准。

根据实践经验和公路等级、气候条件、交通情况,调整确定最佳沥青用量 OAC。

调查当地各项条件相接近的工程的沥青用量及使用效果,论证适宜的最佳沥青用量。检查计算得到的最佳沥青用量是否相近,如相差甚远,应查明原因,必要时重新调整级配,进行配合比设计。

对炎热地区公路以及高速公路、一级公路的重载交通路段,山区公路的长大坡度路段,预计有可能产生较大车辙时,宜在空隙率符合要求的范围内将计算的最佳沥青用量减小 0.1% ~0.5% 作为设计沥青用量。此时,除空隙率外的其他指标可能会超出马歇尔试验配合比设计技术标准,配合比设计报告或设计文件必须予以说明。但配合比设计报告必须要求采用重型轮胎压路机和振动压路机组合等方式加强碾压,以使施工后路面的空隙率达到未调整前的原最佳沥青用量时的水平,且渗水系数符合要求。如果试验段试拌试铺达不到此要求时,宜调整所减小的沥青用量的幅度。

8.2.6 配合比设计检验

对用于高速公路和一级公路的密级配沥青混合料,需在配合比设计的基础上按本规范要求进行各种使用性能的检验,不符合要求的沥青混合料,必须更换材料或重新进行配合比设计。其他等级公路的沥青混合料可参照执行。

1. 高温稳定性检验

对公称最大粒径等于或小于 19 mm 的混合料,按规定方法进行车辙试验,动稳定度应符合规范要求。

对公称最大粒径大于 19 mm 的密级配沥青混凝土或沥青稳定碎石混合料,由于车辙试件尺寸不能适用,不宜按本规范方法进行车辙试验和弯曲试验。如需要检验可加厚试件厚度或采用大型马歇尔试件。

2. 水稳定性检验

按规定的试验方法进行浸水马歇尔试验和冻融劈裂试验,残留稳定度及残留强度比均必须符合规范规定。

3. 低温抗裂性能检验

对公称最大粒径等于或小于 19 mm 的混合料,按规定方法进行低温弯曲试验,其破坏应变宜符合规范要求。

4. 渗水系数检验

利用轮碾机成型的车辙试件进行渗水试验检验的渗水系数宜符合规范要求。

5. 钢渣活性检验

对使用钢渣的沥青混合料,应按规定的试验方法检验钢渣的活性及膨胀性试验,并符合规范要求。

6. 配合比设计检验

根据需要,可以改变试验条件进行配合比设计检验,如按调整后的最佳沥青用量、变化最佳沥青用量 $OAC±0.3\%$、提高试验温度、加大试验荷载、采用现场压实密度进行车辙试验;在施工后的残余空隙率(如 7%～8%)的条件下进行水稳定性试验和渗水试验等,但不宜用规范规定的技术要求进行合格评定。

8.3　生产配合比设计

在目标配合比确定之后,应利用实际施工的拌和剂进行配合比设计。根据工程需要采用合适型号的拌和机,在拌和锅正面设有取样窗。实验前,应首先根据级配类型选择振动筛筛号,使几个热料仓的材料不致相差太多。最大筛孔应保证使超粒径料排出,使最大粒径筛孔通过符合设计的范围要求。按目标配合比设计的冷料比例上料,烘干,过筛,然后取样筛分。与目标配合比设计一样进行矿料级配计算,供拌和机控制室使用。并取目标配合比设计的最佳沥青用量 OAC、$OAC±0.3\%$ 等 3 个沥青用量进行马歇尔试验和试拌,通过室内试验及从拌和机取样试验综合确定生产配合比的最佳沥青用量,由此确定的最佳沥青用量与目标配合比设计的结果的差值不宜大于 $±0.2\%$。对连续式拌和机可省略生产配合比设计步骤。

8.4 生产配合比验证

生产配合比验证阶段即试样试铺阶段。施工单位进行试样试铺时,应报告监理部门及业主、工程指挥部会同设计、监理、施工人员一起进行鉴别。拌和机按照生产配合比结果进行试拌,首先由在场人员对混合料级配及油石比发表意见。如果有不同意见,应适当调整再进行观察,力求意见一致。然后用此混合料在试验段上试铺,进一步观察摊铺、碾压过程和成型混合料的表面状况,判断混合料的级配及油石比。如果不满意,也应适当调整,重新试拌试铺,直到满意为止。另一方面,实验室密切配合现场指挥部,在拌和厂或摊铺机旁采集沥青混合料试样,进行马歇尔试验,检验是否符合标准要求。同时还应进行车辙试验及浸水马歇尔试验,进行高温稳定性验证。只有所有指标全部合格,才能交付生产使用。在试铺试验段时,实验室还应在现场取样进行抽提试验,再次检验实际级配和油石比是否合格,同时从路上钻取芯样观察空隙率的大小。

8.5 AC-25 工程实例

8.5.1 工程资料

(1)道路等级

某省高速公路,中面层采用 AC-25 沥青混合料。

(2)气候分区

根据沥青混合料气候分区,该地区属于半干区的 2-2 区。

(3)供应材料

沥青采用 90 号沥青,质量符合 A 等级要求;碎石采用石灰岩轧制的碎石料,其材料与加工均符合规格要求;矿粉为石灰石专门加工磨细的石粉。

8.5.2 设计方案

配合比设计采用马歇尔设计法,确定集料级配,并由此确定各挡碎石材料的配合比例;确定沥青用量(或油石比);沥青用量合理性检验;沥青混合料性能检验。

8.5.3 原材料测试

1. 沥青

沥青测试指标见表 8.24。

表 8.24 沥青测试指标

项目		技术要求(90 号)		试验结果	试验方法
		规范规定	招标合同要求		
针入度(25 ℃,100 g,5 s)/0.1 mm		80~100	80~100	83	JTJ T0604
延度/cm	15 ℃	≥100	>150	>150	JTJ T0605
	10 ℃	≥30	>30	>150	JTJ T0605
软化点 $T_{R\&B}$/℃		≥44	44~52	44.7	JTJ T0606
溶解度(三氯乙烯)/%		≥99.5	>99.0	99.6	JTJ T0607
闪点(COC)/℃		≥245	>245	342	JTJ T0611
密度(15 ℃)/(g·cm³)		实测	实测	1.033	JTJ T0603
蜡含量/%		2.2	<2	0.64	JTJ T0615
黏度	60 ℃	140	实测	150	JTJ T0602
	135 ℃	实测	实测	323.3	JTJ T0619
TFOT 后	质量损失/%	≤±0.8	<0.5	±0.11	JTJ T0609
	针入度比/%	≥57	>70	79.5	JTJ T0604
	延度/cm 25 ℃	>75	>100	>150	JTJ T0605
	15 ℃	≥20	>80	>150	JTJ T0605
	10 ℃	8	>10	22	JTJ T0605

2. 集料

粗集料存在超粒径颗粒,配制 AC-25 沥青混凝土,必须将大于 26.5 mm 部分筛除后使用。各种粗集料筛分结果见表 8.25。各种粗集料质量规格见表 8.26。

表 8.25 各种粗集料筛分结果

材料	通过下列筛孔(mm)的质量百分率/%								
	31.5	26.5	19	16	13.2	9.5	4.75	2.36	0.6
10~30 mm	100	78.1	30.7	9.4	0				
(S7 碎石规范要求)	90~100					0~15	0~5		
(S6 碎石规范要求)	90~100	—		—	0~15		0~5		
10~20 mm		100	100	96.5	75.8	26.4	0		
(S9 碎石规范要求)			95~100		—		0~15	0~5	
5~10 mm					100	99.2	99.2	4.9	
(S12 碎石规范要求)					100	95~100	0~10	0~5	
3~5 mm						100	74.8	8.3	0
(S14 碎石规范要求)						100	90~100	0~15	0~5

表8.26 各种粗集料质量规格

指标	规范要求	碎石规格/mm		
		10~30	10~20	5~10
压碎值/%	≤25	15.0		
洛杉矶磨耗值/%	≤28	19.2		
磨光值/%	中层不需要	—		
视密度/(g·cm^{-3})	>2.5	2.818 1	2.836 4	2.827 5
表干密度/(g·cm^{-3})		2.801 8	2.797 0	2.787 3
吸水率%	<2.0	0.85		
针片状含量/%	<15	9.1	5.7	—
含泥量/%	<1	接近0		
软石含量/%	<5	未发现		
坚硬性/%	<12	石质良好,经判断可以不做		

细集料采用某地河沙。砂的质量规格见表8.27。砂的筛分结果见表8.28。

表8.27 砂的质量规格

指标	规范要求	试验结果
细度模数	粗砂:3.7~3.1 中砂:3.0~2.3	3.02
表观密度/(g·cm^{-3})	>2.5	2.622 7
砂当量	>60	64
外观	—	洁净、坚硬、无杂质
<0.075 mm含量/%	<3	0.15
坚固性/%	>12	砂质良好,经判断可以不做

表8.28 砂的筛分结果

材料	通过下列筛孔(mm)的质量百分率/%							
	9.5	4.75	2.36	1.18	0.6	0.3	0.15	0.075
某地河砂	100	92.8	86.1	63.9	38.9	10.4	1.1	0.15
规范要求	100	90~100	75~90	50~90	30~60	8~30	0~10	0~5

3.填料

石粉的质量规格见表8.29。

表 8.29 石粉的质量规格

指标	规范要求	石灰石石粉	筛孔	规范要求	通过百分率
			0.6 mm	100%	100%
表观指标/(g·cm^{-3})	>2.5	2.014	0.3 mm	—	98.3%
亲水系数	<1	<1.0	0.15 mm	90%~100%	93.3%
含水率/%	<1	0.15	0.075 mm	75%~100%	82.5%

8.5.4 目标配合比设计

1. 集料级配设计

级配设计采用计算机人机对话方式进行，对上述材料反复进行矿料级配计算得到各种材料的配合比如下：

(10~30 mm)碎石∶(10~20 mm)碎石∶(3~5 mm)石屑∶砂∶矿粉 = 24∶33∶13∶23∶7

合成级配见表 8.30，符合规范要求。

表 8.30 集料级配设计结果

筛孔/mm	规范要求级配范围/%	中值/%	合成级配/%
26.5	90~100	95.0	94.7
19.0	75~90	82.5	83.4
16.0	65~83	74.0	77.1
13.2	56~76	66.0	68.0
9.5	46~65	55.5	51.7
4.75	24~52	38.0	38.1
2.36	16~42	29.0	27.9
1.18	12~33	22.5	21.7
0.6	8~24	16.0	15.9
0.3	5~17	11.0	9.3
0.15	4~13	8.5	6.8
0.075	3~7	5.0	5.8

2. 马歇尔试验及最佳油石比确定

按此配比根据经验选定油石比在 3.5%~5.5% 范围，以 0.5% 间隔，成型制作不同油石比的马歇尔试件，并分别进行马歇尔试验。试验结果见表 8.31、表 8.32。

表 8.31　中层目标配合比马歇尔试验结果

油石比/%	理论密度/(g·cm^{-3})	表干密度/(g·cm^{-3})	空隙率/%	饱和度/%	矿料间隙率/%	稳定度/kN	流值/mm	马歇尔模数/(kN·mm^{-1})
3.5	2.604	2.442	6.2	57.2	14.5	9.24	2.18	4.46
4.0	2.585	2.467	4.5	68.0	14.1	11.26	2.14	5.37
4.5	2.556	2.483	3.2	77.1	14.1	13.90	2.35	5.99
5.0	2.548	2.495	2.1	35.4	14.2	12.00	2.42	4.92
5.5	2.530	2.491	1.5	89.6	14.8	8.99	2.55	3.59

表 8.32　不同测定方法计算出的马歇尔指标

油石比/%	水中重法/%		表干法[①]/%		体积法/%	
	空隙率	饱和度	空隙率	饱和度	空隙率	饱和度
3.5	5.6	60.0	6.2	57.2	5.8	59.6
4.0	3.9	71.2	4.5	68.0	5.1	65.4
4.5	3.0	78.3	3.2	77.1	2.5	81.3
5.0	1.9	86.4	2.1	85.4	1.8	87.2
5.5	1.3	91.2	1.5	89.6	1.5	90.0

注:①以表干法测得的空隙率和饱和度作为分析数据

根据沥青油石比对沥青混合料不同指标进行绘图(图略)。计算最佳油石比如下:
①按最大密度、最大稳定度、空隙率中值确定的最佳油石比 $OAC_1 = 4.54\%$;
②按各项指标全部合格范围的中值确定的最佳油石比 $OAC_2 = 4.31\%$;
③由此确定的最佳油石比 $OAC = 4.4\%$;
④相应的最佳沥青含量 $OAC = 4.2\%$。

3. 高温稳定性检验

按规范规定,对于高速公路沥青路面上面层及中面层的沥青混凝土混合料进行配合比设计时,应通过车辙试验对抗车辙能力进行检验。因此,由马歇尔试验设计的配合比并不能马上就作为目标配合比。对上述设计级配及油石比的沥青混合料在温度 60 ℃、轮压 0.7 MPa 条件下进行车辙试验。试验结果表明,该配合比的动稳定度为 3 150 次/min,符合规范要求。

4. 水稳定性检验

按照最佳油石比为 4.4% 重新制作试件,进行马歇尔试验及 48 h 浸水马歇尔试验。对沥青混合料的水稳定性进行验证,结果见表 8.33。

表8.33 目标配合比浸水马歇尔试验结果

油石比/%	理论密度/(g·cm^{-3})	表干密度/(g·cm^{-3})	空隙率/%	饱和度/%	矿料间隙率/%	稳定度/kN	流值/mm	马歇尔模数/(kN·mm^{-1})	浸水时间/h
4.4	2.566	2.456	4.5	70.8	15.2	14.18	2.84	5.00	0.5
4.4	2.566	2.482	3.3	76.8	14.1	14.29	2.81	5.24	48.0

残留稳定度为100.1%,符合规范规定半干区不得小于75%的要求。需要说明的是,这种残留稳定度超过100%的现象对稳定度高的密级配沥青混凝土来说并不奇怪,说明水稳定性良好。稳定度大小是属于试验值波动问题。

由上述结果得出目标配合比的矿料级配及最佳油石比为4.4%,规范规定此配合比仅供拌和机确定各冷料仓的供料比例、进料速度及试拌使用。

8.5.5 生产配合比设计

与目标配合比设计一样进行矿料级配计算,本工程采用的振动筛为32 mm、20 mm、10 mm、4 mm四级,筛分后在热料仓取样。施工热料仓材料各项基本指标见表8.34,筛分的结果及计算得到的配合比见表8.35。其合成级配即生产配合比的4.75 mm、2.36 mm、0.075 mm筛孔的通过质量百分率大体接近中值,均符合规定设计范围的要求。设计的矿料配合比为:4号仓(20~30 mm):3号仓(10~20 mm):2号仓(4~10 mm):1号仓(0~4 mm):矿粉=23:21:23:26:7。

表8.34 施工热料仓材料质量规格

热料仓	4号仓	3号仓	2号仓	1号仓	备注
粒径/mm	20~32	10~20	4~10	0~4	
视密度/(g·cm^{-3})	2.836	2.843	2.805	2.687	矿粉视密度为2.801
毛体积密度/(g·cm^{-3})	2.803	2.801	2.744		
表干密度/(g·cm^{-3})	2.815	2.816	2.766		

表8.35 施工热料仓筛分结果及配合比

筛孔/mm	热料仓筛分结果及配比/%					设计级配范围/%	中值/%	合成级配(目标配合比)/%
	4号仓 20~30 mm	3号仓 10~20 mm	2号仓 4~10 mm	1号仓 0~4 mm	矿粉			
26.5						90~100	95	95.4
19.0						75~90	82.5	82.9
16.0						65~83	74.0	72.6
13.2						56~76	66	64.4
9.5		100		100		46~65	55.5	57.5
4.75	80	75.8		92.8		24~52	38.0	39.6
2.36	25.5	40.0	100	85		16~42	29	29.2
1.18	3	7.68	99.48	63.9		12~33	22.5	23.6
0.6		0.22	36.46	38.9		8~24	16	17.1
0.3			0.61	10.4	100	5~17	11	9.7
0.15				5.6	83.7	4~13	8.5	7.3
0.075				0.15	80	3~7	5.0	5.6

按此配合比进行马歇尔试验,结果见表 8.36。规范规定试验油石比可取目标配合比、得到的最佳油石比及其±0.3%三挡试验。本工程为慎重起见,仍用与前相同的五挡试验,将其结果绘成图(图略)。计算最佳油石比如下:

表 8.36 生产配合比马歇尔试验结果

油石比/%	理论密度/(g·cm^{-3})	表干密度/(g·cm^{-3})	空隙率/%	饱和度/%	矿料间隙率/%	稳定度/kN	流值/mm	马歇尔模数/(kN·mm^{-1})
3.5	2.636	2.418	8.3	49.9	16.5	10.10	21.7	4.71
4.0	2.617	2.455	6.6	59.2	16.1			

①按最大的密度、最大稳定度、空隙率中值确定的最佳油石比 $OAC_1=4.63\%$;
②按各项指标全部合格的范围的中值确定的最佳油石比 $OAC_2=4.95\%$;
③由此确定的最佳油石比 $OAC=4.8\%$;
④相应的最佳沥青用量 $OAC=4.6\%$。

此结果与目标配合比设计结果相差 0.4%,基本吻合。结合以往经验,采用平均值即油石比为 4.6%(沥青用量 4.4%)作生产配合比的建议油石比,供试样铺时使用。该拌和机每一锅拌和能力为 1 600 kg,故各料仓的用量为:

4 号仓(20~30 mm):1 600 kg×(1-4.4%)×23%=352 kg
3 号仓(10~20 mm):1 600 kg×(1-4.4%)×21%=321 kg
2 号仓(4~10 mm):1 600 kg×(1-4.4%)×23%=352 kg
1 号仓(0~4 mm):1 600 kg×(1-4.4%)×26%=398 kg
矿粉:1 600 kg×(1-4.4%)×7%=107 kg
沥青:1 600 kg×4.4%=70 kg

可见四个料仓用量大体上是平衡的。

8.5.6 生产配合比验证

第一次取样测定马歇尔指标:稳定度为 11.1 kN;流值为 3.5 mm;空隙率为 3.7%;沥青饱和度为 78.5%;实际油石比为 4.55%。

矿料级配及马歇尔指标均符合规范要求,随即决定取样成型试件进行车辙试验。车辙试验动稳定度为 2 060 次/mm,满足要求。

浸水马歇尔试验的结果表明,残留稳定度达 98%,也是合格的。

试验室据此编写了配合比设计报告:
①料仓比例。4 号仓(20~30 mm):3 号仓(10~20 mm):2 号仓(4~10 mm):1 号仓(0~4 mm):矿料=22:23:21:27:7。
②设计油石比为 4.6%,相应的沥青用量为 4.4%,施工容许误差不得超过±0.3%。

第9章 沥青玛琋脂碎石混合料(SMA)配合比设计及工程实例

9.1 SMA 混合料目标配合比设计

沥青玛琋脂(Stone Mastic Asphol,简称 SMA)混合料是由沥青玛琋脂填充沥青碎石组成的混合料。有关 SMA 的技术情况可参见本书第 2 章中有关叙述。

9.1.1 沥青混合料类型的选择与确定

沥青玛琋脂碎石混合料(SMA):由高含量的粗碎石和少量细集料形成骨架,用沥青、矿粉、纤维组成的玛琋脂填充骨架的空隙,形成密实结构,以提高沥青混合料的路用性能。它是具有高比例的粗集料和高的矿粉含量的间断级配混合料。矿质集料中 4.75～16 mm 的粗集料高达 70%～80%,矿粉用量为 8%～13%,一般 0.075 mm 筛孔的通过率高达 10%,细集料很少。由于粗集料之间的接触形成了具有抵抗永久变形能力的骨架结构,高比例的、单一粒径的粗集料使颗粒之间有很好的嵌锁。目前,SMA 已成为我国高速公路重要的表面层类型之一,使用较多的是 SMA-13。

9.1.2 沥青混合料组成材料的选择与确定

1.沥青

SMA 混合料沥青用量多,为 6.5%～7.0%,要求沥青黏度大、软化点高、温度稳定性好,最好采用改性沥青。改性沥青可单独或复合采用高分子聚合物、天然沥青及其他改性材料制作。制造改性沥青的基质沥青应与改性剂有良好的配伍性,其质量宜符合 A 级或 B 级道路石油沥青的技术要求。改性沥青宜在固定式工厂或在现场设厂集中制作,也可在拌和厂现场边制造边使用,改性沥青的加工温度不宜超过 180 ℃。胶乳类改性剂和制成颗粒的改性剂可直接投入拌和缸中生产改性沥青混合料。

各类聚合物改性沥青的质量应符合表 9.1 的技术要求,其中 PI 值可作为选择性指标。当使用表 9.1 以外的聚合物及复合改性沥青时,可通过试验研究制订相应的技术要求。

表9.1 聚合物改性沥青技术要求

指　标		SBS 类(I类)				SBR 类(II类)			EVA、PE 类(III类)				试验方法
		I-A	I-B	I-C	I-D	II-A	II-B	II-C	III-A	III-B	III-C	III-D	
针入度(25 ℃,100 g,5 s)		>100	80~100	60~80	30~60	>100	80~100	60~80	>80	60~80	40~60	30~40	T 0604
针入度指数 PI	≥	-1.2	-0.8	-0.4	0	-1.0	-0.8	-0.6	-1.0	-0.8	-0.6	-0.4	T 0604
延度(5 ℃,5 cm/min)	≥	50	40	30	20	60	50	40	—	—	—	—	T 0605
软化点 $T_{R\&B}$	≤	45	50	55	60	45	48	50	48	52	56	60	T 0606
运动黏度① (135 ℃)/(Pas) ≤						3							T 0625 T 0619
闪点/%	≥		230				230			230			T 0611
溶解度/%	≥		99				99			—			T 0607
弹性恢复(25 ℃)/%	≥	55	60	65	75	—	—	—	—	—	—	—	T 0662
黏韧性/(N·m)	≥		—				5			—			T 0624
韧性/(N·m)	≥		—				2.5			—			T 0624
贮存稳定性 离析,48 h 软化点差/℃	≤		2.5							无改性剂明显析出、凝聚			T 0661
TFOT(或 RTFOT)后残留物													
质量变化/%	≤					1.0							T 0610 或 T 0609
针入度比 25 ℃不小于/%		50	55	60	65	50	55	60	50	55	58	60	T 0604
延度(5 ℃)/cm	≥	30	25	20	15	30	20	10	—	—	—	—	T 0605

2. 粗集料

SMA 混合料依靠粗集料石-石接触和紧密嵌挤而形成骨架结构。为防止碎石颗粒在车辆荷载的挤压过程中发生破碎,对粗集料的质量有严格的要求,也可以说粗集料是 SMA 质量控制的关键。一般要求使用高质量的轧制粗集料,其岩石应坚韧,具有较高的强度与刚度。由于 SMA 路面大多在交通量比较大的道路上作为表面层,一方面从抗滑性能要求,需要石质质地坚硬,经久耐磨;另一方面要嵌挤好,需要良好抗碎裂性能。而这对于石质较软的碎石料来说,是难以满足要求的,所以应该尽量避免使用像石灰石之类质地较软的碎石。根据 SMA 材料的特性,在有条件的地方最好采用玄武岩、辉绿岩等硬质的碱性石料。

3. 细集料

在 SMA 混合料中,小于 4.75 mm 的细集料用量仅为 10% ~ 20%,但同样也要求石质硬、富有棱角,并有一定的表面纹理、软质含量少、塑性低且黏土含量不超过 1%。细集料宜用机制砂,也称人工砂。天然砂由于颗粒接近于圆形,内摩阻力小,故不宜多用。

4. 填料

矿粉是 SMA 混合料中重要的组成部分,它与沥青混合形成玛琋脂,从而影响 SMA 的性能。矿粉对混合料产生"加劲"效应,降低沥青的流动性,增加黏度。矿粉质量对混合料的稳定性与抗车辙能力有较大影响,因而应注重矿粉的种类和用量。矿粉一般应采用石灰石或白云石磨细的石粉,其他粉料不宜使用。在沥青混合料拌和生产过程中回收的粉尘,如果经过检验,其性质符合矿粉质量要求,则也可使用。

5. 纤维

一般在 SMA 混合料中都使用纤维材料,也可以使用轮胎切碎的颗粒。纤维在 SMA 混合料中不仅是为了吸油,防止沥青滴漏,其在玛琦脂中还起着其他重要作用。掺加的纤维稳定剂宜选用木质素纤维、矿物纤维等。木质素纤维的质量应符合表 9.2 的技术要求。

表 9.2 木质素纤维质量技术要求

项 目		指 标	试验方法
纤维长度/mm	≤	6	水溶液用显微镜观测
灰分含量/%		18±5	高温 590~600 ℃燃烧后测定残留物
pH 值		7.5±1.0	水溶液用 pH 试纸或 pH 计测定
吸油率	≥	纤维质量的 5 倍	用煤油浸泡后放在筛上经振敲后称量
含水率(以质量计)/%	≤	5	105 ℃烘箱烘 2 h 后冷却称量

9.1.3 矿质混合料合成级配调整与确定

SMA 混合料的集料级配,与普通沥青混合料有根本的区别。普通热拌沥青混合料(AC),其 4.75 mm 以上的粗颗粒一般仅占 30%~50%,而 SMA 混合料中 4.75 mm 以上的颗粒含量则高达 70%~80%。

公称最大粒径等于或小于 9.5 mm 的 SMA 混合料,以 2.36 mm 作为粗集料骨架的分界筛孔;公称最大粒径等于或大于 13.2 mm 的 SMA 混合料以 4.75 mm 作为粗集料骨架的分界筛孔。

沥青玛琦脂碎石混合料矿料级配范围见表 8.21。

在工程设计级配范围内,调整各种矿料比例,设计 3 组不同粗细的初试级配,3 组级配的粗集料骨架分界筛孔的通过率处于级配范围的中值、中值±3% 附近,矿粉数量均为 10% 左右。从 3 组初试级配的试验结果中选择设计级配时,必须符合 $VCA_{mix} < VCA_{DRC}$ 及 $VMA > 16.5\%$ 的要求,当有 1 组以上的级配同时符合要求时,以粗集料骨架分界集料通过率大且 VMA 较大的级配为设计级配。

$$VCA_{mix} = \left(1 - \frac{\gamma_f}{\gamma_{CA}} \times P_{CA}\right) \times 100 \tag{9.1}$$

$$VCA_{DRC} = \left(1 - \frac{\gamma_S}{\gamma_{CA}}\right) \times 100 \tag{9.2}$$

$$\gamma_{CA} = \frac{P_1 + P_2 + \cdots + P_n}{\dfrac{P_1}{\gamma_1} + \dfrac{P_2}{\gamma_2} + \cdots + \dfrac{P_n}{\gamma_n}} \tag{9.3}$$

式中,VCA_{mix} 为粗集料骨架间隙率,%;P_{CA} 为沥青混合料中粗集料的比例,即大于 4.75 mm 的颗粒含量,%;γ_{CA} 为粗集料骨架部分的平均毛体积相对密度;γ_f 为沥青混合料试件的毛体积相对密度,由表干法测定;VCA_{DRC}为粗集料骨架的松装间隙率,%;γ_S为粗集料骨架的松方毛体积相对密度,由捣实法测得;$P_1,P_2,\cdots,P_n$为粗集料骨架部分各种集料在全部矿料级配混合料中的配比;$\gamma_1,\gamma_2,\cdots,\gamma_n$为各种粗集料相应的毛体积相对密度。

9.1.4 马歇尔试验

SMA 混合料的配合比设计采用马歇尔试件的体积设计方法进行,马歇尔试验的稳定度和流值并不作为配合比设计接受或者否决的唯一指标。

按第 8 章的方法预估新建工程 SMA 混合料的适宜的油石比 P_a,作为马歇尔试件的初试油石比。根据所选择的设计级配和初试油石比,以 0.2%~0.4% 为间隔,调整 3 个不同的油石比,制作马歇尔试件,马歇尔标准击实的次数为双面 50 次,根据需要也可采用双面 75 次,一组马歇尔试件的数目不得少于 4~6 个。SMA 马歇尔试件的毛体积相对密度由表干法测定。

SMA 混合料马歇尔试验配合比设计技术要求见表 9.3。

表 9.3 SMA 混合料马歇尔试验配合比设计技术要求

试验项目	技术要求		试验方法
	不使用改性沥青	使用改性沥青	
马歇尔试件尺寸/mm	ϕ101.6 mm×63.5 mm		T 0702
马歇尔试件击实次数	两面击实 50 次		T 0702
空隙率 V_V	3~4		T 0705
矿料间隙率 VMA ≥	17.0		T 0705
粗集料骨架间隙率 VCA_{mix} ≥			T 0705
沥青饱和度 VFA/%	75~85		T 0705
稳定度/kN ≥	5.5	6.0	T 0709
流值/mm	2~5	—	T 0709
谢伦堡沥青析漏试验的结合料损失/%	不大于 0.2	不大于 0.1	T 0732
肯塔堡飞散试验的混合料损失或浸水飞散试验/%	不大于 20	不大于 15	T 0733

注:①对高温稳定性要求较高的重交通路段或炎热地区,设计空隙率允许放宽到 4.5%,VMA 允许放宽到 16.5%(SMA-16)或 16%(SMA-19),VFA 允许放宽到 70%;

②稳定度难以达到要求时,容许放宽到 5.0 kN(非改性)或 5.5 kN(改性),但动稳定度检验必须合格

9.1.5 马歇尔试件物理、力学指标测定及最佳油石比确定

按照第 7 章计算或测试步骤,计算空隙率等各项体积指标。一组试件数不宜少于 4~6 个。进行马歇尔稳定度试验,检验稳定度和流值是否符合规范规定的技术要求。根据设计空隙率,确定油石比,作为最佳油石比 OAC。如果初试油石比的混合料体积指标恰

好符合设计要求时,可以免去这一步,但宜进行一次复核。

9.1.6 配合比设计检验

除第 8 章规定的项目外,SMA 混合料的配合比设计还必须进行谢伦堡析漏试验及肯特堡飞散试验。配合比设计检验应符合规范技术要求,不符合要求的必须重新进行配合比设计。

9.2 生产配合比设计及验证

按照第 8 章介绍的方法进行设计。

9.3 SMA-13 工程实例

9.3.1 工程资料

1. 道路等级

某省高速公路,上面层采用 SMA-13 沥青混合料。

2. 气候分区

根据沥青混合料气候分区,该地区最热月平均最高气温高于 31 ℃,年极端最低气温高于-5 ℃,年降水量大于 1 000 mm,属于(1~4)夏炎热冬温潮湿气候分区。

3. 供应材料

沥青采用 SBS 改性沥青,质量符合 A 等级要求;碎石采用玄武岩轧制的碎石料,其材料与加工均符合规格要求;矿粉为石灰石专门加工磨细的石粉。

9.3.2 设计方案

配合比设计采用马歇尔设计法,确定集料级配,并由此确定各挡碎石材料的配合比例;确定沥青用量(或油石比);沥青用量合理性检验;沥青混合料性能检验。

9.3.3 原材料测试

1. SBS 改性沥青

SBS 改性沥青测试指标见表 9.4。

表 9.4 SBS 改性沥青测试指标

技术指标	技术要求	测试结果
针入度(25 ℃)/0.1 mm	50~70	62
针入度指数	0	0.08
延度(5 ℃)/cm	35	43.9
软化点/℃	65	79.3

续表9.4

技术指标		技术要求	测试结果
运动黏度(135 ℃)/(Pa·s)		3.0	1.84
闪点/℃		250	312
溶解度/%		99	99.90
离析(软化点差)/℃		2.5	0.5
弹性恢复(25 ℃)/%		70	96.0
旋转薄膜烘箱试验	质量损失/%	1.0	0.12
	针入度比/%	65	77.8
	延度(5 ℃)/cm	25	23.5

2. 集料

粗集料采用浙江产辉绿岩碎石,粒径为 5~15 mm,粗集料密度见表9.5。

表9.5 粗集料密度

技术指标	辉绿岩(5~10 mm)	辉绿岩(10~15 mm)
毛体积相对密度	2.762	2.768
表观相对密度	2.725	2.737
吸水率/%	1.7	0.9

细集料选用 0~5 mm 石灰岩石屑,细集料密度见表9.6。

表9.6 细集料密度

技术指标	石灰岩(3~5 mm)	石灰岩(0~3 mm)
毛体积相对密度	2.681	—
表观相对密度	2.747	2.731
吸水率/%	1.3	—

将各挡碎石进行筛分,其级配见表9.7。

表9.7 集料级配   %

筛孔尺寸/mm	辉绿岩(10~15 mm)	辉绿岩(5~10 mm)	石屑(3~5 mm)	石屑(0~3 mm)
16	100	—	—	—
13.2	91.7	—	—	—
9.5	2.8	99.3	100	—
4.75	0.0	16.2	73.7	—
2.36	—	0.3	5.8	100
1.18	—	0.0	0.0	59.8
0.6	—	—	—	41.5
0.3	—	—	—	29.2
0.15	—	—	—	21.6
0.075	—	—	—	16.6

3. 填料
磨细石灰粉,其中 0.075 mm 筛孔的通过率为 91.4%,表观相对密度为 2.715。

4. 纤维材料
采用木质素纤维,其技术指标符合表 9.8 要求。

表 9.8 木质素纤维技术指标

技术指标	技术标准
平均长度/μm	1 100
最大长度/μm	5 000
平均直径/μm	45
木质素含量/%	75 ~ 78
pH	7.5±1
体积密度/$(g \cdot L^{-1})$	25±5

9.3.4 目标配合比设计

1. 集料级配设计

级配对 SMA 沥青混合料密度、空隙率、矿料间隙率等体积指标以及 SMA 力学性能有较大影响。因此,级配选择是 SMA 沥青混合料配合比设计的关键。通常,SMA 级配设计时要初选 3 个以上级配进行比较。对于 SMA-13,以 4.75 mm 筛孔的通过率作为级配控制点。在设计中,初选上、中、下三种级配 4.75 mm 通过率分别为 29%、26% 和 23%。

试验所用的 5 ~ 10 mm 辉绿岩,其小于 4.75 mm 含量超过 15%。另外,0 ~ 3 mm 石灰岩石屑中,1.18 ~ 2.36 mm 含量超过 40%,而且小于 0.075 mm 粉料含量近 20%。如果按照四挡材料配料,那么在混合料中小于 4.75 mm 细集料中含有较多的辉绿岩石屑。0 ~ 3 mm 石灰岩石屑中,1.18 ~ 2.36 mm 含量较大,在保证 4.75 mm 和 2.36 mm 筛孔的通过率满足要求时,1.18 mm 和 0.6 mm 筛孔的通过率可能会偏小,如图 9.1 所示。

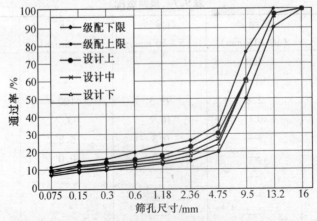

图 9.1 四挡集料配合而成的合成级配曲线

为确保目标配合比级配的准确性,将全部集料逐挡筛分,然后按照上、中、下三种级配线,见表9.9。这三种级配 4.75 mm 筛孔的通过率分别为 29.0%、25.8% 和 22.7%,矿粉用量均为 10%。

表9.9 初选上、中、下三种设计级配   %

筛孔尺寸/mm	16	13.2	9.5	4.75	2.36	1.18	0.6	0.3	0.15	0.075
级配上	100	94.5	66	29	23	21	17.7	14	13	10
级配中	100	94.5	61.5	25.8	20	18.4	16	13	12	10
级配下	100	94.5	56	22.7	18	16.2	14.1	12	11	10

2. 确定初试沥青用量

SMA-13 混合料最佳油石比通常约为 6.0%~7.0%,初试油石比确定为 6.4%。

采用同一初试油石比,成型三组马歇尔试件。考虑到交通量以及重载交通等特点,马歇尔试件成型的击实次数定为 75 次/面。根据黏温曲线确定混合料的成型温度为 180~185 ℃。三种级配的 SMA-13 沥青混合料性能测试结果,见表 9.10。

表9.10 三种初选级配沥青混合料的体积参数

级配	G_{mb}	G_{MM}	V_V/%	VMA/%	VFA/%	VCA_{mix}	VCA_{min}
级配上	2.401	2.507	4.2	18.2	76.6	41.3	42.1
级配中	2.358	2.508	6.0	19.7	69.6	39.9	41.4
级配下	2.335	2.509	6.9	20.5	66.1	38.0	39.9

由试验结果,三种级配的粗骨架间隙率均能满足 $VCA_{mix} \leq VCA_{DRC}$ 的基本要求,同时,三种级配的 VMA 也均满足大于 16.5% 的要求。但是中、下级配的空隙率偏大,VFA 不满足要求。因此,选择设计上限级配作为推荐级配。

3. 确定最佳油石比

确定矿料设计级配后,在初试沥青用量的基础上扩大油石比范围,成型试件进行马歇尔试验,确定油石比合理范围。取油石比分别为 6.2%、6.4%、6.6%、6.8% 四种油石比。测试不同油石比的马歇尔试件体积参数与力学性质,结果见表 9.11。体积参数与油石比关系线如图 9.2 所示。

表9.11 不同沥青用量时沥青混合料的体积参数

油石比	G_{mb}	G_{MM}	V_V/%	VMA/%	VFA/%	VCA_{mix}	VCA_{min}
6.2	2.388	2.514	5.0	18.4	73.0	41.6	42.1
6.4	2.401	2.507	4.2	18.2	76.6	41.3	42.1
6.6	2.408	2.501	3.7	18.1	79.4	41.4	42.1
6.8	2.406	2.495	3.6	18.3	80.5	41.5	42.1

在油石比为 6.2%~6.8% 时,SMA 混合料的 VMA 均能满足大于 16.5% 的要求。SMA 混合料的 VFA 满足 75%~85% 的要求,油石比应控制为 6.3%~6.8%。当油石比为 6.3%~6.8% 时,SMA 空隙率可以控制在 3.5%~4.5%。当以空隙率为 4.0% 为控制指标,并根据工程经验,最佳油石比拟定为 6.5%。

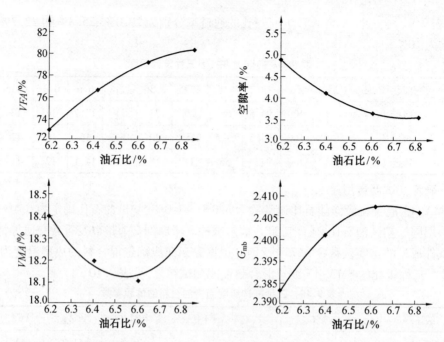

图 9.2 体积参数与油石比关系线

4. SMA 混合料的性能检验

(1) SMA 马歇尔试件体积参数与基本力学性能

在最佳油石比(6.5%)条件下,按照推荐设计级配成型马歇尔试件(双面击实75次),测试体积参数与基本力学指标,见表9.12。

表 9.12　油石比 6.5% 混合料体积参数与基本力学指标

油石比	G_{mb}	G_{MM}	V_V/%	VMA/%	VFA/%	VCA_{mix}	VCA_{min}	稳定度/kN	流值/mm
6.5	2.401	2.504	4.2	18.2	77.4	41.5	42.1	12.6	3.7

(2) SMA 混合料抗水稳定性能检验

在 6.5% 最佳油石比条件下,按照推荐设计级配成型马歇尔试件。按规定的试验方法进行冻融劈裂试验,冻融劈裂试验结果 TSE 为 81.2%,符合大于 80% 的设计要求。

(3) SMA 混合料高温抗车辙性能检验

按规定的试验方法,碾压成型车辙试验试件。车辙试验动稳定度为 6 542 次/mm,符合大于 3 000 次/mm 的设计要求。

(4) 混合料谢伦堡沥青析漏试验检验

按规定的方法,拌制 SMA 混合料 3 份,每份 1 kg,在 185 ℃条件下恒温 1 h 后测定沥青析漏损失为 0.04%,符合小于 0.1% 的设计要求。

(5) 混合料肯塔堡飞散试验检验

按规定的试验方法,击实成型 4 个马歇尔试件,在 20 ℃的水槽中恒温养生 20 h 后放入洛杉矶磨耗机中旋转 300 r,测量损失为 4.16%,符合小于 15% 的设计要求。

从以上试验结果可以看出，根据马歇尔试验、水稳定性试验、车辙试验以及析漏试验、飞散试验等检测，各项指标均满足设计要求，表明所配制的沥青混合料具有良好的路用性能，上述推荐的SMA-13级配及6.5%最佳油石比，可供施工单位在SMA沥青混合料生产时作为依据。

第10章 大粒径透水性混合料(LSPM)配合比设计及工程实例

大粒径透水性沥青混合料(Large Stom Porous Asphalt Milps,LSPM)是指混合料最大公称粒径大于26.5 mm,具有一定空隙率能够将水分自由排出路面结构的沥青混合料,LSPM通常用作路面结构中的基层。LSPM的有关情况可参见本书第2章有关内容。

10.1 LSPM目标配合比设计

10.1.1 沥青混合料类型的选择与确定

大粒径透水性沥青混合料(LSPM),从级配上看主要是由较大粒径(26.5~52 mm)的集料和一定量的细集料组成,形成的混合料是单粒径骨架连通孔隙结构,空隙率在13%~18%之间,具有良好透水性和抗反射裂缝能力。LSPM与传统沥青混合料的最大不同之处在于采用大粒径的骨架结构(单粒径骨架连通孔隙结构),其最大一挡集料含量通常在50%以上,确保了具有良好的抵抗车辙能力。

10.1.2 沥青混合料组成材料的选择与确定

1. 沥青

LSPM应采用黏度较高的沥青作为胶结料。宜采用多级沥青结合料,其质量应符合表10.1中的技术要求。LSPM可以采用SBS改性沥青、其他改性沥青与普通沥青,当采用SBS改性沥青或普通沥青时宜添加纤维稳定剂。SBS改性沥青、其他改性沥青与普通沥青应满足《公路沥青路面施工技术规范》(JTG F40)技术要求。

制造改性沥青的基质沥青应与改性剂有良好的配伍性,其质量应满足《公路沥青路面施工技术规范》(JTG F40)中道路石油沥青A级技术要求。供应商在提供改性沥青的质量报告时应同时提供基质沥青的质量检验报告或沥青样品。LSPM沥青技术要求见表10.1。

表10.1 LSPM沥青技术要求

试验项目		技术要求	试验方法
针入度(25 ℃,100 g,5 s)/0.1 mm		35~60	T0604
延度(5 cm/min,5 ℃)/cm	≥	4	T0605
软化点 $T_{R\&B}$/℃	≥	70	T0606
动力黏度60 ℃/(Pa·s)	≥	300	ASTM D4957

续表10.1

试验项目		技术要求	试验方法
闪点/℃	≥	230	T0611
溶解度/%	≥	99	T0607
旋转薄膜烘箱试验(RTFOT)后残留物			
质量损失/%	≤	1.0	T0610
针入度比(25 ℃)/%	≥	70	T0604

注:表中常规指标现场做,其他指标可根据监理而定,动力黏度只有在有条件时才要求测定,用毛细管法测定;老化试验采用旋转薄膜烘箱试验(RTFOT)为准,允许采用薄膜加热试验(TFOT)代替,但必须在报告中注明,且不得作为仲裁结果。

2. 粗集料

LSPM 用的粗集料指轧制的坚硬岩石,应洁净、干燥、表面粗糙,质量应符合表10.2 的规定。当单一规格集料的质量指标达不到表10.2 中的要求,而按照沥青混合料中各种规格粗集料的比例计算的质量指标符合要求时,工程上允许使用。

表10.2 粗集料质量技术要求

指标		高速公路及一级公路	其他等级公路	实验方法
石料压碎值/%	≤	20	25	T0316
洛杉矶磨耗损失/%	≤	25	30	T0317
表观密度/(t·m^{-3})	≥	2.60	2.45	T0304
吸水率/%	≥	2.0	3.0	T0304
坚固性/%	≤	12	—	T0314
与沥青的黏附性	≥	5级	4级	T0616
针片状颗粒含量/%	≤	15	20	T0312
其中粒径大于9.5 mm/%	≤	12	—	
其中粒径小于9.5 mm/%	≤	18	—	
水洗法小于0.075 mm 颗粒含量/%	≤	1	1	T0310
软石含量/%	≤	1	5	T0320

注:坚固性试验可根据需要进行。

3. 细集料

LSPM 用细集料包括石屑、机械砂和天然砂。采用反击式或锤式破碎机生产的硬质集料经过筛选的小于 2.36 mm 的部分具有较好的棱角性,可以作为机制砂使用。LSPM 宜采用机制砂。细集料必须由具有生产许可证的采石场或采砂场生产。

细集料应洁净、干燥、无风化、无杂质,并有适当的颗粒级配,其质量应符合表10.3 的规定。细集料的洁净程度以砂当量(适用于 0 ~ 4.75 mm)或亚甲基蓝值(适用于 0 ~

2.36 mm 或 0~0.15 mm)表示。

表 10.3 细集料质量要求

项目		高速公路、一级公路	其他等级公路	试验方法
表观密度/(t·m^{-3})	≥	2.50	2.45	T0328、T0329
坚固性(>0.3 mm部分)/%	≥	12	—	T0340
砂当量/%	≥	65	60	T0334
亚甲基蓝值/(g·kg^{-1})	≥	25	—	T0549
塑性指数/%	≤	4	4	T0118、T0119
棱角性	流动时间法/s ≥	30	30	T0345
	间隙法/% ≥	42	42	T0344

注:坚固性试验可根据需要进行,棱角性可选用流动时间法或间隙法中的一种

石屑是采石场破碎石料时通过 4.75 mm 或 2.36 mm 的筛下部分,采石场在生产石屑的过程中应具备抽吸设备,杜绝覆盖层或夹层的泥土混入石屑中。石屑生产规格应符合《公路沥青路面施工技术》(JTG F40)的要求。

4.填料

LSPM 采用的填料为干燥消石灰粉或生石灰粉,石灰粉应干燥、洁净,能自由地从粉仓中流出,其质量应满足《公路面基层施工技术规范》中Ⅲ级钙质消石灰或生石灰技术要求,应满足表 10.4 的要求。

表 10.4 填料技术要求

项目		高速公路、一级公路	其他等级公路	试验方法
含水量/%	≤	1	1	T0103 烘干法
粒度范围	<0.6	100	100	T0351
	<0.15	90~100	90~100	
	<0.075	75~100	70~100	
外观		无团粒结块	—	

10.1.3 矿质混合料合成级配调整与确定

LSPM 不同于 ATB 与 ATPB,配合比设计时应充分考虑 LSPM 的大粒径骨架连通空隙结构。LSPM 公称最大粒径不小于 26.5 mm,其级配与原材料的性能有关,可按表 10.5 选用级配范围。

表 10.5 LSPM 推荐级配范围

筛孔/mm	通过下列筛孔(mm)的质量百分率/%												
	52	37.5	31.5	26.5	19	13.2	9.5	4.75	2.36	1.18	0.6	0.3	0.15	0.075
LSPM-25	100	100	100	70~98	50~85	32~62	20~45	6~29	6~18	3~15	2~10	1~7	1~6	1~4
LSPM-30	100	100	90~100	70~95	40~76	28~58	10~39	6~29	6~18	3~15	2~10	1~7	1~6	1~4

10.1.4 旋转压实试验

1. 成型方法

由于大粒径沥青混合料的粒径粗大,标准马歇尔试验方法已不适用,LSPM 采用大型马歇尔击实仪成型方法或旋转压实仪成型方法,具体成型方法参数见表 10.6 和表 10.7。

表 10.6 大型马歇尔击实仪成型参数

参数	技术要求	偏差要求
试件直径/mm	152.4	±0.2
试件标准高度/mm	95.3	±2.5
锤重/g	10 210	±10
落锤高度/mm	457.2	±2.5
击实次数/次	112	—

表 10.7 旋转压实仪成型参数

参数	技术要求
轴向压实荷载/kPa	600
初始压实荷载/kPa	8
设计压实荷载/kPa	100
最终压实荷载/kPa	160

10.1.5 体积指标测定

试件毛体积相对密度的测定应采用实测法或体积法。实测法采用自动真空密封设备实测试件体积,体积法是通过测量试件的直径与高度计算试件的体积。

目前配比设计时应采用自动真空密封法,并对两种测试方法进行详细比较,确定两种测试方法的关系,为工程质量控制提供依据。

理论最大相对密度应采用集料有效密度进行计算,计算方法参考《公路沥青路面施工技术规范》(JTG F40)。

10.1.6 最佳沥青用量确定

LSPM 最佳沥青用量采用沥青膜厚度、设计空隙率并综合析漏与飞散试验方法确定,大型马歇尔设计方法配合比设计技术要求满足表 10.8 的规定。

表 10.8　大型马歇尔设计方法技术要求

试验指标	技术标准	试验方法
公称最大粒径/mm	不小于 26.5 mm	—
马歇尔试件尺寸/mm	152.4 mm×95.3 mm	T0702
击实次数(双面)/次	112	T0702
空隙率 V_V/%	13～18	T0708、附录 B
沥青膜厚度/μm	不小于 12	附录 A
谢伦堡沥青析漏试验的结合料损失/%	不大于 0.2	T0732
肯塔堡飞散试验(或浸水飞散试验)的混合料损失/%	不大于 20	T0733
参考沥青用量/%	3～3.5	—

10.1.7　LSPM 性能检验

1. 高温性能检验

LSPM 应进行高温稳定性检验,高温稳定性检验宜采用车辙试验,评价指标为动稳定度。车辙试件采用 8 cm 厚度,试验方法参照《公路工程沥青及沥青混合料试验规程》,要求动稳定度不小于 2 600 次/mm。

2. 渗透性能

配合比设计应检验其渗透性能,渗透性能采用渗透系数评价,LSPM 要求渗透系数不小于 0.01 cm/s。

10.2　生产配合比设计及验证

生产配合比设计及验证参照第 8 章进行。

10.3　LSPM-30 工程实例

10.3.1　工程资料

1. 道路等级

华北某省高速公路,根据路面结构设计的要求,柔性基层采用 LSPM-30。

2. 供应材料

沥青采用 MAC-70 改性沥青;碎石采用石灰岩轧制的碎石料,其材料与加工型均符合规格要求;生石灰粉替代矿粉。

10.3.2　设计方案

配合比设计采用旋转压实试验,确定集料级配,并由此确定各挡碎石材料的配合比例;确定沥青用量(或油石比);沥青用量合理性检验;沥青混合料性能检验。

10.3.3 原材料测试

1. 沥青

沥青采用 MAC-70 改性沥青,对从路面现场送样的 MAC 改性沥青样品进行全部性能指标的检测,检测结果见表 10.9。

表 10.9 MAC 改性沥青性能指标检测结果

检 测 项 目		实测结果	技术要求	试验方法
针入度(25 ℃,100 g,5 s)/0.1 mm		58	35~60	T0604
延度(5 ℃,5 cm/min)/cm		29	≮4	T0605
软化点(环球法)/℃		78	≮70	T0606
动力黏度(60 ℃)/(Pa·s)		918	≮300	ASTM D4957&T0620
闪点/℃		339	≮230	T0611
溶解度(三氯乙烯)/%		99.70	≮99	T0607
旋转薄膜加热试验	质量损失/%	0.09	±1.0	T0610
	针入度比(25 ℃)/%	82.8	≮70	T0604
密度(15 ℃)/(g·cm³)		1.035	实测值	T0603

2. 集料

集料采用石灰岩集料,现场提供 5 挡集料,另外采用生石灰粉替代矿粉。其各项性能指标的测试结果见表 10.10~表 10.12。

表 10.10 集料基本性能测试值

指 标	检测结果					技术要求
	石灰岩 20~30 mm	石灰岩 10~20 mm	石灰岩 5~10 mm	石灰岩 3~5 mm	石灰岩 0~3 mm	
石料压碎值/%	19.2					≥20
洛杉矶磨耗损失/%	19.1					≮25
对沥青的黏附性/级	5					≮5
细长扁平颗粒含量/%	3.5	6.2	9.7	10.5	—	≥15
水洗小于 0.075 mm 颗粒含量/%	0.1	0.1	0.2	0.2	(5.8)	≥1(10)
细集料的棱角性/%					(46.9)	≮(42)
砂当量/%					(85.2)	≮(65)

注:括号中数据为细集料数据

表 10.11 集(矿)料筛分结果   %

筛孔/mm	石灰岩 20~30 mm	石灰岩 10~20 mm	石灰岩 5~10 mm	石灰岩 3~5 mm	石灰岩 0~3 mm	生石灰粉
37.5	100.0	100.0	100.0	100.0	100.0	100.0
31.5	100.0	100.0	100.0	100.0	100.0	100.0
26.5	79.1	100.0	100.0	100.0	100.0	100.0
19.0	17.0	98.6	100.0	100.0	100.0	100.0
13.2	0.4	62.6	100.0	100.0	100.0	100.0
9.5	0.1	17.4	98.6	100.0	100.0	100.0
4.75	0.1	0.6	13.6	71.7	99.8	100.0
2.36	0.1	0.1	1.8	3.5	68.6	100.0
1.18	0.1	0.1	1.0	1.9	45.7	100.0
0.6	0.1	0.1	0.5	0.9	30.2	100.0
0.3	0.1	0.1	0.4	0.5	14.8	97.5
0.15	0.1	0.1	0.4	0.5	8.7	88.5
0.075	0.1	0.1	0.5	0.5	6.0	78.3

表 10.12 集料密度测定值

规格/mm	表观相对密度	毛体积相对密度	吸水率/%
石灰岩 20~30	2.756	2.734	0.3
石灰岩 10~20	2.757	2.724	0.4
石灰岩 5~10	2.749	2.715	0.5
石灰岩 3~5	2.743	2.696	0.6
石灰岩 0~3	2.735	2.632	1.4
生石灰粉	2.548		

10.3.4 目标配合比设计

1. 集料级配设计

选用 LSPM-30 级配,参照《大粒径透水性沥青混合料应用技术规程》,级配范围要求见表 10.13,组配后的计算结果见表 10.14,组配曲线如图 10.1 所示。

表 10.13 LSPM-30 级配范围

级配类型 LSPM-30	通过筛孔(mm)的质量百分率/%											
	37.5	31.5	26.5	19.0	13.2	9.5	4.75	2.36	1.18	0.6	0.3	0.15	0.075
级配范围	100	90~100	70~95	40~76	28~58	19~39	6~29	6~18	3~15	2~10	1~7	1~6	1~4

表 10.14 矿料中线组配计算表

筛孔/mm	46% 石灰岩 20~30 mm	29% 石灰岩 10~20 mm	8% 石灰岩 5~10 mm	6% 石灰岩 3~5 mm	9% 石灰岩 0~3 mm	2% 生石灰粉	合成级配
37.5	100.0	100.0	100.0	100.0	100.0	100.0	100.0
31.5	100.0	100.0	100.0	100.0	100.0	100.0	100.0
26.5	79.1	100.0	100.0	100.0	100.0	100.0	90.4
19.0	17.0	98.6	100.0	100.0	100.0	100.0	61.4
13.2	0.4	62.6	100.0	100.0	100.0	100.0	43.3
9.5	0.1	17.4	98.0	100.0	100.0	100.0	29.9
4.75	0.1	0.6	13.6	71.7	99.8	100.0	16.6
2.36	0.1	0.1	1.8	3.5	68.6	100.0	8.6
1.18	0.1	0.1	1.0	1.9	45.7	100.0	6.4
0.6	0.1	0.1	0.5	0.9	30.2	100.0	4.9
0.3	0.1	0.1	0.4	0.5	14.8	97.5	3.4
0.15	0.1	0.1	0.4	0.5	8.7	88.5	2.7
0.075	0.1	0.1	0.4	0.5	6.0	78.3	2.3

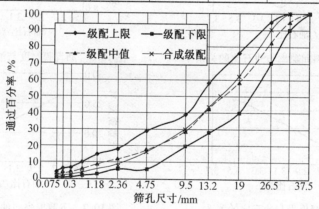

图 10.1 合成级配曲线

2. 最佳油石比确定

结合工程实际,提出对混合料的技术要求,见表 10.15。

表 10.15 LSPM-30 混合料旋转压实试验技术标准

试验指标	公称最大粒径/mm	旋转压实试件尺寸/mm	设计旋转次数/次	空隙率/%	沥青膜厚度/μm	谢伦堡析漏损失/%	肯塔堡飞散损失/%
技术要求	31.5	φ150×115	100	13~18	>12	≤0.2	≤30

按 2.7%、3.1% 和 3.5% 三种油石比分别制备三组试件进行析漏损失和飞散损失等试验,试验汇总结果见表 10.16,并绘制油石比同毛体积相对密度、空隙率、矿料间隙率、

析漏损失、飞散损失和沥青膜厚度关系如图 10.2 ~ 图 10.7 所示。

表 10.16 LSPM 试验结果汇总表

油石比/%	毛体积相对密度	最大理论相对密度	空隙率 V_v/%	矿料间隙率 VMA/%	沥青膜厚度/μm	析漏损失/%	飞散损失/%
2.7	2.196	2.628	16.4	21.2	10.5	0.04	26.3
3.1	2.209	2.612	15.4	21.1	12.3	0.05	22.2
3.5	2.214	2.597	14.8	21.2	14.0	0.07	19.5

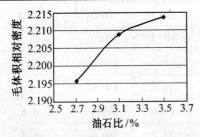

图 10.2 毛体积相对密度与油石比的关系

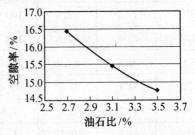

图 10.3 空隙率与油石比的关系

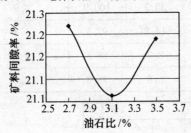

图 10.4 矿料间隙率与油石比的关系

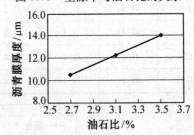

图 10.5 沥青膜厚度与油石比的关系

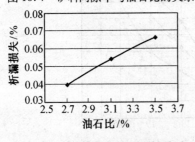

图 10.6 析漏损失与油石比的关系

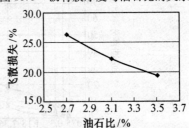

图 10.7 飞散损失与油石比的关系

根据旋转压实后的试验结果,参照表 10.15 的设计标准,确定最佳油石比为 3.2%。LSPM 最佳油石比确定试验结果见表 10.17。

表 10.17　LSPM 最佳油石比确定试验结果

试件编号	油石比/%	试件高度/mm	干燥试件空气中质量/g	实测密度/(g·cm⁻³)	最大理论密度/(g·cm⁻³)	空隙率/%	析漏试验 烧杯质量/g	析漏试验 混合料质量/g	析漏试验 剩余物+烧杯质量/g	析漏损失/%	飞散试验 试验前质量/g	飞散试验 残留质量/g	飞散损失/%	沥青膜厚度/μm
1	2.7	111.5	4 324.1	2.196	2.628	16.4	302.82	1 089.78	303.41	0.05	4 330.1	3 150.8	27.2	10.5
2	2.7	115.8	4 489.2	2.195	2.628	16.5	341.50	1 156.82	341.79	0.03	4 502.5	3 363.9	25.3	10.5
平均				2.196	2.628	16.4				0.04			26.3	10.5
1	3.1	115.9	4 513.3	2.206	2.612	15.6	278.33	1 129.37	278.92	0.05	4 520.0	3 568.7	21.0	12.3
2	3.1	114.1	4 455.8	2.212	2.612	15.3	350.05	1 196.87	350.72	0.06	4 413.8	3 386.3	23.3	12.3
平均				2.209	2.612	15.4				0.05			22.2	12.3
1	3.5	117.2	4577.1	2.210	2.597	14.9	339.42	1 042.10	339.91	0.05	4 593.6	3 638.3	20.8	14.0
2	3.5	116.6	4 565.8	2.217	2.597	14.6	300.20	1 241.29	301.25	0.08	4 549.9	3 723.9	18.2	14.0
平均				2.214	2.597	14.8				0.07			19.5	14.0

第 11 章 沥青路面的施工

11.1 沥青路面概述

11.1.1 沥青路面的基本特性

沥青路面是用沥青材料做结合料黏结矿料修筑面层与各类基层和垫层所组成的路面结构。

由于沥青路面使用沥青结合料,因而增强了矿料间的黏结力,提高了混合料的强度和稳定性,使路面的使用质量和耐久性都得到提高。与水泥混凝土路面相比,沥青路面具有表面平整、无接缝、行车舒适、耐磨、振动小、噪声低、施工期短、养护维修简便、适宜于分期修建等优点,因而得到越来越广泛的应用。20 世纪 50 年代以来,各国修建沥青路面的数量迅速增长,所占比重很大。我国近 20 年来使用沥青材料修筑了相当数量的沥青路面,沥青路面是我国高等级公路的主要路面形式。

沥青路面属柔性路面,其强度与稳定性在很大程度上取决于土基和基层的特性。沥青路面的抗弯强度较低,因而要求路面的基础应具有足够的强度和稳定性。在低温时,沥青路面的抗变形能力很低,在寒冷地区为了防止土基不均匀冻胀导致的沥青路面开裂,需设置防冻层。沥青面层修筑后,由于透水性小,土基和基层内的水分难以排出,在潮湿路段易发生土基和基层变软,导致路面破坏。因此,必须提高基层的水稳性,尽可能采用结合料处治的整体性基层。对交通量较大的路段,为使沥青路面具有一定的抗弯拉和抗疲劳开裂的能力,宜在沥青面层下设置沥青结合料的联结层。采用较薄的沥青面层时,特别是在旧路面上加铺面层时,要采取措施加强面层与基层之间的黏结,以防止水平力作用而引起沥青面层的剥落、推挤、壅包等破坏。

11.1.2 沥青路面的分类

1. 按强度构成原理分类

按强度构成原理可将沥青路面分为密实类和嵌挤类。密实类沥青路面要求矿料的级配按最大密实原则设计,其强度和稳定性主要取决于结合料的黏聚力和内摩阻力。密实类沥青路面按其空隙率的大小可分为闭式和开式两种:闭式混合料中含有较多的小于 0.5 mm 和 0.074 mm 的矿料颗粒,空隙率小于 6%,混合料致密耐久性好,但热稳定性较差;开式混合料中小于 0.5 mm 的矿料颗粒含量较少,空隙率大于 6%,其热稳定性较好。

嵌挤类沥青路面要求采用颗粒尺寸较为均一的矿料,路面的强度和稳定性主要依靠骨料颗粒之间相互嵌挤所产生的内摩阻力,而黏聚力则起着次要的作用。按嵌挤原则修筑的沥青路面,其热稳定性较好,但因空隙率较大、易渗水,因而耐久性较差。

2. 按施工工艺分类

按施工工艺的不同,沥青路面可分为层铺法、路拌法和厂拌法三类。

层铺法是用分层洒布沥青,分层铺撒矿料和碾压的修筑方法。主要优点是工艺和设备简便、功效较高、施工进度快、造价较低,缺点是路面成型期较长,需要经过炎热季节行车碾压之后路面方能成型。用这种方法修筑的沥青路面有沥青表面处治和沥青贯入式两种。

路拌法是在路上用机械将矿料和沥青材料就地分别摊铺后拌和并碾压密实而成的沥青面层。此类面层所用的矿料为碎(砾)石者称为路拌沥青碎(砾)石;所用的矿料为土者则称为路拌沥青稳定土。路拌沥青面层,通过就地拌和,沥青材料在矿料中分布比层铺法均匀,可以缩短路面的成型期。但因所用的矿料为冷料,需使用黏稠度较低的沥青材料,故混合料的强度较低。

厂拌法是将规定级配的矿料和沥青材料在工厂用专用设备加热拌和,然后送到工地摊铺碾压而成的沥青路面。矿料中细颗粒含量少,不含或含少量矿粉,混合料为开级配的(空隙率达10%~15%)称为厂拌沥青碎石;若矿料中含有矿粉,混合料是按最佳密实级配配制的(空隙率为10%以下)称为沥青混凝土。厂拌法按混合料铺筑时温度的不同,又可分为热拌热铺和热拌冷铺两种。热拌热铺是混合料在专用设备加热拌和后立即趁热运到路上摊铺压实。如果混合料加热拌和后贮存一段时间再在常温下运到路上摊铺压实,即为热拌冷铺。厂拌法使用较黏稠的沥青材料,且矿料经过精选,因而混合料质量高,使用寿命长,但修建费用也较高。

3. 按沥青路面技术特性分类

根据沥青路面的技术特性,沥青面层可分为沥青混凝土、热拌沥青碎石、乳化沥青碎石混合料、沥青贯入式、沥青表面处治等类型,此外,沥青玛琋脂碎石(SMA)等多种性能优良的路面结构近年在许多国家也得到广泛应用。

沥青表面处治路面是指用沥青和集料按层铺法或拌和法铺筑而成的厚度不超过3 cm的沥青路面。沥青表面处治的厚度一般为1.5~3.0 cm。层铺法可分为单层、双层、三层。单层表处厚度为1.0~1.5 cm,双层表处厚度为1.5~2.5 cm,三层表处厚度为2.5~3.0 cm。沥青表面处治适用于三级、四级公路的面层、旧沥青面层上加铺罩面或抗滑层、磨耗层等。

沥青贯入式路面是指用沥青贯入碎(砾)石做面层的路面。沥青贯入式路面的厚度一般为6 cm。当沥青贯入式的上部加铺拌和的沥青混合料时,也称为上拌下贯,此时拌和层的厚度宜为3~4 cm,其总厚度为7~10 cm。沥青贯入式碎石路面适用于做二级及二级以下公路的沥青面层。

沥青碎石路面是指用沥青碎石做面层的路面,沥青碎石的配合比设计应根据实践经验和马歇尔实验的结果,并通过施工前的试拌和试铺确定。沥青碎石有时也用作联结层。

沥青混凝土路面是指用沥青混凝土做面层的路面,其面层可由单层或双层或三层沥青混合料组成,各层混合料的组成设计应根据其层厚和层位、气温和降雨量等气候条件、交通量和交通组成等因素确定,以满足对沥青面层使用功能的要求。沥青混凝土常用作高等级公路的面层。

乳化沥青碎石混合料适用于做三级、四级公路的沥青面层、二级公路养护罩面以及各级公路的调平层。国外也用作柔性基层。

沥青玛琋脂碎石路面是指用沥青玛琋脂碎石混合料做面层或抗滑层的路面。沥青玛琋脂碎石混合料(简称SMA)是以间断级配骨料为骨架,用改性沥青、矿粉及木质素纤维组成的沥青玛琋脂为结合料,经拌和、摊铺、压实而形成的一种构造深度较大的抗滑面层。它具有抗滑耐磨、孔隙率小、抗疲劳、高温抗车辙、低温抗开裂的优点,是一种全面提高密级配沥青混凝土使用质量的新材料,适用于高速公路、一级公路和其他重要公路的表面层。

11.1.3 沥青路面适用范围

采用不同的施工工艺和材料可以修筑成不同类型的沥青路面。道路路面类型必须根据使用要求和施工的具体条件,按照技术经济原则来综合考虑,选定最适当的路面类型。

选择沥青路面的类型,应根据基本要求(道路的等级、交通量和交通组成、使用年限、建设费用等)、工程特点(气候特点、地形和地质特点、施工季节、施工期限、基层状况等),以及材料供应情况、施工机具、劳力和施工技术条件等因素,可参照表11.1选定。

表 11.1 路面类型适用范围

公路等级	路面等级	面层类型	设计年限(年)	设计年限内累计标准轴次(万次/车道)
高速公路、一级公路	高级路面	沥青混凝土、沥青玛琋脂碎石	15	>400
二级公路	高级路面	沥青混凝土	12	>200
二级公路	次高级路面	热拌沥青碎石混合料、沥青贯入式	10	100~200
三级公路	次高级路面	乳化沥青碎石混合料、沥青表面处治	8	10~100
四级公路	中级路面	水结碎石、泥结碎石、级配碎(砾)石、半整齐石块路面	5	≤10
四级公路	低级路面	粒料改善土	5	≤10

从施工季节来讲,沥青类路面一般都要求在温暖干燥的气候条件下施工,所用沥青材料在施工时具有较大的流动性,便于路面摊铺和压实成型。热拌热铺类的沥青碎石或沥青混凝土面层,气候对其影响较小,仅要求在晴朗天气和气温不低于5℃时施工。若施工气温较低,则应选用热拌冷铺法施工较为适宜。

沥青路面一般不宜铺筑在纵坡太大的路段。纵坡大于3%的路段,应考虑抗滑的要求,宜采用粗粒式的沥青碎石或粗粒式的沥青表面处治。

11.2 热拌沥青混合料路面施工

热拌沥青混合料(HMA)适用于各种等级道路的沥青面层。高速公路、一级公路和城市快速路、主干路的沥青面层的上面层、中面层及下面层应采用沥青混凝土混合料铺筑。沥青碎石混合料仅适用于过渡层及整平层。其他等级道路的沥青面层的上面层宜采用沥青混凝土混合料铺筑。热拌沥青混合料材料种类应根据具体条件和技术规范合理选用。应满足耐久性、抗车辙、抗裂、抗水损害能力、抗滑性能多方面要求,同时还需考虑施工机械、工程造价等实际情况。沥青混凝土混合料面层宜采用双层或三层式结构,其中应有一层及一层以上是密级配沥青混凝土混合料。当各层均采用开级配沥青混合料时,沥青面层下必须做下封层。HMA 的施工依据《公路沥青路面施工技术规范》(JTG F40—2004)。

11.2.1 一般规定

热拌沥青混合料(HMA)适用于各种等级公路的沥青路面。其种类按集料公称最大粒径、矿料级配、空隙率划分,分类见表11.2。

表11.2 热拌沥青混合料种类

混合料类型	密级配		密级配	开级配		半开级配	公称最大粒径/mm	最大粒径/mm
	连续级配		间断级配	间断级配		沥青稳定碎石		
	沥青混凝土	沥青稳定碎石	沥青玛琋脂碎石	排水式沥青磨耗层	排水式沥青碎石基层			
特粗式	—	ATB-40	—	—	ATPB-40	—	37.5	53.0
粗粒式	—	ATB-30	—	—	ATPB-30	—	31.5	37.5
	AC-25	ATB-25	—	—	ATPB-25	—	26.5	31.5
中粒式	AC-20	—	SMA-20	—	—	AM-20	19.0	26.5
	AC-16	—	SMA-16	OGFC-16	—	AM-16	16.0	19.0
细粒式	AC-13	—	SMA-13	OGFC-13	—	AM-13	13.2	16.0
	AC-10	—	SMA-10	OGFC-10	—	AM-10	9.5	13.2
砂粒式	AC-5	—	—	—	—	AM-5	4.75	9.5
设计空隙率/%	3~5	3~6	3~4	>18	>18	6~12	/	/

注:空隙率可按配合比设计要求适当调整。

各层沥青混合料应满足所在层位的功能性要求,便于施工,不容易离析。各层应连续施工并联结成为一个整体。当发现混合料结构组合及级配类型的设计不合理时,应进行修改、调整,以确保沥青路面的使用性能。

沥青面层集料的最大粒径宜从上至下逐渐增大,并应与压实层厚度相匹配。对热拌热铺密级配沥青混合料,沥青层一层的压实厚度不宜小于集料公称最大粒径的2.5~3倍;对SMA和OGFC等嵌挤型混合料不宜小于公称最大粒径的2~2.5倍,以减少离析,便于压实。

11.2.2 施工准备

铺筑沥青层前,应检查基层或下卧沥青层的质量,不符要求的不得铺筑沥青面层。旧沥青路面或下卧层已被污染时,必须清洗或经铣刨处理后方可铺筑沥青混合料。

石油沥青加工及沥青混合料施工温度应根据沥青标号及黏度、气候条件、铺装层的厚度确定。具体要求为:

①普通沥青结合料的施工温度宜通过在135 ℃及175 ℃条件下测定的黏度-温度曲线按表11.3 的规定确定。缺乏黏-温曲线数据时,可参照表11.4 的范围选择,并根据实际情况确定使用高值或低值。当表11.4 中温度不符实际情况时,容许作适当调整。

表11.3　确定沥青混合料拌和及压实温度的适宜温度

黏度	适宜于拌和的沥青结合料黏度	适宜于压实的沥青结合料黏度	测定方法
表观黏度	(0.17 ± 0.02) Pa·s	(0.28 ± 0.03) Pa·s	T 0625
运动黏度	(170 ± 20) mm^2/s	(280 ± 30) mm^2/s	T 0619
赛波特黏度	(85 ± 10) s	(140 ± 15) s	T 0623

表11.4　热拌沥青混合料的施工温度　　　℃

施工工序		石油沥青的标号			
		50 号	70 号	90 号	110 号
沥青加热温度		160~170	155~165	150~160	145~155
矿料加热温度	间隙式拌和机	集料加热温度比沥青温度高10~30			
	连续式拌和机	矿料加热温度比沥青温度高5~10			
沥青混合料出料温度		150~170	145~165	140~160	135~155
混合料贮料仓贮存温度		贮料过程中温度降低不超过10			
混合料废弃温度 ≥		200	195	190	185
运输到现场温度 ≥		150	145	140	135
混合料摊铺温度 ≥	正常施工	140	135	130	125
	低温施工	160	150	140	135
开始碾压的混合料内部温度 ≥	正常施工	135	130	125	120
	低温施工	150	145	135	130
碾压终了的表面温度 ≥	钢轮压路机	80	70	65	60
	轮胎压路机	85	80	75	70
	振动压路机	75	70	60	55
开放交通的路表温度 ≤		50	50	50	45

注:①沥青混合料的施工温度采用具有金属探测针的插入式数显温度计测量。表面温度可采用表面接触式温度计测定。当采用红外线温度计测量表面温度时,应进行标定;

②表中未列入的130 号、160 号及30 号沥青的施工温度由试验确定

②聚合物改性沥青混合料的施工温度根据实践经验并参照表11.5选择。通常宜较普通沥青混合料的施工温度提高10~20℃。对采用冷态胶乳直接喷入法制作的改性沥青混合料,集料烘干温度应进一步提高。

表11.5 聚合物改性沥青混合料的正常施工温度范围　　　　　　　　　℃

工 序		聚合物改性沥青品种		
		SBS 类	SBR 胶乳类	EVA、PE 类
沥青加热温度		160~165		
改性沥青现场制作温度		165~170	—	165~170
成品改性沥青加热温度	≤	175	—	175
集料加热温度		190~220	200~210	185~195
改性沥青 SMA 混合料出厂温度		170~185	160~180	165~180
混合料最高温度(废弃温度)		195		
混合料贮存温度		拌和出料后降低不超过10		
摊铺温度	≥	160		
初压开始温度	≥	150		
碾压终了的表面温度	≥	90		
开放交通时的路表温度	≤	50		

注:当采用表列以外的聚合物或天然沥青改性沥青时,施工温度由试验确定

③SMA 混合料的施工温度应视纤维品种和数量、矿粉用量的不同,在改性沥青混合料的基础上作适当提高。

11.2.3 配合比设计

配合比设计依据《公路沥青路面施工技术规范》(JTG F40—2004)并参考《公路沥青路面设计规范》(JTG D50—2006)进行设计。

沥青混合料必须在对同类公路配合比设计和使用情况调查研究的基础上,充分借鉴成功的经验,选用符合要求的材料,进行配合比设计。

沥青混合料的矿料级配应符合工程规定的设计级配范围。密级配沥青混合料宜根据公路等级、气候及交通条件按表6.1选择采用粗型(C 型)或细型(F 型)混合料,并在表6.2范围内确定工程设计级配范围,通常情况下工程设计级配范围不宜超出表6.2的要求。其他类型的混合料宜直接以表6.3~表6.7作为工程设计级配范围。

本规范采用马歇尔试验配合比设计方法,沥青混合料技术要求应符合表11.6、表11.7及表5.50、表5.51的规定,并有良好的施工性能。当采用其他方法设计沥青混合料时,应按本规范规定进行马歇尔试验及各项配合比设计检验,并报告不同设计方法各自的试验结果。二级公路宜参照一级公路的技术标准执行。表中气候分区按附录 A 执行。长大坡度的路段按重载交通路段考虑。

表 11.6　密级配沥青混凝土混合料马歇尔试验技术标准

(本表适用于公称最大粒径小于等于 26.5 mm 的密级配沥青混凝土混合料)

试验指标		单位	高速公路、一级公路				其他等级公路	行人道路
			夏炎热区(1-1、1-2、1-3、1-4 区)		夏热区及夏凉区(2-1、2-2、2-3、2-4、3-2 区)			
			中轻交通	重载交通	中轻交通	重载交通		
击实次数(双面)		次	75				50	50
试件尺寸		mm	φ101.6 mm×63.5 mm					
空隙率 V_v	深约 90 mm 以内	%	3~5	4~6[注]	2~4	3~5	3~6	2~4
	深约 90 mm 以下	%	3~6		2~4	3~6	3~6	—
稳定度 MS 不小于		kN	8				5	3
流值 FL		mm	2~4	1.5~4	2~4.5	2~4	2~4.5	2~5
矿料间隙率 VMA /% 不小于	设计空隙率/%	相应于以下公称最大粒径(mm)的最小 VMA 及 VFA 技术要求/%						
		26.5	19	16	13.2	9.5	4.75
	2	10	11	11.5	12	13	15
	3	11	12	12.5	13	14	16
	4	12	13	13.5	14	15	17
	5	13	14	14.5	15	16	18
	6	14	15	15.5	16	17	19
沥青饱和度 VFA/%			55~70		65~75		70~85	

注:①对空隙率大于 5% 的夏炎热区重载交通路段,施工时应至少提高压实度 1%;
②当设计的空隙率不是整数时,由内插确定要求的 VMA 最小值;
③对改性沥青混合料,马歇尔试验的流值可适当放宽

表 11.7　沥青稳定碎石混合料马歇尔试验配合比设计技术标准

试验指标	密级配基层(ATB)		半开级配面层(AM)	排水式开级配磨耗层(OGFC)	排水式开级配基层(ATPB)
公称最大粒径/mm	26.5mm	等于或大于 31.5 mm	等于或小于 26.5 mm	等于或小于 26.5 mm	所有尺寸
马歇尔试件尺寸/mm	φ101.6 mm ×63.5 mm	φ152.4 mm ×95.3 mm	φ101.6 mm ×63.5 mm	φ101.6 mm ×63.5 mm	φ152.4 mm ×95.3 mm
击实次数(双面)/次	75	112	50	50	75
空隙率 V_v[①]/%	3~6		6~10	不小于 18	不小于 18
稳定度/kN	7.5	15	3.5	3.5	—
流值/mm	1.5~4	实测		—	—

续表 11.7

试验指标	密级配基层(ATB)		半开级配面层(AM)	排水式开级配磨耗层(OGFC)	排水式开级配基层(ATPB)
沥青饱和度 VFA/%	55~70		40~70	—	—
密级配基层 ATB 的矿料间隙率 VMA/% ≥	设计空隙率/%	ATB-40	ATB-30		ATB-25
	4	11	11.5		12
	5	12	12.5		13
	6	13	13.5		14

注:①在干旱地区,可将密级配沥青稳定碎石基层的空隙率适当放宽到8%

对用于高速公路和一级公路的公称最大粒径等于或小于19mm的密级配沥青混合料(AC)及SMA、OGFC混合料需在配合比设计的基础上按下列步骤进行各种使用性能检验,不符要求的沥青混合料,必须更换材料或重新进行配合比设计。二级公路参照此要求执行。

(1)必须在规定的试验条件下进行车辙试验,并符合表5.3的要求。

(2)必须在规定的试验条件下进行浸水马歇尔试验和冻融劈裂试验检验沥青混合料的水稳定性,并同时符合表5.18中的两个要求。达不到要求时必须采取抗剥落措施,调整最佳沥青用量后再次试验。

(3)宜对密级配沥青混合料在温度为-10℃、加载速率为50 mm/min的条件下进行弯曲试验,测定破坏强度、破坏应变、破坏劲度模量,并根据应力应变曲线的形状,综合评价沥青混合料的低温抗裂性能。其中沥青混合料的破坏应变宜不小于表11.8的要求。

表 11.8 沥青混合料低温弯曲试验破坏应变($\mu\varepsilon$)技术要求

气候条件与技术指标	相应于下列气候分区所要求的破坏应变($\mu\varepsilon$)								试验方法
	<-37.0		-21.5~-37.0		-9.0~-21.5		>-9.0		
年极端最低气温(℃)及气候分区	1.冬严寒区		2.冬寒区		3.冬冷区		4.冬温区		
	1-1	2-1	1-2	2-2	3-2	1-3	2-3	1-4	2-4	
普通沥青混合料 ≥	2 600		2 300			2 000			T 0715
改性沥青混合料 ≥	3 000		2 800			2 500			

(4)宜利用轮碾机成型的车辙试验试件,脱模架起进行渗水试验,并符合表11.9的要求。

表 11.9 沥青混合料试件渗水系数(ml/min)技术要求

级配类型		渗水系数要求(ml/min)	试验方法
密级配沥青混凝土	≤	120	
SMA 混合料	≤	80	T 0730
OGFC 混合料	≥	实测	

(5)对使用钢渣作为集料的沥青混合料,应按现行试验规程(T 0363)进行活性和膨

胀性试验,钢渣沥青混凝土的膨胀量不得超过 1.5%。

(6)对改性沥青混合料的性能检验,应针对改性目的进行。以提高高温抗车辙性能为主要目的时,低温性能可按普通沥青混合料的要求执行;以提高低温抗裂性能为主要目的时,高温稳定性可按普通沥青混合料的要求执行。

高速公路、一级公路沥青混合料的配合比设计应在调查以往类同材料的配合比设计经验和使用效果的基础上,按以下步骤进行。

(1)目标配合比设计阶段。用工程实际使用的材料,优选矿料级配、确定最佳沥青用量,符合配合比设计技术标准和配合比设计检验要求,以此作为目标配合比,供拌和机确定各冷料仓的供料比例、进料速度及试拌使用。

(2)生产配合比设计阶段。对间歇式拌和机,应按规定方法取样测试各热料仓的材料级配,确定各热料仓的配合比,供拌和机控制室使用。同时选择适宜的筛孔尺寸和安装角度,尽量使各热料仓的供料大体平衡。并取目标配合比设计的最佳沥青用量 OAC、$OAC \pm 0.3\%$ 等 3 个沥青用量进行马歇尔试验和试拌,通过室内试验及从拌和机取样试验综合确定生产配合比的最佳沥青用量,由此确定的最佳沥青用量与目标配合比设计的结果的差值不宜大于±0.2%。对连续式拌和机可省略生产配合比设计步骤。

(3)生产配合比验证阶段。拌和机按生产配合比结果进行试拌、铺筑试验段,并取样进行马歇尔试验,同时从路上钻取芯样观察空隙率的大小,由此确定生产用的标准配合比。标准配合比的矿料合成级配中,至少应包括 0.075 mm、2.36 mm、4.75 mm 及公称最大粒径筛孔的通过率接近优选的工程设计级配范围的中值,并避免在 0.3~0.6 mm 处出现"驼峰"。对确定的标准配合比,宜再次进行车辙试验和水稳定性检验。

(4)确定施工级配允许波动范围。根据标准配合比及质量管理要求中各筛孔的允许波动范围,制订施工用的级配控制范围,用以检查沥青混合料的生产质量。

经设计确定的标准配合比在施工过程中不得随意变更。但生产过程中应加强跟踪检测,严格控制进场材料的质量,如遇材料发生变化并经检测沥青混合料的矿料级配、马歇尔技术指标不符合要求时,应及时调整配合比,使沥青混合料的质量符合要求并保持相对稳定,必要时重新进行配合比设计。

二级及二级以下其他等级公路热拌沥青混合料的配合比设计可按上述步骤进行。当材料与同类道路完全相同时,也可直接引用成功的经验。

11.2.4 混合料的拌制

(1)沥青混合料必须在沥青拌和厂(场、站)采用拌和机械拌制。

①拌和厂的设置必须符合国家有关环境保护、消防、安全等规定。

②拌和厂与工地现场距离应充分考虑交通堵塞的可能,确保混合料的温度下降不超过要求,且不致因颠簸造成混合料离析。

③拌和厂应具有完备的排水设施。各种集料必须分隔贮存,细集料应设防雨顶棚,料场及场内道路应作硬化处理,严禁泥土污染集料。

(2)沥青混合料可采用间歇式拌和机或连续式拌和机拌制。高速公路和一级公路宜采用间歇式拌和机拌和。连续式拌和机使用的集料必须稳定不变,一个工程从多处进料、料源或质量不稳定时,不得采用连续式拌和机。

(3)沥青混合料拌和设备的各种传感器必须定期检定,周期不少于每年一次。冷料供料装置需经标定得出集料供料曲线。

(4)间歇式拌和机应符合下列要求:总拌和能力满足施工进度要求;拌和机除尘设备完好,能达到环保要求;冷料仓的数量满足配合比需要,通常不宜少于5~6个。具有添加纤维、消石灰等外掺剂的设备。

(5)集料与沥青混合料取样应符合现行试验规程的要求。从沥青混合料运料车上取样时必须在设置取样台分几处采集一定深度下的样品。

(6)集料进场宜在料堆顶部平台卸料,经推土机推平后,铲运机从底部按顺序竖直装料,减小集料离析。

(7)高速公路和一级公路施工用的间歇式拌和机必须配备计算机设备,拌和过程中逐盘采集并打印各个传感器测定的材料用量和沥青混合料拌和量、拌和温度等各种参数,每个台班结束时打印出一个台班的统计量,按附录G的方法,进行沥青混合料生产质量及铺筑厚度的总量检验,总量检验的数据有异常波动时,应立即停止生产,分析原因。

(8)沥青混合料的生产温度应符合11.4、11.5的要求。烘干集料的残余含水量不得大于1%。每天开始几盘集料应提高加热温度,并干拌几锅集料废弃,再正式加沥青拌和混合料。

(9)拌和机的矿粉仓应配备振动装置以防止矿粉起拱。添加消石灰、水泥等外掺剂时,宜增加粉料仓,也可由专用管线和螺旋升送器直接加入拌和锅,若与矿粉混合使用时应注意二者因密度不同发生离析。

(10)拌和机必须有二级除尘装置,经一级除尘部分可直接回收使用,二级除尘部分可进入回收粉仓使用(或废弃)。对因除尘造成的粉料损失应补充等量的新矿粉。

(11)沥青混合料拌和时间根据具体情况经试拌确定,以沥青均匀裹覆集料为度。间歇式拌和机每盘的生产周期不宜少于45 s(其中干拌时间不少于5~10 s)。改性沥青和SMA混合料的拌和时间应适当延长。

(12)间歇式拌和机的振动筛规格应与矿料规格相匹配,最大筛孔宜略大于混合料的最大粒径,其余筛的设置应考虑混合料的级配稳定,并尽量使热料仓大体均衡,不同级配混合料必须配置不同的筛孔组合。

(13)间隙式拌和机宜备有保温性能好的成品储料仓,贮存过程中混合料温降不得大于10 ℃、且不能有沥青滴漏,普通沥青混合料的贮存时间不得超过72 h,改性沥青混合料的贮存时间不宜超过24 h,SMA混合料只限当天使用,OGFC混合料宜随拌随用。

(14)生产添加纤维的沥青混合料时,纤维必须在混合料中充分分散,拌和均匀。拌和机应配备同步添加投料装置,松散的絮状纤维可在喷入沥青的同时或稍后采用风送设备喷入拌和锅,拌和时间宜延长5 s以上。颗粒纤维可在粗集料投入的同时自动加入,经5~10 s的干拌后,再投入矿粉。工程量很小时也可分装成塑料小包或由人工量取直接投入拌和锅。

(15)使用改性沥青时应随时检查沥青泵、管道、计量器是否受堵,堵塞时应及时清洗。

(16)沥青混合料出厂时应逐车检测沥青混合料的重量和温度,记录出厂时间,签发运料单。

11.2.5 混合料的运输

热拌沥青混合料宜采用较大吨位的运料车运输,但不得超载运输,或急刹车、急弯掉头使透层、封层造成损伤。运料车的运力应稍有富余,施工过程中摊铺机前方应有运料车等候。对高速公路、一级公路,宜待等候的运料车多于5辆后开始摊铺。

运料车每次使用前后必须清扫干净,在车厢板上涂一薄层防止沥青黏结的隔离剂或防粘剂,但不得有余液积聚在车厢底部。从拌和机向运料车上装料时,应多次挪动汽车位置,平衡装料,以减少混合料离析。运料车运输混合料宜用苫布覆盖,保温、防雨、防污染。

运料车进入摊铺现场时,轮胎上不得沾有泥土等可能污染路面的脏物,否则宜设水池洗净轮胎后进入工程现场。沥青混合料在摊铺地点凭运料单接收,若混合料不符合施工温度要求,已经结成团块、已遭雨淋的不得铺筑。

摊铺过程中运料车应在摊铺机前 100~300 mm 处停住,空挡等候,由摊铺机推动前进开始缓缓卸料,避免撞击摊铺机。在有条件时,运料车可将混合料卸入转运车经二次拌和后向摊铺机连续均匀地供料。运料车每次卸料必须倒净,尤其是对改性沥青或 SMA 混合料,如有剩余,应及时清除,防止硬结。

SMA 及 OGFC 混合料在运输、等候过程中,如发现有沥青结合料沿车厢板滴漏时,应采取措施易于避免。

11.2.6 混合料的摊铺

热拌沥青混合料应采用沥青摊铺机摊铺,在喷洒有黏层油的路面上铺筑改性沥青混合料或 SMA 时,宜使用履带式摊铺机。摊铺机的受料斗应涂刷薄层隔离剂或防黏结剂。

铺筑高速公路、一级公路沥青混合料时,一台摊铺机的铺筑宽度不宜超过 6(双车道)~7.5 m(3 车道以上),通常宜采用两台或更多台数的摊铺机前后错开 10~20 m 成梯队方式同步摊铺,两幅之间应有 30~60 mm 左右宽度的搭接,并躲开车道轮迹带,上下层的搭接位置宜错开 200 mm 以上。

摊铺机开工前应提前 0.5~1 h 预热熨平板不低于 100 ℃。铺筑过程中应选择熨平板的振捣或夯锤压实装置具有适宜的振动频率和振幅,以提高路面的初始压实度。熨平板加宽连接应仔细调节至摊铺的混合料没有明显的离析痕迹。

摊铺机必须缓慢、均匀、连续不间断地摊铺,不得随意变换速度或中途停顿,以提高平整度,减少混合料的离析。摊铺速度宜控制在 2~6 m/min 的范围内。对改性沥青混合料及 SMA 混合料宜放慢至 1~3 m/min。当发现混合料出现明显的离析、波浪、裂缝、拖痕时,应分析原因,予以消除。

摊铺机应采用自动找平方式,下面层或基层宜采用钢丝绳引导的高程控制方式,上面层宜采用平衡梁或雪橇式摊铺厚度控制方式,中面层根据情况选用找平方式。直接接触式平衡梁的轮子不得黏附沥青。铺筑改性沥青或 SMA 路面时宜采用非接触式平衡梁。

沥青路面施工的最低气温应符合总则的要求,寒冷季节遇大风降温,不能保证迅速压实时不得铺筑沥青混合料。热拌沥青混合料的最低摊铺温度根据铺筑层厚度、气温、风速及下卧层表面温度按规范 JTG F40—2004 中 11.3、11.4、11.5 条执行,且不得低于表

11.10的要求。每天施工开始阶段宜采用较高温度的混合料。

表 11.10 沥青混合料的最低摊铺温度

下卧层的表面温度/℃	相应于下列不同摊铺层厚度的最低摊铺温度/℃					
	普通沥青混合料			改性沥青混合料或 SMA 沥青混合料		
	<50 mm	50~80 mm	>80 mm	<50 mm	50~80 mm	>80 mm
<5	不允许	不允许	140	不允许	不允许	不允许
5~10	不允许	140	135	不允许	不允许	不允许
10~15	145	138	132	165	155	150
15~20	140	135	130	158	150	145
20~25	138	132	128	153	147	143
25~30	132	130	126	147	145	141
>30	130	125	124	145	140	139

沥青混合料的松铺系数应根据混合料类型由试铺试压确定。摊铺过程中应随时检查摊铺层厚度及路拱、横坡,并由使用的混合料总量与面积校验平均厚度。

摊铺机的螺旋布料器应相应于摊铺速度调整到保持一个稳定的速度均衡地转动,两侧应保持有不少于送料器 2/3 高度的混合料,以减少在摊铺过程中混合料的离析。

用机械摊铺的混合料,不宜用人工反复修整。当不得不由人工作局部找补或更换混合料时,需仔细进行,特别严重的缺陷应整层铲除。

在路面狭窄部分、平曲线半径过小的匝道或加宽部分,以及小规模工程不能采用摊铺机铺筑时可用人工摊铺混合料。人工摊铺沥青混合料应符合下列要求:

(1)半幅施工时,路中一侧宜事先设置挡板。

(2)沥青混合料宜卸在铁板上,摊铺时应扣锹布料,不得扬锹远甩。铁锹等工具宜沾防黏结剂或加热使用。

(3)边摊铺边用刮板整平,刮平时应轻重一致,控制次数,严防集料离析。

(4)摊铺不得中途停顿,并加快碾压。如因故不能及时碾压时,应立即停止摊铺,并对已卸下的沥青混合料覆盖苫布保温。

(5)低温施工时,每次卸下的混合料应覆盖苫布保温。

11. 在雨季铺筑沥青路面时,应加强气象联系,已摊铺的沥青层因遇雨未行压实的应予以铲除。

11.2.7 沥青路面的压实及成型

压实成型的沥青路面应符合压实度及平整度的要求。

沥青混凝土的压实层最大厚度不宜大于 100 mm,沥青稳定碎石混合料的压实层厚度不宜大于 120 mm,但当采用大功率压路机且经试验证明能达到压实度时允许增大到 150 mm。

沥青路面施工应配备足够数量的压路机,选择合理的压路机组合方式及初压、复压、终压(包括成型)的碾压步骤,以达到最佳碾压效果。高速公路铺筑双车道沥青路面的压路机数量不宜少于5台。施工气温低、风大、碾压层薄时,压路机数量应适当增加。

压路机应以慢而均匀的速度碾压,压路机的碾压速度应符合表11.11的规定。压路机的碾压路线及碾压方向不应突然改变而导致混合料推移。碾压区的长度应大体稳定,两端的折返位置应随摊铺机前进而推进,横向不得在相同的断面上。

表 11.11　压路机碾压速度　　　　　　　　　　　　　　　　km/h

压路机类型	初压		复压		终压	
	适宜	最大	适宜	最大	适宜	最大
钢筒式压路机	2~3	4	3~5	6	3~6	6
轮胎压路机	2~3	4	3~5	6	4~6	8
振动压路机	2~3（静压或振动）	3（静压或振动）	3~4.5（振动）	5（振动）	3~6（静压）	6（静压）

压路机的碾压温度应符合表11.3~11.5的要求,并根据混合料种类、压路机、气温、层厚等情况经试压确定。在不产生严重推移和裂缝的前提下,初压、复压、终压都应在尽可能高的温度下进行。同时不得在低温状况下做反复碾压,使石料棱角磨损、压碎,破坏集料嵌挤。

沥青混合料的初压应符合下列要求:初压应在紧跟摊铺机后碾压,并保持较短的初压区长度,以尽快使表面压实,减少热量散失。对摊铺后初始压实度较大,经实践证明采用振动压路机或轮胎压路机直接碾压无严重推移而有良好效果时,可免去初压直接进入复压工序。通常宜采用钢轮压路机静压1~2遍。碾压时应将压路机的驱动轮面向摊铺机,从外侧向中心碾压,在超高路段则由低向高碾压,在坡道上应将驱动轮从低处向高处碾压。初压后应检查平整度、路拱,有严重缺陷时进行修整乃至返工。

复压应紧跟在初压后进行,并应符合下列要求:复压应紧跟在初压后开始,且不得随意停顿。压路机碾压段的总长度应尽量缩短,通常不超过60~80 m。采用不同型号的压路机组合碾压时宜安排每台压路机做全幅碾压。防止不同部位的压实度不均匀。密级配沥青混凝土的复压宜优先采用重型的轮胎压路机进行搓揉碾压,以增加密水性,其总质量不宜小于25 t,吨位不足时宜附加重物,使每个轮胎的压力不小于15 kN,冷态时的轮胎充气压力不小于0.55 MPa,轮胎发热后不小于0.6 MPa,且各个轮胎的气压大体相同,相邻碾压带应重叠$\frac{1}{3}$~$\frac{1}{2}$的碾压轮宽度,碾压至要求的压实度为止。对粗集料为主的较大粒径的混合料,尤其是大粒径沥青稳定碎石基层,宜优先采用振动压路机复压。厚度小于30 mm的薄沥青层不宜采用振动压路机碾压。振动压路机的振动频率宜为35~50 Hz,振幅宜为0.3~0.8 mm。层厚较大时选用高频率大振幅,以产生较大的激振力,厚度较薄时采用高频率低振幅,以防止集料破碎。相邻碾压带重叠宽度为100~200 mm。振动压路机折返时应先停止振动。当采用三轮钢筒式压路机时,总质量不宜小于12 t,相邻碾压带宜重叠后轮的1/2宽度,并不应少于200 mm。对路面边缘、加宽及港湾式停车带等大型压路机难以碾压的部位,宜采用小型振动压路机或振动夯板做补充碾压。

终压应紧接在复压后进行,如经复压后已无明显轮迹时可免去终压。终压可选用双轮钢筒式压路机或关闭振动的振动压路机碾压不宜少于 2 遍,至无明显轮迹为止。

SMA 路面的压实应符合以下要求:除沥青用量较低,经试验证明采用轮胎压路机碾压有良好效果外,不宜采用轮胎压路机碾压,以防将沥青结合料搓揉挤压上浮。SMA 路面宜采用振动压路机或钢筒式压路机碾压。振动压路机应遵循"紧跟、慢压、高频、低幅"的原则,即紧跟在摊铺机后面,采取高频率、低振幅的方式慢速碾压。如发现 SMA 混合料高温碾压有推拥现象,应复查其级配是否合适。

OGFC 宜采用小于 12 t 的钢筒式压路机碾压。

碾压轮在碾压过程中应保持清洁,有混合料粘轮应立即清除。对钢轮可涂刷隔离剂或防黏结剂,但严禁刷柴油。当采用向碾压轮喷水(可添加少量表面活性剂)的方式时,必须严格控制喷水量且成雾状,不得漫流,以防混合料降温过快。轮胎压路机开始碾压阶段,可适当烘烤、涂刷少量隔离剂或防黏结剂,也可少量喷水,并先到高温区碾压使轮胎尽快升温,之后停止洒水。轮胎压路机轮胎外围宜加设围裙保温。

压路机不得在未碾压成型路段上转向、调头、加水或停留。在当天成型的路面上,不得停放各种机械设备或车辆,不得散落矿料、油料等杂物。

11.2.8 接 缝

沥青路面的施工必须接缝紧密、连接平顺,不得产生明显的接缝离析。上下层的纵缝应错开 150 mm(热接缝)或 300~400 mm(冷接缝)以上。相邻两幅及上下层的横向接缝均应错位 1 m 以上。接缝施工应用 3 m 直尺检查,确保平整度符合要求。

纵向接缝部位的施工应符合下列要求:摊铺时采用梯队作业的纵缝应采用热接缝,将已铺部分留下 100~200 mm 宽暂不碾压,作为后续部分的基准面,然后做跨缝碾压以消除缝迹。当半幅施工或因特殊原因而产生纵向冷接缝时,宜加设挡板或加设切刀切齐,也可在混合料尚未完全冷却前用镐刨除边缘留下毛茬的方式,但不宜在冷却后采用切割机做纵向切缝。加铺另半幅前应涂洒少量沥青,重叠在已铺层上 50~100 mm,再铲走铺在前半幅上面的混合料,碾压时由边向中碾压留下 100~150 mm,再跨缝挤紧压实。或者先在已压实路面上行走碾压新铺层 150 mm 左右,然后压实新铺部分。

高速公路和一级公路的表面层横向接缝应采用垂直的平接缝,以下各层可采用自然碾压的斜接缝,沥青层较厚时也可做阶梯形接缝(图 11.1)。其他等级公路的各层均可采用斜接缝。

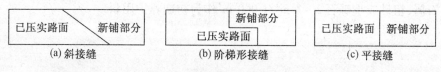

图 11.1 横向接缝的几种型式

斜接缝的搭接长度与层厚有关,宜为 0.4~0.8 m。搭接处应洒少量沥青,混合料中的粗集料颗粒应予剔除,并补上细料,搭接平整,充分压实。阶梯形接缝的台阶经铣刨而成,并洒黏层沥青,搭接长度不宜小于3 m。

平接缝宜趁尚未冷透时用凿岩机或人工垂直刨除端部层厚不足的部分,使工作缝成直角连接。当采用切割机制作平接缝时,宜在铺设当天混合料冷却但尚未结硬时进行。刨除或切割不得损伤下层路面。切割时留下的泥水必须冲洗干净,待干燥后涂刷黏层油。铺筑新混合料接头应使接茬软化,压路机先进行横向碾压,再纵向碾压成为一体,充分压实,连接平顺。

11.2.9　开放交通及其他

热拌沥青混合料路面应待摊铺层完全自然冷却,混合料表面温度低于50 ℃后,方可开放交通。需要提早开放交通时,可洒水冷却降低混合料温度。

沥青路面雨季施工应符合下列要求:注意气象预报,加强工地现场、沥青拌和厂及气象台站之间的联系,控制施工长度,各项工序紧密衔接。运料车和工地应备有防雨设施,并做好基层及路肩排水。

铺筑好的沥青层应严格控制交通,做好保护,保持整洁,不得造成污染,严禁在沥青层上堆放施工产生的土或杂物,严禁在已铺沥青层上制作水泥砂浆。

11.3　其他沥青混合料沥青路面施工

11.3.1　沥青表面处治与封层

1. 一般规定

沥青表面处治适用于三级及三级以下公路的沥青面层。各种封层适用于加铺薄层罩面、磨耗层、水泥混凝土路面上的应力缓冲层、各种防水和密水层、预防性养护罩面层。

沥青表面处治与封层宜选择在干燥和较热的季节施工,并在最高温度低于15 ℃到来以前半个月及雨季前结束。

2. 层铺法沥青表面处治

沥青表面处治可采用道路石油沥青、乳化沥青、煤沥青铺筑,沥青标号应按本规范相关规定选用。沥青表面处治的集料最大粒径应与处治层的厚度相等,其规格和用量宜按表11.12选用。沥青表面处治施工后,应在路侧另备S12(5~10 mm)碎石或S14(3~5 mm)石屑、粗砂或小砾石2~3 m³/1 000 m²作为初期养护用料。

表 11.12 沥青表面处治材料规格和用量

沥青种类	类型	厚度/mm	集料(m³/1000m²) 第一层 规格 用量	集料(m³/1000m²) 第二层 规格 用量	集料(m³/1000m²) 第三层 规格 用量	沥青或乳液用量/(kg·m⁻²) 第一次	第二次	第三次	合计用量
石油沥青	单层	1.0	S12 7~9			1.0~1.2			1.0~1.2
		1.5	S10 12~14			1.4~1.6			1.4~1.6
	双层	1.5	S10 12~14	S12 7~8		1.4~1.6	1.0~1.2		2.4~2.8
		2.0	S9 16~18	S12 7~8		1.6~1.8	1.0~1.2		2.6~3.0
		2.5	S8 18~20	S12 7~8		1.8~2.0	1.0~1.2		2.8~3.2
	三层	2.5	S8 18~20	S12 12~14	S12 7~8	1.6~1.8	1.2~1.4	1.0~1.2	3.8~4.4
		3.0	S6 20~22	S12 12~14	S12 7~8	1.8~2.0	1.2~1.4	1.0~1.2	4.0~4.6
乳化沥青	单层	0.5	S14 7~9			0.9~1.0			0.9~1.0
	双层	1.0	S12 9~11	S14 4~6		1.8~2.0	1.0~1.2		2.8~3.2
	三层	3.0	S6 20~22	S10 9~11	S12 4~6 S14 3.5~4.5	2.0~22	1.8~2.0	1.0~1.2	4.8~5.4

注:①煤沥青表面处治的沥青用量可比石油沥青用量增加15%~20%;
②表中的乳液用量按乳化沥青的蒸发残留物含量60%计算,如沥青含量不同应予以折算;
③在高寒地区及干旱风沙大的地区,可超出高限5%~10%

(2)在清扫干净的碎(砾)石路面上铺筑沥青表面处治时,应喷洒透层油。在旧沥青路面、水泥混凝土路面、块石路面上铺筑沥青表面处治路面时,可在第一层沥青用量中增加10%~20%,不再另洒透层油或黏层油。

(3)层铺法沥青表面处治路面宜采用沥青洒布车及集料撒布机联合作业。沥青洒布车喷洒沥青时应保持稳定速度和喷洒量,并保持整个洒布宽度喷洒均匀。小规模工程可采用机动或手摇的手工沥青洒布机洒布沥青。洒布设备的喷嘴应适用于沥青的稠度,确保能成雾状,与洒油管成15°~25°的夹角,洒油管的高度应使同一地点接受2~3个喷油嘴喷洒的沥青,不得出现花白条。

(4)沥青表面处治喷洒沥青材料时应对道路人工构造物、路缘石等外露部分做防污染遮盖。

(5)沥青表面处治施工应确保各工序紧密衔接,每个作业段长度应根据施工能力确定,并在当天完成。人工撒布集料时应等距离划分段落备料。

(6)三层式沥青表面处治的施工工艺应按下列步骤进行:①清扫基层,撒布第一层沥青。沥青的撒布温度根据气温及沥青标号选择,石油沥青宜为130~170 ℃,煤沥青宜为80~120 ℃,乳化沥青在常温下洒布,加温洒布的乳液温度不得超过60 ℃。前后两车喷洒的接茬处用铁板或建筑纸铺1~1.5 m,使搭接良好。分几幅浇洒时,纵向搭接宽度宜为100~150 mm。撒布第二、三层沥青的搭接缝应错开。②撒布主层沥青后应立即用集料撒布机或人工撒布第一层主集料。撒布集料后应及时扫匀,达到全面覆盖、厚度一致、集料不重叠、也不露出沥青的要求。局部有缺料时适当找补,积料过多的将多余集料扫出。两幅搭接处,第一幅撒布沥青应暂留100~150 mm宽度不撒布石料,待第二幅一起撒布。③撒布主集料后,不必等全段撒布完,立即用6~8 t钢筒双轮压路机从路边向路中心碾压3~4遍,每次轮迹重叠约300 mm。碾压速度开始不宜超过2 km/h,以后可适当增加。④第二、三层的施工方法和要求应与第一层相同,但可以采用8 t以上的压路机碾压。

(7)双层式或单层式沥青表面处治浇洒沥青及撒布集料的次数相应减少,其施工程序和要求参照(4)进行。

(8)除乳化沥青表面处治应待破乳、水分蒸发并基本成型后方可通车外,沥青表面处治在碾压结束后即可开放交通,并通过开放交通补充压实,成型稳定。在通车初期应设专人指挥交通或设置障碍物控制行车,限制行车速度不超过20 km/h,严禁畜力车及铁轮车行驶,使路面全部宽度均匀压实。

(9)沥青表面处治应注意初期养护。当发现有泛油时,应在泛油处补撒与最后一层石料规格相同的嵌缝料并扫匀,过多的浮料应扫出路外。

3. 上封层

(1)根据情况可选择乳化沥青稀浆封层、微表处、改性沥青集料封层、薄层磨耗层或其他适宜的材料。

(2)铺设上封层的下卧层必须彻底清扫干净,对车辙、坑槽、裂缝进行处理或挖补。

(3)上封层的类型根据使用目的、路面的破损程度选用。

①裂缝较细、较密的可采用涂洒类密封剂、软化再生剂等涂刷罩面;

②对二级及二级以下公路的旧沥青路面可以采用普通的乳化沥青稀浆封层,也可在喷洒道路石油沥青后撒布石屑(砂)后碾压做封层;

③对高速公路、一级公路有轻微损坏的宜铺筑微表处;

④对用于改善抗滑性能的上封层可采用稀浆封层、微表处或改性沥青集料封层。

4. 下封层

多雨潮湿地区的高速公路、一级公路的沥青面层空隙率较大,有严重渗水可能,或铺筑基层不能及时铺筑沥青面层而需通行车辆时,宜在喷洒透层油后铺筑下封层。

下封层宜采用层铺法表面处治或稀浆封层法施工。稀浆封层可采用乳化沥青或改性乳化沥青做结合料。下封层的厚度不宜小于6 mm,且做到完全密水。

以层铺法沥青表面处治铺筑下封层时,通常采用单层式,表11.12中的矿料用量宜为$5\sim8\ m^3/1\ 000\ m^2$,沥青用量可采用要求范围的中高限。

5. 稀浆封层和微表处

(1)微表处主要用于高速公路及一级公路的预防性养护以及填补轻度车辙,也适用于新建公路的抗滑磨耗层。稀浆封层一般用于二级及二级以下公路的预防性养护,也适用于新建公路的下封层。

(2)稀浆封层和微表处必须使用专用的摊铺机进行摊铺。单层微表处适用于旧路面车辙深度不大于15 mm的情况,超过15 mm的必须分两层铺筑,或先用V字形车辙摊铺箱摊铺,深度大于40 mm时不适宜微表处处理。

(3)微表处必须采用改性乳化沥青,稀浆封层可采用普通乳化沥青或改性乳化沥青,其品种和质量应分别符合规范规定的要求。

(4)稀浆封层和微表处应选择坚硬、粗糙、耐磨、洁净的集料。各项性能应符合规范规定的要求。其中微表处用通过 4.75 mm 筛的合成矿料的砂当量不得低于 65%,稀浆封层用通过 4.75 mm 筛的合成矿料的砂当量不得低于 50%。当用于抗滑表层时,还应符合规范规定有关磨光值的要求。细集料宜采用碱性石料生产的机制砂或洁净的石屑。对集料中的超粒径颗粒必须筛除。

(5)根据铺筑厚度、处治目的、公路等级等条件,按照表 11.13 选用合适的矿料级配。

表 11.13 稀浆封层和微表处的矿料级配

筛孔尺寸 /mm	不同类型通过各筛孔的百分率/%				
	微表处		稀浆封层		
	MS-2 型	MS-3 型	ES-1 型	ES-2 型	ES-3 型
9.5	100	100		100	100
4.75	95~100	70~90	100	95~100	70~90
2.36	65~90	45~70	90~100	65~90	45~70
1.18	45~70	28~50	60~90	45~70	28~50
0.6	30~50	19~34	40~65	30~50	19~34
0.3	18~30	12~25	25~42	18~30	12~25
0.15	10~21	7~18	15~30	10~21	7~18
0.075	5~15	5~15	10~20	5~15	5~15
一层的适宜厚度/mm	4~7	8~10	2.5~3	4~7	8~10

(6)稀浆封层和微表处的混合料中乳化沥青及改性乳化沥青的用量应通过配合比设计确定。混合料的质量应符合表 11.14 的技术要求。

表 11.14 稀浆封层和微表处混合料技术要求

项目	单位	微表处	稀浆封层	试验方法
可拌和时间/S	s		>120	手工拌和
稠度/cm	cm	—	2~3	T 0751
黏聚力试验 30 min(初凝时间) 60 min(开放交通时间)	N·m N·m	≥1.2 ≥2.0	(仅适用于快开放交通的稀浆封层) ≥1.2 ≥2.0	T 0754
负荷轮碾压试验(LWT) 黏附砂量 轮迹宽度变化率[1]	g/m² %	<450 <5	(仅适用于重交通道路表层时) <450 —	T 0755
湿轮磨耗试验的磨耗值(WTAT) 浸水 1 h 浸水 6 d	g/m² g/m²	<540 <800	<800 —	T 0752

注:负荷轮碾压试验(LWT)的宽度变化率适用于需要修补车辙的情况

(7)稀浆封层和微表处混合料的配合比设计按下列步骤进行:

①根据选择的级配类型,按表11.13确定矿料的级配范围。计算各种集料的配合比例,使合成级配在要求的级配范围内。

②根据以往的经验初选乳化沥青、填料、水和外加剂用量,进行拌和试验和黏聚力试验。可拌和时间的试验温度应考虑最高施工温度,黏聚力试验的温度应考虑施工中可能遇到的最低温度。

③根据上述试验结果和稀浆混合料的外观状态,选择1~3个认为合理的混合料配方,按表11.14规定试验稀浆混合料的性能,如不符要求,适当调整各种材料的配合比例再试验,直至符合要求为止。

④当设计人员经验不足时,可将初选的1~3个混合料配方分别变化不同的沥青用量(沥青用量一般在6.0%~8.5%之间),按照表11.14的要求重复试验,并分别将不同沥青用量的1 h湿轮磨耗值及砂黏附量绘制成图11.2的关系曲线,以磨耗值接近表11.25中要求的沥青用量作为最小沥青用量P_{bmin},砂黏附量接近表11.14中要求的沥青用量为最大沥青用量P_{bmax},得出沥青用量的可选择范围$P_{bmin} \sim P_{bmax}$。

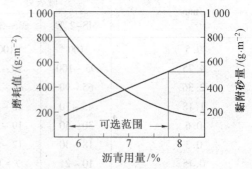

图11.2 确定稀浆封层和微表处最佳沥青用量的曲线

⑤根据经验在沥青用量的可选范围内选择适宜的沥青用量。对微表处混合料,以所选择的沥青用量检验混合料的浸水6 d湿轮磨耗指标,用于车辙填充的稀浆混合料,增加检验负荷车轮试验的宽度变化率指标,不符要求时调整沥青用量重新试验,直至符合要求为止。

⑥根据以往经验及配合比设计试验结果,在充分考虑气候及交通特点的基础上综合确定混合料配方。

(8)稀浆封层和微表处施工前,应彻底清除原路面的泥土、杂物,修补坑槽、凹陷,较宽的裂缝宜清理灌缝。在水泥混凝土路面上铺筑微表处时宜洒布黏层油,过于光滑的表面需拉毛处理。

(9)稀浆封层和微表处的最低施工温度不得低于10 ℃,严禁在雨天施工,摊铺后尚未成型混合料遇雨时应予铲除。

(10)稀浆封层和微表处两幅纵缝搭接的宽度不宜超过80 mm,横向接缝宜做成对接缝。分两层摊铺时,第一层摊铺后至少应开放交通24 h后方可进行第二层摊铺。

(11)稀浆封层和微表处铺筑后的表面不得有超粒径料拖拉的严重划痕,横向接缝和纵向接缝处不得出现余料堆积或缺料现象,用3 m直尺测量接缝处的不平整度不得大于6 mm。对微表处不得有横向波浪和深度超过6 mm的纵向条纹。经养生和初期交通碾压稳定的稀浆封层和微表处,在行车作用下应不飞散且完全密水。

11.3.2 沥青路面透层、黏层

1. 透层

（1）沥青路面各类基层都必须喷洒透层油，沥青层必须在透层油完全渗透入基层后方可铺筑。基层上设置下封层时，透层油不宜省略。气温低于10℃或大风、即将降雨时不得喷洒透层油。

（2）根据基层类型选择渗透性好的液体沥青、乳化沥青、煤沥青做透层油，喷洒后通过钻孔或挖掘确认透层油渗透入基层的深度宜不小于5 mm（无机结合料稳定集料基层）~10 mm（无结合料基层），并能与基层联结成为一体。透层油的质量应符合规范《公路沥青路面施工技术规范》（JTG F40—2004）中对各种沥青材料的相应要求。

（3）透层油的黏度通过调节稀释剂的用量或乳化沥青的浓度得到，基质沥青的针入度通常宜不小于100。透层用乳化沥青的蒸发残留物含量允许根据渗透情况适当调整，当使用成品乳化沥青时可通过稀释得到要求的黏度。透层用液体沥青的黏度通过调节煤油或轻柴油等稀释剂的品种和掺量经试验确定。

（4）透层油的用量通过试洒确定，不宜超出表11.15要求的范围。

表11.15 沥青路面透层材料的规格和用量表

用途	液体沥青		乳化沥青		煤沥青	
	规格	用量/(L·m^{-2})	规格	用量/(L·m^{-2})	规格	用量(L·m^{-2})
无结合料粒料基层	AL(M)-1、2或3 AL(S)-1、2或3	1.0~2.3	PC-2 PA-2	1.0~2.0	T-1 T-2	1.0~1.5
半刚性基层	AL(M)-1或2 AL(S)-1或2	0.6~1.5	PC-2 PA-2	0.7~1.5	T-1 T-2	0.7~1.0

注：表中用量是指包括稀释剂和水分等在内的液体沥青、乳化沥青的总量。乳化沥青中的残留物含量以50%为基准。

（5）用于半刚性基层的透层油宜紧接在基层碾压成型后表面稍变干燥、但尚未硬化的情况下喷洒。

（6）在无结合料粒料基层上洒布透层油时，宜在铺筑沥青层前1~2 d天洒布。

（7）透层油宜采用沥青洒布车一次喷洒均匀，使用的喷嘴宜根据透层油的种类和黏度选择并保证均匀喷洒，沥青洒布车喷洒不均匀时宜改用手工沥青洒布机喷洒。

（8）喷洒透层油前应清扫路面，遮挡防护路缘石及人工构造物避免污染，透层油必须洒布均匀，有花白遗漏应人工补洒，喷洒过量时立即撒布石屑或砂吸油，必要时作适当碾压。透层油洒布后不得在表面形成能被运料车和摊铺机黏起的油皮，透层油达不到渗透深度要求时，应更换透层油稠度或品种。

（9）透层油洒布后的养生时间随透层油的品种和气候条件由试验确定，确保液体沥青中的稀释剂全部挥发，乳化沥青渗透且水分蒸发，然后尽早铺筑沥青面层，防止工程车辆损坏透层。

2. 黏层

（1）符合下列情况之一时，必须喷洒黏层油。

①双层式或三层式热拌热铺沥青混合料路面的沥青层之间。

②水泥混凝土路面、沥青稳定碎石基层或旧沥青路面层上加铺沥青层。

③路缘石、雨水口、检查井等构造物与新铺沥青混合料接触的侧面。

(2) 黏层油宜采用快裂或中裂乳化沥青、改性乳化沥青,也可采用快、中凝液体石油沥青,其规格和质量应符合本规范的要求,所使用的基质沥青标号宜与主层沥青混合料相同。

(3) 黏层油品种和用量,应根据下卧层的类型通过试洒确定,并符合表11.16的要求。当黏层油上铺筑薄层大空隙排水路面时,黏层油的用量宜增加到 0.6~1.0 L/m²。在沥青层之间兼做封层而喷洒的黏层油宜采用改性沥青或改性乳化沥青,其用量宜不少于 1.0 L/m²。

表 11.16 沥青路面黏层材料的规格和用量表

下卧层类型	液体沥青		乳化沥青	
	规格	用量/(L·m⁻²)	规格	用量/(L·m⁻²)
新建沥青层或旧沥青路面	AL(R)-3 ~ AL(R)-6 AL(M)-3 ~ AL(M)-6	0.3~0.5	PC-3 PA-3	0.3~0.6
水泥混凝土	AL(M)-3 ~ AL(M)-6 AL(S)-3 ~ AL(S)-6	0.2~0.4	PC-3 PA-3	0.3~0.5

注:表中用量是指包括稀释剂和水分等在内的液体沥青、乳化沥青的总量。乳化沥青中的残留物含量以50%为基准。

(4) 黏层油宜采用沥青洒布车喷洒,并选择适宜的喷嘴,洒布速度和喷洒量保持稳定。当采用机动或手摇的手工沥青洒布机喷洒时,必须由熟练的技术工人操作,均匀洒布。气温低于10 ℃时不得喷洒黏层油,寒冷季节施工不得不喷洒时可以分成两次喷洒。路面潮湿时不得喷洒黏层油,用水洗刷后需待表面干燥后喷洒。

(5) 喷洒的黏层油必须成均匀雾状,在路面全宽度内均匀分布成一薄层,不得有洒花、漏空或成条状,也不得有堆积。喷洒不足的要补洒,喷洒过量处应予刮除。喷洒黏层油后,严禁运料车外的其他车辆和行人通过。

(6) 黏层油宜在当天洒布,待乳化沥青破乳、水分蒸发完成或稀释沥青中的稀释剂基本挥发完成后,紧跟着铺筑沥青层,确保黏层不受污染。

3. 其他沥青铺装工程

在特殊场合铺筑沥青铺装层时,应根据其使用部位及功能要求采取相应的措施。

(1) 行人及非机动车道路

人行道、非机动车道、园林公路、行人广场等主要供行人、非机动车使用的沥青层应平顺、舒适、排水良好;行人道路宜选择针入度较大的石油沥青或乳化沥青,沥青混合料的沥青用量宜比车行道用量增加0.3%左右;行人道路的表面层应采用细型的细粒式或砂粒式密级配沥青混凝土混合料。在无机动车通行的道路上也可铺筑透水路面;行人道路设置路缘石、井孔盖座、消火栓、电杆等公路附属设施时应预先安装,喷洒沥青或铺筑混合料前应采取措施防止污染,并避免因压路机碾压受到损坏。对使用大型压路机有困难的部位,可采用小型振动压路机、振动夯板、夯锤压实。

(2) 重型车停车场、公共汽车站

高速公路服务区、停车场、公共汽车站等的沥青层应满足较长时间停驻重型车辆及承受反复启动制动水平力的功能要求。沥青混合料应有较高的抗永久性流动变形的能力;沥青混合料宜选择集料最大粒径较粗、嵌挤性能好的矿料级配,适当增加4.75 mm以上的粗集料部分,减少天然砂用量。沥青结合料宜采用低针入度沥青或者改性沥青,沥青用量比标准配合比设计用量宜减少0.3%~0.5%;在大面积行人广场上铺筑沥青层时,应充分注意平整度、坡度及排水是否符合设计要求,施工时宜设置间距不大于5 m方格形样桩,随时用3 m直尺检查,不符合要求的及时趁热整修。

(3) 水泥混凝土桥面的沥青铺装层

大中型水泥混凝土桥桥面铺筑的沥青铺装层,应满足与混凝土桥面的黏结、防止渗水、抗滑及有较高抵抗振动变形的能力等功能性要求,并设置有效的桥面排水系统;铺装沥青层的下卧层必须符合平整、粗糙、整洁的要求,桥面纵横坡符合要求;水泥混凝土桥面板表面应作铣刨拉毛处理,清除浮浆,除去过高的突出部位;铺设桥面铺装层必须确保混凝土完全干燥,严禁在潮湿条件下铺设防水黏结层及摊铺沥青混合料,防止混凝土中的水分在施工或使用过程中遇热变成水汽使防水黏结层鼓包。

喷洒沥青或改性沥青类桥面防水黏结层的施工应符合下列要求:整个铺筑过程直至铺设石屑保护层前严禁包括行人在内的一切交通;不洒黏层油,直接分2~3层喷洒或人工涂刷热沥青、热融或溶剂稀释的改性沥青、改性乳化沥青的防水黏结层,必须均匀一致,且达到要求的厚度;喷洒防水层黏结后应立即撒布一层洁净的尺寸为3~5 mm的石屑作保护层,并用6~8 t轻型压路机以较慢的速度碾压。

防水卷材防水层的铺筑应符合下列要求:防水卷材应符合相关质量要求,无破洞、不漏水,内部有金属或聚合物纤维,表面有均匀的石屑撒布层。铺筑的防水黏结层不得有漏铺、破漏、脱开、翘起、皱折等现象;铺设前应喷洒黏层油和涂刷黏结剂,铺筑时加热边滚压,黏结后必须检查确认任何部位都不能被人工或铁锹撕揭开;铺设卷材后不得通行任何车辆或堆放杂物,防止卷材污染;防水卷材防水层不得在摊铺机或运料车作用下遭到损坏。

桥面铺装的复压宜采用轮胎压路机或钢筒式压路机进行,经试验或经验证明不致损坏桥梁结构时,也可采用振动压路机碾压。

沥青面层所用的沥青应符合规范《公路沥青路面施工技术规范》(JTG F40—2004)要求,必要时采用改性沥青。

桥面铺装和土石方路基和桥头搭板上的路面应连接平顺,采取措施,预防桥头跳车。

(4) 钢桥面铺装

钢桥面铺装必须具有以下功能性要求:能与钢板紧密结合成为整体,变形协调一致;防水性能良好,防止钢桥面生锈;具有足够的耐久性和有较小的温度敏感性,满足使用条件下的高温抗流动变形能力、低温抗裂性能、水稳定性、抗疲劳性能、表面抗滑的要求;与钢板黏结良好,具有足够的抗水平剪切重复荷载及蠕变变形的能力。

钢桥面铺装结构通常由防锈层、防水黏结层、沥青面层等组成;涂刷防水层前应对钢板焊缝和吊钩残留物仔细平整,彻底除锈,清扫干燥;钢桥面铺装的防水黏结层必须紧跟防锈层后涂刷,防水黏结层宜采用高黏度的改性沥青、环氧沥青、防水卷材。当采用浇注式沥青混凝土铺筑桥面铺装时,可不设防水黏结层。

钢桥面铺装使用的改性沥青,宜单独提出相应的技术要求。沥青面层可采用聚合物或天然沥青改性沥青混凝土、环氧沥青混凝土、浇注式沥青混凝土、SMA等作合理的组合。沥青层的压实设备和压实工艺,应通过力学验算并经试验验证,防止钢桥面主体受损;铺设过程中必须保持桥面整洁,不得堆放与施工无关的材料、机械、杂物;钢桥面铺装宜在无雨少雾季节、干燥状态下施工。

(5)公路隧道沥青路面

①在隧道内铺筑沥青路面时应充分考虑隧道沥青路面施工和维修养护工作困难,隧道内外光线变化显著,隧道有可能漏水、冒水,隧道防火安全等特点选择适宜的材料与结构。

②对隧道底部的地下水应采取疏导方式,设置完善的排水系统。

③施工过程中需确保通风良好,采取防火措施,制订切实可行的消防和疏散预案。

④各种施工机械应符合隧道净空的要求,选用宽度较窄的摊铺机铺筑,运料车应能完全卸料,具有足够的行车通道。

(6)路缘石与拦水带

沥青路面外侧边缘宜设置深度深入基层的纵向渗水沟,并留置横向的排水孔,渗水沟可采用多孔水泥混凝土或单粒径碎石,表面层铺筑沥青混凝土;路缘石应有足够的强度和耐久性、表面平整,与路线线形一致。行车道与中央分隔带之间设置埋置式路缘石时,应防止中央分隔带的雨水进入路面结构层;沥青混凝土拦水带应采用专用设备连续铺设,其矿料级配宜符合表11.17要求,沥青用量宜在正常试验的基础上增加0.5%~1.0%,双面击实50次的设计空隙率宜为1%~3%。基底需洒布用量为0.25~0.5 kg/m²的黏层油。

表11.17 沥青混凝土拦水带矿料级配范围

筛孔/mm	16	13.2	4.75	2.36	0.3	0.075
通过筛孔的质量百分率/%	100	85~100	65~80	50~65	18~30	5~15

埋置式路缘石宜在沥青层施工全部结束后安装,严禁在两层沥青层施工间隙中因开挖、埋设路缘石导致沥青层污染。

11.4 沥青路面质量控制

11.4.1 沥青路面施工质量管理

沥青路面施工应根据全面质量管理的要求,建立健全有效的质量保证体系,实行严格的目标管理、工序管理与岗位责任制度,对施工各阶段的质量进行检查、控制、评定,达到所规定的质量标准,确保施工质量的稳定性。施工质量管理与检查验收应包括施工前、施工过程中质量管理与质量控制,以及各施工工序间的检查及工程交工后的质量检查验收。

材料质量是沥青路面质量的保证,施工前以及施工过程中材料来源或规格有变化时,必须对材料来源、材料质量、数量、供应计划、料场堆放及贮存条件等进行检查。检查时应以同一料源、同一次购入并运至生产现场(或储入同一沥青罐、池)的相同规格品种的集料、沥青为一批进行检查。拌和厂及沥青路面施工机械和设备的配套情况、性能、计量精度等也应在施工前进行检查。

高速公路和一级公路在施工前应铺筑试验段。试验段的长度应根据试验目的确定,宜为100~200 m。试验段宜在直线段上铺筑,如在其他道路上铺筑时,路面结构等条件应相同,路面各结构层的试验可安排在不同的试验段上。热拌热铺沥青混合料路面试验段铺筑分试拌及试铺两个阶段,应包括下列试验内容:

①根据沥青路面各种施工机械相匹配的原则,确定合理的施工机械、机械数量及组合方式。

②通过试拌确定拌和机的上料速度、拌和数量与时间、拌和温度等操作工艺。

③通过试铺确定:透层沥青的标号与用量、喷洒方式、喷洒温度;摊铺机的摊铺温度、摊铺速度、摊铺宽度、自动找平方式等操作工艺;压路机的压实顺序、碾压温度、碾压速度及遍数等压实工艺;以及确定松铺系数、接缝方法等。

④验证沥青混合料配合比设计结果,提出生产用的矿料配比和沥青用量。

⑤建立用钻孔法及核子密度仪法测定密度的对比关系。确定粗粒式沥青混凝土和沥青碎石面层的压实标准密度。

⑥确定施工产量及作业段长度,制订施工进度计划。

⑦全面检查材料及施工质量。

⑧确定施工组织及管理体系、人员、通讯联络及指挥方式。

施工过程中工程质量检查的内容、频度、质量标准符合要求。当检查结果达不到规定的要求时,应追加检测数量,查找原因,作出处理。混合料铺筑现场必须对混合料质量及施工温度进行观测,随时检查厚度、压实度和平整度,并逐个断面测定成型尺寸。为保证高速公路和一级公路沥青路面的施工质量,对其施工质量最好采用计算机实行动态管理。

11.4.2 沥青路面交工质量检查、验收与施工总结

1. 施工质量管理与检查验收一般规定

沥青路面施工应根据全面质量管理的要求,建立健全有效的质量保证体系,对施工各工序的质量进行检查评定,达到规定的质量标准,确保施工质量的稳定性。

高速公路、一级公路沥青路面应加强施工过程质量控制,实行动态质量管理。

规范《公路沥青路面施工技术规范》(JTG F40—2004)规定的技术要求是工程施工质量管理和交工验收的依据。

所有与工程建设有关的原始记录、试验检测及计算数据、汇总表格,必须如实记录和保存。对已经采取措施进行返工和补救的项目,可在原记录和数据上注明,但不得销毁。

2. 施工前的材料与设备检查

施工前必须检查各种材料的来源和质量。对经招标程序购进的沥青、集料等重要材料,供货单位必须提交最新检测的正式试验报告。从国外进口的材料应提供该批材料的

船运单。对首次使用的集料,应检查生产单位的生产条件、加工机械、覆盖层的清理情况。所有材料都应按规定取样检测,经质量认可后方可订货。

各种材料都必须在施工前以"批"为单位进行检查,不符合本规范技术要求的材料不得进场。对各种矿料是以同一料源、同一次购入并运至生产现场的相同规格材料为一"批";对沥青是指从同一来源、同一次购入且储入同一沥青罐的同一规格的沥青为一"批"。材料试样的取样数量与频度按现行试验规程的规定进行。

工程开始前,必须对材料的存放场地、防雨和排水措施进行确认,不符合本规范要求时材料不得进场。进场的各种材料的来源、品种、质量应与招标及提供的样品一致,不符要求的材料严禁使用。

使用成品改性沥青的工程,应要求供应商提供所使用的改性剂型号、基质沥青的质量检测报告。使用现场改性沥青的工程,应对试生产的改性沥青进行检测。质量不合格的不可使用。

施工前应对沥青拌合楼、摊铺机、压路机等各种施工机械和设备进行调试,对机械设备的配套情况、技术性能、传感器计量精度等进行认真检查、标定,并得到监理的认可。

正式开工前,各种原材料的试验结果,及据此进行的目标配合比设计和生产配合比设计结果,应在规定的期限内向业主及监理提出正式报告,待取得正式认可后,方可使用。

3. 铺筑试验路段

高速公路和一级公路的沥青路面在施工前应铺筑试验段。其他等级公路在缺乏施工经验或初次使用重大设备时,也应铺筑试验段。当同一施工单位在材料、机械设备及施工方法与其他工程完全相同时,也可利用其他工程的结果,不再铺筑新的试验路段。

试验段的长度应根据试验目的确定,通常宜为100~200 m,宜选在正线上铺筑。

热拌热铺沥青混合料路面试验段铺筑分试拌及试铺两个阶段,应包括下列试验内容:
①检验各种施工机械的类型、数量及组合方式是否匹配。
②通过试拌确定拌和机的操作工艺,考查计算机打印装置的可信度。
③通过试铺确定透层油的喷洒方式和效果、摊铺、压实工艺,确定松铺系数等。
④验证沥青混合料生产配合比设计,提出生产用的标准配合比和最佳沥青用量。
⑤建立用钻孔法与核子密度仪无破损检测路面密度的对比关系。确定压实度的标准检测方法。核子仪等无破损检测在碾压成型后热态测定,取13个测点的平均值为1组数据,一个试验段不得少于3组。钻孔法在第2天或第3天以后测定,钻孔数不少于12个。
⑥检测试验段的渗水系数。

试验段铺筑应由有关各方共同参加,及时商定有关事项,明确试验结论。铺筑结束后,施工单位应就各项试验内容提出完整的试验路施工、检测报告,取得业主或监理的批复。

4. 施工过程中的质量管理与检查

沥青面层施工必须在得到开工令后方可开工。施工单位在施工过程中应随时对施工质量进行自检。监理应按规定要求自主地进行试验,并对承包商的试验结果进行认定,如实评定质量,计算合格率。当发现有质量低劣等异常情况时,应立即追加检查。施工过程中无论是否已经返工补救,所有数据均必须如实记录,不得丢弃。

沥青混合料生产过程中,必须按表11.18规定的检查项目与频度,对各种原材料进行抽样试验,其质量应符合规范《公路沥青路面施工技术规范》(JTG F40—2004)规定的技术要求。每个检查项目的平行试验次数或一次试验的试样数必须按相关试验规程的规定执行,并以平均值评价是否合格。未列入表中的材料的检查项目和频度按材料质量要求确定。

表 11.18 施工过程中材料质量检查的项目与频度

材料	检查项目	检查频度 高速公路、一级公路	检查频度 其他等级公路	试验规程规定的平行试验次数或一次试验的试样数
粗集料	外观(石料品种、含泥量等)	随时	随时	—
	针片状颗粒含量	随时	随时	2~3
	颗粒组成(筛分)	随时	必要时	2
	压碎值	必要时	必要时	2
	磨光值	必要时	必要时	4
	洛杉矶磨耗值	必要时	必要时	2
	含水量	随时	必要时	2
细集料	颗粒组成(筛分)	随时	必要时	2
	砂当量	必要时	必要时	2
	含水量	必要时	必要时	2
	松方单位重	必要时	必要时	2
矿粉	外观	随时	随时	—
	<0.075 mm 含量	必要时	必要时	2
	含水量	必要时	必要时	2
石油沥青	针入度	每2~3天1次	每周1次	3
	软化点	每2~3天1次	每周1次	2
	延度	每2~3天1次	每周1次	3
	含蜡量	必要时	必要时	2~3
改性沥青	针入度	每天1次	每天1次	3
	软化点	每天1次	每天1次	2
	离析试验(对成品改性沥青)	每周1次	每周1次	2
	低温延度	必要时	必要时	3
	弹性恢复	必要时	必要时	3
	显微镜观察(对现场改性沥青)	随时	随时	—
乳化沥青	蒸发残留物含量	每2~3天1次	每周1次	2
	蒸发残留物针入度	每2~3天1次	每周1次	2

续表 11.18

材料	检查项目	检查频度		试验规程规定的平行试验次数或一次试验的试样数
		高速公路、一级公路	其他等级公路	
改性乳化沥青	蒸发残留物含量	每2~3天1次	每周1次	2
	蒸发残留物针入度	每2~3天1次	每周1次	3
	蒸发残留物软化点	每2~3天1次	每周1次	2
	蒸发残留物的延度	必要时	必要时	3

注:①表列内容是在材料进场时已按"批"进行了全面检查的基础上,日常施工过程中质量检查的项目与要求;

②"随时"是指需要经常检查的项目,其检查频度可根据材料来源及质量波动情况由业主及监理确定;"必要时"是指施工各方任何一个部门对其质量发生怀疑,提出需要检查时,或是根据需要商定的检查频度

沥青拌和厂必须按下列步骤对沥青混合料生产过程进行质量控制,并按表 11.19 规定的项目和频度检查沥青混合料产品的质量,如实计算产品的合格率。单点检验评价方法应符合相关试验规程的试样平行试验的要求。

①从料堆和皮带运输机随时目测各种材料的质量和均匀性,检查泥块及超粒径碎石,检查冷料仓有无窜仓。目测混合料拌和是否均匀,有无花白料,油石比是否合理,检查集料和混合料的离析情况。

②检查控制室拌和机各项参数的设定值、控制屏的显示值,核对计算机采集和打印记录的数据与显示值是否一致。按规范规定的方法进行沥青混合料生产过程的在线监测和总量检验。按规范规定的方法进行沥青混合料质量动态管理。

③检测沥青混合料的材料加热温度、混合料出厂温度,取样抽提、筛分检测混合料的矿料级配、油石比。抽提筛分应至少检查 0.075 mm、2.36 mm、4.75 mm、公称最大粒径及中间粒径等 5 个筛孔的通过率。

④取样成型试件进行马歇尔试验,测定空隙率、稳定度、流值,计算合格率。对 VMA、VFA 指标可只作记录。

注:沥青混合料的存放时间对体积指标有一定影响,施工质量检验的马歇尔试验以拌和厂取样后立即成型的试件为准,但成型温度和试件高度必须符合试验要求。

表 11.19 热拌沥青混合料的频度和质量要求

项目	检查频度及单点检验评价方法	质量要求或允许偏差		试验方法
		高速公路、一级公路	其他等级公路	
混合料外观	随时	观察集料粗细、均匀性、离析、油石比、色泽、冒烟、有无花白料、油团等各种现象		目测

续表 11.19

项目		检查频度及单点检验评价方法	质量要求或允许偏差		试验方法
			高速公路、一级公路	其他等级公路	
拌和温度	沥青、集料的加热温度	逐盘检测评定	符合规范《公路沥青路面施工技术规范》(JTG F40—2004)规定		传感器自动检测、显示并打印
	混合料出厂温度	逐车检测评定	符合规范《公路沥青路面施工技术规范》(JTG F40—2004)规定		传感器自动检测、显示并打印,出厂时逐车按 T 0981 人工检测
		逐盘测量记录,每天取平均值评定	符合规范《公路沥青路面施工技术规范》(JTG F40—2004)规定		传感器自动检测、显示并打印
矿料级配（筛孔）	0.075 mm	逐盘在线检测	±2%(2%)	—	计算机采集数据计算
	≤2.36 mm		±5%(4%)	—	
	≥4.75 mm		±6%(5%)	—	
	0.075 mm	逐盘检查,每天汇总1次取平均值评定	±1%	—	附录 G 总量检验
	≤2.36 mm		±2%	—	
	≥4.75 mm		±2%	—	
	0.075 mm	每台拌和机每天 1～2 次,以 2 个试样的平均值评定	±2%(2%)	±2%	T 0725 抽提筛分与标准级配比较的差
	≤2.36 mm		±5%(3%)	±6%	
	≥4.75 mm		±6%(4%)	±7%	
沥青用量（油石比）		逐盘在线监测	±0.3%	—	计算机采集数据计算
		逐盘检查,每天汇总1次取平均值评定	±0.1%	—	附录 F 总量检验
		每台拌和机每天 1～2 次,以 2 个试样的平均值评定	±0.3%	±0.4%	抽提 T 0722、T 0721
马歇尔试验:空隙率、稳定度、流值		每台拌和机每天 1～2 次,以 4～6 个试件的平均值评定	符合本规范规定		T 0702、T 0709、
浸水马歇尔试验		必要时(试件数同马歇尔试验)	符合本规范规定		T 0702、T 0709
车辙试验		必要时(以 3 个试件的平均值评定)	符合本规范规定		T 0719

注:①单点检验是指试验结果以一组试验结果的报告值为一个测点的评价依据,一组试验(如马歇尔试验、车辙试验)有多个试样时,报告值的取用按《公路工程沥青与沥青混合料试验规程》的规定执行;

②对高速公路和一级公路,矿料级配和油石比必须进行总量检验和抽提筛分的双重检验控制,互相校核,表中括号内的数字是对 SMA 的要求。油石比抽提试验应事先进行空白试验标定,提高测试数据的准确度

(5)沥青路面铺筑过程中必须随时对铺筑质量进行评定,质量检查的内容、频度、允许偏差应符合表11.20、表11.21、表11.22的规定。

表11.20 公路热拌沥青混合料路面施工过程中工程质量的控制标准

项目		检查频度及单点检验评价方法	质量要求或允许偏差		试验方法
			高速公路、一级公路	其他等级公路	
外观		随时	表面平整密实,不得有明显轮迹、裂缝、推挤、油盯、油包等缺陷,且无明显离析		目测
接缝		随时	紧密平整、顺直、无跳车		目测
		逐条缝检测评定	3 mm	5 mm	T 0931
施工温度	摊铺温度	逐车检测评定	符合规范《公路沥青路面施工技术规范》(JTG F40—2004)规定		T 0981
	碾压温度	随时	符合规范《公路沥青路面施工技术规范》(JTG F40—2004)规定		插入式温度计实测
厚度①	每一层次	随时,厚度 50 mm 以下 厚度 50 mm 以上	设计值的5% 设计值的8%	设计值的8% 设计值的10%	施工时插入法量测松铺厚度及压实厚度
	每一层次	1 个台班区段的平均值 厚度 50 mm 以下 厚度 50 mm 以上	-3 mm -5 mm	—	
	总厚度	每 2 000 m² 一点单点评定	设计值的-5%	设计值的-8%	T 0912
	上面层	每 2 000 m² 一点单点评定	设计值的-10%	设计值的-10%	
压实度②		每 2 000 m² 检查 1 组逐个试件评定并计算平均值	实验室标准密度的97%(98%) 最大理论密度的93%(94%) 试验段密度的99%(99%)		T 0924、T 0922
平整度(最大间隙)④	上面层	随时,接缝处单杆评定	3 mm	5 mm	T 0931
	中下面层	随时,接缝处单杆评定	5 mm	7 mm	T 0931
平整度(标准差)	上面层	连续测定	1.2 mm	2.5 mm	T 0932
	中面层	连续测定	1.5 mm	2.8 mm	
	下面层	连续测定	1.8 mm	3.0 mm	
	基层	连续测定	2.4 mm	3.5 mm	
宽度	有侧石	检测每个断面	±20 mm	±20 mm	T 0911
	无侧石	检测每个断面	不小于设计宽度	不小于设计宽度	
纵断面高程		检测每个断面	±10 mm	±15 mm	T 0911
横坡度		检测每个断面	±0.3%	±0.5%	T 0911

续表 11.20

项目	检查频度及单点检验评价方法	质量要求或允许偏差 高速公路、一级公路	质量要求或允许偏差 其他等级公路	试验方法
沥青层层面上的渗水系数[③]	每 1 km 不少于 5 点,每点 3 处取平均值	300 mL/min(普通密级配沥青混合料) 200 mL/min(SMA 混合料)		T 0971

注:①表中厚度检测频度指高速公路和一级公路的钻孔频度,其他等级公路可酌情减少状况,且通常采用压实度钻孔试件测定。上面层的允许误差不适用于磨耗层;

②压实度检测按规定执行,括号中的数值是对 SMA 路面的要求,对马歇尔成型试件采用 50 次或者 35 次击实的混合料,压实度应适当提高要求。进行核子仪等无破损检测时,每 13 个测点的平均数作为一个测点进行评定是否符合要求。实验室密度是指与配合比设计相同方法成型的试件密度。以最大理论密度作标准密度时,对普通沥青混合料通过真空法实测确定,对改性沥青和 SMA 混合料,由每天的矿料级配和油石比计算得到;

③渗水系数适用于公称最大粒径等于或小于 19 mm 的沥青混合料,应在铺筑成型后未遭行车污染的情况下测定,且仅适用于要求密水的密级配沥青混合料、SMA 混合料。不适用于 OGFC 混合料,表中渗水系数以平均值评定,计算的合格率不得小于 90%;

④3 m 直尺主要用于接缝检测,对正常生产路段,采用连续式平整度仪测定

表 11.21 公路沥青表面处治及贯入式路面施工过程中工程质量的控制标准

路面类型	项目	检查频度及单点检验评价方法	质量要求或允许偏差	试验方法
沥青表面处治	外观	随时	集料嵌挤密实,沥青撒布均匀,无花白料,接头无油包	目测
	集料及沥青用量	每日 1 次逐日评定	±10%	每日施工长度的实际用量与计划用量比较,T 0982
	沥青洒布温度	每车 1 次评定	符合规范《公路沥青路面施工技术规范》(JTG F40—2004)规定	温度计测量
	厚度(路中及路侧各 1 点)	不少于每 2 000 m² 一点,逐点评定	-5 mm	T 0912
	平整度(最大间隙)	随时,以连续 10 尺的平均值评定	10 mm	T 0931
	宽度	检测每个断面逐个评定	±30 mm	T 0911
	横坡度	检测每个断面逐个评定	±0.5%	T 0911
沥青贯入式路面	外观	随时	集料嵌挤密实,沥青撒布均匀,无花白料,接头无油包	目测
	集料及沥青用量	每日 1 次总量评定	±10%	每日施工长度的实际用量与计划用量比较,T 0982
	沥青洒布温度	每车 1 次逐点评定	符合规范《公路沥青路面施工技术规范》(JTG F40—2004)规定	温度计测量
	厚度	每 2 000 m² 一点逐点评定	-5 mm 或设计厚度的 -8%	T 0912
	平整度(最大间隙)	随时,以连续 10 尺的平均值评定	8 mm	T 0931
	宽度	检测每个断面	±30 mm	T 0911
	横坡度	检测每个断面	±0.5%	T 0911

表 11.22 公路稀浆封层、微表处施工过程中工程质量的控制标准

项目		检查频度及单点检验评价方法	质量要求或允许偏差	试验方法
外观		随时	表面平整,均匀一致,无拖痕,无显著离析,接缝顺畅	目测
油石比		每日1次总量评定	±0.3%	每日实际沥青用量与总集料数量,总量检验
厚度		每公里5个断面	±10%	钢尺测量,每幅中间及两侧各1点
矿料级配	0.075 mm	每日1次取2个试样筛分的平均值	±2%	T 0725
	0.15 mm		±3%	
	0.3 mm		±4%	
	0.6、1.18、2.36、4.75、9.5 mm		±5%	
湿轮磨耗试验		每周1次	符合设计要求	从工程取样按 T 0752 进行

(6)施工厚度的检测按以下方法执行,并相互校核,当差值较大时通常以总量检验为准。

①利用摊铺过程在线控制,即不断地用插尺或其他工具插入摊铺层测量松铺厚度。

②利用拌和厂沥青混合料总生产量与实际铺筑的面积计算平均厚度进行总量检验。

③当具有地质雷达等无破损检验设备时,可利用其连续检测路面厚度,但其测试精度需经标定认可。

④待路面完全冷却后,在钻孔检测压实度的同时测量沥青层的厚度。

(7)沥青路面的压实度采取重点对碾压工艺进行过程控制,适度钻孔抽检压实度的方法。

①碾压工艺的控制包括压路机的配置(台数、吨位及机型)、排列和碾压方式、压路机与摊铺机的距离、碾压温度、碾压速度、压路机洒水(雾化)情况、碾压段长度、调头方式等。

②碾压过程中宜采用核子密度仪等无破损检测设备进行压实密度过程控制,测点随机选择,一组不少于13点,取平均值,与标定值或试验段测定值比较评定。测定温度应与试验段测定时一致,检测精度通过试验路与钻孔试件标定。

③路面完全冷却后,随机选点钻孔取样,如一次钻孔同时有多层沥青层时需用切割机切割,待试件充分干燥后(第二天后),分别测定密度。压实度计算及标准密度的确定方法应遵照本规范附录E的规定,选用其中的1个或2个标准评定,并以合格率低的作为评定结果,但不得以配合比设计时的标准密度作为整个施工及验收过程中的标准密度使用。钻孔后应及时将孔中灰浆淘净,吸净余水,待干燥后以相同的沥青混合料分层填充夯实。为减少钻孔数量,有关施工、监理、监督各方宜合作进行钻孔检测,以避免重复钻孔。

④测试压实度的一组数据最少为3个钻孔试件,当一组检测的合格率小于60%,或

平均值 $\bar{x}_3$ 小于要求的压实度时,可增加一倍检测点数。如 6 个测点的合格率小于 60%,或平均值 $\bar{x}_6$ 仍然达不到压实度要求时,允许再增加一倍检测点数,要求其合格率大于 60%,且 $\bar{x}_{12}$ 达到规定的压实度要求(注意记录所有数据不得遗弃)。如仍然不能满足要求,应核查标准密度的准确性,以确定是否需要返工以及返工的范围。当所有钻孔试件检测的压实度持续稳定并符合要求时,钻孔频度可减少至每公里不少于一个孔。施工过程中钻孔的试件宜编号贴上标签予以保存,以备工程交工验收时使用。

⑤压实层厚度等于或小于 3 cm 的超薄表面层或磨耗层、厚度小于 4 cm 的 SMA 表面层、易发生温缩裂缝的严寒地区的表面层、桥面铺装沥青层,以及使用改性沥青后,钻孔试样表面形状改变,难以准确测定密度时,可免于钻孔取样,严格控制碾压。

(8)压实成型的路面应按《公路路基路面现场测试规程》规定的方法随机选点检测渗水情况,渗水系数的平均值宜符合表 11.20 的要求。对排水式沥青混合料,应要求水能够迅速排走。如需要测定构造深度时,宜在测定渗水的同时在附近选点测定,记录实测结果。

(9)施工过程中应随时对路面进行外观(色泽、油膜厚度、表面空隙)评定,尤其特别注意防止粗细集料的离析和混合料温度不均,造成路面局部渗水严重或压实不足,酿成隐患。如果确实该路段严重离析、渗水,且经 2 次补充钻孔仍不能达到压实度要求,确属施工质量差的,应予铣刨或局部挖补,返工重铺。

(10)施工过程中必须随时用 3 m 直尺进行接缝及与构造物的连接处平整度的检测,正常路段的平整度采用连续式平整度仪或颠簸累积仪测定。

(11)高速公路和一级公路沥青路面的施工应利用计算机实行动态质量管理,并计算平均值、极差、标准差及变异系数以及各项指标的合格率。

(12)公路施工的关键工序或重要部位宜拍摄照片或进行录像,作为实态记录及保存资料的一部分。

5. 交工验收阶段的工程质量检查与验收

工程完工后,施工单位应将全线以 1~3 km 作为一个评定路段,每侧车行道按表 11.23、表 11.24、表 11.25 的规定频度,随机选取测点,对沥青面层进行全线自检,将单个测定值与表中的质量要求或允许偏差进行比较,计算合格率,然后计算一个评定路段的平均值、极差、标准差及变异系数。施工单位应在规定时间内提交全线检测结果及施工总结报告,申请交工验收。

沥青路面交工时应检查验收沥青面层的各项质量指标,包括路面的厚度、压实度、平整度、渗水系数、构造深度、摩擦系数。

①需要破损路面进行检测的指标,如厚度、压实度宜利用施工过程中的钻孔数据,检查每个测点与极值相比的合格率,同时计算代表值。厚度也可利用路面雷达连续测定路面剖面进行评定。压实度验收可选用其中的 1 个或 2 个标准,并以合格率低的作为评定结果。

②路表平整度可采用连续式平整度仪和颠簸累积仪进行测定,以每 100 m 计算一个测值,计算合格率。

③路表渗水系数与构造深度宜在施工过程中在路面成型后立即测定,但每个点为3个测点的平均值,计算合格率。

④交工验收时可采用连续式摩擦系数测定车在行车道实测路表横向摩擦系数,如实记录测点数据。

⑤交工验收时可选择贝克曼梁或连续式弯沉仪实测路面的回弹弯沉或总弯沉,如实记录测点数据(含测定时的气候条件、测定车数据等),测定时间宜在公路的最不利使用条件下(指春融期或雨季)进行。

表 11.23 公路热拌沥青混合料路面交工检查与验收质量标准

检查项目		检查频度 (每侧车行道)	质量要求或允许偏差		试验方法
			高速公路、一级公路	其他等级公路	
外观		随时	表面平整密实,不得有明显轮迹、裂缝、推挤、油盯、油包等缺陷,且无明显离析		目测
面层总厚度	代表值	每 1 km 5 点	设计值的-5%	设计值的-8%	T 0912
	极值	每 1 km 5 点	设计值-10%	设计值的-15%	T 0912
上面层厚度	代表值	每 1 km 5 点	设计值的-10%	—	T 0912
	极值	每 1 km 5 点	设计值-20%	—	T 0912
压实度	代表值	每 1 km 5 点	实验室标准密度的96%(98%) 最大理论密度的92%(94%) 试验段密度的98%(99%)		T 0924
	极值(最小值)	每 1 km 5 点	比代表值放宽1%(每 km)或2%(全部)		T 0924
路表平整度	标准差 σ	全线连续	1.2 mm	2.5 mm	T 0932
	IRI	全线连续	2.0 m/km	4.2 m/km	T 0933
	最大间隙	每 1 km 10 处,各连续 10 杆	—	5 mm	T 0931
路表渗水系数不大于		每 1 km 不少于 5 点,每点 3 处取平均值评定	300 mL/min(普通沥青路面) 200 mL/min(SMA 路面)		T 0971
宽度	有侧石	每 1 km 20 个断面	±20 mm	±30 mm	T 0911
	无侧石	每 1 km 20 个断面	不小于设计宽度	不小于设计宽度	T 0911
纵断面高程		每 1 km 20 个断面	±15 mm	±20 mm	T 0911
中线偏位		每 1 km 20 个断面	±20 mm	±30 mm	T 0911
横坡度		每 1 km 20 个断面	±0.3%	±0.5%	T 0911
弯沉	回弹弯沉	全线每 20 m 1 点	符合设计对交工验收的要求	符合设计对交工验收的要求	T 0951
	总弯沉	全线每 5 m 1 点	符合设计对交工验收的要求	—	T 0952

续表 11.23

检查项目	检查频度（每侧车行道）	质量要求或允许偏差 高速公路、一级公路	质量要求或允许偏差 其他等级公路	试验方法
构造深度	每 1 km 5 点	符合设计对交工验收的要求	—	T0961/62/63
摩擦系数摆值	每 1 km 5 点	符合设计对交工验收的要求	—	T 0964
横向力系数	全线连续	符合设计对交工验收的要求	—	T 0965

表 11.24 公路沥青表面处治及贯入式路面交工检查与验收质量标准

路面类型	检查项目		检查频度（每一侧车行道）	质量要求或允许偏差	试验方法
沥青表面处治	外观		全线	密实,不松散	目测
	厚度	代表值	每 200 m 每车道 1 点	−5 mm	T 0921
		极值	每 200 m 每车道 1 点	−10 mm	T 0921
	路表平整度	标准差	全线每车道连续	4.5 mm	T 0932
		IRI	全线每车道连续	7.5 m/km	T 0933
		最大间隙	每 1 km 10 处,各连续 10 尺	10 mm	T 0931
	宽度	有侧石	每 1 km 20 个断面	±3 cm	T 0911
		无侧石	每 1 km 20 个断面	不小于设计宽度	T 0911
	纵断面高程		每 1 km 20 个断面	±20 mm	T 0911
	横坡度		每 1 km 20 个断面	±0.5%	T 0911
	沥青用量		每 1 km 1 点	±0.5%	T 0722
	矿料用量		每 1 km 1 点	±5%	T 0722
沥青贯入式路面	外观		全线	密实,不松散	目测
	厚度	代表值	每 200 m 1 点	−5 mm 或−8%	T 0921
		极值	每 200 m 1 点	15 mm	T 0921
	路表平整度	标准差	全线连续	3.5 mm	T 0932
		IRI	全线连续	5.8 m/km	T 0933
		最大间隙	每 1 km 10 处,各连续 10 尺	8 mm	T 0931
	宽度	有侧石	每 1 km 20 个断面	±30 mm	T 0911
		无侧石	每 1 km 20 个断面	不小于设计宽度	T 0911
	纵断面高程		每 1 km 20 个断面	±20 mm	T 0911
	横坡度		每 1 km 20 个断面	±0.5%	T 0911
	沥青用量		每 1 km 1 点	±0.5%	T 0722
	矿料用量		每 1 km 1 点	±5%	T 0722

表11.25　公路沥青路面稀浆封层交工检查与验收质量标准

检查项目	检查频度（每幅车行道）	质量要求或允许偏差		试验方法
		高速公路、一级公路	其他等级公路	
平均厚度	每1公里3点	-10%	-10%	挖小坑量测,取平均
渗水系数	每1 km 3处	10 mL/min	10 mL/min	T 0971
路表构造深度	每1 km 5点	符合设计要求	—	T 0961 T 0962
路面摩擦系数摆值	每1 km 5点	符合设计要求	—	T 0964
横向力系数	全线连续	符合设计要求	—	T 0965

工程交工时应对全线宽度、纵断面高程、横坡度、中线偏位等进行实测,以每个桩号的测定结果评定合格率,最后提出实际的竣工图。

行人道路沥青面层的质量检查及验收与车行道相同,其质量指标应符合表11.26的规定。

表11.26　行人道路沥青面层质量标准

检查项目		质量要求或允许偏差	检查频度	检查方法
厚度		±5 mm	每100 m 1点	T 0912
路表平整度（最大间隙）	沥青混凝土	5 mm	每200 m 2点 各连续10尺	T 0931
	其他沥青面层	7 mm		
宽度		-20 mm	每100 m 2点	T 0911
横坡度		±0.3%	每100 m 2点	T 0911

（5）大、中型桥梁桥面沥青铺装的质量检查与验收,以100 m作为一个评定路段,其质量指标应符合表11.27的规定。

表11.27　桥面沥青铺装工程质量标准

检查项目		检查频度	允许偏差		检查方法
			高速公路、一级公路	其他等级公路	
厚度		每100 m 2点	0~+5 mm	—	T 0912
路表平整度	标准差	连续测定	1.8 mm	2.5 mm	T 0932
	最大间隙	连续测定	3 mm	5 mm	T 0931
宽度		每100 m 10点	0~+5 mm		T 0911
压实度		每100 m 2点	马歇尔密度的97% 最大相对密度的93%		T 0924
横坡		每100 m 10点	±0.3%		T 0911

6. 工程施工总结及质量保证期管理

工程结束后,施工企业应根据国家竣工文件编制的规定,提出施工总结报告及若干个专项报告,连同竣工图表,形成完整的施工资料档案。

施工总结报告应包括工程概况（包括设计及变更情况）、工程基础资料、材料、施工组织、机械及人员配备、施工方法、施工进度、试验研究、工程质量评价、工程决算、工程使用服务计划等。

施工管理与质量检查报告应包括施工管理体制、质量保证体系、施工质量目标、试验段铺筑报告、施工前及施工中材料质量检查结果（测试报告）、施工过程中工程质量检查结果（测试报告）、工程交工验收质量自检结果（测试报告）、工程质量评价以及原始记录、相册、录像等各种附件。

施工企业在质保期内，应进行路面使用情况观测、局部损坏的原因分析和维修保养等。质量保证的期限根据国家规定或招标文件等要求确定。

参考文献

[1] NEIL JACKSON, RAVINDRA K DHIR. Civil Engineering Materials[M]. 5th ed. PALGRAVE, USA, 1996.

[2] 黄晓明,吴少鹏,赵永利. 沥青与沥青混合料[M]. 南京:东南大学出版社,2002.

[3] 陈拴发,陈华鑫,郑木莲. 沥青混合料设计与施工[M]. 北京:化学工业出版社,2006.

[4] 吕伟民. 沥青混合料设计原理及方法[M]. 上海:同济大学出版社,2001.

[5] 沈金安. 沥青及沥青混合料的路用性能[M]. 北京:人民交通出版社,2001.

[6] 中华人民共和国交通部. JTG F40—2004 公路沥青路面施工技术规范[S]. 北京:人民交通出版社,2004.

[7] 中华人民共和国交通部. JTG E20—2011 公路工程沥青及沥青混合料试验规程[S]. 北京:人民交通出版社,2011.

[8] 中华人民共和国交通部. JTG D50—2006 公路沥青路面设计规范[S]. 北京:人民交通出版社,2006.

[9] 中华人民共和国交通部. JTG E42—2005 公路工程集料试验规程[S]. 北京:人民交通出版社,2005.

[10] 中华人民共和国交通部. JTJ 057—94 公路工程无机结合料稳定材料试验规程[S]. 北京:人民交通出版社,1994.

[11] 张金升,张银燕,夏小裕,等. 沥青材料[M]. 北京:化学工业出版社,2009.

[12] 柳永行,范耀华,张昌祥. 石油沥青[M]. 北京:石油工业出版社,1984.

[13] 杰克逊 N. 土木工程材料[M]. 卢璋,廉慧珍,译. 北京:中国建筑出版社,1988.

[14] 中国石油化工总公司辽宁联络部,辽宁省标准化协会中国石化直属企业分会编. 石油和石油化工产品用户手册[M]. 北京:中国石化出版社,1997.

[15] KENNETH N, DERUCHER GEORGE P, KORFIATIS A, et al. Materials for Civil and Highway Engineerings[M]. Englewood Cliffs, N.J. :Prentice Hall,1994.

[16] 杨林江,李井轩. SBS 改性沥青的生产与应用[M]. 北京:人民交通出版社,2001.

[17] 刘中林. 高等级公路沥青混凝土路面新技术[M]. 北京:人民交通出版社,2002.

[18] 王福川. 土木工程材料[M]. 北京:中国建材出版社,2001.

[19] ATKINS, HAROLD N. Highway Materials, Soils and Concretes[M]. Reston Publishing Company, Inc. 1980.

[20] 虎增福. 乳化沥青及稀浆封层技术[M]. 北京:人民交通出版社,2001.

[21] 刘尚乐. 聚合物沥青及其建筑防水材料[M]. 北京:中国建材工业出版社,2003.

[22] 张登良. 沥青路面工程手册[M]. 北京:人民交通出版社,2003.

[23] 张金升,张爱勤,李明田,等. 纳米改性沥青研究进展[J]. 材料导报,2005(10):87-90.

[24] 张金升,李志,李明田,等. 纳米改性沥青相容性和分散稳定机理研究[J]. 公路,2005(8):142-146.
[25] 张金升,高友宾,李明田,等. 纳米Fe_3O_4粒子对改性沥青三大指标的影响[J]. 山东交通学院学报,2004(12):10-14.
[26] FRANCIS YOUNG J. Science &Technology for Civil Engineering Materials[M]. New Hampshire USA Pubulishing House,2006
[27] 谭忆秋. 沥青与沥青混合料[M]. 哈尔滨:哈尔滨工业大学出版社,2007.
[28] 邰连河,张家平. 新型道路建筑材料[M]. 北京:化学工业出版社,2003.
[29] 严家伋. 道路建筑材料[M]. 北京:人民交通出版社,2004.
[30] 梁乃性,韩林,屠书荣. 现代路面与材料[M]. 北京:人民交通出版社,2003.
[31] 交通部阳离子乳化沥青课题协作组. 阳离子乳化沥青路面[M]. 北京:人民交通出版社,1999.
[32] 辛德刚,王哲人,周晓龙. 高速公路路面材料与结构[M]. 北京:人民交通出版社,2002.
[33] 沈金安,李福普,陈景. 高速公路沥青路面早期损坏分析与防治对策[M]. 北京:人民交通出版社,2004.
[34] 沈春林,苏立荣,李芳. 建筑防水密封材料[M]. 北京:化学工业出版社,2003.
[35] 徐世法. 沥青铺装层病害防治与典型实例[M]. 北京:人民交通出版社,2005.
[36] 沙庆林. 多碎石沥青混凝土SAC系列的设计与施工[M]. 北京:人民交通出版社,2005.
[37] 田奇. 混凝土搅拌楼及沥青混凝土搅拌站[M]. 北京:中国建材工业出版社,2005.
[38] 彭奈克J,建筑密封材料[M]. 陈义章,徐昭东,译. 北京:中国建筑工业出版社,1981.
[39] 波普钦科C H, 冷沥青防水[M]. 慕柳,译.北京:中国建筑工业出版社,1980.
[40] 沙庆林. 高速公路沥青路面早期破坏现象及预防[M]. 北京:人民交通出版社,2001.
[41] 张登良. 沥青路面[M]. 北京:人民交通出版社,1998.
[42] 刘立新. 沥青混合料黏弹性力学及材料学原理[M]. 北京:人民交通出版社,2006.
[43] 沈金安. 国外沥青路面设计方法总汇[M]. 北京:人民交通出版社,2004.
[44] 沈春林. 刚性防水及堵漏材料[M]. 北京:化学工业出版社,2004.
[45] 孙德栋,彭波. 沥青路面设计与施工技术[M]. 郑州:黄河水利出版社,2003.
[46] 殷岳川. 公路沥青路面施工[M]. 北京:人民交通出版社,2000.
[47] 英国运输科学研究院.沥青路面道路质量评估及养护指南[M]. 中国路桥(集团)总公司,译. 北京:人民交通出版社,2001.
[48] 于本信. 怎样修好沥青混凝土路面[M]. 北京:人民交通出版社,2005.
[49] 王哲人. 沥青路面工程[M]. 北京:人民交通出版社,2005.